HyperWorks 进阶教程系列

U0154827

OptiStruct 及 HyperStudy
优化与工程应用

方献军　徐自立　熊春明　**编著**

机械工业出版社

本书是在 2019 版 HyperWorks 软件基础上编写的 OptiStruct 和 Hyper-Study 优化教程。全书首先深入讲解了拓扑优化、自由尺寸优化、形貌优化、尺寸优化、形状优化、自由形状优化、增材制造优化、复合材料优化，以及等效静态载荷法、热、疲劳及非线性优化等 OptiStruct 优化技术，然后详细介绍了 HyperStudy 相关的各种优化技术。本书对软件功能与应用的介绍非常全面，并包含大量的实用案例，读者只需要这一本书就可以解决 OptiStruct 和 HyperStudy 这两款软件的绝大部分应用问题。

本书是学习 HyperWorks 优化技术的必备手册，可作为从事机械、汽车、航空航天、船舶、电子等行业的工程技术人员的自学或参考用书，也可作为理工科院校相关专业师生的教学用书。

图书在版编目（CIP）数据

OptiStruct 及 HyperStudy 优化与工程应用/方献军，徐自立，熊春明编著.
—北京：机械工业出版社，2021.2
（HyperWorks 进阶教程系列）
ISBN 978-7-111-67512-9

Ⅰ.①O… Ⅱ.①方…②徐…③熊… Ⅲ.①有限元分析-应用软件-教材 Ⅳ.①O241.82-39

中国版本图书馆 CIP 数据核字（2021）第 027195 号

机械工业出版社（北京市百万庄大街 22 号 邮政编码 100037）
策划编辑：赵小花 责任编辑：赵小花
责任校对：徐红语 责任印制：李 昂
北京机工印刷厂印刷
2021 年 3 月第 1 版第 1 次印刷
184mm×260mm・25.75 印张・640 千字
标准书号：ISBN 978-7-111-67512-9
定价：149.00 元

电话服务 网络服务
客服电话：010-88361066 机 工 官 网：www.cmpbook.com
010-88379833 机 工 官 博：weibo.com/cmp1952
010-68326294 金 书 网：www.golden-book.com
封底无防伪标均为盗版 机工教育服务网：www.cmpedu.com

序

2020 年是 Altair 成立 35 周年。Altair 从工程咨询服务起家，逐步开发出 HyperMesh、OptiStruct 等一系列行业领先产品。发展到现在，Altair 的解决方案横跨设计、制造、仿真、云计算与高性能计算、数据分析和物联网。Altair 一直在努力为业界提供最为全面的先进工具并帮助用户创造更大价值。

Altair 一直走在优化技术的最前沿，在开发求解器的时候就同步考虑了优化技术的应用。OptiStruct 问世约 30 年来获得了全球用户的广泛认可，已经成为众多行业的首选优化工具。但是我们并没有止步于此，我们还在不断推出 Inspire 等新的优化模块。HyperStudy 不断增强的功能让流体、电磁场等多学科的联合优化变得容易，与 PBS 的联合让需要大规模计算的优化任务变得可行。在服务方面，除了开展各种培训，提供优化案例、解决方案等多种学习资料外，我们还在客户现场实施了大量的工程优化项目。本书的面世正是基于众多实际项目的积累。

纵观全书，本着高标准、严要求的思想，具备如下特点：

- 避免照搬软件帮助文件，面向高级工程应用，以大量工程实例为骨架，涉及复合材料、多模型、多材料、非线性优化、3D 打印优化、C123、HPC 等复杂话题。
- 涉及大量求解器，不仅包括 HyperWorks 的 OptiStruct、Radioss、Flux、FEKO、MotionSolve、Activate 等，也包括 Tcl、Python、Excel 等公开程序以及其他一些行业相关应用。
- 书中例子配备完整操作视频和模型文件，方便读者实践。

Altair 进入中国已 20 年，过去的 20 年正是工程仿真技术在中国高速发展的 20 年，也是 Altair 在中国快速成长的 20 年。一直以来，我们脚踏实地，始终将提供一流服务、帮助客户创造更大价值作为自己的使命。在这充满不确定性的时代，唯有努力学习、不断提升自我才是正道。我们将陆续推出一系列工具书籍来回馈大家的厚爱，本书也是该系列中的一部。

本书作者编写过多本工程仿真畅销书籍，是多个公众号的系列文章撰稿人，具有十多年资深行业经验。本书可作为优化设计从业人员的参考书，更是学习和使用 Altair 优化技术的必备书籍，相信能够为大家带来切实的帮助。

刘 源

Altair 大中华区总经理

前　　言

为了满足用户的学习需求，Altair（澳汰尔）曾于2013年出版《OptiStruct&HyperStudy 理论基础与工程应用》。在过去的几年里，随着软件的不断升级，软件功能与界面已经变化很多，用户迫切需要一本和当前软件版本匹配的中文教程。

本书内容

本书第1~9章介绍 OptiStruct 优化，第10~16章介绍 HyperStudy 的相关功能。

第1章是 OptiStruct 简介，包括 OptiStruct 功能概述、帮助文件使用指南、.out 文件内容解释、优化常用操作和优化控制卡片，是学习 OptiStruct 优化的必备基础。

第2章是拓扑优化和自由尺寸优化，介绍了优化三要素、制造约束、多模型优化、失效安全优化等基础知识，给出了几个应用性很强的入门案例，并在最后通过一些工程实例讲解了1D/2D/3D 拓扑优化的使用技巧。

第3章是形貌优化，介绍了形貌优化中的设计变量、制造约束和控制参数以及第二类响应，包含多个入门实例和工程实例，涉及冰箱、汽车、电池等多种产品的结构优化，既详细讲解了优化的操作步骤，也提供了各种零部件的具体优化思路。

第4章是尺寸优化，介绍了尺寸优化中的设计变量和变量关联，以及第三类响应、灵敏度分析、全局搜索，实例涉及汽车、建筑、飞机等的多种常见优化分析场景。

第5章是形状优化和自由形状优化。通过理论知识和应用实例介绍了形状优化和自由形状优化技术，通过大量实例介绍了网格变形技术的概念及变形域和控制柄、变形体、映射到几何、自由变形等变形方法，最后还给出了铸造件、注塑件、钣金件的优化工程实例。

第6章是增材制造优化，除介绍增材制造的基础知识外，还包括增材制造中拓扑优化、基于 PolyNURBS 工具进行几何重构、格栅优化的多个实例。这一章多次使用到 Inspire 模块。

第7章是复合材料优化，介绍了复合材料优化的概念和铺层复合材料优化三阶段，工程实例包括机翼结构复合材料蒙皮优化和工字梁复合材料优化。

第8章是等效静态载荷法、热、疲劳及非线性优化。在对等效静态载荷法、热工况、疲劳工况优化进行简要介绍的基础上，给出了相应的应用实例及复杂工程实例，涉及风道挡板、散热器、汽车悬挂控制臂、发动机连杆、轮毂等结构件。

第9章是 Altair 概念设计优化流程与多学科优化工具，主要介绍实际优化项目中的一些考虑以及多学科优化的最新软件工具。

第10章是 HyperStudy 简介与理论基础，简要介绍了 HyperStudy 的操作方法及试验设计（DOE）、近似模型、优化方法和随机性分析。

第11章是建立 HyperStudy 模型，介绍了 HyperStudy 支持的求解器及其注册，以及添加模型、定义输入变量、测试模型、定义输出响应等建立 HyperStudy 模型的整个过程，添加模型阶段包括 Operator 等各类模型的参数化，最后还介绍了如何驱动 UG 等 CAD 软件参数化几何模型。全章通过大量不同情况的实例讲解了这些过程，本章是后续 DOE、响应面拟合、优化和随机性分析的基础。

第 12 章是试验设计（DOE），介绍了 DOE 的概念及不同算法，最后给出了三个工程实例，包括白车身 DOE 分析、联合有限元求解器分析以及实验数据的应用。

第 13 章是响应面拟合，介绍了响应面的概念及不同算法，提供了踏板机构、前悬架转向拉杆、座椅等结构的优化实例。

第 14 章是 HyperStudy 优化，首先介绍了 HyperStudy 优化、多目标优化、多模型与多学科优化、不确定性优化的基础知识和多个操作实例，然后详细介绍了其中的优化算法及复杂优化问题的解决思路，最后是各种求解器相关的优化应用，涉及结构、流体、电磁场等各个学科的求解器。本章内容是工程实际中应用 HyperStudy 最多的一部分。

第 15 章是随机性分析，介绍了随机性分析的概念及不同的采样算法。

第 16 章是 HyperStudy 技术专题，介绍了 HyperStudy 文件管理、使用 Verify 进行响应面结果验证、自定义求解器和使用高性能计算这四项内容，最后以 Tcl 和 Python 的有趣实例作为全书的结尾。

本书的核心内容都在实例中进行讲解，我们把做好实例作为主要的努力方向，而且每个实例都有配套的操作视频以及相关的文件，以帮助读者高效地完成学习。

读者对象

本书主要面向有一定 OptiStruct 和 HyperStudy 使用经验的用户，不过为了帮助零基础用户，每章都安排了多个简单而完备的入门案例。另外，还准备了相关的系列视频教程供读者下载学习，包括 HyperMesh 基础教程和高级教程、OptiStruct 分析优化基础和高级教程、HyperStudy 基础教程。此外，还准备了 HyperMesh、HyperStudy 和 OptiStruct 的全套 tutorial 入门视频教程和 Templex、Tcl 二次开发、Compose 等专题视频教程以供拓展学习。

如何获取更多资料

Altair 是一家非常开放的公司，以帮助客户解决实际问题为技术工作的主要目标，包括在中国区无条件免费提供学习资料。

- 关注微信公众号"Altair 澳汰尔"，二维码如图 0-1 所示。在"技术应用" > "培训资料"中获得网盘下载链接，在网盘文件夹"学习培训"中可看到 OptiStruct 和 HyperStudy 等相关的学习资料。具体操作也可以参考视频"CH0_1_通过微信获取学习资料 . mp4"（见图 0-2）。
- Altair 官方技术博客 blog. altair. com. cn 提供了各种中文技术文章和视频教程，包括教学视频，无需账号、密码即可访问，但是下载资料需要注册，二维码如图 0-3 所示。

图 0-1 "Altair 澳汰尔"微信公众号　　图 0-2 通过微信获取学习资源　　图 0-3 Altair 官方技术博客

- nas 网盘是 Altair 对外提供文件下载服务的文件服务器，通常通过微信公众号"Altair 澳汰尔"获取下载链接，二维码如图 0-3 所示。
- Altair 在 bilibili 提供了高清教学视频，二维码如图 0-4 所示。

图 0-4　nas 网盘

图 0-5　bilibili

- www. altair. com. cn 提供了大量案例和学习文档、视频等，使用商业客户邮箱注册后方可使用。

注：除直接扫描书中二维码观看视频讲解外，请关注机械工业出版社计算机分社官方微信（见封面）获取更多本书配套资源，包括源文件、推荐参考文档、附赠实例电子文档及视频、推荐论文、应用成果等内容。

如何与作者互动

我们非常希望能够收到读者的反馈和技术咨询。请在邮件中提供足够的信息让我们了解您和您所提出的问题。我们可能无法提供实时的答复，请不要重复发送邮件。因此，希望您能按照如下的邮件模板进行咨询。

尊敬的作者：

你好，我是 xxx 公司 xxx 部门的 xxx，我的联系信息如下。

手机号：13812345678

邮箱：zhangsan@ 163. com

通信地址：××××××××

我在阅读《OptiStruct 及 HyperStudy 优化与工程应用》第×章（×××页）时遇到一个问题。

问题的详细描述：……（尽量提供操作的模型、详细截图或者操作视频，就像书里的入门例子一样。因为作者如果无法重现您的问题，那就无法解决了。）

我的软件版本如下：……

我的操作系统信息：……

谢谢！

邮件签名

虽然已经多次校对，但本书内容较多，书中难免有误，我们为此感到十分抱歉，读者可以把发现的问题发送到 os_hst@ 163. com，我们解决后会把相关信息公布到 Altair 中国区的官方博客 blog. altair. com. cn >"资料下载" >"OptiStruct 及 HyperStudy 优化与工程应用"菜单下。

致谢

本书汇集了 Altair 众多同事的贡献，没有他（她）们的支持本书将黯淡无光。特别感谢 Altair 中国技术团队的支持和协助：

- 罗志凡审阅并改进了 HyperStudy 优化理论部分。
- 李岳春提供了复合材料优化的两个实例和一个尺寸优化的实例。
- 张晨和张少杰提供了 PBS 上运行 HyperStudy 的教程，张晨还提供了 lattice 优化中自定义晶格的教学实例。
- 牛华伟提供了多体动力学和 Radioss 的 HyperStudy DOE 实例、非线性拓扑优化实例并进行了全书的校对。

- 陈刚提供了 CFD 优化实例。
- 邓锐提供了整车 NVH 的 HyperStudy 优化实例。
- 朱战锋提供了 Activate 的 HyperStudy 优化实例。
- 王琪提供了 Flux 的相关优化实例。
- 王晨提供了 Feko 的优化实例。
- 梁闯提供了悬置解耦优化实例。
- 王瑞龙提供了碰撞优化实例。
- 彭竑维提供了截面优化实例。
- 鲍建铭提供了疲劳优化实例。
- 覃柳叶制作了 3D 打印相关的视频。
- 朱记本和黄伟生提供了基于热、疲劳以及非线性优化相关的视频。
- 鲁誉提供了基于几何参数优化的实例。

另外，非常感谢奇瑞汽车 CAE 部主任工程师黄苗、中信戴卡工程仿真中心主任郎玉玲在部分应用实例上给予的支持和帮助。

编　者

目　　录

第 1 章

OptiStruct简介

1.1　OptiStruct 功能概述

OptiStruct 是业界公认功能最强的结构分析和优化软件之一，其目前支持的分析类型见表 1-1。

表 1-1　OptiStruct 支持的分析类型

类　　别	具体分析类型
结构分析	线性/非线性静力分析、线性/非线性屈曲分析、线性/非线性瞬态分析、模态分析、频率响应分析、复特征值分析、随机响应分析、响应谱分析
热分析	线性稳态热传导分析、线性瞬态热传导分析、非线性稳态热传导分析、一步法瞬态热应力分析
声学分析	流体-结构耦合频率响应分析、辐射噪声分析
流体-结构耦合分析	流体-结构耦合分析（联合 acuSolve）、热-流体-结构耦合分析（联合 acuSolve）
疲劳分析	单轴疲劳分析、多轴疲劳分析、焊点疲劳分析、焊缝疲劳分析、随机响应疲劳分析、扫频疲劳分析
动力学分析	多体动力学分析、转子动力学分析
显式分析	冲击、压溃、超弹性等显式分析

HyperMesh 是 OptiStruct 求解器最主要的前处理软件，本书一般都是通过 HyperMesh 进行模型设置，并在 HyperMesh 界面下方的面板中直接提交优化作业，如图 1-1 所示。

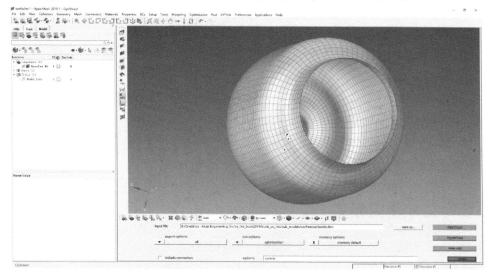

图 1-1　HyperMesh 界面

OptiStruct 与 Nastran 高度兼容。OptiStruct 使用标准的 Nastran 输入语法并且支持将分析结果输出为 PUNCH 和 OUTPUT2 格式。OptiStruct 支持现有的 Nastran 模型，可解决常见的线性分析问题。

OptiStruct 使用了先进的优化算法，其先进的优化引擎允许用户结合拓扑结构、形貌、尺寸和形状优化方法来创建更多、更好的设计方案，引导合理和轻量化的结构设计。

OptiStruct 优化的学习线路如图 1-2 所示，对于其中的每个项目，Altair 公司都提供了单独的学习资料。

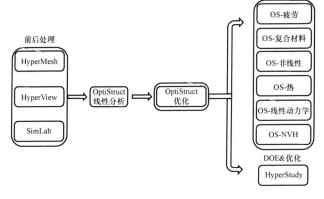

图 1-2　Optistruct 优化学习线路

OptiStruct 的六大优化方法定义如下。

- 拓扑优化：在满足给定约束的前提下，针对目标函数在给定设计空间寻找最优材料布局。
- 自由尺寸优化：给定壳单元，在满足给定约束的前提下，针对目标函数为每一个单元寻找一个最优厚度。
- 形貌优化：给定壳单元，在满足给定约束的前提下，针对目标函数寻找最佳拉延筋布局。
- 尺寸（参数）优化：针对给定结构，在满足给定约束的前提下，针对目标函数寻找参数。
- 形状优化：给定结构和用户自定义的形状变量，在满足给定约束的前提下，针对目标函数寻找各个形状的最佳变形比例。
- 自由形状优化：针对给定结构修改边界节点，在满足给定约束的前提下，针对目标函数寻找各个节点的最佳位置。

一般把拓扑优化、自由尺寸优化、形貌优化称为概念设计优化，尺寸（参数）优化、形状优化、自由形状优化称为详细设计优化，但是这种分类不是绝对的，而且不同优化类型可以在一个模型中同时使用。

OptiStruct 使用基于梯度的优化，可以在很短的时间内解决非常复杂的具有成千上万设计变量的优化问题。优化的过程可以类比为从山脚下某个位置开始登山；优化结果相当于最终能到达的位置（一般是某个山峰顶点）；优化结果的性能可以类比为最终位置的高度，如图 1-3 所示。

OptiStruct 优化算法通常只能得到一个局部最优解，优化过程会在内部构建响应面，这样可以绕过一些局部最优解。用户也可以尝试修改优化的起始位置或者使用多起点优化来改进优化。HyperStudy 的 GRSM 和 GA 等算法能越过一些局部最优解从而取得更好的优化效果，但是它只能进行参数优化，无法进行拓扑、形貌等概念设计优化。

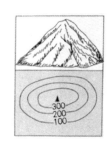

图 1-3　梯度法优化示意图

1.2　帮助文件使用指南

帮助文件是最权威的 HyperWorks 学习资料，强烈建议读者安装（需要在安装软件时选中）。Altair 官网上也提供了配套的 PDF 文件供用户下载。帮助文件的结构如图 1-4 所示。

帮助使用方法

操作实例是学习软件的捷径，所以建议初学者先使用 Tutorials 中的例子作为入门，可以从网盘下载视频学习；User Guide 是最重要的软件说明手册，建议读者通读；Reference Guide 是关键字说明文档，主要用于查询关键字的详细信息。关键字是求解器的核心，对于界面上不明白的求解优化设置需要通过关键字进行确认；Example Guide 可以认为是 Tutorials 的升级版，提供了大量的例子及对应的模型文件，是提高软件使用水平的重要资料。Example Guide 中没有详细的操作说明，不过可以从网盘下载中文视频教程学习；Verification Problems 收集了软件精度验证的大量标准/非标准模型；Frequently Asked Questions 是历年来 Altair 公司收集的客户常见问题解答，建议读者通读；HyperWorks Solver Run Manager 专门介绍作业运行（提交）选项，Windows 系统下的 OptiStruct 常用作业运行选项见表 1-2，处理工程中的大型复杂模型时可以参考。

图 1-4　帮助文件结构

表 1-2　Windows 系统下的常用作业运行选项

选　项	参　数	说　明	适用平台
-analysis	无参数	表示提交一个分析作业。此选项也会检查优化参数设置。如果有任何错误，任务将会终止 "-optskip" 选项将会忽略优化设置而仅运行分析作业 不能与 "-check" 或 "-restart" 选项同时使用 示例：optistruct infile. fem -analysis	所有平台
-check	无参数	表示通过命令行提交一个检查作业，所需内存自动分配，不能与 "-analysis"，"-optskip" 或 "-restart" 选项同时使用 示例：optistruct infile. fem -check	所有平台
-core	in, out, min	In：强制使用 in-core 求解 out：强制使用 out-of-core 求解 min：强制使用最小化 core 求解 求解器适当分配所需的内存。如果没有足够的可用内存，OptiStruct 将会报错。此选项将会覆盖 "-len" 选项 示例：optistruct infile. fem -core in	所有平台
-cores	可用于 MPI 运行的 CPU 总数	可用于 MPI 运行的 CPU 总数。通常应该设置为计算机或集群中预期可用的 CPU 总数。-np 和-nt 的数量将根据-cores 的值自动确定 注意：-cores = -np ＊ -nt 示例：optistruct infile. fem -cores 12	并不是所有的平台都支持。参考混合共享/分布式内存并行（SPMD）获得支持的平台列表
-cpu -proc -nproc -ncpu -nt -nthread	核数	表示 SMP 求解所使用的核心数 示例：optistruct infile. fem -ncpu 2	所有平台

（续）

选 项	参 数	说 明	适 用 平 台
-ddm	无参数	以域分解模式运行，基于消息传递接口（MPI）的 SPMD 当指定-np 请求 MPI 运行时，DDM 将默认激活。另外，MPI 运行时将默认自动激活 MPI 分组通过-ddmngrps AUTO 或 PARAM，DDMNGRPS，AUTO。MMO 或 FSO MPI 运行只有在-mmo 或-fso 明确写出的情况下才有效，否则，任何使用-np 运行的 MPI，默认为 DDM 方式	并不是所有的平台都支持。参考 SPMD 获得支持的平台列表
-dir	无参数	在启动求解程序之前，将目录更改为输入文件的位置	所有平台
-len	内存大小，单位为 MB	动态内存分配的首选上限 当选择不同的算法时，求解器将尝试在指定的内存内使用最快的算法。如果没有这样的算法可用，则使用内存需求最小的算法。例如，稀疏线性求解器可以选择 in-core、out-of-core 或 min-core 来运行。-core 选项将覆盖-len 选项。-len 的默认值是 8000MB，这意味着除了非常小的模型之外，OptiStruct 只使用运行作业所需的最小内存。如果-len 值大于可用物理 RAM 的数量，可能会导致计算过程中过多的交换，并显著减慢求解效率 示例：optistruct infile. fem -len 32000 -len 的最佳使用方式：在 OptiStruct 运行中使用-len 时，为了正确分配内存，避免使用求解器的内存需求估计值（如使用-check），应该根据系统的实际内存提供-len 值。这将是运行作业的建议内存限制，它不一定表示作业所使用的内存或实际内存限制。这样，作业就更有可能以最佳的性能运行。如果同一系统有多个作业共享，内存分配应遵循上述原则，所不同的是，应该使用单个运行的最大内存来代替系统总内存。如果一个作业运行在核外而不是核内（它超过了内存分配），它仍然会高效地运行。但是，请确保作业不会超过系统本身的实际内存，因为这会大大降低运行速度。处理这个问题的推荐方法是指定-maxlen 作为系统的实际内存，以限制系统上可以使用的最大内存 注意：如果指定的值大于 16 GB，则会自动激活内部的长（64 位）整数稀疏直接求解器	所有平台
-maxlen	内存大小，单位为 MB	表示动态内存分配的强制上限 . OptiStruct 不会超过这个限制 没有默认值 示例：optistruct infile. fem -maxlen 9000	所有平台
-mmo	无参数	用于在一次优化计算中运行多个模型	并不是所有的平台都支持。参考 SPMD 获得支持的平台列表
-mpi	i（Intel MPI）， pl［IBM 平台-MPI（原 HP-MPI）］ ms（MS-MPI） pl8（用于 IBM 平台-MPI 版本 8 及更新版本） 注意：-mpi 的参数是可选的。如果未指定参数，则默认使用 Intel MPI	指定 MPI 类型，以便在受支持的平台上运行基于 MPI 的 SPMD	并不是所有的平台都支持。参考 SPMD 获得支持的平台列表

（续）

选项	参　　数	说　　明	适 用 平 台
-np	运行 MPI 的进程总数	使用 SPMD 运行 MPI 的进程总数。即使在一个集群 MPI 运行中使用多个节点，-np 仍然表示跨多个集群节点运行的 MPI 进程的总数 注意：如果没有定义-nt，那么建议将-np 设置为小于可用内核总数的值。如果-nt 是在-np 之外指定的，那么建议-np *-nt 不超过可用内核的总数。更详细的信息请参考 SPMD 示例：optistruct infile. fem -ddm -np 4	并不是所有的平台都支持。参考 SPMD 获得支持的平台列表
-nproc	核数	和-cpu 一样	所有平台
-nt	核数	和-cpu 一样	所有平台
-nthread	核数	和-cpu 一样	所有平台
-optskip	无参数	表示提交一个分析作业而不检查优化参数设置（忽略所有与优化有关的卡片） 不能与"-check"或"-restart"选项同时使用 示例：optistruct infile. fem -optskip	所有平台
-out	无参数	表示将 . out 输出文件内容打印至屏幕。此选项优先级高于 I/O 选项 SCREEN 示例：optistruct infile. fem-out	所有平台
-proc	核数	和-cpu 一样	所有平台
-radopt	在 OptiStruct 中运行 Radioss 优化	在 OptiStruct 中运行 Radioss 优化的选项。Radioss 优化文件 < name > . radopt 被输入 OptiStruct，指定-radopt 运行选项来进行基于 Radioss 的优化 注意：Radioss 启动器和支持优化输入的 < name > . radopt 文件应该在同一个目录中 更多信息请参阅用户指南中的设计优化	所有平台
-restart	filename. sh	表示定义一个重启动作业。如果不提供参数，OpitStruct 将会在相同的目录下寻找扩展名为 . sh 的重启动文件作为输入文件。如果在计算机上输入一个参数，必须包含重启动文件的完整路径及文件名 不能与"-check"，"-analysis"或"-optskip"选项同时使用 示例 1：optistruct infile. fem -restart；OptiStruct 搜索重启动文件 infile. sh 示例 2：optistruct infile. fem -restart C：\ oldrun \ old_infile. sh，OptiStruct 搜索重启动文件 old_infile. sh	所有平台
-scr 或-tmpdir	path，filesize = n，slow = 1	表示指定临时文件写入的文件夹。参数 filesize = n 和 slow = 1 为可选项。多个参数可以用逗号分隔 path：表示指定交换文件存储路径 filesize = n：表示定义可以写入该路径的交换文件的最大限制（单位为 GB） slow = 1：表示指定一个网络驱动器 示例 1：optistruct infile. fem -scr filesize = 2，slow = 1，/ network_dir/tmp 重复参数"-tmpdir"或"-scr"可以定义多个交换文件路径 示例 2：optistruct infile. fem -tmpdir　C:\tmp-tmpdir filesize = 2，slow = 1，Z:\network_ drive \ tmp 此选项将覆盖环境变量 OS_TMP_DIR 和定义在输入文件 I/O 部分的 TMPDIR 选项 更多详细描述请参考 I/O 选项 TMPDIR	所有平台

（续）

选项	参　数	说　明	适用平台
-v	版本	控制要运行的 OptiStruct 可执行文件版本 OptiStruct 可执行文件可以在以下文件夹中找到： $ ALTAIR_HOME \ hwsolvers \ optistruct \ bin \ win64 示例。Windows executable name：optistruct_2020_win64_i64_impi. exe，要选择这个可执行文件，使用以下运行选项：-i64-ddm-v 2020 　-v 选项的版本参数是 OptiStruct 可执行文件名称中"optistruct_" 和 "_win64" 之间的所有参数。默认情况下，串行可执行文件被选中，如果需要 MPI 或 GPU 可执行文件，那么相应的运行选项，如-ddm 或-gpu，应该与-v 一起使用 　注意：默认情况下，如果没有定义-v 选项，将使用可用可执行文件中的最高版本	

1.3　.out 文件内容解释

.out 文件是 OptiStruct 的重要信息文件，总是会在求解开始后输出。里面包含很多关于系统、软件、模型及求解优化过程的重要信息，需要经常查看。

下面详细解释.out 文件各部分的信息。

1）软件及计算机版本信息如图 1-5 所示。

2）OptiStruct 中的 note（日志）和 warning（警告）信息如图 1-6 所示。

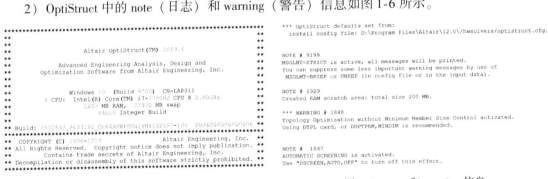

图 1-5　软件及计算机版本信息

图 1-6　note 和 warning 信息

3）文件和参数信息如图 1-7 所示。

图 1-7　文件和参数信息

4）模型信息，如单元、节点、载荷、材料和属性等，如图 1-8 所示。

5）优化问题参数，包括优化响应、优化目标等，如图 1-9 所示。优化目标包括优化参数、优化方法、迭代步等。优化制造约束包括尺寸控制、拔模以及对称，如图 1-10 所示。

6）内存信息（无法得到精确数据，这些是估计值）如图 1-11 所示。建议在真正求解之前通过 "-check" 选项运行，以获得大致所需的内存和硬盘信息。如果机器的内存不足，不要使用 "-core in" 选项。如果硬盘空间不足，请将模型复制到更大的磁盘分区进行求解，否则会导致计算错误。

```
************************************************************

FINITE ELEMENT MODEL DATA INFORMATION :
---------------------------------------

    Total # of Grids (Structural)      :      1220
    Total # of Elements                :      1132
    Total # of Degrees of Freedom      :      7315
    Total # of Non-zero Stiffness Terms :     191019

    Element Type Information
    ------------------------

      CQUAD4   Elements   :     1124
      CTRIA3   Elements   :        8

    Load and Boundary Information
    -----------------------------

      FORCE  Sets      :        1
      SPC    Sets      :        1

    Material and Property Information
    ---------------------------------

      PSHELL  Cards    :        1
      MAT1    Cards    :        1

************************************************************
```

图 1-8　模型信息

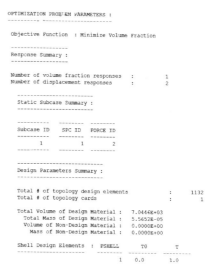

图 1-9　优化问题参数

```
Optimization Parameters Summary :
---------------------------------

    Initial Material Fraction [0,1] :   0.9000
    Minimum Element Volume Fraction :   0.0100
    Discreteness Parameter          :   1.0000

    Topology Optimization Method    :   Density Method
    Maximum Number of Iterations    :   30

    Convergence Tolerance           :   5.0000E-03
    Step Size (Topology)            :   0.5000

    Checkerboard Control            :   Off

    Run Type                        :   Topology Optimization

Topology Optimization Summary :
-------------------------------


DTPL ID   Minimum      Maximum      Minimum
          Member Size  Member Size  Gap Size
-------   -----------  -----------  ----------
    1


DTPL ID  Pattern Pattern  Draw Dir.   Stamping      No Hole      Extrusion
         Repet.  Group.   Constraints Constraints   Constraints  Constraints
-------  ------- -------  ----------- -----------   -----------  -----------
    1    NONE    NONE     NONE        NONE          NONE         NONE


    Restart from previous solution :  No
    Scratch file directory         :  ./
                                       Free space:  12014 MB
    Number of CPU processors       :  1
```

图 1-10　优化制造约束

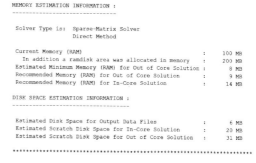

图 1-11　内存信息

7）优化历程信息包括优化目标的改变值、设计变量的改变值，注意 Viol 值。当 ITERATION 为非 0 时，表示进行优化计算，直到最后优化收敛，迭代停止，如图 1-12 所示。

8）优化结果如图 1-13 所示，提示结果是否收敛，显示计算机资源消耗、计算时间以及读写数据时间。

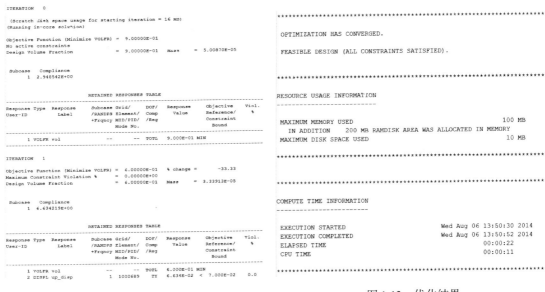

图 1-12　优化历程信息　　　　　　　　　图 1-13　优化结果

1.4　OptiStruct 优化的一些常用操作

1）打开软件可以通过 Windows 开始菜单或者桌面快捷方式，也可以通过 HyperMesh 的 Applications 下拉菜单。

本书所用软件版本为 2019 版，可以是 2019.1 或 2019.2，也可使用 2020 以上版本，2017 版及之前的版本可能不具有部分功能。

2）使用 OptiStruct 求解器模板，如图 1-14 所示。

3）打开.hm 文件可以通过下拉菜单 File > Open 或工具栏上的 图标。

4）导入.fem 文件可以通过下拉菜单 File > Import > Solver Deck 或者工具栏上的 图标打开相应对话框，如图 1-15 所示。

图 1-14　选择用户模板

图 1-15　文件导入

5）创建优化相关的项目可以通过以下四种方式。

a）Optimization 下拉菜单，如图 1-16 所示。

b）在模型浏览器（Model Browser）中右击，如图 1-17 所示。

图 1-16　Optimization 下拉菜单　　　　　　图 1-17　模型浏览器

c）Analysis > optimization 面板下的各个子面板，如图 1-18 所示。

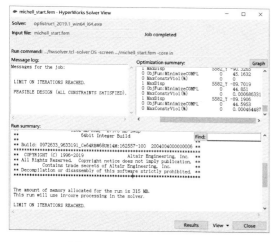

图 1-18　optimization 面板

d）按〈Ctrl + F〉组合键后在图形区右上方弹出的搜索窗口输入相应的关键字，如图 1-19 所示。

6）提交优化求解作业使用面板区的 Analysis > OptiStruct，提交后的界面如图 1-20 所示。单击右上角的 Graph 按钮可以查看优化进程，如图 1-21 所示。

图 1-19　根据关键字搜索面板

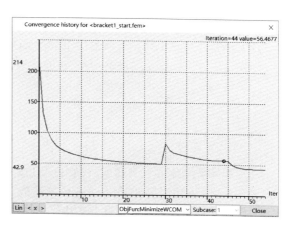

图 1-20　作业提交后的界面　　　　　　　图 1-21　优化迭代曲线

如果优化成功完成（优化收敛 + 可行设计），左上角的 Message log 框会显示：

OPTIMIZATION HAS CONVERGED.

FEASIBLE DESIGN (ALJ CONSTRAINTS SATISFIED).

也有可能得到如下信息，表明优化结果是有效的，停止优化的原因是迭代次数的限制，如果继续优化可能得到更好的结果。

LIMIT ON ITERATIONS REACHED.

FEASIBLE DESIGN (ALL CONSTRAINTS SATISFIED)

如果优化结束后显示如下信息，表示优化无法得到一个有用的结果，必须重新检查模型，找出问题原因。

OPTIMIZATION HAS CONVERGED.

INFEASIBLE DESIGN (AT LEAST ONE CONSTRAINT VIOLATED).

7）获取优化后几何或者网格的方法如下。

a）如果是拓扑优化，一般会使用 OSSmooth 面板，设置如图 1-22 所示。也可以直接在 HyperMesh 中运行优化生成的优化运行目录下的 model_name. HM. comp. tcl 脚本文件把单元分成不同的 Component，示例如图 1-23 所示。

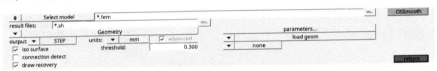

图 1-22　拓扑优化 OSSmooth

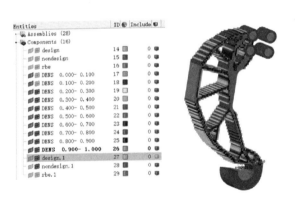

图 1-23　按密度对单元进行分组

b）如果是形貌优化，一般会使用 OSSmooth 面板，设置如图 1-24 所示。

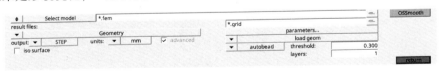

图 1-24　形貌优化 OSSmooth

c）如果是尺寸或者自由尺寸优化，直接导入（import）优化结果中的 . prop 文件，设置如图 1-25 所示，一定要勾选 FE overwrite 复选框。

d）如果是形状优化或者自由形状优化，一般是通过 HyperView 下拉菜单 Export > Solver Deck 导出一个 . fem 文件，然后到 HyperMesh 中进行导入，如图 1-26 所示。

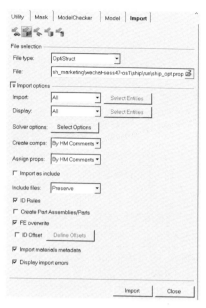

图 1-25　尺寸优化模型更新

8）软件和操作系统信息的查询方法：在 HyperMesh 中打开 Help > HyperWorks Updates and System Information 对话框，单击 Copy 按钮可以将信息复制到剪切板，然后可以粘贴到邮件里，如图 1-27 所示。

图 1-26　形状优化的优化结果网格导出

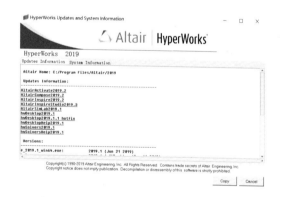

图 1-27　HyperWorks 软件版本信息查询

1.5　优化控制卡片

OptiStruct 优化的设置过程经常会用到一些控制卡片，参见表 1-3。

表 1-3　OptiStruct 优化控制卡片

控 制 卡 片	说　　明
DESMAX	最大迭代次数，无制造约束时默认为 30，有制造约束时默认为 80
MINDIM	最小成员尺寸
MATINIT	初始材料质量分数
MINDENS	最小单元密度

（续）

控制卡片	说明
DISCRETE	离散参数。壳单元 [0, 2.0]；体单元 3.0
CHECKER	控制棋盘格现象 {0, 1}
MMCHECK	效果与 CHECKER 类似
OBJTOL	目标函数收敛容差百分比
DELSIZ	尺寸优化的运动极限（move limit）初值
DELSHP	形貌和形状优化的运动极限初值
DELTOP	拓扑和自由尺寸优化的运动极限初值
GBUCK	全局的屈曲约束 {0, 1}
MAXBUCK	在优化中需要考虑的屈曲因子阶数（15 以上）
DISCRT1D	1D 单元的离散参数
DDVOPT	离散变量选项（1, 2, 3）离散优化；先连续再以最优为初始点进行离散；连续优化
TMINPLY	所有铺层的最小厚度
ESLMAX	最大的外层循环次数（MBD，ESLM）
ESLSOPT	时间步扫描策略（1：屏蔽部分 step，0：所有 step 都包含在内）
ESLSTOL	时间步扫描容差（当 ESLSOPT = 1 时使用），该值越小，保留的 step 越少
SHAPEOPT	形状优化算法设置，取值范围为 {1, 2}，当形状不变时使用 2
OPTMETH	优化算法选择：DUAL：概念优化；MFD：尺寸和形状优化
NESLEXPD	显式动力学优化所保留的 step 数
NESLIMPD	隐式动力学优化所保留的 step 数
NESLNLGM	几何非线性优化所保留的 step 数
REMESH	网格重划开关
APPROX	近似算法选择，对于大模型或 832 错误建议使用 REDUCED 选项
BARCON	PBARL、PBEAML 内部约束的开关
CONTOL	违反约束条件的容差，默认为 1%
TOPDISC	新的拓扑优化选项，帮助生成更离散的结果
TOPRST	是否启动高级拓扑优化重启动
TOPDV	生成拓扑设计变量的另一种方法
MANTHR	复合材料约束违反门槛值

第2章

拓扑优化和自由尺寸优化

2.1 拓扑优化和自由尺寸优化简介

无论哪种优化类型，最主要的目标都是提高产品性能和降低生产成本。OptiStruct 提供了拓扑、形貌、形状、尺寸（参数）、自由形状、自由尺寸 6 种优化类型，主要区别在于设计变量的不同，其余方面基本上是一致的。

要做好优化首先要了解常见的结构优化流程，但是优化没有固定的流程。在产品设计的不同阶段可能使用不同的优化技术，在一个零件上可能使用多种优化技术。图 2-1 所示为一个简单零件的优化流程，包括拓扑、形状、尺寸优化和 CAD，实际项目中往往还有反复，比如最终方案出现局部应力集中时可能需要再次进行形状或自由形状优化，或者和设计部门沟通后直接根据经验加强局部设计。

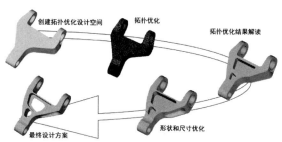

图 2-1　结构优化流程

2.1.1 拓扑优化简介

拓扑优化不仅用于零部件设计，也常用于系统级设计。对整体进行拓扑比对每个零件分别进行拓扑的效果更好，但随着零件数量的增加，连接关系变得复杂，优化的复杂度和难度也会随之增加。

拓扑优化通常位于优化的第一阶段，优化结果可以通过几何的方式返回 CAD 软件，由 CAD 软件重新进行几何细节设计后还需要进行一轮强度校核，对于局部出现问题的区域可以再次进行拓扑优化或者由后续的形状和尺寸优化进行解决。一份具有说服力的优化报告应该包括原始设计和优化设计的重量以及各个工况下的各项性能指标对比。图 2-2 和图 2-3 所示为一个支架模型的优化前后对比。

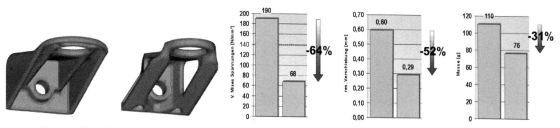

图 2-2　优化前后的支架模型　　　　　图 2-3　优化前后性能指标对比

13

拓扑优化的应用场景有很多，以下简单列举几种。

1）正向设计。优化技术在设计早期介入，这是其最有价值的使用场景，此时优化的潜力最大，通过优化可以直接得到材料布局从而指导零件设计。这种情况下需要先构造设计空间和非设计空间，给定载荷工况，然后设定体积百分比、位移、频率等设计约束后进行拓扑优化，优化完成后还需要进行几何重构，最后把几何文件提供给设计部门进行产品功能和细节设计。

2）零件外形无法更改。优化只能修改内部结构或部分结构，这是很多 CAE 工程师面临的问题。具体原因可能是工业设计部门已经锁定外观设计，结构部门的更改权限只是内部结构，或者是需要将旧设计方案进行更新后用于新产品，也可能是产品在测试或客户使用过程中出现了问题需要进行改进。图 2-4 所示为只优化内部结构的例子。

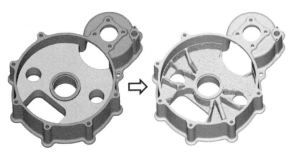

图 2-4　局部优化（只优化内部结构）

3）重新设计零件，功能、要求、连接方式和原设计类似。

拓扑优化是在给定设计空间寻找最优形状和材料布局的数学算法。OptiStruct 拓扑优化采用变密度法，人为地引入一种假想的密度可变的材料，假定材料物理参数（如许用应力、弹性模量）与材料密度间存在某种函数关系，优化时以每个单元的密度为拓扑设计变量，设计变量的个数与设计区域的单元个数相等。

建立一个材料弹性模量与单元相对密度之间的函数关系，通过引入惩罚因子对中间密度值进行惩罚，使中间密度值向 0-1 两端聚集，即连续变量的拓扑优化模型能很好地逼近 0-1 离散变量的优化模型，如图 2-5 所示。

惩罚函数是一个指数函数，图 2-5 中的 p 就是指数。对于 2D 和 3D 单元可以设置 DOPTPRM，DISCRETE 为 $p-1$，对于 1D 单元可以设置 DOPTRPM，DISCRETE1D 为 $p-1$。也可以设置 TOPDISC 为 YES 来提高离散程度，这是在最近版本新增的选项，效果更好。OptiStruct 离散参数的设置见表 2-1。

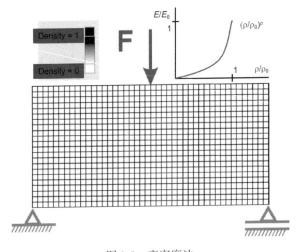

图 2-5　变密度法

表 2-1　OptiStruct 离散参数的设置

参　　数	值	描　　述
DISCRETE	实数，要求大于 0.0 默认值：1.0 对于带成员尺寸约束，但没有其他制造约束的实体单元，默认值是 2.0	值越大离散程度越高 壳单元推荐范围：0.0 ~ 2.0 体单元推荐范围：0.0 ~ 3.0
DISCRETE1D	实数，要求大于 0.0 默认值：1.0	只对 1D 单元有效
TOPDISC	YES/NO，默认值是 YES	YES 有助于提高离散程度

为了得到更离散的结果，在优化过程的不同阶段优化引擎会自动调整 p 值，如图 2-6 所示。

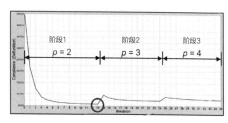

图 2-6　p 值自动调整曲线

2.1.2　自由尺寸优化简介

　　自由尺寸优化相对用得比较少，只支持 2D 单元，可以理解为变量极多的尺寸优化。每个变量的变化范围一般是从 0 到单元的初始厚度，用户也可以另外设定变化范围，如图 2-7 所示。自由尺寸优化的结果是一片连续变化的厚度，每个 2D 单元有一个单独的厚度结果。这种优化通常意味着较高的加工成本，所以主要应用在一些对重量和性能敏感但对制造成本不敏感的行业。另外，自由尺寸优化也常用于对 2D 拓扑优化结果进行快速验证。

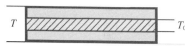

图 2-7　自由尺寸优化变量

2.1.3　实例：michell 模型拓扑优化

　　michell 模型拓扑优化是一个经典的优化问题，模型如图 2-8 所示。

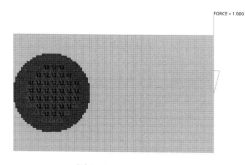

图 2-8　michell 模型

操作视频

优化三要素

- 设计变量：圆形区域以外的单元。
- 设计约束：优化区域的体积百分比小于 20%。约束区域圆形部分是非设计区域，而且施加了 1、2 方向的约束。
- 优化目标：最小化柔度。

操作步骤

Step 01 打开网格文件 michell_start. hm。

Step 02 创建拓扑优化设计变量。进入 Analysis > optimization > topology 面板的 create 子面板，

设置如图 2-9 所示。props 选择 design，单击 create 按钮完成创建。

图 2-9　创建拓扑优化设计变量

Step 03 创建柔度响应。进入 Analysis > optimization > responses 面板，设置响应类型为 compliance，单击 create 按钮创建柔度响应 comp，如图 2-10 所示。

图 2-10　创建柔度响应

Step 04 创建体积百分比响应。设置响应类型为 volumefrac，单击 create 按钮创建体积百分比响应 volfrac，如图 2-11 所示。

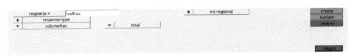

图 2-11　创建体积百分比响应

Step 05 创建设计约束。进入 Analysis > optimization > dconstraints 面板，response 选择 volfrac，upper bound 设置为 0.2，单击 create 按钮完成创建，如图 2-12 所示。

图 2-12　创建体积百分比约束

Step 06 创建优化目标。进入 Analysis > optimization > objective 面板，response 选择 comp，loadstep 选择 SUBCASE1，单击 create 按钮完成创建，如图 2-13 所示。

图 2-13　设置优化目标

Step 07 提交优化计算。进入 Analysis > OptiStruct 面板，设置如图 2-14 所示，然后单击 OptiStruct 按钮，打开 HyperWorks Solver View 对话框。在对话框中单击 Results 按钮打开后处理面板。

图 2-14　提交优化计算

Step 08 结果后处理。单击 HyperView 工具栏上的 contour 按钮，然后单击 Apply 按钮显示云图，如图 2-15 所示。为了不显示密度很小的单元，可以打开右侧的 Legend 选项卡，如图 2-16 所示。

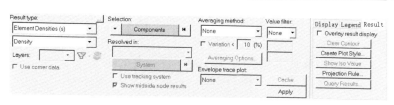

图 2-15　contour 面板

图 2-16　Legend 选项卡

优化关心的是最后一个迭代步的结果，如图 2-17 所示。单击工具栏上的播放按钮可以播放动画。单击 HyperView 工具栏上的 Iso 按钮，然后单击 Apply 按钮显示 iso 图，如图 2-18 所示。

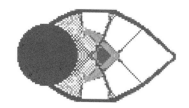

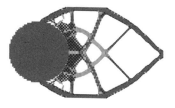

图 2-17　密度云图

图 2-18　密度 iso 图（一）

从优化结果能够大致看出材料的分布方式。从云图可以明显地看出接近圆形区域的密度分布类似国际象棋棋盘，这种现象称为棋盘格效应，说明优化算法在这个区域遇到了麻烦，导致局部结构不清晰。解决的办法包括增加最小成员尺寸约束、网格细化、修改优化约束等，例如添加最小成员尺寸约束，设置 Mindim 为 0.2 或 0.3，如图 2-19 所示。重新运行后的优化结果（后处理设置不变）如图 2-20 所示。

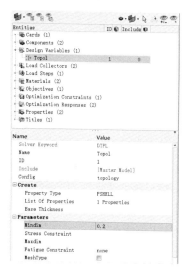

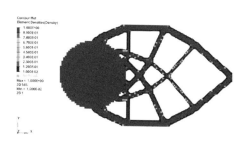

图 2-19　设置最小成员尺寸约束

图 2-20　优化后的密度云图

注意，优化结果中并没有图 2-21 所示中间部分的材料，这说明在工程问题中人们的直觉经常是靠不住的，尤其是在动力学和高度非线性领域。

接下来把这个问题略加调整，载荷变为左侧施加一对力偶，两个工况单独作用，如图 2-22 所示。

图 2-21　很多设计人员认为应该有材料的部位

优化三要素如下。

- 优化目标：最小化体积。
- 设计约束：右侧工况下，加载点位移小于 2.5；左侧工况下，加载点位移小于 1.5。
- 设计变量：圆形区域以外的所有单元。

优化结果如图 2-23 所示。

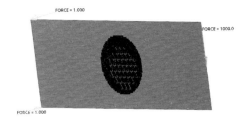

图 2-22　优化模型

图 2-23　密度 iso 图（二）

可以看出右侧的结果变化不大，但是左边的结果却很不相同（因为载荷不同）。要让设计工程师想出这个匪夷所思的设计是相当有难度的，何况这已经是极简的设计空间在极简载荷工况下的结果。所以，几乎在所有的场合设计师都应该自问一下：这个结构可以 OptiStruct 吗？

图 2-24　密度 iso 图（三）

实际上，这两个载荷工况的作用位置可能互换。这是非常常见的，就像左侧机翼上的载荷也有可能在右侧机翼出现，所以两个机翼的设计应该是对称的。优化时也可以施加左右对称约束，然后重新进行优化，结果如图 2-24 所示。

从结果可以看出，左侧的载荷主导了结果。原因何在？看一下两个柔度值大小就明白了——相差近 1000 倍。

Subcase	Compliance	Epsilon
1	1.251848E + 03	- 9.516383E - 11
2	1.498340E + 00	- 1.586868E - 09

加权柔度的加权系数如何选取是实际工程中经常需要考虑的问题，如果原始柔度比较接近，可以先使用 1∶1 这样的配置，如果比较悬殊则考虑原始柔度与加权系数的乘积接近 1∶1。OptiStruct 也提供了自动配平的功能，方法是使用 compliance index 类型的响应，自动配平的选项如图 2-25 所示。更常见的情况是需要尝试不同的设置方案，包括对每一个工况进行单独优化，这样才能通过优化结果的变化更好地理解结构。

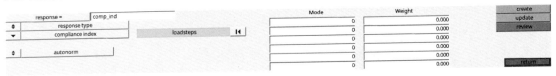

图 2-25　创建 compliance index 响应

实际工程中还会面临很多其他的考虑，例如某些位置是必须开孔的（如有一根轴或管要通过），如图 2-26 所示。对称约束升级为上下对称 + 左右对称。优化结果如图 2-27 所示。

以上是二维情况下设计空间变化对优化结果的影响。如果零件是从一块大型厚钢板切出来的，情况大概就是这样的。但是因为材料利用率不高，这种情况实际工程中比较少。更常见的情况是使用加强筋在平板上进行加强，因为这样材料利用率高很多。接下来就来做这样的优化。简单起见，这里把两个载荷一起作用，设置优化基准厚度为1（这部分不参与优化），如图2-28所示。

图 2-26　带孔的设计空间

图 2-27　密度 iso 图（四）

图 2-28　设置基准厚度

优化三要素调整如下。
- 优化目标：最小化体积。
- 设计约束：右侧工况下，加载点位移 ≤ 0.08；左侧工况下，加载点位移 ≤ 0.1。
- 设计变量：圆形以外的单元。

优化结果如图2-29所示，材料都到了上下两侧。换句话说只需要在图示位置焊接4mm厚度的加强筋即可。如果是铸造件，使用实体单元进行优化效果更佳。3D优化结果如图2-30所示。

图 2-29　密度 iso 图（五）

图 2-30　密度 iso 图（六）

这块板也可以用形貌、尺寸、自由尺寸、形状、自由形状优化，具体取决于应用场景、制造水平、成本限制等，这里不再展开讨论。

2.1.4　实例：方板的自由尺寸优化

本例的模型是一块简单的方板。模型如图2-31所示，左端施加了1~6方向的约束，右端中心施加 z 向 1000N 的集中力。

图 2-31　自由尺寸优化模型

优化三要素

- 优化目标：最小化柔度。
- 设计约束：优化区域的体积百分比 ≤ 30%。
- 设计变量：所有单元。

操作视频

操作步骤

Step 01 打开 freesize_start. hm。

Step 02 创建拓扑优化设计变量。进入 Analysis > optimization > freesize 面板的 create 子面板，设置如图 2-32 所示。props 选择 pshell，单击 create 按钮完成创建。

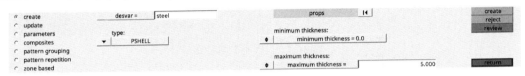

图 2-32　创建拓扑优化设计变量

Step 03 创建柔度响应。进入 Analysis > optimization > responses 面板，设置响应类型为 compliance，单击 create 按钮创建柔度响应 comp，如图 2-33 所示。

图 2-33　创建柔度响应

Step 04 创建体积百分比响应。设置响应类型为 volumefrac，单击 create 按钮创建体积百分比响应 volfrac，如图 2-34 所示。

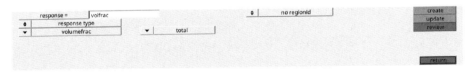

图 2-34　创建体积百分比响应

Step 05 创建设计约束。进入 Analysis > optimization > dconstraints 面板，response 选择 volfrac，upper bound 设置为 0.3，单击 create 按钮创建体积百分比约束，如图 2-35 所示。

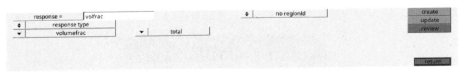

图 2-35　创建体积百分比约束

Step 06 创建优化目标。进入 Analysis > optimization > objective 面板，response 选择 comp，loadstep 选择 SUBCASE1，如图 2-36 所示。

图 2-36　创建优化目标

Step 07 提交优化计算。进入 Analysis > OptiStruct 面板，设置如图 2-37 所示，单击 OptiStruct 按钮打开 HyperWorks Solver View 对话框。在对话框中单击 Results 按钮打开后处理面板。

图 2-37　提交优化计算

Step 08 结果后处理。单击 HyperView 工具栏上的 contour 按钮，打开 contour 面板，如图 2-38 所示，然后单击 Apply 按钮显示图 2-39 所示的云图。

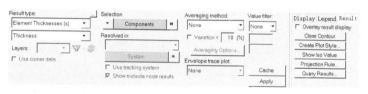

图 2-38　contour 面板

还可以添加其他制造约束，比如施加一个线性排列的约束。将自由尺寸设计变量更改为图 2-40 所示的设置。优化结果变成了线性排列的厚度，如图 2-41 所示。自由尺寸优化的制造约束和拓扑优化类似，具体可以查询 DSIZE 卡片的帮助说明。

图 2-39　密度云图（一）

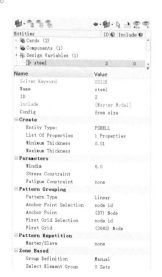

图 2-40　自由尺寸设计的线性约束

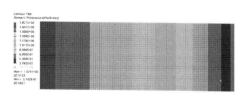

图 2-41　密度云图（二）

2.1.5 网格收敛性研究

拓扑优化模型的网格大小可能显著影响优化结果，原因是优化结果中每个单元只有一个密度结果，如果网格过于稀疏，优化结果就会难以解读出结构的细节。下面使用一个 2D 框架拓扑优化案例来展示网格大小对优化结果的影响。

本例的工况是静力分析，左侧上下两点全约束，右侧上下两点各施加 100N 的集中力，如图 2-42 所示。

优化三要素如下。

- 优化目标：最小化质量。
- 设计约束：右上角 51 号节点位移小于 1.5mm。
- 设计变量：除两侧以外的所有横向结构。

局部初始网格如图 2-43 所示。优化结果如图 2-44 所示。

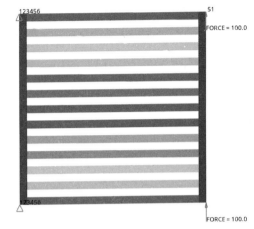

图 2-42　优化模型

图 2-43　局部初始网格

图 2-44　密度 iso 图（七）

将网格细化后如图 2-45 所示。优化结果如图 2-46 所示。

图 2-45　网格细化后

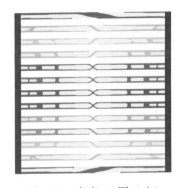

图 2-46　密度 iso 图（八）

从优化结果可以看出，随着网格的细化，优化结果逐渐变得清晰。一般来说，随着网格的逐步细化，局部细节会越来越清晰，细化到一定程度后优化结果趋于稳定，这时就可以停止继续细化网格了。对于大型模型，通常无法将模型细化到足够细的程度，只要优化结果清晰、连续就可以了。

这个过程一般称为网格收敛性研究。优化结果对网格大小的敏感性取决于工况、几何形状及优化设置，并没有一般性的规律。

进行有限元分析时由于最大应力总是在结构的表面出现，所以有限元前处理通常会生成从外表面到内部逐渐加粗的网格。如果优化的网格是四面体单元，因为无法预测优化结果中的材料会出现在哪里，所以应该使用内外一致的网格大小。HyperMesh 中控制网格尺寸增长率的参数是图 2-47 中的 Growth rate。

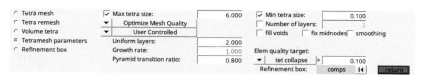

图 2-47　四面体网格尺寸增长率控制参数

2.2　优化三要素

优化问题都要确定三个基本要素：优化目标、设计约束、设计变量，它们被称为优化三要素。

2.2.1　设计变量

拓扑优化的设计变量是设计区域的单元密度，通过密度和刚度的关联实现局部刚度的变化。拓扑优化的结果和优化空间（也就是拓扑优化的变量）的定义有很大关系，支持从 1D/2D/3D 单元的属性创建设计变量。

通常用户只需要选择属性就可以完成拓扑优化设计变量的定义，操作可以在 Analysis > optimization > topology 面板中的 create 子面板完成，如图 2-48 所示。OptiStruct 支持创建多个拓扑优化设计变量，每个设计变量的设置相互独立。

图 2-48　创建拓扑优化设计变量

面板中 type 的可选项有 PSOLID、PSHELL、PCOMP（G）、PBAR、PROD、PWELD、PBUSH、PBEAM 和 PBEAML。定义拓扑优化设计变量相关的其他参数主要是制造约束的定义，详情请参考 DTPL 关键字。

拓扑优化设计空间的构造有时是比较复杂的，例如针对图 2-49 所示的原始设计，重新设计加强筋需要先创建一个设计空间，如图 2-50 所示。

图 2-49　原始设计

图 2-50　拓扑优化设计空间

操作视频

除了常规几何工具之外，2019 版软件还提供了直接操作网格构建拓扑优化设计空间的工具，如图 2-51 所示。拓扑优化设计空间并不要求网格外表面光滑。

图 2-51　voxel 工具

对于复杂的情况，建议在 Inspire Studio 或其他 CAD 软件中完成几何建模。

2.2.2　响应

设计约束条件和优化目标函数都是从响应创建的。OptiStruct 之所以被认为是最强大的优化软件之一，其中一个原因就是其丰富的内置响应。OptiStruct 响应分为三大类。

- 第一类响应（DRESP1）：OptiStruct 可以直接计算得到这类结果，具体可以参考图 2-52。实际应用中 90% 以上的案例都是使用第一类响应。第一类响应很容易使用，而且 OptiStruct 会自动计算灵敏度，可以大幅度提高优化的计算速度。

mass	inertia	static failure	grid point stress	composite stress	frf force	fatigue
massfrac	compliance	static force	contact pressure	composite strain	frf pressure	function
volume	frequency	static stress	gasket pressure	frf acceleration	frf stress	beadfrac
volumefrac	buckling	static strain	contact force	frf displacement	frf strain	compliance index
cog	static displacement	grid based fatigue	composite failure	frf erp	frf velocity	weighted comp
weighted freq	psd stress	rms displacement	external	thermal compliance		
temperature	psd strain	rms pressure	spc force	boredst		
psd accleration	psd velocity	rms stress	gpforce			
psd displacement	power flow	rms strain	mode shape			
psd pressure	rms accleration	rms velocity	resforce			

图 2-52　第一类响应

- 第二类响应（DRESP2）：如果遇到第一类响应解决不了的问题，要优先考虑第二类响应。第二类响应是已有响应的算术运算，详细的创建方法将在第 3 章介绍。
- 第三类响应（DRESP3）：如果遇到前面两类响应无法解决的响应问题，那么还有第三类响应，也就是借助外部程序来完成响应计算。DRESP3 可以使用 Compose、Excel、C、C++、FORTRAN 创建，但实际上程序都是可以互相访问的，例如可以通过 Compose 去调用 Python 完成响应的创建，其间可能需要访问文件、数据库或者调用别的程序。

是否能提供灵敏度给 OptiStruct 优化引擎对优化速度有很大影响，DRESP1 和 DRESP2 都是自动提供的，而 DRESP3 多数情况下提供不了，这也是 DRESP3 比 DRESP1 和 DRESP2 慢很多的原因。由于 OptiStruct 在优化时会在后台构建响应面，所以每次迭代时会多次调用外部程序进行第三类响应的计算。

选择响应的几个原则如下。

- 刚度优先，如柔度和加权柔度。
- 全局性响应优先，如模态频率、体积、体积百分比。
- 鲁棒性高的响应优先。应力、高阶模态频率等响应类型要慎重选用。

最常用的响应包括位移、应力、柔度、加权柔度、频率、加权频率、体积、体积百分比、质量、质量百分比等。位移有正负之分，如果位移为负，为了提高刚度应该最大化该位移。体积百分比和质量百分比的计算方法和差别如图 2-53 所示。对于频率响应分析的结果，很多情况下是先通过分析得到问题频率，然后针对对应的模态进行优化。对于螺栓、铆钉等连接件通常可以通过轴向力和剪切力进行优化。转子问题可以通过转动惯量或质心位置进行优化。模态优化要注意跳频的问题（比如原先的第五阶模态振型优化后跳到了第三阶），解决方法有模态追踪以及同时控制多阶模态。

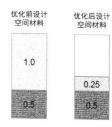

图 2-53　体积百分比和质量百分比的差别

如果载荷为力，则为了提高刚度，柔度越小越好，如果载荷为强制位移，则为了提高刚度，柔度越大越好。加权柔度为各个工况柔度的线性叠加，计算公式如下。

$$C_W = \sum_i W_i C_i = \frac{1}{2} \sum_i W_i u_i^{\mathrm{T}} f_i$$

拓扑优化和自由尺寸优化都属于概念设计优化，但是拓扑优化倾向于产生桁架结构而自由尺寸优化倾向于得到膜状结构，如图 2-54 和图 2-55 所示。一般来说，两者的材料布局趋势是一致的，自由尺寸优化经常用于拓扑优化结果的快速验证，也常用于复合材料铺层厚度的优化，这部分内容将在复合材料章节单独介绍。

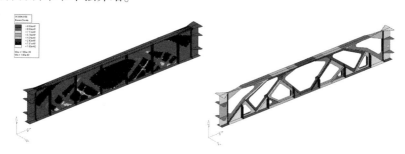

图 2-54　拓扑优化结果和相应的 CAD 模型

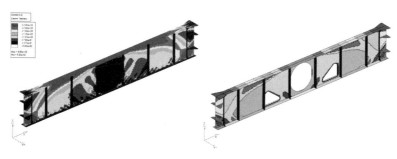

图 2-55　自由尺寸优化结果和相应的 CAD 模型

2.2.3　约束和目标

　　工程中遇到的优化问题基本上都是带约束的优化，约束可能是显式指定的，也可能是隐式存在的（常见于形状、尺寸优化等设计变量变化较小的优化类型）。指定合适的约束条件以及合适的目标是得到较好优化结果的基本要求。指定约束条件需要参考原始结构的对应分析结果，约束过于严格会导致优化无解，过于宽松则约束不起作用。设置的约束会被 OptiStruct 自动过滤，所以即使设定的约束极多（如应力约束），这些约束也不会都真正参与优化，OptiStruct 在每一个迭代步都会重新进行约束筛选以免优化得到的结果无法满足约束条件。

　　接下来这个例子专门介绍应力约束。

　　优化三要素如下。

- 优化目标：最小化体积百分比。
- 设计约束：加载点位移小于 0.07mm。
- 设计变量：所有单元。

　　这种体积 + 位移的优化设置是最容易得到结果的，具有广泛的应用。拓扑优化结果如图 2-56 所示。

- 最大位移：优化前 0.032mm，优化后 0.07mm。
- 最大应力：优化前 35MPa，优化后 69.8MPa。

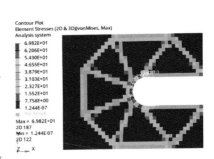

图 2-56　拓扑优化结果密度云图

　　优化前可以施加通用应力约束（见图 2-57），也可以施加精确应力约束（见图 2-58 ~ 图 2-60）。应力约束比较复杂，有大量选项可用，详情请参考 DRESP1 关键字。

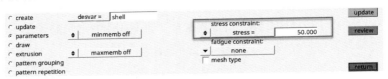

图 2-57　拓扑优化应力约束

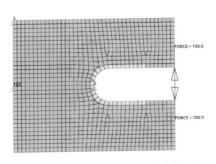

图 2-58　用于创建应力响应的单元

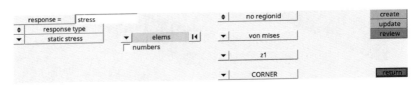

图 2-59　创建应力响应

图 2-60　创建应力约束

添加不同应力约束的优化结果如图 2-61 所示（密度阈值都是 0.3）。从中可以看出，应力要求高了，剩余材料自然就多了。

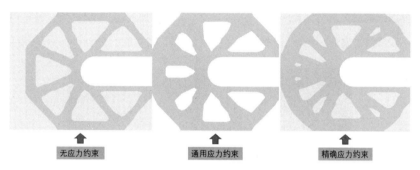

图 2-61　不同应力约束对应的密度云图

通用应力约束自动过滤应力奇异的单元（不影响后续优化迭代），这是比较稳健的方法，建议读者在大部分情况下使用。但是这类应力约束不能用于 1D 单元，也不能用于施加强制位移载荷的工况。

精确应力约束的优点是应力约束被严格满足，但是这种用法下必须要小心地把应力奇异单元排除在外，否则将无法得到优化结果。本次精确应力约束下优化的应力结果如图 2-62 所示。

影响刚度的因素是全局的，而影响局部应力的因素往往是局部设计，所以设计初期主要考虑刚度，兼顾强度，刚度设计好了，相当于"身体强壮"了，后期的局部应力问题解决起来也就容易了。

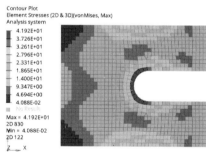

图 2-62　应力结果

2.3　制造约束

2.3.1　成员尺寸约束

最小成员尺寸是最常用的拓扑优化制造约束之一，在 parameters 子面板设置。

最小成员尺寸适用于 2D 和 3D，可控制小结构特征的尺寸，常用于控制"棋盘格"现象，更容易解释输出的结果，副作用是需要更高的计算成本。最小成员尺寸应大于三倍的平均网格尺寸。如果是排列整齐的网格，可以选择图 2-63 所示的 mesh type 选项后设置为平均网格尺寸的两倍。

图 2-64 所示为不设置最小成员尺寸的优化结果。如果设置最小成员尺寸 mindim 为 60，优化结果变为图 2-65 所示；如果设置最小成员尺寸为 90，优化结果变为图 2-66 所示。

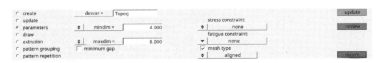

图 2-63　mesh type 选项

图 2-64　不设置最小成员尺寸的优化结果

图 2-65　最小成员尺寸为 60 时的优化结果

图 2-66　最小成员尺寸为 90 对应的优化结果

最大成员尺寸约束对优化结果的影响如图 2-67 所示，目的是消除材料过度集中。最大成员尺寸约束必须大于最小成员尺寸约束的两倍，也就是大于平均单元尺寸的六倍。

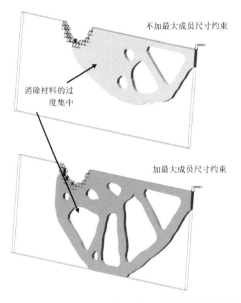

图 2-67　最大成员尺寸约束对优化结果的影响

2.3.2　拔模和挤压约束

拔模约束主要是为了防止在压铸或注塑过程中出现无法出模的结构，比如中空结构。拔模约束分为单向拔模和分离模两种。一个设计空间只能有一个拔模方向，考虑到复杂的零件需要从多个方向进行拔模,建议先进行没有拔模约束的优化,根据优化结果将设计空间分割为几块并在合适的方向上分布设置拔模约束。

draw 面板右下角的 obstacle 选项用于一种特殊情况,即设计空间在拔模方向上有非设计区间存在,选择该项后会去掉所有影响拔模的设计空间材料。拔模约束设置面板如图 2-68 所示。

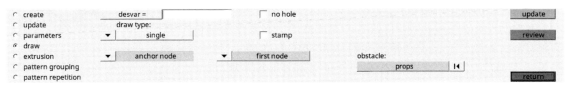

图 2-68　设置拔模约束

挤压约束从字面理解只能用于挤压成型的零件,但实际上并不是,更多时候应该将它理解为一种贯穿整个优化空间的拔模约束。

2.3.3　对称约束

设计中通常包含对称,比如汽车左侧的车门和右侧的车门应该是对称的,然而从力学角度来说这不是最优的,因为汽车左右的载荷是不一致的。拓扑优化支持 6 种对称约束,分别是 1 个平面对称、2 个平面对称、3 个平面对称、圆周对称、圆周 + 1 个平面对称和周期重复约束。平面对称约束对优化结果的影响如图 2-69 所示,圆周对称的优化结果如图 2-70 所示。

对称约束的结果是使优化结果对称,并不要求设计空间的网格或者外形对称。

周期重复约束对优化结果的影响如图 2-71 所示,支持在单一域内使设计特征周期重复,支持用户指定分块个数,支持每个周期中的对称定义。

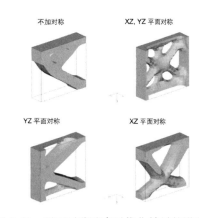

图 2-69　平面对称约束对优化结果的影响

图 2-70　施加圆周对称的优化结果

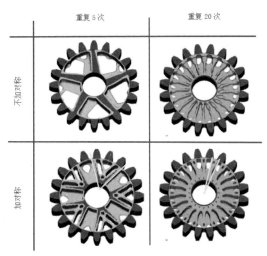

图 2-71　周期重复约束对优化结果的影响

2.3.4 模式重复约束

施加模式重复约束可以得到不断重复的结构，图 2-72 所示为无模式重复约束的优化结果，图 2-73 所示为施加模式重复约束的优化结果。

施加模式重复约束并不要求这各个零件或部位的设计变量和优化结果是完全一致的，根据设计情况也可以添加各个方向上的比例系数。图 2-74 所示为波音 787 前缘翼肋拓扑优化得到的几何模型。

图 2-72　无模式重复约束

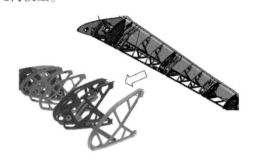

图 2-73　施加模式重复约束

图 2-74　前缘翼肋优化结果

2.3.5 均匀模式约束

除了把每个单元的密度设置为不同的变量，拓扑优化还可以用于确定整个结构的有无。图 2-75 中把筋板整体作为设计变量。本例的模型文件在 CH2_3_5_uniform_pat 文件夹下。

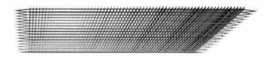

图 2-75　筋板设计变量

图 2-76 所示为均匀模式约束的设置面板，其余设置和普通拓扑优化一致。

局部优化结果如图 2-77 所示。

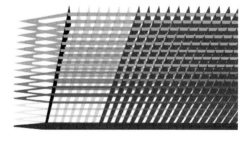

图 2-76　均匀模式约束设置

图 2-77　拓扑优化结果

2.4 多模型优化

顾名思义，多模型优化就是同时优化多个模型，并且使不同模型相同 ID 的设计变量优化结果保持一致。多模型优化不限于拓扑优化，实际上可以用于各种优化类型。多模型优化的设置过程基本上与单模型优化是一样的。

例如，要设计一座图 2-78 所示的桥梁。这时只需要考虑一个模型，工况可以有多个。OptiStruct 可以优化出一个确定的结果。但是因为这座桥太矮，有了桥船就无法通行了。所以有船时需要先把桥折叠起来让船通过，然后再恢复原样，如图 2-79 所示。

图 2-78　桥梁正常工作工况示意图（模型 1）

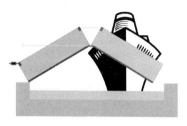

图 2-79　桥折叠时的工况（模型 2）

　　因为模型和工况都不一样了，优化的结果和只考虑通车的情况截然不同。显然设计这座桥的时候需要同时考虑这两种情况，并让模型 1 和模型 2 的优化结果完全相同，如图 2-80 所示。

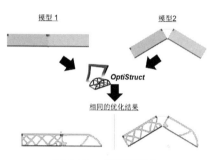

图 2-80　多模型优化

　　这两个模型都是普通的优化模型，只是没有优化的目标。需要使用第二类响应把这两个模型的柔度加起来作为多模型优化的响应。多模型优化第二类响应的创建目前 HyperMesh 没有提供界面，不过可以使用提供的 WriteMasterFileforMMO_modify.tcl 脚本创建一个界面，如图 2-81 所示。

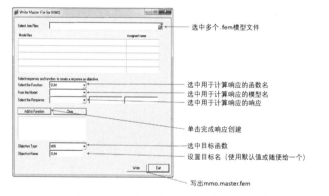

选中多个 .fem 模型文件

选中用于计算响应的函数名
选中用于计算响应的模型名
选中用于计算响应的响应

单击完成响应创建

选中目标函数
设置目标名（使用默认值或随便给一个）

写出 mmo.master.fem

图 2-81　.tcl 脚本创建 .master 文件的界面

创建界面

设置模型

提交计算的选项如图 2-82 所示，-np 后面的数字是模型数加 1。

图 2-82　多模型优化提交作业

　　实际上多模型优化的模型可能是不同的，或者只共享部分相同设计。各个模型可以设置独立的目标和约束，也可以定义全局的响应，如以下设置。

　　1）各个模型具有相同的设计，但是使用不同的网格模型，如图 2-83 所示。

　　2）相似的模型，有基于工况的参数配置和部件属性（如阻尼），如图 2-84 所示。

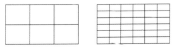 

图 2-83　使用不同的网格模型

图 2-84　有基于工况的参数配置和部件属性的相似模型

3）不同的模型，需要将不同模型组合得到最终的目标和约束，比如总体积最小等，如图 2-85 所示。

4）不同的模型，共用部分相同的设计，如图 2-86 所示。

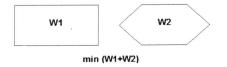

图 2-85　需要将不同模型组合得到最终的目标和约束

图 2-86　共用部分相同的设计的不同模型

再如，挖掘机安装不同的执行机构时模型和工况都不同，使用多模型优化技术可以方便优化。

优化三要素如下。

- 优化目标：加权柔度最小。
- 优化约束：体积百分比小于 0.3。制造约束使用最小成员尺寸约束、对称约束。
- 设计变量：所有单元。

操作视频

模型 2 只有工况和工作头的网格与模型 1 不同，设置与模型 1 类似。

. master 文件内容如下。

```
SCREEN OUT
RESPRINT ALL
ASSIGN,MMO,bucket,excavator_bucket.fem
ASSIGN, MMO, hammer, excavator_hammer.fem
BEGIN BULK
$
ENDDATA
```

单模型的优化结果分布如图 2-87 所示。从图可知单模型优化的结果左右完全不同。图 2-88 中使用多模型优化两端的优化结果是完全一样的。

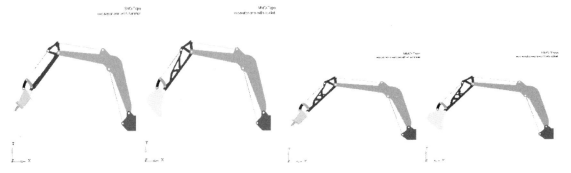

图 2-87　单模型优化结果 iso 图　　　　　图 2-88　多模型优化结果 iso 图

在 OptiStruct 中，多个模型中需要保持优化结果相同的拓扑优化设计变量的 ID 必须一致，因为 OptiStruct 是通过 ID 来关联不同模型的设计变量的。如果没有保持 ID 一致，还是可以得到优化结果，但是各个模型的结果是不相关的。

既然要求结果是"相同的"，那么设计空间的几何形状是不是也必须完全相同呢？答案是否定的。OptiStruct 帮助文件 Example Guide 中的 OS-E：0825 就是这样一个例子，不同的几何形状（长度是 2 倍关系，高度是 3 倍关系）载荷和约束也不相同，我们可以要求优化结果也是同样的对应关系（长度 ×2，高度 ×3 后优化结果完全一样）。

2.5 失效安全优化

1. 失效安全优化概念

标准的拓扑优化不考虑结构可能损坏的可能性，OptiStruct 通常会把优化约束条件用到极限。失效安全（fso）优化则不同，要求即使部分结构受到破坏完全失去承载能力，剩余的结构依然可以安全工作，不至于造成灾难性的后果。失效安全优化会造成过于保守的设计而且计算量很大，一般只会用在航空、核能等特殊行业和一些特别场合。

2. 失效安全优化例子

优化的模型如图 2-89 所示。

优化三要素如下。

- 优化目标：最小化质量。
- 设计约束：体积百分比小于 30%。圆周对称，失效块的立方体边长为 3。
- 设计变量：中间部分的单元。

图 2-89 优化模型

操作视频

如果不在求解选项加上 fso 选项，OptiStruct 会忽略模型中的 fso 设置。优化结果如图 2-90 所示。

图 2-90 不考虑 fso 时的优化结果

不同局部失效模型的优化结果如图 2-91 所示。

fso 优化的结果文件是 Topology_Solid_Elems_FSO_des. h3d，优化结果如图 2-92 所示。

注意：如果设置的失效块数太多会导致大量的优化计算（因为每个模型都是一个单独的优化计算），需要找合适的计算资源来求解（大内存，多 CPU）。

失效块数或者失效块的尺寸是一个经验值。不同行业不同应用会有很大的差别。

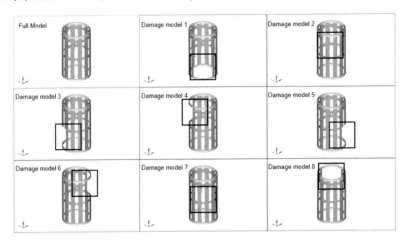

图 2-91　fso 优化时不同模型的拓扑优化结果 iso 图

图 2-92　考虑 fso 时的优化结果

2.6　多材料拓扑优化

在之前的所有拓扑优化的例子中，同一个设计变量的材料都是相同的。实际中在一个结构上同时使用多种材料是普遍现象，如图 2-93 所示，白车身大部分是普通钢，但是会在关键位置使用高强钢，或者部分用钢、部分用铝合金或工程塑料或复合材料。不同材料的混合使用可以各取所长，在刚度、吸能、成本各方面达到一个平衡。

目前 OptiStruct 的多材料优化支持体单元和壳单元，只支持各向同性材料。除了原始材料外每个变量最多可以有 9 个备选材料，优化结果可以看到不同部位使用不同材料，通过运行优化生成的 .tcl 脚本可以在 HyperMesh 中将不同材料的单元进行分组。

下面简要介绍一个实例：两种材料的使用方案优化。模型如图 2-94 所示，优化区域可以从两种材料中选择一种合适的材料，最终结果是材料的有无以及材料类型的分布。

图 2-93　使用多种材料的白车身模型

优化三要素如下。

- 优化目标：最小化质量。
- 设计约束：前 5 阶频率小于 15 Hz。
- 设计变量：所有单元。

操作视频

一般拓扑优化的设置已经在 .fem 文件中设置完毕，接下来只演示和多材料拓扑优化相关的步骤。

1）导入 CarBody_MultiMatOpt_5modes.fem，模型如图 2-94 所示。

2）选中设计变量后设置 Multiple Mats 项中备选的两种材料，如图 2-95 所示。

图 2-94　模型

图 2-95　多材料设置

3）运行 OptiStruct 进行多材料拓扑优化。

4）在 HyperMesh 的 File > Run > Tcl/Tk Script 运行 CarBody_MultiMatOpt_5modes.HM.comp.tcl 脚本。

5）在 HyperMesh 可以看到优化结果如图 2-96 所示。

这个例子应用的两种材料具有不同弹性模量和密度，如果都是钢材，那么弹性模量和密度应该都是一致的，主要是强度指标不一致，针对刚度的拓扑优化无法体现出材料的不同力学性能。多材料技术的应用目前还处于初级应用阶段，很多技术还不太成熟。

图 2-96　多材料拓扑优化的优化结果

2.7　工程实例

2.7.1　轨道支撑柱安装位置优化（1D）

为了在山坡上建造图 2-97 所示的类似过山车轨道的结构，需要在轨道的下方安装一些 z 方向的金属支撑柱，由于不同位置的载荷大小、方向各不相同，本例对支撑柱的安装位置进行优化。轨道部分作为非设计空间保留。本例使用梁单元。

　　优化需要考虑 40 个工况，每个工况的位移约束都是支撑柱底部的全约束，每个工况载荷的施加位置及大小方向各不相同。

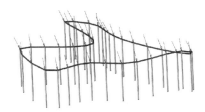

图 2-97　类似过山车轨道的结构模型

操作视频

优化三要素

- 优化目标：最小化轨道的最大位移。
- 设计约束：设计空间的剩余体积小于 50%。
- 优化变量：所有支撑柱单元。

操作步骤

Step 01 创建设计变量，props 只选择 support_design，如图 2-98 所示。

图 2-98　创建拓扑优化设计变量

Step 02 创建体积百分比响应，props 只选择 support_design，如图 2-99 所示。

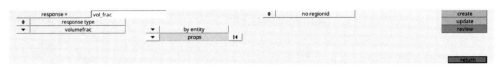

图 2-99　创建体积百分比响应

Step 03 创建位移响应，nodes 选择轨道上的所有节点，如图 2-100 所示。

图 2-100　创建位移响应

Step 04 创建位移的目标参考，如图 2-101 所示。neg reference 表示响应为负值时的参考值，这里未设置，使用默认值 -1.0。pos reference 表示响应为正值时的参考值，这里设置为 1.0。因为 OptiStruct 只能进行单目标优化，所以需要先把多个目标进行加权计算得到一个目标。这里设置的就是参考值 r_i，W_i 是响应值。最终的优化响应公式为

$$\text{Minimize max}(W_1(x)/r_1, W_2(x)/r_2, \cdots, W_k(x)/r_k) \tag{2-1}$$

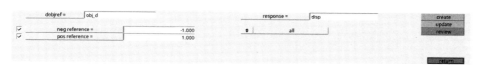

图 2-101　创建位移目标参考

Step 05 创建优化目标为最小化最大位移，如图 2-102 所示。

图 2-102　创建优化目标

Step 06 提交计算并查看优化结果。为了更好地显示梁单元，在 HyperView 的 Preferenccs > Options 下拉菜单中将所有 1D 单元显示为圆柱，如图 2-103 所示。

优化结果密度云图如图 2-104 所示。

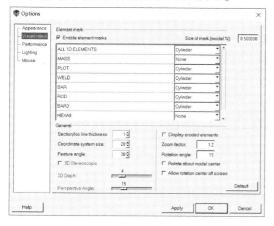

图 2-103　显示梁单元为圆柱

图 2-104　优化结果密度云图

2.7.2　使用加权柔度响应进行多工况模型的拓扑优化（2D）

本例主要介绍如何使用加权柔度响应进行多工况模型的拓扑优化，模型如图 2-105 所示。

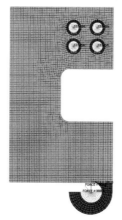

图 2-105　优化模型

操作视频

优化三要素

- 优化目标：最小化加权柔度。
- 设计约束：优化区域的体积百分比小于20%。
- 设计变量：其余所有单元。图2-105中垫圈区域和底部弯钩为非设计区域。

操作步骤

Step 01 打开 bracket1_start.hm。

Step 02 创建拓扑优化设计变量。进入 Analysis > optimization > topology 面板的 create 子面板，设置如图2-106所示，props 激活后在模型中选择 design，单击 create 按钮完成创建。

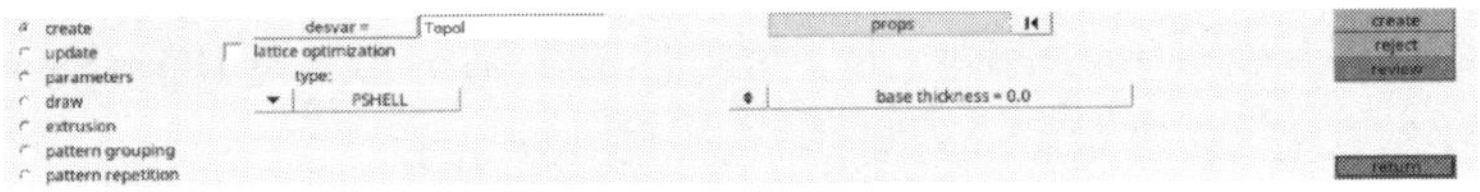

图 2-106　创建拓扑优化设计变量

Step 03 创建加权柔度响应。进入 Analysis > optimization > responses 面板，设置响应类型为 weighted comp，单击 loadsteps 设置加权系数都为1.0，然后单击 create 按钮创建加权柔度响应，如图2-107所示。

图 2-107　创建加权柔度响应

Step 04 创建体积百分比响应。设置响应类型为 volumefrac，单击 create 按钮创建体积百分比响应，如图2-108所示。

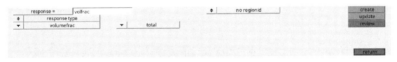

图 2-108　创建体积百分比响应

Step 05 创建设计约束。进入 Analysis > optimization > dconstraints 面板，response 选择 volfrac，upper bound 设置为0.2，如图2-109所示。

图 2-109　创建体积百分比约束

Step 06 创建优化目标。进入 Analysis > optimization > objective 面板，response 选择 wcomp，如图2-110所示。

图 2-110　创建优化目标

Step 07 提交优化计算。进入 Analysis > OptiStruct 面板，设置如图 2-111 所示。从求解器的对话框中单击 Results 按钮打开后处理。

图 2-111　提交优化计算

Step 08 结果后处理。单击 HyperView 工具栏上的 contour 按钮，然后单击 Apply 按钮显示云图。单击 HyperView 工具栏上的 Iso 按钮，然后单击 Apply 按钮显示 iso 图，如图 2-112 所示。

从优化已经大致可以看出材料的分布方式，但是存在一些问题。

1）右侧两个螺栓孔附近完全没有材料，原因是分析模型中假定螺栓孔 1~6 自由度的约束刚度是无穷大。实际上，螺栓的承载能力也是有限的，可以施加约束反力作为设计约束。如果实际上是销钉或剪切螺栓，螺栓部位实际上是可以绕轴转动的，这样可以把更多的载荷传到右侧的螺栓。

2）材料的多少无法确定，因为没有考虑详细的位移和应力约束。

3）无法反映厚度方向的材料分布，如果零件最终是铸造件，这样的优化是不合理的。

对于注塑件或者焊接的钢板，经常通过增加加强筋的方式提高刚度。下面仍然针对上述模型进行 2D 拓扑优化设计变量的基准厚度（Base Thickness）设置，如图 2-113 所示，这里还添加了成员尺寸约束（Mindim 和 Maxdim，可选）。新的优化结果如图 2-114 所示。由于有基准厚度存在，优化结果中下半部分的材料基本都移除了。

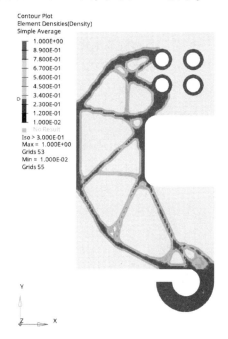

图 2-112　包含云图的优化结果密度 iso 图

图 2-113　设计变量设置

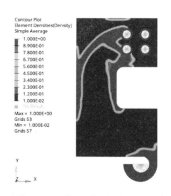

图 2-114　新的优化结果云图

2.7.3　转向节与挂钩结构拓扑优化（3D）

1. 转向节结构优化

图 2-115 所示转向节是汽车的重要零件，需要考虑多种工况，零件制造方式为压铸，因此，优化时需要考虑铸造件的拔模问题。螺栓等与外部连接的部位必须作为非设计空间保留。

转向节优化需要考虑 7 个工况，具体请参考分析文件。各载荷作用点与结构上孔的连接位置如图 2-116 所示。可以认为载荷作用点与孔的内壁相连。希望降低重量，但结构的应力不能超过 200MPa。本例会用到拔模约束和多工况加权柔度响应。

优化三要素

- 优化目标：最小化加权柔度。
- 设计约束：设计空间的剩余体积小于 20%。
- 优化变量：设计空间的所有单元。

操作视频

操作步骤

Step 01 使用 HyperMesh 或者其他 CAD 软件（如 Evolve）创建优化空间。本例的模型是优化空间的网格，构建好的模型如图 2-117 所示。

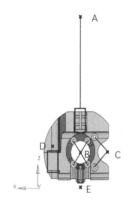

图 2-115　转向节结构　　　图 2-116　载荷作用点及连接位置　　　图 2-117　优化空间网格模型

Step 02 创建设计变量，props 只选择 Design，设置如图 2-118 所示。还需要设置 y 方向拔模（使用 draw 面板），type 为 split。为了改善优化效果，设置最小成员尺寸为 1.0。

图 2-118　创建设计变量

Step 03 创建体积百分比响应，如图 2-119 所示。

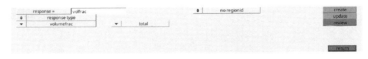

图 2-119　创建体积百分比响应

Step 04 创建加权柔度响应。各个工况的加权系数如图 2-120 所示。

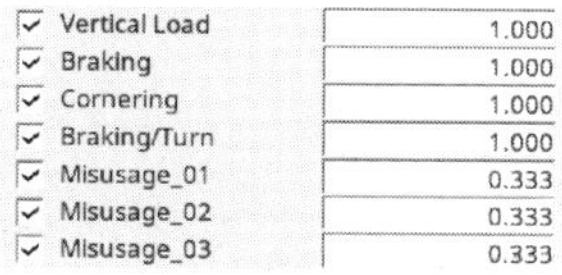

图 2-120　创建加权柔度响应

Step 05 创建体积百分比约束，如图 2-121 所示。

图 2-121　创建体积百分比约束

Step 06 创建优化目标为最小化加权柔度，如图 2-122 所示。

图 2-122　创建优化目标

Step 07 查看优化结果，如图 2-123 所示。作为对比，不施加拔模约束的优化结果如图 2-124 所示。

图 2-123　优化结果密度 iso 图

图 2-124　不施加拔模约束的优化结果

Step 08 分析验证。分析验证可以精确检验优化得到的结果。为了进行验证需要先根据拓扑优化的结果在 CAD 软件中进行重新建模（包括圆角），然后在 HyperMesh 中进行有限元建模。本例提供了已经创建好的模型，如有兴趣可以自己进行强度验证。

拓展：如何将拓扑优化解读为 CAD 设计？

拓扑优化得到的结果取决于设计空间、载荷工况以及拔模约束、最小尺寸等优化设置。优化的结果既不是唯一的，也不是最终的。实际工程中各个工况的加权系数选取通常需要先使用 1.0 进行一轮优化，然后再尝试不同的系数。也可以先对每一个工况进行单独优化，目的是理解优化结果中不同部位的材料和工况的关系。还可以使用第 5 章介绍的网格变形、形状优化、自由形状优化技术进行局部优化以解决应力集中等问题。

拓扑优化结果常常可以解读为多种设计方案，对不同方案分别建模并进行有限元验证后能够选出最合适的设计。

优化设计的环节存在迭代，为了加快优化计算速度，大部分时候会先忽略不起主导作用的非线性因素，等得到优化设计方案之后再进行非线性的分析验证，这样可以节约大量时间。另一种减少线性优化计算量的常用方法是将非设计空间创建为超单元。

2. 3D 挂钩拓扑优化

这里将挂钩优化修改为使用 3D 六面体单元，如图 2-125 所示，这样就有了更多的设计自由度。通常最好先用最简单的设置进行一轮优化研究以确定在给定载荷下结构的最优数学解是什么样的。这个例子是在 2D 模型的基础上增加了一个 z 向载荷的工况，同时放开了约束部位绕轴转动的自由度。

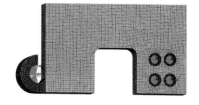

图 2-125　优化空间

本例提供了各种不同设置的模型。

优化三要素

- 优化目标：最小化加权柔度。
- 设计约束：优化区域的体积百分比 ≤ 20%。
- 设计变量：所有设计区域的单元。图 2-125 垫圈区域和底部弯钩为非设计区域。

操作步骤

Step 01 打开 bracket3d_start.hm。

Step 02 创建拓扑优化设计变量。进入 Analysis > optimization > topology 面板的 create 子面板，设置如图 2-126 所示。type 选择 PSOLID，props 选择 design，单击 create 按钮完成创建。

图 2-126　创建拓扑优化设计变量

Step 03 响应、约束、目标、设置。步骤同 2D 案例，设置完成后提交计算。

Step 04 后处理。单击 HyperView 工具栏上的 Iso 按钮，然后单击 Apply 按钮显示 iso 图，如图 2-127 所示。截面图如图 2-128 所示。除了以上示意图，还可以查看位移等优化结果。

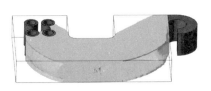

图 2-127　优化结果 iso 图（一）

图 2-128　优化结果 iso 截面图

由于没有任何额外约束，这个结果是数学最优值，施加制造约束后的模型都需要付出相应代价，如果性能和目前的结果比较接近说明制造约束没有大幅度降低产品的性能。

首先施加挤压约束。只需要在 3D 设计变量的基础上增加挤压约束，如图 2-129 所示。node path 选择图 2-130 所示的节点。阈值为 0.2 时的 iso 图如图 2-131 所示。

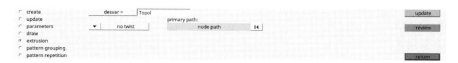

图 2-129　挤压约束

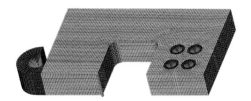

图 2-130　挤压约束选择节点

图 2-131　优化结果 iso 图（二）

更常见是使用拔模约束，将 Draw Type 设置为 split，同时需要取消挤压约束，如图 2-132 所示。阈值为 0.2 时的 iso 图如图 2-133 所示。

图 2-132　设置拔模约束

图 2-133　优化结果 iso 图（三）

如果把拔模类型切换为 single（见图 2-134），则阈值为 0.2 时的 iso 图如图 2-135 所示。

图 2-134　设置单向拔模

图 2-135　优化结果 iso 图（四）

第3章

形 貌 优 化

3.1 形貌优化技术简介

3.1.1 形貌优化的概念

从优化建模过程来看，形貌优化与拓扑优化的不同之处在于设计变量。拓扑优化以单元相对密度为设计变量，密度小的单元表示可以去除材料，密度大的单元表示需要保留材料。形貌优化的设计空间由大量的 2D 单元表面节点波动向量组成，这些节点波动向量按照一定的模式进行组合以满足设计约束，并最终生成优化后的最佳形貌，产生拉延筋结构，从而提升结构性能。

形貌优化的设计变量是节点的移动情况，因此定义设计变量时需要清楚地定义下列两点：①哪些节点可以移动；②节点移动相关的参数，即起筋的拔模角、筋的高度以及筋的宽度等。

在 OptiStruct 中进行形貌优化的一般步骤如下。

1) 准备好可正常计算的分析模型。

2) 创建设计变量，并指定设计变量的起筋参数和其他制造约束。

3) 定义响应。

4) 定义设计约束。

5) 定义优化目标。

3.1.2 形貌优化适用场景

形貌优化和拓扑优化对结构改变较大，都是概念设计阶段的技术。形貌优化广泛用于提高各种冲压板件的性能，如减少变形、提高模态频率、减少振动等。实际应用时也可以突破 2D 单元这个限制，比如在 3D 单元外表面覆盖一层很薄的 2D 单元并创建为形貌优化设计变量，这样就达到了自由形状优化的效果。

平板结构通常很薄，无筋时面的外刚度很低，很难满足结构性能要求。工程上通常通过冲压等方法生成筋结构，在不增加结构厚度的情况下明显提高结构的刚度。比如图 3-1 所示的加热器背板通过形貌优化提高了刚度，降低了变形量，环形拉延筋是为了达到和原始设计一致的设计模式而施加的圆柱形制造约束（Circular）。再如

图 3-1　钣金件形貌优化结果

汽车备胎仓通过起筋可以提高结构刚度，防止共振。

起筋太少，结构刚度可能不够大，起筋太多，可能产生结构破坏。筋的布局不同，结构性能也有差异，人为设计筋结构时很难找到最优解。OptiStruct 中的形貌优化算法可以帮助用户轻松找到最优的筋布局。图 3-2 所示为形貌优化结果（图 3-2a）和简单设计结果（图 3-2b 和图 3-2c）的刚度对比。

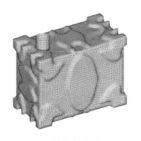  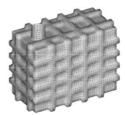

a) 最大变形量7.54mm　　b) 最大变形量10.8mm　　c) 最大变形量13.9mm

图 3-2　起筋数量影响结构性能

3.1.3　实例：冰箱抽屉底板形貌优化

冰箱中的抽屉用于盛放食物，刚度是其最重要的性能参数。抽屉是塑料件，其底部存在大量的加强筋用以提高结构刚度，减小变形。传统的设计是在底部横向纵向均匀分布加强筋，但这样的设计存在一个问题，加强筋太少，结构刚度不够；加强筋太多，材料成本高。本节将通过冰箱抽屉起筋优化的例子来展示形貌优化的基本流程，初始模型如图 3-3 所示。

图 3-3　初始模型

抽屉的基本工况如下：抽屉两侧边固定，模拟抽屉在冰箱中的固定方式；在抽屉底部施加 7.05e-04MPa 的压强来模拟抽屉盛放总容积 60% 的水的工作状态。

抽屉的原始设计是底部带有纵横两个方向的加强筋，本例中将这些加强筋删除，只留下最外侧的四条筋，通过在底部平板上起筋来提高整个模型的刚度，在其刚度不低于原始模型的同时减少塑料使用量，即在刚度几乎不变的情况下，使得材料最少，节省成本。

准备好的模型中，约束条件、载荷、材料属性和载荷工况（载荷步）已经定义，能直接做分析计算。为了保证结构刚度不小于原始模型，本例中将模型最大位移作为约束，质量最小化作为优化目标。

不同优化方法主要的差异在于设计变量。形貌优化主要用于在薄板结构中起筋以提高结构的性能。设计变量中需要定义可以起筋的位置、筋的参数以及相应的制造约束。

优化三要素

- 优化目标：底板结构质量最小化。
- 设计约束：节点最大位移小于 5mm。
- 设计变量：整个底板。

操作视频

操作步骤

Step 01　打开 HyperMesh，加载 OptiStruct 模板并导入 chouti_start. fem 文件。

Step 02 定义设计空间。在 Analysis > optimization > topography 面板的 create 子面板中，desvar 处输入 dv1，props 选择 thinkness_2.998，单击 create 按钮，创建形状设计变量，如图 3-4 所示。

图 3-4 创建形貌优化设计变量

Step 03 定义起筋参数。在 bead params 子面板中，minimum width 处输入 12。该参数控制模型中筋条的宽度，推荐值为单元平均宽度的 1.5 ~ 2.5 倍。在 draw angle 处输入 60（默认值）。该参数控制模型的起筋角，推荐值为 60° ~ 75°。在 draw height 处输入 4。该参数控制模型中的起筋最大高度（HGT）。将 boundary skip 设为 load & spc。该选项告诉 OptiStruct 施加载荷和约束的节点不参与优化。单击 update 按钮，如图 3-5 所示。

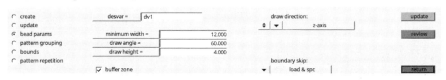

图 3-5 定义起筋参数

Step 04 定义对称约束。

①切换到 pattern grouping 子面板，定义形貌优化对称约束。按〈F4〉快捷键进入 distance 面板，如图 3-6 所示，选择两个对角点，单击右侧的 nodes between 按钮，创建底板中心点。单击 return 按钮，返回 pattern grouping 面板。

② 在 pattern type 下拉选项中选择 2-pln sym，单击激活 anchor node 选择框，选择刚才创建的中心点。类似地，激活 first node 选择框，选择中心点右边同一直线上的一点，激活 second node 选择框，选择中心点正上方同一直线上的一点，单击 update 按钮，创建对称约束，如图 3-7 所示。

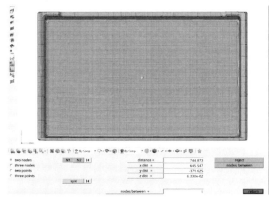 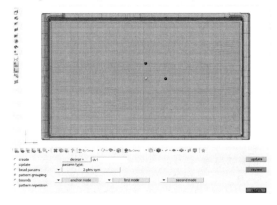

图 3-6 创建中心点　　　　　图 3-7 创建对称约束

Step 05 定义筋高上下限。切换到 bounds 子面板，设置如图 3-8 所示。节点移动量上限为 UB * HGT，下限为 LB * HGT，表示在 Z 轴负方向产生加强筋，最大筋高为 4mm。

Step 06 定义其他参数。单击 return 按钮，返回 optimization 面板。在左侧的模型浏览器中选择刚才创建的设计变量 dv1，在模型浏览器下方将出现对象编辑器，如图 3-9 所示。将 Bead Params 中的 Maximum width 设为 24.0，将大概 6 个网格的宽度定义为起筋的最大宽度。Minimum Height Ratio 设为 0.9，定义最小起筋比例，使起筋高度尽量接近 4mm。在 Autobead 一栏中勾选 Auto bead，优化后自动捕捉生成几何，Layer 设为 1（选择 2 层的情况下能够捕获更多细节，进一步提高性能，但制造起来比 1 层要复杂，所以通常还是选择 1 层）。Remesh 设为 4.0，定义重新划分网格时网格的大小。

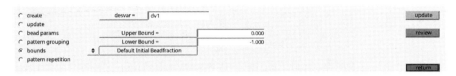

图 3-8　定义起筋方向

图 3-9　起筋设置

Step 07 定义响应。

① 进入 responses 面板，在 response 处输入 mass，响应类型选择 mass，单击 create 按钮创建质量响应，如图 3-10 所示。

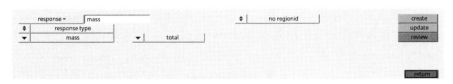

图 3-10　创建质量响应

② 修改 response 处的响应名称为 disp，响应类型选择 static displacement > total disp，如图 3-11 所示，单击 create 按钮创建位移响应。单击 return，返回 optimization 面板。

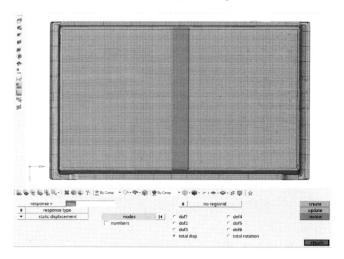

图 3-11　创建位移响应

Step 08 定义约束。进入 dconstraints 面板，如图 3-12 所示，在 constraint 处输入 disp_cons，response 选择 disp，勾选 upper bound 并输入 5，loadsteps 选择 linear_pressure。单击 create 按钮创建位移约束。

图 3-12　创建位移约束

Step 09 定义目标。在本实例中，优化目标是最小化前面定义的质量响应。进入 optimization > objective 子面板，设置如图 3-13 所示。单击 create 按钮，完成优化目标的定义。

图 3-13　创建优化目标

Step 10 提交计算。

① 从 Analysis 面板进入 OptiStruct 面板。单击 save as 按钮，选择 OptiStruct 模型的保存目录，建议修改后的文件名包含提交计算的时间点，以便后续操作。单击 Save 按钮。

② 将 export options 切换到 all，run options 切换到 optimization，memory options 切换到 memory default。可以在 options 处输入 -core in -nt 8，对 OptiStruct 进行设置，使用计算机内存及指定的核数的 CPU 进行计算。如图 3-14 所示，单击 OptiStruct 按钮提交计算。

图 3-14　提交计算

OptiStruct 求解器开始计算。如果计算成功，则 OptiStruct 模型所在文件夹将写入新的结果文件，可以在 . out 文件中检查错误信息，如果有任何错误，则该文件可帮助检查输入卡片。形貌优化中重要的结果文件见表 3-1。

表 3-1　形貌优化结果文件

文 件 名	说　明
< prefix > . grid	在 OptiStruct 文件中写入扰动的节点数据
< prefix > . hgdata	HyperGraph 文件，包括每次迭代的目标函数、欠约束百分比及约束的数据
< prefix > . hist	用于 xy 图表的 OptiStruct 输出文件，包含优化目标、最大欠约束、设计变量、DRESP1 类响应和 DRESP2 类响应的迭代历程
< prefix > . html	HTML 格式的优化报告，包含问题描述和最后一步迭代的分析结果
< prefix > . out	包含文件配置的信息、优化问题配置的信息、对计算所需内存和硬盘空间进行的评价、每次优化迭代的信息及计算时间信息。从该文件中可以查看在 .fem 优化结果文件生成过程中出现的警告和错误
< prefix >_des. h3d	HyperView 二进制文件，包含形状改变信息
< prefix >_s1. h3d	HyperView 二进制文件，用于存储工况 subcase 1 的位移和应力结果
< prefix > . sh	包含最后迭代所产生形状的信息。它包括分析中每个单元的材料密度、无用的尺寸参数及方位角。该文件可用于重新开始一个计算，如果需要，则为拓扑优化运行 OSSmooth 文件
< prefix > . stat	总结分析进程，为分析过程的每一步提供 CPU 信息

OptiStruct 输出全部迭代步的结果信息。另外，默认情况下输出首末两个迭代步的位移和应力结果。

Step 11 查看优化结果。从弹出的 HyperWorks Solver View 对话框中单击 Results 按钮，进入 HyperView 查看结果。从左侧的结果浏览器（Results Browser）中选择最后一个迭代步。单击工具条上的 Contour 按钮，进入 contour 面板。将 Result type 设为 Shape Change（v），type 设为 Mag，显示的形状云图如图 3-15 所示。

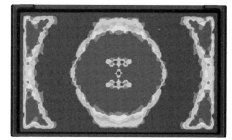

图 3-15　形状云图

Step 12 查看形状云图动画。通过形状云图的变形动画可以很好地了解各迭代步中形状变化的情况。动画样式设为 Transient（ ），如图 3-16 所示。单击 按钮，开始动画演示。在演示过程中，可利用滚动条调整动画的播放速度，单击 按钮，停止动画演示。

Step 13 提取优化结果几何模型。进入 Post > OSSmooth 面板。单击第一行右边的文件浏览按钮选择模型文件。默认情况下，HyperMesh 会自动在该文件所在文件夹中查找形状结果文件（ < prefix > . sh）和网格节点结果文件（ < prefix > . grid）。如果未找到，可单击第二行的文件浏览按钮进行加载。

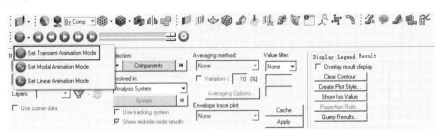

图 3-16　动画控制按钮

在 output 中选择要导出的文件类型 STEP。形貌优化不需要单元密度信息，即形状结果文件（＜prefix＞.sh），故取消勾选 iso surface，如图 3-17 所示。

图 3-17　OSSmooth 设置

单击 OSSmooth 按钮，提取几何。然后单击 FE-＞surf 按钮，生成曲面，结果如图 3-18 所示。中间的 4 个突起可考虑去掉或者参考优化云图优化工字形的筋。单击 save&exit 按钮，保存 STEP 文件到.fem 文件所在的文件夹。

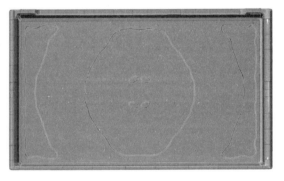

图 3-18　几何结果

3.2　设计变量、制造约束和控制参数

形貌优化主要用于寻找板结构上筋的最优布局，其本质是改变某些节点的坐标从而优化结构性能。它对模型结构改变较大，大多用在产品的概念设计阶段。

3.2.1　设计变量

形貌优化目前支持将壳单元和复合材料属性作为设计变量，定义前需要为设计区域单独定义属性，以便定义设计变量。若需要调整形貌优化的设计变量，可通过 update 面板进行修改。

3.2.2　制造约束

为了能够得到便于加工的结构，需要为形貌优化设计变量增加制造约束。OptiStruct 中支持对称和模式重复两种制造约束。

对称约束可通过 pattern grouping 面板进行定义，OptiStruct 支持形式多样的对称方式，如单平面对称、双平面对称、周期对称等，如图 3-19 所示。

none	radial2d	1-pln sym	cyc 1-pln
linear	cylin	2-plns sym	cyc lin
circular	rad2d+lin	3-plns sym	cyc rad
planar	radial3d	cyclic	cyc lin+rad

图 3-19　对称约束

若产品中存在多个形状相同或类似的结构，只是总体尺寸按比例缩放，就可通过模式重复来实现，即 OptiStruct 中的 pattern repetition 面板，如图 3-20 所示。pattern repetition 面板可定义一个主（master）参考对象和多个从（slave）对象，主对象和从对象间定义比例缩放关系。若能生成形状相同、总体尺寸按比例缩放的结构，就只需要设计一次模具，成本将明显降低。

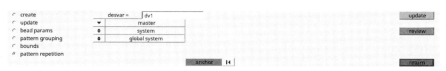

图 3-20　模式重复

3.2.3　拉延筋控制参数

形貌优化中 beam params 面板的参数用于控制起筋参数，最小筋宽、拔模角度以及拔模高度三个基本参数控制了拉延筋的基本形状，如图 3-21 所示。实际工程应用中，起筋参数多由制造工艺、材料等决定，可向设计和生产部门咨询。

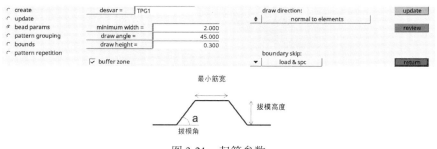

图 3-21　起筋参数

对于拉延筋的方向，主要有两种方法进行定义：①沿单元法向，此方法需要保证单元法向方向一致；②用户自定义起筋方向，如图 3-22 和图 3-23 所示。

还有一些控制拉延筋方向的参数在 bounds 面板中。若希望严格沿 bead params 面板中定义的方向起筋，则将 bounds 面板中的 Lower Bound 设置为 0，Upper Bound 设为 1。若希望筋也可以沿反方向，可将 bounds 面板中的 Lower Bound 设置为 -1，Upper Bound 设置为 1。bead params 面板和 bounds 面板共同决定了起筋的方向，如图 3-24 所示。

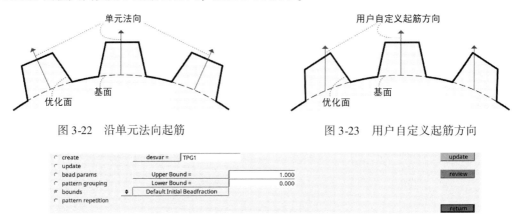

图 3-22 沿单元法向起筋   图 3-23 用户自定义起筋方向

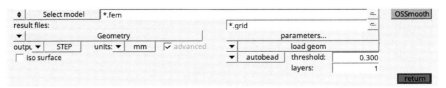

图 3-24 起筋上下限

在提取形貌优化结果几何文件时，可通过设置 autobead 参数来控制起筋的层数，单层筋更简单，生产更容易，但结果不如多层筋准确。多层能提取更多的优化结果特征，但制造成本更高。形貌优化几何提取只需要 fem 文件和 grid 文件即可，如图 3-25 所示。起筋层数可通过 OSSmooth 面板中的 layers 参数进行设置，单层和双层的效果如图 3-26 所示。

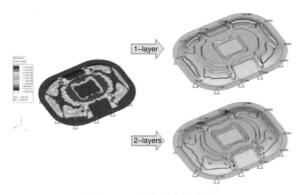

图 3-25 提取形貌优化结果

图 3-26 单层和多层起筋

除了提取优化后的几何外，形貌优化很多时候可按图 3-27 直接提取网格模型，并且优化时使用的材料、属性、约束、载荷以及分析步设置全都能提取出来，可直接用于验证分析。

图 3-27 直接提取优化后的网格模型

3.3 第二类响应

3.3.1 第二类响应介绍

第二类响应是第一类响应的代数表达式，OptiStruct 自带很多常用公式，见表 3-2。

表 3-2　OptiStruct 自带公式

函　数	功 能 描 述	公　式
SUM	求和	$\text{SUM}\,(y_1,\ y_2,\ \cdots,\ y_m)$
AVG	求平均值	$\text{AVG}\,(y_1,\ y_2,\ \cdots,\ y_m) = \left[\sum_{i=1}^{m} y_i\right]/m$
SSQ	求平方和	$\text{SSQ}\,(y_1,\ y_2,\ \cdots,\ y_m) = \sum_{i=1}^{m} y_i^2$
RSS	先求平方和，然后求算术平方根	$\text{RSS}\,(y_1,\ y_2,\ \cdots,\ y_m) = \sqrt{\sum_{i=1}^{m} y_i^2}$
MAX	求最大值	
MIN	求最小值	
SUMABS	求绝对值的和	$\text{SUMABS}\,(y_1,\ y_2,\ \cdots,\ y_m) = \sum_{i=1}^{m} |y_i|$
AVGABS	求绝对值的平均值	$\text{AVGABS}(y_1,\ y_2,\ \cdots,\ y_m) = \left[\sum_{i=1}^{m} |y_i|\right]/m$
MAXABS	求绝对值的最大值	
MINABS	求绝对值的最小值	
RMS	先求平方和的平均值，然后求算术平方根	$\text{RMS}\,(y_1,\ y_2,\ \cdots,\ y_m) = \sqrt{\dfrac{r}{m}\left(\sum_{i=1}^{m} y_i^2\right)}$

也可以自定义公式，例如计算点到平面距离的公式，如图 3-28 所示。

图 3-28　自定义公式

　　实际问题中的公式可能相当复杂，这时可以选择使用脚本生成公式卡片或者在 fem 文件里面填写或者把整个公式写成一行（脚本里面的 str1），然后使用图 3-29 所示的脚本进行格式调整（注意大括号内的待处理公式字符串是同一行），也可以从链接中下载脚本 eq. tcl。

　　运行结果就是一个 DEQATN 卡片，如图 3-30 所示，将其复制到 fem 文件中即可（id 号可能需要自己更改）。

```
1  set str1 {DAB(dx1, dy1, dz1, dx2, dy2, dz2, x1, y1, z1, x2, y2, z2) = sqrt
   (((x1 + dx1) - (x2 + dx2)) ** 2 + ((y1 + dy1) - (y2 + dy2)) ** 2 + ((z1 +
   dz1) - (z2 + dz2)) ** 2)}
2  set id 1
3  set res [DEQATN $id    ]
4  append res [string range $str1 0 63]
5  append res "\n"
6  set str1 [string range $str1 64 end]
7  set len [string length $str1]
8  set times [expr {$len / 72}]
9  set rem [expr {$len % 72}]
10
11 for {set i 0} {$i < $times} {incr i} {
12     set from [expr {$i * 72}]
13     set to [expr {($i + 1) * 72 -1}]
14     append res "+"
15     append res [string range $str1 $from $to]
16     append res "\n"
17 }
18
19 incr to 1
20 if {$rem > 0} {
21     append res "+"
22     append res [string range $str1 $to end]
23     append res "\n"
24 }
25 puts $res
```

图 3-29　格式调整脚本

```
1  DEQATN   1        DAB(dx1, dy1, dz1, dx2, dy2, dz2, x1, y1, z1, x2, y2, z2) = sqrt
2  +         (((x1 + dx1) - (x2 + dx2)) ** 2 + ((y1 + dy1) - (y2 + dy2)) ** 2 + ((z1
3  +         + dz1) - (z2 + dz2)) ** 2)
```

图 3-30　DEQATN 卡片

为了简化方程，可以把复杂的方程分成几个方程来实现，但是要注意：

1) 所有参数必须写在第一行。

2) 后面的表达式直接用参数，不再需要写参数列表。

3) 通常最后一行是方程最终的返回值。

举例如下：

```
m1(x1,x2,x3,x4)=max(x1,x2);
m2 = max(x3,x4);
myavg = (m1 + m2)/2;
```

有时函数参数很多，例如创建一个图 3-31 所示的位移响应时，这时调用方程去创建第二类响应时为了方便使用可以用 DRESP1LV 替代 DRESP1，也就是列表响应，这样避免了对所有节点一一创建第一类响应以及在第二类响应中一一引用，如图 3-32 所示。

```
DRESP1   2      disps1 DISP                    TY        57
+          58       59      60       61      62      63      64      65
+          66       67      68       69
```

图 3-31 位移响应

```
DRESP2   4       maxabs1 MAXABS
+                DRESP1LV      2       1
```

图 3-32 第二类响应

3.3.2 实例：使用方程响应优化安全带牵引器支架

本节将以安全带牵引器支架（见图 3-33）为例演示第二类响应中方程响应的定义方法安全带牵引支架优化建模过程可分为下列七步。

1) 创建形貌优化设计变量，设置起筋参数等。

2) 创建第一类及第二类响应。

3) 定义设计约束。

4) 定义优化目标。

5) 提交计算及查看结果。

6) 提取优化后的几何。

优化三要素

- 优化目标：柔度最小化。
- 设计约束：优化区域材料成本上限为 0.83。
- 设计变量：图 3-33 所示的设计区域。

操作视频

操作步骤

Step 01 定义形貌优化设计变量。本例使用的模型为 opti_cost_start. fem。模型中的设计区域包含两个 component，其名称为 design_einsatz_topography 和 design_mantel_topography。使用 Optimization > topography 工具相应定义两个设计变量，最小筋宽为 5mm，拔模角度为 60°，拔模高度为 2mm，起筋方向为单元法向的反方向，同时设置对称约束。两个设计变量的设置相同，如图 3-34 所示。

Step 02 定义第一类及第二类响应。

先定义全局柔度和两个设计区域的质量响应，柔度响应类型

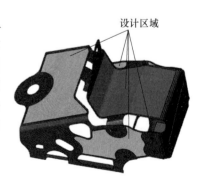

设计区域

图 3-33 初始模型

为 compliance，质量响应类型为 mass。柔度响应将被作为优化目标，两个质量响应用于定义第二类响应——成本。

Name	Value		Name	Value
⊟ **Create**			⊟ **Create**	
Entity Type:	PSHELL		Entity Type:	PSHELL
List Of Properties	1 Properties		List Of Properties	1 Properties
⊟ **Bead Params**			⊟ **Bead Params**	
Minimum Width	5.0		Minimum Width	5.0
Draw Angle	60.0		Draw Angle	60.0
Draw Height	2.0		Draw Height	2.0
Buffer Zone	☑		Buffer Zone	☑
Boundary Skip	load & spc		Boundary Skip	load & spc
Draw Direction: Normal...	☑		Draw Direction: Normal...	☑
Maximum Width			Maximum Width	
Minimum Height Ratio	0.5		Minimum Height Ratio	0.5
Apply Width control fo...	NO		Apply Width control fo...	NO
⊟ **Bounds**			⊟ **Bounds**	
Upper Bound	0.0		Upper Bound	0.0
Initial Beadfraction			Initial Beadfraction	
Lower Bound	-1.0		Lower Bound	-1.0
Ddval Id	<Unspecified>		Ddval Id	<Unspecified>
⊟ **Pattern Grouping**			⊟ **Pattern Grouping**	
Pattern Type	1-pln sym		Pattern Type	1-pln sym
Anchor Point Selection	node id		Anchor Point Selection	node id
Anchor Point	(1789) Node		Anchor Point	(4957) Node
First Grid Selection	node id		First Grid Selection	node id
First Grid	(1801) Node		First Grid	(5047) Node

图 3-34　设计变量

成本计算公式为质量乘以价格，本例中两个设计区域分别使用铝合金和钢材，故成本计算公式为 cost = mass_alu * price_alu ＋ mass_ste * price_ste。使用方程响应创建第二类响应可分为两步：①定义方程，即成本计算公式；②通过 function 类型定义响应，并关联计算公式中用到的变量。

a）创建方程

成本的计算公式为 $f(x1, x2) = x1 * 21000 + x2 * 5000$，x1 指铝合金的质量，x2 指钢材的质量，21000 指每吨铝合金的价格，5000 指每吨钢材的价格。这里只是创建方程，x1 和 x2 并没有指定为具体的设计变量。方程通过 Analysis > optimization > dequations 面板进行创建，如图 3-35 所示。

图 3-35　定义成本计算关系公式

b）创建响应并关联参数

创建名为 cost 的成本响应，响应类型选择 function（通过方程创建响应），选择创建好的方程 cost，单击 edit 按钮进入关联面板，将方程中的变量 x1、x2 和响应中的质量变量 mass_alu、mass_ste 分别关联起来，即通过 cost 中的数学关系联系 mass_alu 和 mass_ste 两个质量变量，运算得到 cost 响应，如图 3-36 和图 3-37 所示。

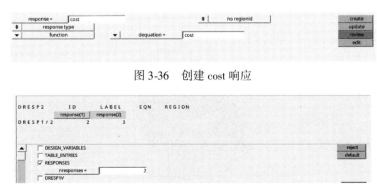

图 3-36　创建 cost 响应

图 3-37　关联变量

Step 03 定义设计约束。初始模型总计成本为 0.81185。在形貌优化中，起筋会导致设计区域的质量在一定程度上增加，故设置约束条件为材料成本上限 0.83，如图 3-38 所示。

图 3-38　定义设计约束

Step 04 定义优化目标。将优化目标设置为最小化柔度，如图 3-39 所示。

图 3-39　定义优化目标

Step 05 提交计算及查看结果。优化后的结果如图 3-40 所示，模型的红色位置为主要起筋区域。

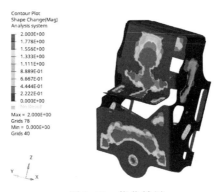

图 3-40　优化结果

Step 06 提取几何。优化完成后，若希望得到优化后的几何文件，可使用 Post > OSSmooth 面板，如图 3-41 所示。fem 文件中包含原模型的结构信息，grid 文件中包含形貌优化后节点移动的信息，形貌优化的结果可通过这两个文件得到优化后的几何模型，如图 3-42 所示。

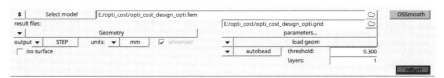

图 3-41　Ossmooth 面板

图 3-42　输出几何模型

3.4 工程实例

3.4.1 电池包外壳形貌优化

随着电动汽车的普及，动力电池的性能越发受到重视。电池包壳体的固有频率对电池包总体的 NVH（噪声、振动、声振粗糙度）性能影响较大，若要提高壳的固有频率，可加厚壳体或者在壳体上生成合适的拉延筋。本节展示了形貌优化中不同的对称约束方法对优化结果的影响。

本例将简要介绍电池包外壳（见图 3-43）形貌优化的定义方法，并包含不同对称约束的使用方法。

优化三要素

- 优化目标：最大化一阶频率。
- 设计约束：优化区域质量上限 4.5kg。
- 设计变量：壳体上平面。

操作视频

操作步骤

Step 01 定义形貌优化设计变量。模型中的设计区域是名为 design 的 component。
单击 Optimization > topograph > create 定义其为形貌优化设计变量，最小筋宽为 10mm，拔模角度为 60°，拔模高度为 15mm，起筋方向为单元法向的反方向，详细设置如图 3-44 所示。

Name	Value
Solver Keyword	DTPG
Name	topog
ID	1
Include	[Master Model]
Config	topography
⊟ Create	
Entity Type:	PSHELL
List Of Properties	1 Properties
⊟ Bead Params	
Minimum Width	10.0
Draw Angle	60.0
Draw Height	15.0
Buffer Zone	☑
Boundary Skip	load & spc
Draw Direction: Normal to ele...	☑
Maximum Width	16.0
Minimum Height Ratio	0.8
Apply Width control for Zero ...	NO
⊟ Bounds	
Upper Bound	0.0
Initial Beadfraction	
Lower Bound	-1.0
Ddval Id	<Unspecified>
⊟ Pattern Grouping	
Pattern Type	planar
Sub-Type	basic
Anchor Point Selection	node id
Anchor Point	(4302629) Node
First Grid Selection	node id
First Grid	(4301421) Node
⊟ Autobead	
Autobead	☐
⊟ Pattern Repetition	
Master/Slave	none

图 3-43 初始模型　　　　　　　　图 3-44 形貌优化设计变量

拓展：对称约束的使用。

OptiStruct 中支持不同类型的对称约束，比如常用的单平面对称、双平面对称、中心对称、线性排布和平面约束等。本节将介绍 Two Planes（双面对称）、Linear（线性排布）和 Planar（平面约束）三种对称方式的建模设置以及相应的结果对比。

Two Planes 多用于结构存在两个对称方向的情况，在 OptiStruct 中，即使原始结构没有两个完美的对称面，也可以施加双面对称约束。定义双面对称约束时，只需要定义两个对称面即可，定义方法如图 3-45 所示，指定 anchor node、first node 和 second node 三个点，anchor node 和 first node 形成第一个对称面的法线方向，再加上 anchor node 做基准点，即可定义第一个对称面。同理，anchor node 和 second node 定义第二个对称平面。双面对称约束定义如图 3-46 所示。

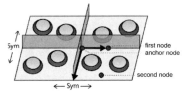

图 3-45　双面对称示意图

图 3-46　定义双面对称约束

Linear 约束用于生成线性均匀分布的拉延筋，是很常见的起筋形式。其定义方法如图 3-47 和图 3-48 所示，只需用 anchor node 和 first node 定义其排布方向即可。

Planar 约束使优化结果的每个拉延筋都在一个平面内，如图 3-49 所示。

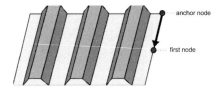

图 3-47　线性对称示意图

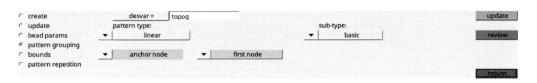

图 3-48　定义线性对称约束

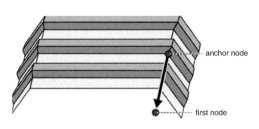

图 3-49　平面对称示意图

Step 02 定义质量及频率响应。质量响应类型为 mass，只考虑设计区域的质量变化，通过 by entity 选择设计区域对应的属性，如图 3-50 所示。

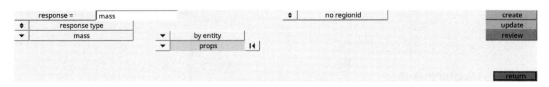

图 3-50　质量响应

频率响应类型为 frequency，考虑一阶模态，Mode Number 处输入 1，如图 3-51 所示。

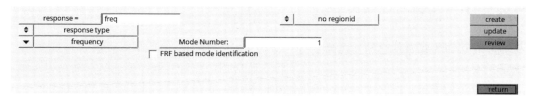

图 3-51　频率响应

Step 03 定义设计约束。使用 Tool 面板中的 mass calc 测出设计区域质量为 4.431e-03。将 mass 响应定义为设计约束，其上限为 4.500e-03，如图 3-52 所示。

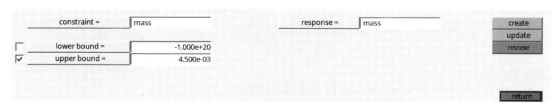

图 3-52　定义约束条件

Step 04 定义优化目标。电池包壳体形貌优化的主要目标是提高一阶固有频率，将优化目标设置为 freq 响应最大化，如图 3-53 所示。loadstep 选择唯一的载荷步。

图 3-53　定义优化目标

Step 05 提交计算。除对称约束不同外，其他参数设置完全一样，提交计算后得到下面三个结果。Two Planes 约束下，拉延筋沿两个方向对称，优化后一阶固有频率为 34Hz，如图 3-54 所示。Linear 约束下，拉延筋呈线性排列，优化后一阶固有频率为 47Hz，如图 3-55 所示。Planar 约束下，拉延筋排列与 Linear 类似，但优化后一阶固有频率为 36Hz，如图 3-56 所示。从固有频率来看，Linear 约束得到的结果是最优的，因此在优化过程中，建议多尝试不同的制造约束，有更大概率得到最优解。

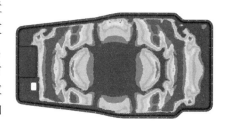

图 3-54　Two Planes 约束优化结果

图 3-55　Linear 约束优化结果

图 3-56　Planar 约束优化结果

3.4.2 拓扑和形貌联合优化

形貌优化可以为钣金件起筋，提高结构的刚度。拓扑优化可以找到主要的传力路径，去掉不重要位置的材料，从而达到减重的效果。在实际工程应用中，可能既需要通过起筋来提高结构的刚度，又有减重的需求，因此可以将拓扑优化和形貌优化联合使用，即拓扑和形貌联合优化。

在建模方法上，拓扑和形貌联合优化与纯拓扑优化或者纯形貌优化的唯一区别在于同时存在两个设计变量，即既有拓扑优化设计变量，又有形貌优化设计变量。优化响应、设计约束和优化目标定义方法与纯拓扑优化或纯形貌优化并无差异。

本例展示了在一个相机框架模型（见图 3-57）上进行拓扑和形貌联合优化的过程。固定约束中间大孔上所有的节点，在边缘位置上 6 个孔分别加载沿 X 或 Y 轴负方向大小为 1N 的集中力，分为 6 个工况加载。另外，再加一个自由模态分析工况，共 7 个工况。

图 3-57 初始模型

优化的目标是保证最大变形量不超过原模型、固有模态频率不低于原模型，即刚度不变的情况下，使用的材料最少，从而达到降低成本的目的。

相机框架的拓扑和形貌联合优化建模步骤可分为以下 6 步。

1）准备好可正常计算的分析模型。
2）定义拓扑优化设计变量，可设置最大、最小尺寸约束和对称等制造约束。
3）定义形貌优化设计变量，可设置起筋参数以及制造约束。
4）定义响应。
5）定义约束条件。
6）定义优化目标。

优化三要素

- 优化目标：结构质量最小化。
- 设计约束：6 个加载点的变形量不超过原模型，前 6 阶模态频率不低于原模型。
- 设计变量：大圆孔周围的长方形区域。

操作视频

操作步骤

Step 01 定义拓扑优化设计变量。本例使用的模型为 bracket_start.fem。拓扑优化可以找到主要传力路径，并保留主要传力路径上的材料，去除其他区域的材料。模型中的设计区域是名为 DOMAIN 的 component，即大圆孔周围的区域。由 Analysis > optimization > topology 面板将其定义为设计空间。为避免优化后出现很小的特征，在设计变量中添加最小尺寸约束 2mm。另外，相机框架总体是左右对称的，因此为模型添加对称约束，保证优化后的结构对称性。详细设置如图 3-58 和图 3-59 所示。

Step 02 定义形貌优化设计变量。形貌优化的设计区

Name	Value
Solver Keyword	DTPL
Name	TPL1
ID	1
Include	[Master Model]
Config	topology
Create	
Property Type	PSHELL
List Of Properties	1 Properties
Base Thickness	
Parameters	
Mindim	2.0
Stress Constraint	
Maxdim	
Fatigue Constraint	none
MeshType	
Pattern Grouping	
Pattern Type	1 pln sym
Anchor Point Selection	node id
Anchor Point	(819813) Node
First Grid Selection	node id
First Grid	(776456) Node

图 3-58 拓扑优化设计变量

域的是名为 DOMAIN 的 component，由 Analysis > optimization > topography 面板将其定义为设计空间。最小筋宽为 2mm，拔模角为 45°，拔模高度为 0.3mm；另外，施加对称约束以保证产生对称的筋结构。详细设置如图 3-60 所示。

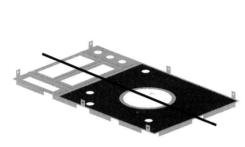

图 3-59 模型对称面 　　　　　　　　　图 3-60 形貌优化设计变量

Step 03 定义响应。

本例中一共需要定义 13 个响应：6 个位移响应、6 个模态频率响应和 1 个质量分数响应。

① 6 个位移响应为 6 个载荷施加点在相应工况下的位移，可通过 Analysis > optimization > responses > static displacement 面板进行定义，如图 3-61 所示。若位移方向不能确定，可选择 total disp。

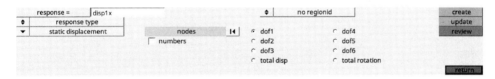

图 3-61 位移响应

② 6 个模态频率响应为模型的前 6 阶固有频率，可通过 Analysis > optimization > responses > frequency 面板进行定义。在 Mode Number 中设置提取模态频率的阶次，如图 3-62 所示。

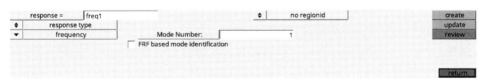

图 3-62 频率响应

③ 质量分数响应可通过 Analysis > optimization > responses > massfrac 面板进行定义，对应设计区域的质量分数，如图 3-63 所示。

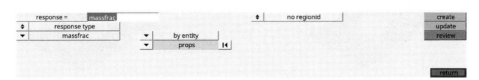

图 3-63 质量分数响应

Step 04 定义设计约束。

① 在减重的同时需要保证结构的刚度和固有频率不会降低，因此将上一步定义的 6 个位移响应定义为 6 个设计约束，保证模型在前 6 个线性静力学工况下的变形量不超过原始模型，如图 3-64 所示。

图 3-64　位移上限约束

② 另外，在减重的同时，优化后结构的固有频率也不能降低，因此将上一步定义的 6 个模态频率响应定义为 6 个设计约束，保证其前 6 阶固有频率不低于原始模型。约束条件通过 Analysis > optimization > dconstraints 面板进行定义，如图 3-65 所示。

图 3-65　频率下限约束

Step 05 定义优化目标。本模型的优化目标是最小化重量，可通过 Analysis > optimization > objective 面板进行定义，如图 3-66 所示。

图 3-66　定义最小化质量分数目标

Step 06 提交计算。由 Analysis > OptiStruct 面板提交优化计算，如图 3-67 所示。

图 3-67　提交计算

Step 07 优化结果解读及几何提取。

优化结果如图 3-68 及图 3-69 所示，可以看到远离加载点位置的材料都被去除了。同时，在保留材料的区域产生了相应的筋来提高整个结构的刚度。在保证结构刚度的情况下，重量由 12.6g 减少为 8.8g，减重约 30%。

图 3-68　拓扑优化结果

图 3-69　形貌优化结果

优化完成后，使用 Ossmooth 工具，根据 .fem 文件、.sh 文件以及 .grid 文件提取优化后的几何模型，如图 3-70 和图 3-71 所示。

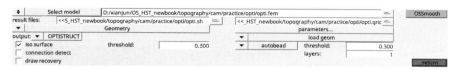

图 3-70　提取优化结果

图 3-71　拓扑 + 形貌优化结果

3.4.3　基于频响分析的车身地板形貌优化

良好的座椅 NVH 性能是汽车乘坐舒适性的基本保障，发动机振动是汽车中重要的激励来源，若能严格控制座椅对发动机激励的响应，就可有效提高乘坐的舒适性。本节以简易车身模型（见图 3-74）为例，展示了基于频响分析的形貌优化。初始模型如图 3-72 所示。

在发动机顶部中心位置施加单位力激励，分析座椅安装点在 0 ~ 50Hz 范围内的加速度响应。本例将地板作为设计空间，要求整个模型质量不超过 644kg 的情况下，在地板上加筋以降低座椅安装点的加速度响应。模型文件中，材料、属性、载荷和分析步都已定义。

图 3-72　初始模型

优化三要素

- 优化目标：座椅安装点 z 向加速度响应最小化。
- 设计约束：整个模型重量不超过 644kg。
- 设计变量：地板上所有点的坐标。

操作步骤

操作步骤

Step 01　定义形貌优化设计变量。本例使用的模型为 car_body_start.fem。将名为 Floor 的 property 定义为设计空间，最小起筋宽度为 70mm，拔模角度为 60°，最大拔模高度为 60mm，最大起筋宽度为 140mm，起筋方向为全局坐标系 z 轴方向，配合 Bounds 中将上限设置为 1，下限设置为 -1，从而可在 z 轴正负两个方向起筋；同时设置左右对称约束，保证左右对称起筋。详细参数如

图 3-73 所示。

Step 02 定义响应。提取整个模型的质量响应，响应类型为 mass，名称为 mass。提取 8 个座椅安装点（见图 3-74）z 向的加速度响应，响应类型为 frf acceleration，如图 3-75 所示。

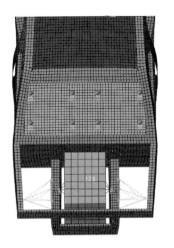

图 3-73　定义设计变量　　　　　　　图 3-74　座椅安装点

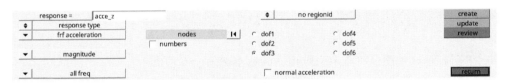

图 3-75　定义频响加速度响应

Step 03 定义设计约束。约束整个模型质量不超过 0.644t（upper bound = 0.644），响应选择上面定义的 mass，约束名称为 mass_cons。

Step 04 定义优化目标。本例的目标是最小化最大加速度响应，需要先定义目标参考（dobjref），参数设置如图 3-76 所示，然后将目标函数设置为 minmax，如图 3-77 所示。neg reference 表示响应为负值时的参考值（这里未勾选，使用默认值 – 1.0）。pos reference 表示响应为正值时的参考值。

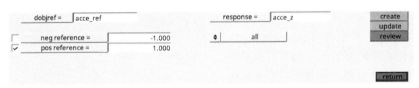

图 3-76　定义目标参考

图 3-77　定义优化目标

Step 05 查看优化结果。优化结果如图 3-78 所示，红色部分为主要起筋位置，呈 C 字形。最大加速度响应由 $12.5\,mm/s^2$ 减少为 $5.2\,mm/s^2$，降低了 58.4%。质量由 647.5kg 增加为 647.6kg。

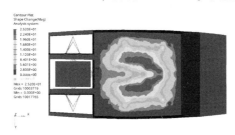

图 3-78　优化结果

3.4.4　SUV 背门内板形貌优化

车门是汽车车身设计中十分重要而又相对独立的部件，主要用于缓冲来自外部的冲击、隔绝车外噪声等，以保证车辆的安全性、舒适性、密封性等。背门作为 SUV 车门系统中较大的开闭件，其刚度的大小对整车性能有较大影响。本节以某 SUV 背门内板模型为例，展示基于静力学分析的形貌优化。

由于背门尺寸及重量较大，因此需具备一定的下垂刚度，否则会导致背门出现下垂变形而无法正常关闭。如图 3-79 所示，本例在背门锁安装点施加集中力，约束背门铰链安装点的所有自由度，分析锁安装点的变形位移量。本例将除安装面和密封面外的区域作为设计空间，要求整个模型质量不超过 5kg 的情况下，在背板上加筋以降低锁安装点的位移响应。模型文件中，材料、属性、载荷和分析步都已定义。本例使用的模型为 backdoor_start.fem。

优化三要素

- 优化目标：使锁安装点的位移绝对值最小。
- 设计约束：模型质量不超过 5kg。
- 设计变量：除安装面、密封面外的内板区域作为优化区域。

操作视频

操作步骤

Step 01 定义设计空间。

针对车门背板原始设计，在背门锁安装点施加集中力 1000N，约束背门铰链安装点的所有自由度，分析后得到其最大变形量为 4.375mm，如图 3-80 所示。

图 3-79　载荷施加点（初始模型）

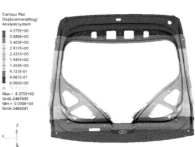

图 3-80　分析结果

现在希望通过结构优化方法，在质量不增加的情况下，降低最大变形量。整个车门背板为薄板结构，最合适的办法是保持薄板厚度不变，在原模型的基础上通过形貌优化方法增加拉延筋来提高整个结构的刚度。但增加拉延筋结构质量一定会增加，因此需要对原始设计进行调整，去除一些不重要的筋，然后通过形貌优化方法重新确定筋的分布形式。图 3-81 中，左图是原始设计，模型问题质量为 5.55kg，最大变形量为 4.375mm。右图中去掉了原始设计中的部分筋，将这部分壳单元单独设置为一个 component，作为形貌优化的设计空间。修改后的模型质量为 5.54kg，质量略微降低；最大变形量为 4.376mm，变形量略增。

Step 02 定义形貌优化设计变量。将名为 design 的 property 定义为设计空间，最小起筋宽度为 25mm，拔模角度为 60°，最大拔模高度为 8mm，最大起筋宽度为 30mm；起筋方向为单元法向，配合 Bounds 中将上限设置为 1，下限设置为 –1，从而可在单元法向正负两个方向起筋；同时设置左右对称约束，保证左右对称起筋。详细参数如图 3-82 所示。

Name	Value
Solver Keyword	DTPG
Name	dve
ID	1
Include	[Master Model]
Config	topography
Create	
Entity Type	PSHELL
List Of Properties	1 Properties
Bead Params	
Minimum Width	25.0
Draw Angle	60.0
Draw Height	8.0
Buffer Zone	☑
Boundary Skip	load & spc
Draw Direction: Normal to elements	☑
Maximum Width	30.0
Minimum Height Ratio	0.8
Apply Width control for Zero Height beads	NO
Bounds	
Upper Bound	1.0
Initial Beadfraction	
Lower Bound	-1.0
Ddval Id	<Unspecified>
Pattern Grouping	
Pattern Type	1-pln sym
Anchor Point Selection	node id
Anchor Point	(2477792) Node
First Grid Selection	node id
First Grid	(2477796) Node
Autobead	
Pattern Repetition	
Master/Slave	none

图 3-81　定义设计空间　　　　　图 3-82　形貌优化设计变量

Step 03 定义响应。提取整个模型的质量响应 mass，响应类型为 mass。提取锁安装点位移响应，响应类型为 static displacement，如图 3-83 所示。

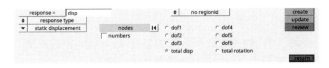

图 3-83　定义位移响应

Step 04 定义设计约束。约束整个模型质量不超过 5kg（upper bound = 0.005），小于原始设计的 5.55kg。

Step 05 定义优化目标。本例的优化目标是最小化位移响应，工况（loadstep）为 loadcase 1，如图 3-84 所示。

Step 06 查看优化结果。

主要起筋位置如图 3-85 所示。最大位移响应由 4.376mm 降低为 4.121mm，质量满足约束条件不超过 5kg。

图 3-84　定义优化目标

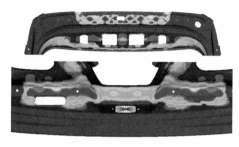

图 3-85　优化结果

使用 OSSmooth 工具按图 3-86 所示设置导出优化后的模型文件，以便对优化结果进行分析验证。

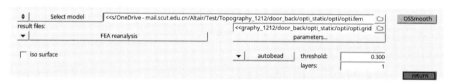

图 3-86　快速提取优化结果

对 OSSmooth 工具提取到的模型进行分析求解，可以初步验证优化结果是否符合预期。若分析求解失败且提示网格质量检查失败，可以在 control card 面板建立 PARAM 卡片来设置不检查网格质量，如图 3-87 所示。

将 OSSmooth 提取的模型提交计算，如图 3-88 所示，优化后的最大位移为 4.12mm，小于优化前的 4.375mm，变形量降低 6%；模型总质量为 5.54kg，相比原始设计的 5.55kg 略降。

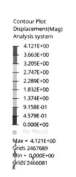

图 3-87　设置不检查网格质量　　　　　图 3-88　分析结果

第4章

尺寸优化

4.1 尺寸优化技术简介

4.1.1 尺寸优化基本概念

提到尺寸优化（size optimization），很多人会想到以壳单元的厚度作为设计变量，这大大低估了尺寸优化的作用，实际上尺寸优化更应该叫作参数优化。在 OptiStruct 模型定义中的某些数字字段，比如壳单元的厚度、梁截面的面积和惯性矩、弹簧单元的刚度、质量点的质量、载荷的大小等，都可以作为设计变量。往往在确定这些参数时，已经进入产品设计的中后期，故尺寸优化多用于详细设计阶段的方案改进。

为了增加尺寸优化的灵活性，在 OptiStruct 中并不是直接选择某一数值作为设计变量，而是首先定义设计变量，然后在设计变量和属性数值之间创建一个函数关系，这个关系叫作设计变量-属性关系（DVPREL1）。最简单的就是线性关系，其表达式为

$$p = C_0 + \sum d_i C_i \tag{4-1}$$

式中，p 表示属性中要优化的字段；C_0 为常数；d_i 为设计变量；C_i 表示每个设计变量前的线性系数。

式（4-1）中，如果要优化壳单元属性中的厚度 T，只需一个设计变量 d_1，并且设置 $C_0 = 0$ 和 $C_1 = 1$，则上式退化为最简单的关系，即

$$T = d_1 \tag{4-2}$$

如果线性关系不能满足要求，则可以借助方程（DEQANT），方程中可以引用包括三角函数在内的常用数学函数，从而定义更加复杂的设计变量与属性数值之间的关系。比如在白车身截面设计中，将白车身部分结构简化为梁单元进行优化。但 1D 梁单元只能以截面面积、惯性矩、扭转常数为优化对象，而真实截面形状复杂，不能直接以截面的厚度、宽高尺寸作为设计变量。解决方案是以截面的厚度、宽高尺寸为设计变量，然后建立设计变量与梁单元属性中的面积、惯性矩、扭转常数之间的函数关系，把这一关系通过方程的形式引入 OptiStruct 中，从而达到用尺寸优化直接优化真实截面的目的。

OptiStruct 进行尺寸优化的一般步骤如下。

1）准备好可正常计算的分析模型。

2）定义设计变量（DESVAR），并指定设计变量的初始值、上限和下限。

3）定义设计变量与属性数值间的关联关系（DVPREL1）。

4）定义响应（DRESP1/DRESP2/DRESP3）。

5）定义设计约束（DCONSTR）。

6）定义优化目标（DOBJ）。

下面通过一个车架尺寸优化的例子来展示基本流程。

4.1.2 实例：扭转工况下的车架厚度优化

本例展示了在一个车架模型上进行基本尺寸优化的过程。车架两侧边梁后端固定，前端左右支座中心点在 Y 向分别受到大小相等（1500N）、方向相反的作用力。假设钣金厚度可以在初始值上下浮动 20%，要求设计出最优的钣金件厚度，在保证加载点 Y 向变形小于 6mm 和结构应力小于 350MPa 的情况下，使用的材料最少。车架模型如图 4-1 所示。模型文件中，设计约束、载荷、材料属性和载荷工况（载荷步）已经定义。

图 4-1　车架模型

优化三要素

- 优化目标：结构质量最小化。
- 设计约束：左侧加载点 Y 向变形小于 6mm；右侧加载点 Y 向变形大于-6mm（注意右侧加载点 Y 向变形为负）；结构应力小于 350MPa。
- 设计变量：前后横梁和左右边梁的厚度，共 4 个，每个变量的变化范围为初始值 ±20%。

操作视频

操作步骤

Step 01 启动 HyperMesh，设置 User Profile 为 OptiStruct，打开模型文件 CH4_frame_start. hm。进入 Analysis > optimization > size >desvar 子面板。

Step 02 创建设计变量。在 desvar 中输入设计变量名称 d_left，initial value 中输入变量初始值 1.5，lower bound 中输入变量下限 1.2，upper bound 中输入变量上限 1.8。单击 create 按钮，完成创建，如图 4-2 所示。

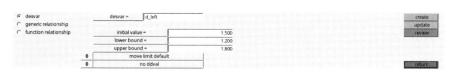

图 4-2　设计变量

再用同样的步骤分别创建设计变量 d_right、d_front、d_rear，三个变量的初始值、上限和下限见表 4-1。

表 4-1　变量设置

变　量　名	初　始　值	上　　限	下　　限
d_right	1.5	1.8	1.2
d_front	1.0	1.2	0.8
d_rear	1.0	1.2	0.8

Step 03 定义设计变量与厚度属性的关联关系。进入 generic relationship 子面板。在 name 中输入关系名 dr_left。单击 prop 按钮，选择 left_beam 属性，下方按钮将会自动切换为 Thickness T。单击 designvars 按钮，选择设计变量 d_left。单击 create 按钮完成创建。这样就在设计变量 d_left 和 left_beam 的厚度之间建立了一个数学关系，即 T = d_left，如图 4-3 所示。重复上述步骤，分别创建设计变量 d_right、d_front、d_rear 与三个壳单元属性 right_beam、front、rear 之间的关联关系 dr_right、dr_front 和 dr_rear。

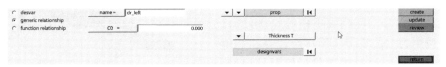

图 4-3 创建变量关系

Step 04 创建设计响应。

① 创建左侧加载点的 Y 向位移响应 disp_left。进入 Analysis > optimization > responses 面板。在 response 中输入响应名 disp_left，单击 response type 下方的小三角，从弹出的列表中选择响应类型 static displacement。单击 nodes 按钮，选择左侧加载集中力的节点（位于 Z 轴负向）。选择位移分量为 dof2，类型选择该节点的 Y 向位移分量。单击 create 按钮，如图 4-4 所示。

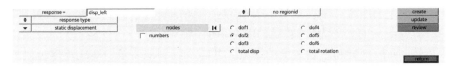

图 4-4 位移响应

② 重复以上步骤，选择右侧加载点，创建右侧加载点的 Y 向位移响应 disp_right。

③ 创建应力响应 stress。在 response 中输入响应名 stress。单击 response type 下方的小三角，从弹出的列表中选择响应类型 static stress。单击右侧的 props 按钮，在弹出的列表中选择下面 4 个属性，单击 select 按钮，如图 4-5 所示。von mises（应力类型）默认为 z1，单击前方小三角切换为 both surfaces，表示壳单元上下表面的应力值都考虑在内。单击 create 按钮，即创建 4 个 component 中所有壳单元上下表面的应力响应，如图 4-6 所示。

图 4-5 属性选择

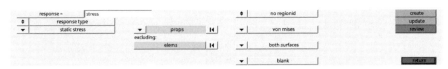

图 4-6 应力类型选择

④ 创建质量响应 mass。在 response 中输入响应名 mass。单击 response type 下方的小三角，从弹出的列表中选择响应类型 mass。右侧按钮保持为 total 不变，表示选择整个模型的质量。单击 create 按钮，即创建模型质量响应 mass，如图 4-7 所示。

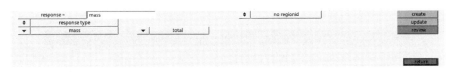

图 4-7　质量响应

Step 05 定义设计约束。

① 创建左侧加载点的 Y 向位移约束 dc_left。进入 Analysis > optimization > dconstraints 面板。在 constraint 中输入约束名 dc_left。单击 response 按钮，从弹出的响应列表中选择 disp_left，下方将会出现 loadsteps 按钮。单击 loadsteps 按钮，在弹出的界面中勾选工况 torsion，单击 select 按钮。勾选 lower bound 复选框，在后面的文本框中输入 −6。单击 create 按钮，即定义左侧加载点的 Y 向位移大于 −6 的约束，如图 4-8 所示。

图 4-8　位移约束

② 重复上述步骤，创建右侧加载点 Y 向位移小于 6mm 的约束 dc_right。注意约束名为 dc_right，响应选择 disp_right，定义上限 upper bound = 6。

③ 创建应力约束。在 constraint 中输入约束名 dc_stress。单击 response 按钮，从弹出的响应列表中选择 stress，下方将会出现 loadsteps 按钮。单击 loadsteps 按钮，在弹出的界面中勾选工况 torsion，单击 select 按钮。勾选 upper bound 复选框，在右方的文本框中输入 350。单击 create 按钮，即定义壳单元应力小于 350MPa 的约束，如图 4-9 所示。

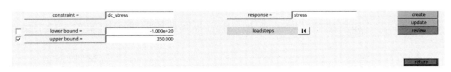

图 4-9　应力约束

Step 06 定义优化目标。在 Analysis > optimization > objective 面板左侧选择 min，response 选择 mass。单击 create 按钮，最小化质量的优化目标定义完成，如图 4-10 所示。

图 4-10　优化目标

Step 07 提交计算。

① 在 File 下拉菜单中选择 Save As 命令，弹出 Save file 对话框，选择保存数据的路径，并输入文件名 CH4_frame_opt_done. hm，单击 Save 按钮。

② 在 Analysis 面板中选择 OptiStruct 面板。在 input file 文本框内已经有默认的 .fem 文件保存路径，如果希望更改，单击 save as 按钮后修改即可。在 options 文本框中输入计算控制选项，如 − out，将会把 .out 文件的信息直接显示出来。单击 OptiStruct 按钮，开始计算并弹出 HyperWorks

Solver View 对话框。

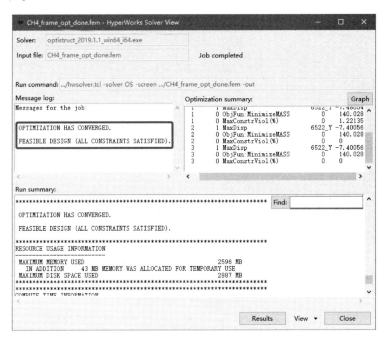

图 4-11　HyperWorks Solver View 对话框

③ 单击 Results 按钮，将会打开 HyperView 并自动载入计算结果。也可手动从开始菜单打开 HyperView，选择结果文件 CH4_frame_opt_done_des. h3d 进行载入。

Step 08 查看优化结果。

① 单击云图按钮 <img>，进入云图面板。单击动画工具条中的最后一步按钮 <img>，将结果切换到最后一个迭代步，单击 Apply 按钮，即可画出优化后各区域的厚度云图如图 4-12 所示。

图 4-12　车架尺寸优化结果

② 单击 <img> 按钮进入测量面板，如图 4-13 所示，单击 Add 按钮，选择结果为 Elemental Contour，单击 Elements 按钮，然后在图形窗口中分别在 4 根梁上选择一个单元，即可显示出优化后各 component 的厚度，如图 4-14 所示。

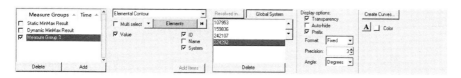

图 4-13　测量面板

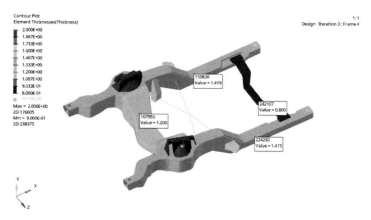

图 4-14　测量优化后的车架尺寸

拓展：思考以下问题。

1）实际应用中由于成本或工艺的限制，板厚的选择是有限的。假设板厚只能在 0.8 ~ 2.5 之间，且只能以 0.1mm 为最小变化单位，如何解决？

2）如果左右边梁的厚度必须保持一致，该如何解决？如果制造工艺要求前横梁厚度比左右边梁厚度大 0.5mm，可以设置吗？

3）打开计算的 .out 文件观察一下，优化计算收敛了吗？是达到什么要求以后收敛的？

4.2　设计变量和变量关联

4.2.1　离散变量

在定义优化问题时，设计变量都有自己的变化范围，例如零件的厚度可以在 1.0mm ~ 2.0mm 之间变化，梁截面的高度可以在 10mm ~ 40mm 之间变化。人们却往往忽视了一个问题，厚度和高度真的可以在这个区间内任意取值吗？如果最优厚度计算结果是 1.268mm，最终产品该如何选择？实际设计中，由于工艺、成本、设备的种种限制，设计变量的取值并不是那么自由。钢材的厚度和梁截面的高度只能在有限的几个规格中选择。此时，这些设计变量就不能在取值范围内连续变化了。数学上，把可在一定区间内连续取值的量叫连续变量。相应地，只能取有限个数值的量叫离散变量。

OptiStruct 中对离散变量的设置需要经过以下两步。

1）定义离散变量的取值范围（DDVAL）。面板：Analysis > Optimization > discrete dvs，如图 4-15 所示。离散变量的定义支持多种方式，一种是直接在 individual values 中依次输入各个取值，另一种是在 value range 中指定起始值、终值和步长值。也可把上述两种方法结合起来使用。

name =
individual values (comma separated):
add
value range:
from =
0.000
to =
0.000
increment =
0.000
add
create
review
return

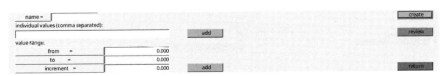

图 4-15　离散值定义

2）更新尺寸变量的定义，引用取值范围（DDVAL）。面板：Analysis > Optimization > size（parameter），如图 4-16 所示。切换下方按钮到 ddval，即可选择已经创建的离散变量范围。

desvar
generic relationship
function relationship
desvar =
initial value =
1.000
lower bound =
0.010
upper bound =
1.000
move limit default
ddval =
create
update
review
return

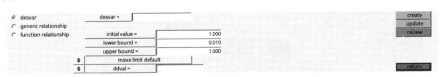

图 4-16　设计变量

小技巧：变量最终的取值范围是 size（parameter）面板的范围和离散变量范围的交集，因此，通常会给离散变量一个很大的变化范围，然后在该面板中确定上下限。

对于连续变量的尺寸优化和形状优化问题，默认的优化算法是可行方向法（MFD）。如果设计约束中有等式约束，那么序列二次规划（SQP）是默认算法。优化算法可以通过卡片 DOPTPRM、OPTMETH 进行控制。对于离散变量，OptiStruct 默认进行全离散变量优化。也可以选择两阶段优化，即先进行一次连续变量优化，然后基于连续变量的最优解进行离散变量的优化。还可以忽略离散变量的定义，完全进行连续变量优化，不过变量的变化范围受 DDVAL 定义的约束。这三个方法可以通过卡片 DOPTPRM，DDVOPT 取 1、2、3 来定义，如图 4-17 所示。优化算法和离散变量选项也可以通过面板 opti control 下的 OPMETH 和 DDVOPT 进行设置。

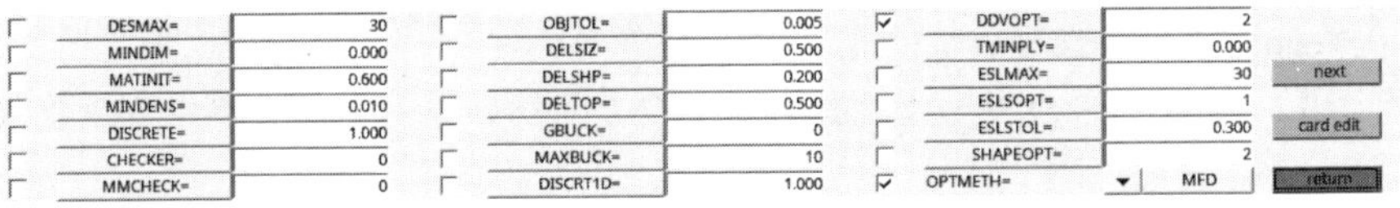

DESMAX=
30
MINDIM=
0.000
MATINIT=
0.600
MINDENS=
0.010
DISCRETE=
1.000
CHECKER=
0
MMCHECK=
0
OBJTOL=
0.005
DELSIZ=
0.500
DELSHP=
0.200
DELTOP=
0.500
GBUCK=
0
MAXBUCK=
10
DISCRT1D=
1.000
DDVOPT=
2
TMINPLY=
0.000
ESLMAX=
30
ESLSOPT=
1
ESLSTOL=
0.300
SHAPEOPT=
2
OPTMETH=
MFD
next
card edit
return

图 4-17　优化控制选项

4.2.2　变量关联

工程实践中各个变量可能还会相互制约和影响，表现在优化问题中就是变量之间有一定的数学关系，可以是相等，也可以是函数表达式关系。对称的两个零件具有相同的厚度和形状，装配在一起的轴和孔必须大小一致。对称零件在产品设计中相当普遍，图 4-18 上面的图就显示了汽车白车身中 A 柱左右内板厚度对称的情况，另一张图则展示了激光拼焊的两块板板厚之差应该在允许的范围内。当出现这些情况时，需要显式地定义两个变量之间的关系，把两个变量关联起来，以其中一个变量为独立变量，另外有限个变量为非独立变量，定义它们之间的关系表达式。变量关联不仅满足了产品设计的要求，也在一定程度上减少了优化计算的运算量。

Independent
2.0mm
Dependent
2.0 - 0.8
= 1.2mm
Dependent
2.0 - 0.4
= 1.6mm

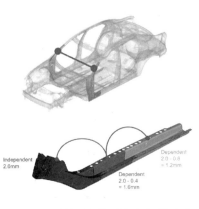

图 4-18　零件厚度的对称和相关关系

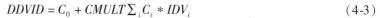

定义变量关联的方式有两种，线性求和关系用 DLINK 定义，函数表达式关系用 DLINK2 定义。

线性求和关系是指变量之间的关系是一阶多项式相加的结果，表达式中的系数分别与面板中的各项对应，如图 4-19 所示。

$$DDVID = C_0 + CMULT\sum_i C_i * IDV_i \qquad (4\text{-}3)$$

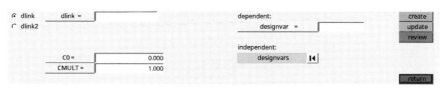

图 4-19　线性求和关系定义

函数表达式关系是指变量之间的关系不是简单的线性关系，而是复杂的函数关系。这就需要首先定义一个 equation（方程），然后在 dlink2 面板中引用该方程，最后通过 edit 按钮，按照定义方程时参数的出现顺序依次选择所需的变量，如图 4-20 所示。

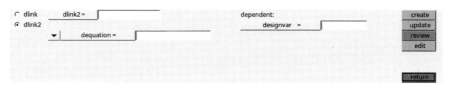

图 4-20　函数表达式关系定义

4.2.3　批量创建尺寸变量

如果需要进行优化的零件数量很多，需要设置的尺寸变量非常多，那么按照标准流程需要先定义变量，再定义变量与属性之间的关系，这个过程工作量较大。HyperMesh 提供批量创建尺寸变量的方式，通过 optimization 面板下的 gauge 子面板可以批量选中多个属性，自动创建所有的变量和关系。目前支持 PSHELL、PCOMP 和 PCOMPG 三种类型的属性。value from property 开关决定各个变量的初值是从当前属性读取还是统一输入数值。lower bound 和 upper bound 可直接指定上下限的绝对值，也可输入百分比，代表在初值基础上上下浮动。separate desvar for each prop 表示每个属性各生成一个尺寸变量，切换成 same desvar for all props 时表示只生成一个设计变量，即所有选中的属性值都相等，等于同一个尺寸变量，如图 4-21 所示。

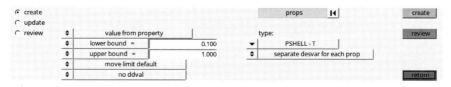

图 4-21　批量创建尺寸变量

4.2.4　尺寸优化结果的后处理

尺寸优化完成后的属性值如何更新到模型上呢？尺寸优化结果其实就是一组新的属性数值，如果变量少，当然可以根据优化结果手动更新，如果有几十甚至上百个属性要更新呢？HyperMesh 提供了更加简便的方法。尺寸优化的结果默认是最后一个迭代步的所有属性值，都会输出在 prop 文件中，只需将该文件导入原始模型中覆盖属性即可。注意勾选 FE overwrite 选项才能生效，如图 4-22 所示。

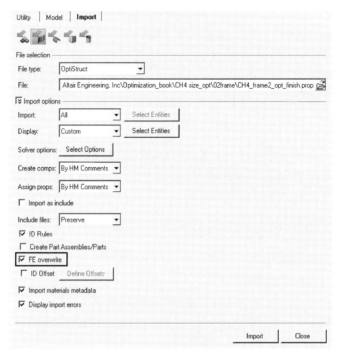

图 4-22　导入尺寸优化结果

4.2.5　实例：厚度依赖的车架尺寸优化

在 4.1.2 节车架厚度优化模型的基础上，进行一个具有厚度依赖和离散变量的尺寸优化。

优化三要素

- 优化目标：结构质量最小化。
- 设计约束：左侧加载点 Y 向变形小于 6mm；右侧加载点 Y 向变形大于 -6mm（注意右侧加载点 Y 向变形为负）；结构应力小于 350MPa。
- 设计变量：前后横梁和左右边梁的厚度，共 4 个，每个变量的变化范围为初始值 ±20%；厚度只能在［0.5mm，2.0mm］内取 0.1mm 的倍数；左右边梁厚度相等，且边梁厚度比前横梁厚度大 0.2mm。

操作视频

操作步骤

Step 01　导入模型文件 CH4_frame2_opt_start. fem。

Step 02　定义左右边梁厚度等于前横梁厚度加 0.2mm。进入 Analysis > optimization > desvar link 子面板，输入 dlink 名称 Rthick，依赖变量 dependent 选择 d_right，独立变量 independent 选择 d_front，C0 处输入 0.2，单击 create 按钮。这就相当于创建了关系 d_right = d_front +0.2，如图 4-23 所示。

Step 03　重复上一步操作，创建另一个 dlink，名为 Lthick，定义左边梁 d_left = d_front +0.2。

这里需要注意，不能先定义左右边梁厚度相等，再定义右边梁厚度等于前横梁厚度加 0.2，因为 OptiStruct 不支持链式的依赖关系。先定义 d_left = d_right，再定义 d_right = d_front + 0.2，将会得到以下错误。

```
* * * ERROR # 532 * * *
Independent DESVAR 2 in DLINK 1 is also declared
dependent in DLINK 2.
```

图 4-23 变量关联

Step 04 定义离散变量变化范围。进入 Analysis > optimization > discrete dvs 子面板，离散变量名为 dthick，变化范围为 0.5 ~ 2.0，步长为 0.1，如图 4-24 所示。

图 4-24 定义离散变量

Step 05 更新设计变量。这里有两种方法，第一种方法：进入 Analysis > optimization > size 子面板。单击 review 按钮，选择 d_left，更新变量范围为 0.5 ~ 2.0，切换最下方的 no ddval 为 ddval，单击 ddval 按钮，选择 dthick，最后单击 update 按钮。重复这一步骤，依次更新 4 个变量，如图 4-25 所示。

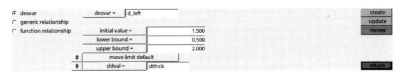

图 4-25 更新变量

第二种方法更简洁快速，可以一次性更新 4 个设计变量。通过左侧的模型浏览器，选中 4 个设计变量，在下方上下限（Lower Bound、Upper Bound）栏分别输入 0.5 和 2.0。在 Ddval Id 一栏单击后选择已经创建的离散变量 dthick，如图 4-26 所示。

Step 06 提交计算和后处理。优化后的厚度云图如图 4-27 所示。

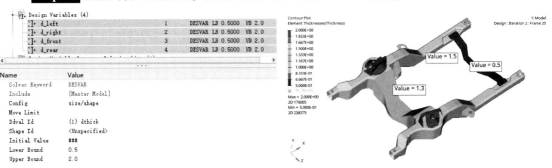

图 4-26 模型浏览器更新变量　　　　　　　图 4-27 车架离散厚度优化结果

Step 07 将 CH4_frame2_opt_finish. prop 文件导入原模型覆盖，完成厚度更新。

拓展：请思考以下问题。

1）如果厚度的限制条件变为左右边梁厚度与前横梁的厚度差值小于 0.3，该如何解决？

2）如果给定扭转刚度值的计算公式，要求约束刚度值，该如何定义刚度响应？

$$K = F * L / \arctan(dy/L)$$

式中，F 为加载力的大小；L 为两加载点的距离；dy 为两加载点在 Y 方向上的位移之差的绝对值。

4.2.6 实例：高层建筑框架结构梁截面优化

框架结构是多层、小高层建筑中一种常见的结构形式，在高层的民用建筑和多层的工业厂房中应用广泛，主要由横梁和柱组成的节点构成承载结构，如图 4-28 所示。按材料来分，可以有钢框架、混凝土框架、胶合木框架等。框架结构的受力特点类似于竖向悬臂剪切梁，其总体水平位移上大下小，但相对于各楼层而言，层间变形上小下大，如何提高框架抵抗侧向载荷的刚度及控制好结构层间的位移角是设计中的重要考虑因素。

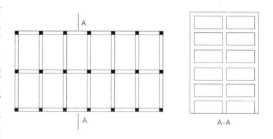

图 4-28　框架结构简图

本例将以一个 9 层高钢框架建筑为例，在风载作用下，优化梁截面参数，在控制结构层间位移角的情况下，最小化结构的用钢量。结构受自重和风载作用，楼板采用壳单元模拟，材料为混凝土。柱和梁采用梁单元模拟，材料为钢。梁单元类型为 CBEAM，属性类型为 PBEAML。梁和柱均采用工字型截面，只是规格不同，截面各参数如图 4-29 所示。风载的大小需要结合建筑本身、地理位置和设计规范进行计算，施加在侧面节点处，如图 4-30 所示。自重使用 GRAV 卡片定义，自重和风载最后通过一个 LOADADD 卡片进行组合。

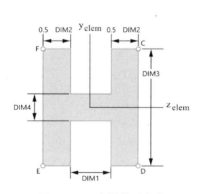

图 4-29　工字梁截面参数

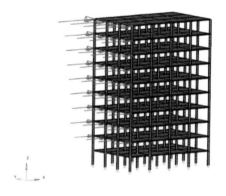

图 4-30　框架结构受力

静力分析后结构的 X 方向即水平位移如图 4-31 所示。初始状态下结构总重量为 1043.31t，其中钢材用量为 143.31t。层间位移角是指按弹性方法计算的风载或多遇地震标准值作用下的楼层层间最大水平位移与层高之比 $\Delta u/h$。从图 4-31 可以看出，层间位移最大的地方出现在第 1、2、3、4 层之间，本例中的层高相等，故层间位移角也是这几个楼层间最大，所以在优化中以 1、2、3、4 层的层间位移角为约束。

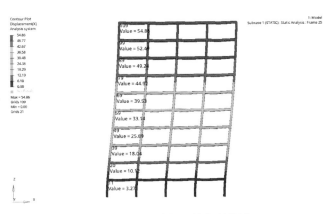

图 4-31　框架结构初始变形结果

优化三要素

- 优化目标：结构质量最小化。
- 设计约束：1、2 层，2、3 层，3、4 层的层间位移角小于 1/500。
- 设计变量：梁和柱两种工字型截面的各 4 个尺寸，分别为 DIM1、DIM2、DIM3、DIM 在初始值的基础上，上下浮动 20%。

操作视频

操作步骤

Step 01 导入模型文件 steel_beam_start. fem，定义设计变量。进入 Analysis > optimization > size 面板，选择 desvar 子面板，如图 4-32 所示。依次定义 8 个设计变量，名称和取值范围见表 4-2。

表 4-2　设计变量名称和取值范围

意　义	名　称	初　值	下　限	上　限
柱截面 DIM1	D1	560	448	672
柱截面 DIM2	D2	28	22	33
柱截面 DIM3	D3	180	144	216
柱截面 DIM4	D4	17	13	20
梁截面 DIM1	DH1	300	240	360
梁截面 DIM2	DH2	16	12	19
梁截面 DIM3	DH3	126	100	151
梁截面 DIM4	DH4	9	7	10

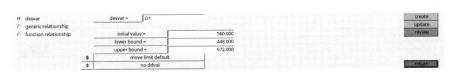

图 4-32　设计变量

Step 02 定义设计变量与属性厚度的关联。进入 generic relationship 子面板，定义设计变量 D1 与属性 column 的尺寸 Dimension1 之间的关系，名字为 RD1，如图 4-33 所示。重复以上步骤，再分别定义变量 D2 ~ D4 与 column 属性的 Dimension2 ~ Dimension4 相关联，DH1 ~ DH4 与 pb_hori

的 Dimension1 ~ Dimension4 相关联。

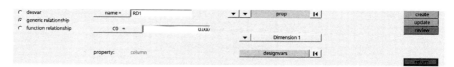

图 4-33　关系创建

Step 03 定义梁质量响应，名称为 mass。选择类型为 sum，然后仅选择梁单元属性。

Step 04 定义位移响应，分别为 d11、d20、d39、d49，分别选择 4 个节点（11，20，39，49）的 X 方向位移，即 dof1。

Step 05 定义层间位移角响应。

① 层间位移角的公式为 $\Delta u/h$，需要先定义一个方程。进入 Optimization > dequations 子面板，输入方程名称 fdrift 和表达式 $f(u1,u2) = abs(u1 - u2)/3500.0$，如图 4-34 所示。

图 4-34　方程创建

② 定义 1、2 层的层间位移角。进入 responses 子面板，如图 4-35 所示，输入响应名 drift12，选择类型为 function，dequation 选择方程 fdrift，然后单击 edit 按钮，进入编辑面板，如图 4-36 所示。

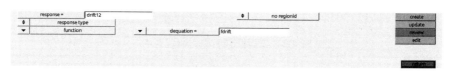

图 4-35　函数响应

③ 勾选 RESPONSES，并在弹出的 nresponses 文本框中输入需要引用的响应个数 2。面板上方将会弹出选择按钮，分别选择已经创建好的 11 号节点和 20 号节点的位移响应。单击 return 按钮，返回 responses 子面板，然后单击 create 按钮，1、2 层间的位移角创建完毕。

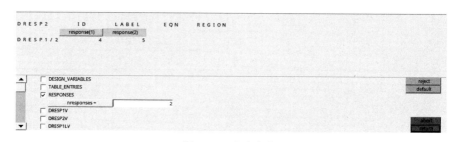

图 4-36　响应定义

④ 重复以上步骤，分别定义 2、3 层的层间位移角和 3、4 层的层间位移角为 drift23、drift34。注意选择对应节点的响应。

Step 06 定义层间位移角约束。进入 dconstraints 子面板，分别定义 3 个层间位移角小于 1/500 的约束，如图 4-37 所示。

图 4-37　约束定义

Step 07 定义最小化质量为优化目标。

Step 08 提交计算。进入 Analysis 面板下的 OptiStruct 子面板，保存文件为 steel_beam_finish. fem，单击 OptiStruct 提交计算。

Step 09 查看优化结果。计算完成后，可以在. out 文件中看到优化收敛并具有 FEASIBLE DESIGN。如图 4-38 所示，优化最后一步的结果显示在. out 文件中，优化后的属性保存在 steel_beam_finish. prop 文件中。同时，还可以从. out 文件中看出，优化最后一个迭代步的总质量为 1019.44t，钢材重量为 119.44t，相对于初始重量 143.31，减重 16.66%。

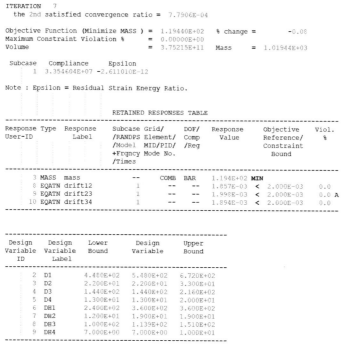

图 4-38　优化输出

Step 10 返回 HyperMesh，确保优化模型已经载入。单击 Import 按钮，选择导入 solver deck。选择 steel_beam_finish. prop 文件，并注意勾选下方的 FE overwrite 选项，单击 import 按钮，模型中梁截面的参数将被更新。

拓展：请思考以下问题。

1）本例中最后梁截面的优化结果可能是不规则的小数，现实中的选择是有限的截面，如何得到更符合工程实际的值？

2）优化得到的一组设计变量一定是最优化的结果吗？如果是，那么优化算法是遍历了所有可能的组合吗？

3）本例中梁单元使用了 PBEAML 属性，为什么不使用 PBEAM 属性呢？

PBEAML 属性中直接引用梁截面的尺寸参数来计算截面的相关物理特性，下面的 DIM1（A）、

DIM2（A）等字段就是截面参数，所以 PBEAML 支持常见的标准截面，如图 4-39 所示。这里仅列出部分截面，更详细的信息请参考帮助文档。

PBEAML	PID	MID	GROUP	TYPE/NAME	ND			
DIM1（A）	DIM2（A）	etc	NSM（A）	SO（1）	X（1）/XB	DIM1（1）	DIM2（1）	
etc	NSM（1）	etc	SO（B）	X（B）/XB	DIM1（B）	DIM2（B）	etc	
NSM（B）								

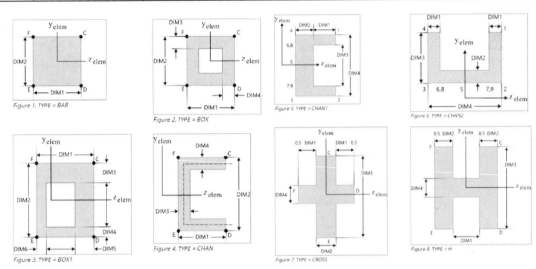

图 4-39　PBEAML 截面参数

　　由于 PBEAML 属性中直接引用了截面参数，尺寸优化中便可以直接以这些参数作为优化的设计变量。反观 PBEAM 的卡片定义，卡片中直接使用的是截面的物理参数，如面积 A，截面的惯性矩 I1、I2 等，那么在尺寸优化中，只能选择这些物理参数作为设计变量，最后的优化结果也是这些物理参数的值。这将带来一个问题，工程师需要根据数值的大小去选择一个现有的截面来使用，也就是要凑出一个物理参数等于最优值的截面。同一组物理参数，可能会有多种截面对应，甚至出现找不到合适截面的情况。

PBEAM	PID	MID	A（A）	I1（A）	I2（A）	I12（A）	J（A）	NSM（A）	
C1（A）	C2（A）	D1（A）	D2（A）	E1（A）	E2（A）	F1（A）	F2（A）	

　　属性为 PBEAM 时，可选择的优化参数如图 4-40 所示。

Area Aa	Nonstr mass NSMa	Y-location E1a	Shear Stiff. K2	Y CG M1b	Z Neut Ax. N2b
Inertia I1a	Y-location C1a	Z-location E2a	Nonst inert. NSIA	Z CG M2b	
Inertia I2a	Z-location C2a	Y-location F1a	Nonst inert. NSIB	Y Neut Ax. N1a	
Inertia I12a	Y-location D1a	Z-location F2a	Y CG M1a	Z Neut Ax. N2a	
Torsion Const Ja	Z-location D2a	Shear Stiff. K1	Z CG M2a	Y Neut Ax. N1b	

图 4-40　PBEAM 可选属性

4.3　第三类响应

　　响应是优化问题定义必不可少的元素，前面的章节介绍了 OptiStruct 内置响应（DRESP1）和第二类响应（DRESP2）。第一类响应是 OptiStruct 直接支持提取的，第二类响应可以通过函数表达式定义，由于实际问题的复杂性，还会出现使用第一、第二类响应都无法定义的情况，此时，可以使用第三类响应。

在航空结构件的强度校核、复合材料稳定性校核中，尺寸、边界条件、材料、力流大小和方向等因素均会影响公式以及其中参数的选择。图 4-41 所示为《复合材料结构设计手册》中轴压板屈曲载荷的一种计算公式，不同的边界条件需要采用不同的公式，式中的 K 值也需要根据板的尺寸参数查曲线获得。这类复杂响应是无法用单一表达式完成的，需要借助外部函数实现。

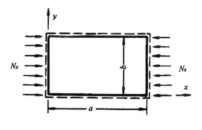

$$N_{scr} = \frac{\pi^2 \sqrt{D_{11}D_{22}}}{b^2}\left[K - 2\left(1 - \frac{D_{12} + 2D_{66}}{\sqrt{D_{11}D_{22}}}\right)\right]$$

图 4-41　四边简支轴压板许用荷载计算

第三类响应也叫外部响应，可以通过自定义的外部函数来获得响应值。外部函数支持 Altair Compose OML（开放矩阵语言，Open Matrix Language）、Fortran 语言、C 语言和 Excel 工作表。其中，Fortran 和 C 语言是通用的高级编程语言；Altair Compose 是综合的数值编程环境，拥有 OML，兼容 MATLAB、Python 和 Tcl/Tk 环境，可直接读取 HyperWorks 支持的 CAE 模型和结果数据；Excel 是 Microsoft Office 套件之一，拥有众多的数据处理、逻辑函数，具有强大的数据运算能力，容易上手，很多公司内部已将常用的复杂计算过程整合在 Excel 中。无论采用哪种形式，创建第三类响应之前需要明确以下几点。

1）函数或公式的输入参数有哪些？输入参数可以在模型中定义吗？输入参数最好是模型中已经创建的响应、设计变量、节点坐标等，常数类型的参数可通过 Table 对象传入。

2）函数或公式的输出结果有哪些？外部函数允许一次计算多个数值，但在 OptiStruct 引用时，一次只能获取其中一个数值定义为响应。

3）计算响应的算法是否明确？外部函数应当将所有逻辑和计算过程考虑到代码中，计算过程必须是全自动的，不能接受中途的人为输入。

使用第三类响应固然能解决复杂响应的计算问题，但是需要注意效率和灵敏度。由于在优化计算迭代中会多次调用外部程序计算灵敏度和响应值，使用第三类响应的计算效率将会受到明显影响。还需要注意，一定要保证响应数值对设计变量的改变有一定的灵敏度，如果灵敏度过小甚至等于零，有可能会出现第三类响应卡死导致优化计算失败。这是因为灵敏度太小，设计变量的摄动会很小，而外部程序计算出的响应值也几乎没有改变，从而导致优化迭代无法继续。出现这种情况时，可以通过改变计算方式来增加的灵敏度，强制让响应数值在设计变量的微小改变下也可得到明显不同的结果。

优化计算通常不会一次成功，所以需要多次调试响应。默认情况下，第三类响应的数值会在 out 文件中直接输出，图 4-42 所示 out 文件中一个迭代步的输出片段，TYPE 这一栏显示为 EXTER 的即为第三类响应。某些情况下，由于 OptiStruct 默认开启约束屏蔽功能，不会在 out 文件中输出某些响应的数值，这是因为该响应距离设计约束的上下限还比较远，也就是说该响应在当前迭代步

图 4-42　优化输出片段

肯定不会违反约束。此时可以定义 RESPRINT，ALL 卡片，强制所有响应都被输出。

4.3.1 Excel 响应定义方法

对于计算方法和公式已经整合好的 Excel 表格，只需要明确输入单元格和输出单元格即可开始创建。创建步骤如下。

1）创建一个外部响应，如图 4-43 所示。

图 4-43　外部响应

2）编辑输入参数。单击 edit 按钮进入编辑面板，在 GROUP 中输入 ELIB，代表将要引用一个 Excel 表格，在 FUNC 字段输入 Excel 工作表名。根据 Excel 计算表中需要的输入参数选择合适的参数类型并输入个数。图 4-44 表示需要 3 个响应作为 Excel 表格的输入。

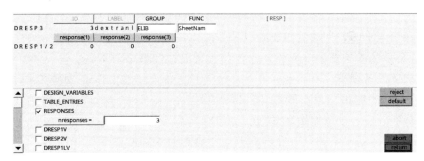

图 4-44　响应定义

3）指定输入和输出单元格。勾选下方的 CELLIN 和 CELLOUT，在 CELLIN 复选框下方指定输入单元格的个数，面板上方将会自动显示对应的文本框，然后将输入单元格的编号依次输入 CELLIN 后的文本框，将输出单元格的编号输入 CELLOUT 后的文本框。需要注意的是，这里的 3 个单元格与图 4-44 中选择的 Response 应一一对应，建议重点检查。

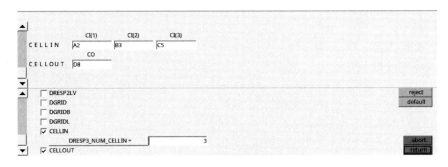

图 4-45　指定输入和输出单元格

4）创建 LOADLIB 卡片引用 Excel 文件。通过 Analysis 面板进入 Control Cards 子面板，选择 LOADLIB 卡片。在 GROUP 字段输入 ELIB，在 PATH 字段输入 Excel 文件的路径。建议直接把 Excel 文件和 fem 求解文件放在同一目录下，PATH 字段直接写文件名即可，如图 4-46 所示。

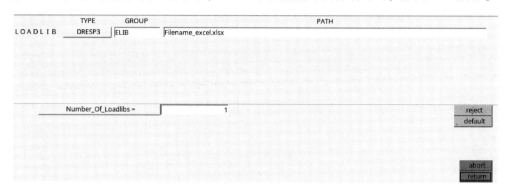

图 4-46　调用 Excel 文件

4.3.2　实例：基于 Excel 响应的机身蒙皮优化

民用航空飞机模型的强度校核工作量巨大，大多数的校核工作都是基于航空设计手册里给定的校核公式进行的。完整的流程首先是将飞机的 GFEM（全局有限元模型）建立完毕；然后添加分析工况，提交求解；最后进行载荷提取完成强度校核。由于需要应用大量的强度校验公式进行计算，工程师将校核公式集成在 Excel 表格中。利用 Excel 的自动计算功能，当输入的外部载荷更新时，其强度校核结果也将快速更新。

本算例将在考虑屈曲参考系数约束的情况下对机身等直段模型进行蒙皮厚度优化。

机身等直段的模型如图 4-47 所示。机身蒙皮分为四大块：上蒙皮、下蒙皮、左蒙皮、右蒙皮。模型中梁单元截面参数已定，在优化过程中不需要考虑。该结构中施加了一个弯曲工况：一个端面施加固定约束，另一个端面的全部节点创建一个 RBE2 单元，在 RBE2 单元的主节点上施加 Y 方向的扭矩。

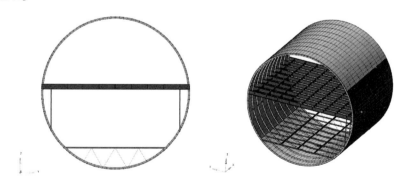

图 4-47　机身等直段模型

最复杂的部分是屈曲强度的定义。为简化问题，本例仅对一个单元的屈曲参考系数进行约束。屈曲参考系数是按公式计算的屈曲极限应力与加载应力的比值，其计算公式为

$$RF = F_{c,cr}/F_a \tag{4-4}$$

式中，RF 为单元屈曲强度系数；$F_{c,cr}$ 为单元屈曲极限应力；F_a 表示单元应力。

屈曲极限应力根据设计手册中的公式计算，边界条件不同，采用的公式不同。单轴压缩情况下，屈曲极限应力计算公式为

$$F_{c,cr} = K_c \cdot \eta_c \cdot E\left(\frac{t}{b}\right)^2 \tag{4-5}$$

式中，$F_{c,cr}$ 表示屈曲极限应力；K_c 表示分析平板长宽比的参考系数；η_c 表示压缩应力参考系数（本算例中取值为 1.1）；E 为平板材料的弹性模量；t 表示分析平板的厚度；b 表示分析平板的加载端宽度。K_c 参考值需要通过查询曲线获取（参见 Michael C. Y. NIL 所著的《Airframe Stress Analysis and Sizing》），通过长宽比和边界设计约束即可查出。本例中，查曲线可知 $K_c = 3.8$。

上述计算过程可集成到 Excel 表格，OptiStruct 在优化迭代中引用该表计算响应值。示例的 Excel 表格为 dresp3_excel. xlsx，如图 4-48 所示。其中，单元格 B1、D1、F1、J1 分别代表极限应力计算公式中的 K_c、η_c、E、b，在本式中是常数项。H1 代表单元厚度，B3 代表单元应力，是输入项。B5 代表屈曲参考系数，是输出值。

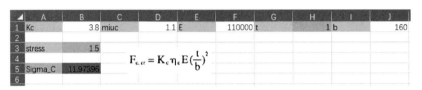

图 4-48　Excel 表格

优化三要素

- 优化目标：最小化体积。
- 设计约束：节点 4、5、7、1253、1256 的位移小于 10；10001 单元的屈曲参考系数大于 1.2。
- 设计变量：机身下蒙皮（零件名为 down_skin）厚度，范围 [0.1，6.0]。

操作视频

操作步骤

Step 01 导入模型文件 fuselage_V1_start. fem。定义设计变量及关系。在 gauge 子面板中，选择机身下蒙皮的厚度属性，定义厚度设计变量及关系。厚度取值范围为 0.1 ~ 6.0，如图 4-49 所示。

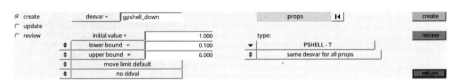

图 4-49　变量定义

Step 02 定义体积和位移响应。

① 定义全局体积响应，名称为 vol。定义位移响应，选择下蒙皮前端底部 5 个节点（4，5，7，1253，1256）的位移，如图 4-50 所示。

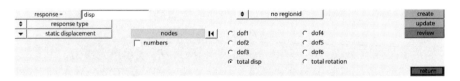

图 4-50　位移响应

② 定义单元 10001 的 X 方向正应力响应，名称为 stress_x，如图 4-51 所示。

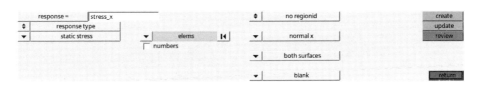

图 4-51 应力响应

③ 定义屈曲参考参数响应。进入 response 面板，输入屈曲参考系数名称 wa，选择响应类型为 external，单击 create 按钮完成创建，如图 4-52 所示。不要退出，再单击 edit 按钮，出现第三类响应的编辑面板，如图 4-53 所示。在 GROUP 中输入 ELIB，在 FUNC 中输入 SHEET1，表示 Excel 表中工作表的名称。勾选 DESIGN_VARIABLES 和 RESPONSES 复选框，单击出现的 desvar（1）和 response（1）按钮，分别选择厚度设计变量 gpshell_down 和响应 stress_x。再勾选 CELLIN 和 CELLOUT 复选框，在 DRESP3_NUM_CELLIN 中输入 2，代表需要 2 个数值作为计算的输入参数。在上方出现的 CI（1）和 CI（2）中分别输入 Excel 表格中的输入单元 H1、B3。在 CO 中填入输出单元格 B5。第三类响应中，参数按 DRESP3 卡片中出现的顺序对应，本例中设计变量 gpshell_down 和 stress_x 出现在第一和第二位，而 CELLIN 中的顺序是 H1，B3，所以 gpshell_down 的值将传递给 H1，stress_x 的值将传递给 B3。

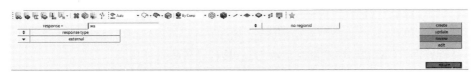

图 4-52 屈曲参考系数响应

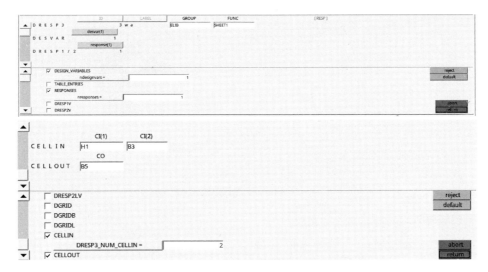

图 4-53 响应定义

Step 03 定义设计约束与优化目标。定义设计约束 cstress，约束屈曲参考系数大于 1.2。定义设计约束 cdisp，约束参考点的位移小于 10。定义体积最小为优化目标。

Step 04 提交计算求解。求解后在图 4-54 所示的.out 文件中可以查看每一个迭代步中外部响应屈曲参考系数的数值。

```
                        RETAINED RESPONSES TABLE

Response Type Response   Subcase Grid/      DOF/    Response       Objective     Viol.
User-ID       Label      /RANDPS Element/   Comp    Value          Reference/    %
                         /Model  MID/PID/   /Req                   Constraint
                         +Frqncy Mode No.                          Bound
                         /Times
--------------------------------------------------------------------------------------
    2 VOLUM vol           --       --       TOTL    5.268E+08 MIN
    4 DISPL disp          1        4        TXYZ    5.654E+00 <   1.000E+01     0.0
    4 DISPL disp          1        5        TXYZ    5.655E+00 <   1.000E+01     0.0
    4 DISPL disp          1        7        TXYZ    5.638E+00 <   1.000E+01     0.0
    4 DISPL disp          1        1253     TXYZ    5.654E+00 <   1.000E+01     0.0
    4 DISPL disp          1        1256     TXYZ    5.633E+00 <   1.000E+01     0.0
    3 EXTER wa            1        --       1       1.206E+00 >   1.200E+00     0.0 A
    3 EXTER wa            1        --       1       1.205E+00 >   1.200E+00     0.0 A
--------------------------------------------------------------------------------------
```

图 4-54 输出文件

Step 05 将 .prop 文件导入原模型并覆盖（勾选 FE overwrite 选项），即可更新模型。

4.3.3 Compose 响应定义方法

Altair Compose 能够让工程师、科学家和产品开发者有效地进行数值计算、算法开发以及各种类型的数据分析和可视化。Compose 是基于矩阵的数值计算语言，也是一个交互、统一的编程环境，可用于从求解矩阵、微分方程到进行信号分析和控制设计等所有类型的数学运算。Compose 有三大亮点。

1）多语言编程环境。Compose 兼容 MATLAB 语法，可以直接运行 .m 文件。Compose 支持和 Python 联合编程，默认已经安装 NumPy、SciPy 等高级数据分析包，用户也可以自己安装其他 Python 库。Compose 和 Python 可以进行变量传递，比如用 Compose 读取有限元计算结果，然后传递给 Python 进行处理。Compose 环境直接支持 Tcl，具有语法高亮等功能。

2）高级绘图功能。用简洁直观的语句即可画出漂亮的 2D、3D 图形，部分绘图功能如图 4-55 所示。

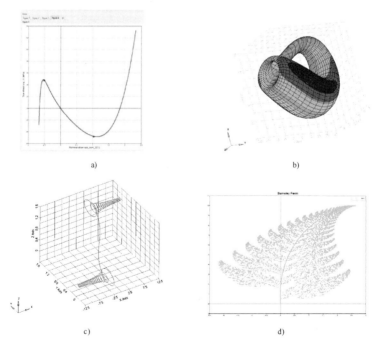

a)
b)
c)
d)

图 4-55 Compose 的绘图功能
a）2D 曲线　b）3D 曲面　c）欧拉螺线　d）散点图（分形蕨）

3）与 HyperWorks 其他模块紧密集成，具有全套 CAE 结果数据接口。Compose 直接使用了 HyperGraph 的 CAE 数据接口，这意味着它可以直接读取 HyperGraph 支持的结果文件，利用 CAE 结果进行更多的处理工作。Compose 编写的函数可以给 HyperGraph 和 HyperStudy 使用。

使用 Compose 定义响应的主要步骤如下。

1）根据模板编写并调试 Compose 函数。OptiStruct 提供的 Compose 函数模板如下。

function [rresp, dresp, udata] = myfunct（iparam, rparam, nparam, …

iresp, rresp, dresp, nresp, isens, udata）

% … 是 Compose 语言的续行符

其中各参数的意义如下。

- myfunct：函数名，可修改。只能使用不超过 8 个字母，全部大写或全部小写。
- iparam：输入参数的类型（可选）。
- rparam：输入的参数向量，双精度浮点数。
- nparam：输入参数的个数。
- iresp：需要的响应值在输出响应向量中的索引值（可选）。
- rresp：输出响应向量。
- dresp：灵敏度，双精度浮点数。
- nresp：输出响应的个数。
- isens：灵敏度输出开关。
- udata：用户自定义数据。

上述所有参数中，只有函数名可以修改，其他参数名称不能修改。

2）创建外部响应。在 responses 子面板创建响应后，单击 edit 按钮，进入编辑面板，如图 4-56 所示。在 GROUP 中输入 HLIB，代表将要引用一个外部 Compose 函数，GROUP 名可以自定义；在 FUNC 中输入函数名。根据函数中需要的输入参数个数，选择合适的参数类型并输入个数。图 4-56 表示需要 4 个响应作为 Compose 函数 myfunct 的输入。

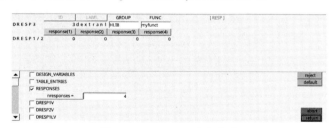

图 4-56　Compose 响应定义

3）创建 LOADLIB 卡片引用 Compose 函数。进入 Analysis > control cards 子面板，选择 LOADLIB，在 GROUP 中输入 HLIB，GROUP 名可以自定义，但必须和 DRESP3 中的 GROUP 字段保持一致。在 PATH 中输入 Compose 函数文件的路径。建议直接把函数文件和 .fem 求解文件放在同一目录下，PATH 字段直接写文件名即可，如图 4-57 所示。

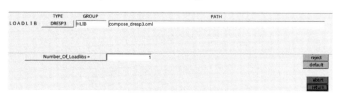

图 4-57　引用 Compose 文件

4.3.4 实例：基于 Compose 响应的钢结构节点优化

钢结构主要由型钢和钢板等制成的钢梁、钢柱、钢桁架等构件组成，各构件或部件之间通常采用焊缝、螺栓或铆钉连接。因其自重较轻，且施工简便，广泛应用于大型厂房、场馆、超高层等领域，在生活中随处可见。

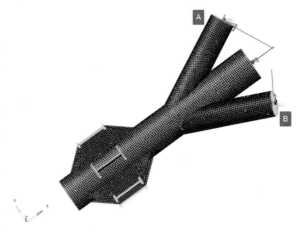

对于复杂的钢结构连接节点通常需要进行详细分析，如图 4-58 所示，A、B 分别为两根梁的加载点。这些节点在不同的截面中心上，上面施加了不同方向的力和力矩，现在需要对节点进行优化。

本例将约束 A、B 两点的相对位移，这个问题中的难点就在于如何将 A、B 两点的相对位移定义为响应，使用第一或第二类响应都不

图 4-58　钢结构节点

太方便，可以借助 Compose 的数学运算功能计算这个数值。相对位移可以由变形后的距离减去变形前的距离，变形后的距离可以由变形后 A、B 两点的坐标根据距离公式求得，而变形后的坐标则等于初始坐标分别加上它们在 x、y、z 三个方向上的位移分量，那么相对位移计算公式为

$$DAB = \sqrt{(x_A - x_B)^2 + (y_A - y_B)^2 + (z_A - z_B)^2} \tag{4-6}$$

式中，$x_A = x_{A0} + dx_A$，$y_A = y_{A0} + dy_A$，$z_A = z_{A0} + dz_A$；$x_B = x_{B0} + dx_B$，$y_B = y_{B0} + dy_B$，$z_B = z_{B0} + dz_B$；x_{A0}、y_{A0}、z_{A0}、x_{B0}、y_{B0}、z_{B0} 为 A、B 两点的初始坐标值，可以在第三类响应定义中直接选择；dx_A、dy_A、dz_A、dx_B、dy_B、dz_B 为 A、B 两点的位移分量，可以由第一类响应定义。把这 12 个数值作为参数传递给相对位移计算函数即可。

在 Compose 编辑环境中输入以下语句，也可用文本编辑器编辑，完成后保存函数文件为 dresp3_DAB. oml，其中 % 开头的行是注释。

```
function [rresp, dresp, udata] = DAB(iparam, rparam, nparam, iresp, …
rresp, dresp, nresp, isens, udata)
% 本例中 rparam 接受了来自 OptiStruct 的 12 个参数,从 rparam(1)到 rparam(12),
% 分别是 A,B 两点的原始坐标值 x1,y1,z1,x2,y2,z2
% A,B 两点在静力工况下的位移分量 dx1, dy1, dz1, dx2, dy2, dz2
% A,B 两点变形后的距离可由距离公式算出,再减去初始距离,就是相对位移
% 创建一个文件用于诊断输出
fid = fopen('debuginfo. txt', 'a')
fprintf(fid, 'time = % s \n', strjoin(strsplit(mat2str(clock)),'/'))
fprintf(fid, 'rparam = % s \n', num2str(rparam))
% 计算变形后 A,B 点的坐标
Xa = rparam(1) + rparam(7);
Ya = rparam(2) + rparam(8);
Za = rparam(3) + rparam(9);
Xb = rparam(4) + rparam(10);
Yb = rparam(5) + rparam(11);
Zb = rparam(6) + rparam(12);
```

```
% 计算变形后 A,B 点的距离及相对位移
rresp(1) = sqrt((Xa-Xb)^2 + (Ya-Yb)^2 + (Za-Zb)^2)-520.78;
fprintf(fid, 'rresp(1) = % s \n', num2str(rresp(1)))
fclose(fid);
end
```

值得注意的是，函数语句中定义了文件 debuginfo.txt，该文件会在优化迭代过程中不断被更新，写入计算好的数值 rresp（1），也就是返回的相对位移值。通过查看这个文件，可以判断相对位移的计算是否正确，达到调试诊断的目的。建议在调试 Compose 类型的外部响应时使用诊断文件，确认计算正常后，再将文件创建和写入语句删除或注释掉，以提高计算效率。

🌀 优化三要素

- 优化目标：总质量最小。
- 设计约束：最大应力小于 1200MPa；A、B 两点的相对位移小于 5mm，初始距离为 520.78mm。
- 设计变量：各个构件的厚度为设计变量，在初始值基础上上下浮动 20%。

操作视频

🌀 操作步骤

Step 01 导入模型文件 node_onlymesh_start.fem。定义设计变量及关系。在 gauge 子面板选择所有壳单元属性，定义厚度设计变量及关系。厚度取值范围为初始值基础上上下浮动 20%，如图 4-59 所示。

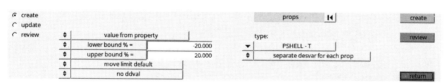

图 4-59 变量定义

Step 02 定义全局质量响应，名称为 mass。定义 A 点（ID 号 22721）的 X 方向位移响应为 DAx，如图 4-60 所示。

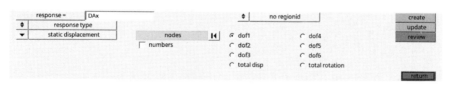

图 4-60 质量响应

Step 03 重复以上操作，分别定义 A 点（ID 号 22721）在 Y、Z 方向上的位移分量为 DAy、DAz。B 点（ID 号 22723）点在 X、Y、Z 方向上的位移分量响应为 DBx、DBy、DBz。

Step 04 定义所有壳单元的应力响应 stress。

Step 05 定义相对位移响应 DAB。

① 进入响应面板，输入响应名 DAB，响应类型选择为 external，单击 create 按钮完成创建，然后单击 edit 按钮进入第三类响应编辑面板，如图 4-61 所示。

② 在 GROUP 中输入 HLIB，在 FUNC 中输入 Compose 文件中的函数名 DAB，勾选 RESPONS-

ES 复选框,在 nresponses 中输入 6,上方会弹出 6 个按钮:response(1)～response(6)。依次单击按钮,分别选择前一步定义的 A、B 两点的位移分量响应 DAx、DAy、DAz、DBx、DBy、DBz,如图 4-62 所示。

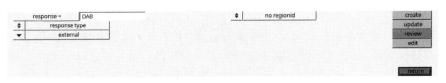

图 4-61 外部响应

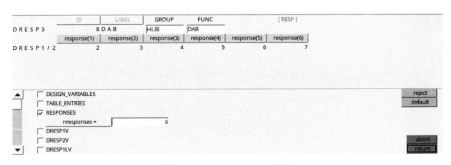

图 4-62 RESPONSES 定义

③ 再勾选下方的 DGRID 复选框,在 nnodes 中输入 6,上方会弹出 6 个按钮 node(1)～node(6),单击前三个按钮选择 A 节点 22721,再单击 node(1)～node(3)右下方的按钮分别选择 1、2、3,代表提取 A 点的 x、y、z 坐标。用同样的方式选择 B 节点 22723,及旁边的 1、2、3,代表 B 点的 x、y、z 坐标。单击 return 按钮退出,如图 4-63 所示。

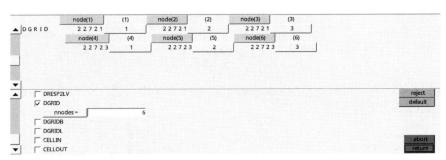

图 4-63 DGRID 定义

④ 前面两步操作定义了相对位移响应 DAB 所需要的 12 个参数。这 12 个参数将按照它们在 DRESP3 中出现的顺序,即 DAx、DAy、DAz、DBx、DBy、DBz、XA0、YA0、ZA0、XB0、YB0、ZB0,作为一个向量 rparam 传递给 Compose 中的函数 DAB。

⑤ 进入 Analysis > control cards 子面板,选择 LOADLIB,在 GROUP 中输入 HLIB,GROUP 字段必须和 DRESP3 中的 GROUP 字段保持一致。在 PATH 中输入 Compose 函数文件名 dresp3_DAB. oml,如图 4-64 所示。注意:这里假定函数文件和 . fem 文件放在同一目录下,否则要填写文件的绝对路径。

Step 06 定义相对位移约束 CDAB 和应力约束 CSTRESS。进入约束定义面板,分别定义相对位移约束上限为 4,应力约束上限为 1200。

Step 07 在目标定义面板定义优化目标为最小化质量响应 mass。

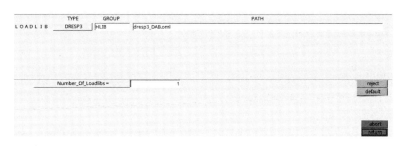

图 4-64　引用 Compose 文件

Step 08　提交计算求解。求解后查看 . out 文件，在 . out 文件中 Type 列显示为 EXTER，表示外部响应，可以查看每一个迭代步中外部响应 DAB 的数值，如图 4-65 所示。

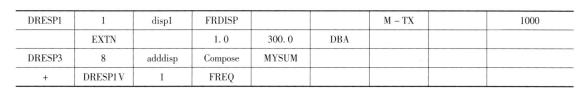

图 4-65　输出文件

Step 09　在 HyperView 中查看厚度云图，如图 4-66 所示，将 . prop 文件导入原模型并覆盖，即可更新模型。优化前，节点总质量为 245.0kg，A、B 两点的相对位移为 3.895mm。优化后，节点总质量为 218.6kg，A、B 两点的相对位移为 4.004mm。在保证相对变形和应力达标的情况下，减重 10.8%。

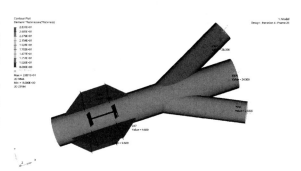

图 4-66　节点厚度优化结果

拓展：请思考以下问题。

1）是否可以引用多个外部函数进行多个外部响应的计算？

2）可以传递向量给外部函数吗？

在编辑第二类响应和第三类响应时，DRESP1V 和 DRESP2V 可以将向量响应传递给外部函数。下面的卡片首先定义了 1 号响应 disp1，表示 1000 号节点在 1Hz ~ 300Hz 的频响位移，然后在第三类响应 adddisp 中作为一个向量类型 DRESP1V 引用，传递给 Compose 中的函数 MYSUM。

DRESP1	1	disp1	FRDISP			M – TX		1000
	EXTN		1.0	300.0	DBA			
DRESP3	8	adddisp	Compose	MYSUM				
+	DRESP1V	1	FREQ					

4.3.5 用 C 语言和 Fortran 语言定义响应

C 语言和 Fortran 语言定义响应的方法与 Compose 函数类似，不过在函数调试完成后，需要手动编译为库文件。

C 语言的函数头模板如下：

```
int myfunct(int * iparam, double * rparam, int * nparam, int * iresp, double * rresp, double * dresp, int * nresp, int * isens, char * userdata)
```

Fortran 语言的函数头模板如下：

```
integer function myfunct(iparam, rparam, nparam, iresp, rresp, dresp, nresp, isens, userdata)
```

变量的名称和意义与 Compose 函数的意义是一样的，这里不再赘述。模板中只有函数名可以更改，其他的参数定义及名称必须保持不变。需要注意的是，Fortran 语言始终传递参数地址，C 语言默认传递参数值，故这里使用了指针。

在 Windows 系统中，可以使用 Microsoft Visual Studio 将 C 语言或 Fortran 语言函数编译为动态链接库。C 语言编译器的菜单如下：New Project > Visual C ++ （Template） > Win32 > Win32 Project。另一种方式是使用开源的 MinGW 工具对 C 语言和 FORTRAN 语言函数进行编译。在 Linux 系统中，可直接使用命令将 C 和 Fortran 程序编译为库文件。

编译完成后，在 DRESP3 卡片和 LOADLIB 卡片中引用，GROUP 字段填写 CLIB 或 FLIB，代表使用 C 或 Fortran 库文件。

4.4 灵敏度分析

灵敏度分析是工程中常用的手段，用来寻找对结构性能影响最大的设计变量或零件。响应对变量变化的灵敏度数值直观地反映了该变量对性能的影响程度和趋势，因此可以用于快速筛选出重要的变量进行修改和优化。在设计变量众多的时候使用这种方法可以大幅减少变量个数，显著提升优化效率。

4.4.1 灵敏度的数学表达

灵敏度就是设计响应对优化变量的偏导数。对于有限元方程

$$[K]\{U\} = \{P\} \tag{4-7}$$

两边对设计变量 X 求偏导数

$$\frac{\partial[K]}{\partial X}\{U\} + [K]\frac{\partial\{U\}}{\partial X} = \frac{\partial\{P\}}{\partial X} \tag{4-8}$$

则对位移向量 U 的偏导数为

$$\frac{\partial[U]}{\partial X} = [K]^{-1}\left(\frac{\partial\{P\}}{\partial X} - \frac{\partial[K]}{\partial X}\{U\}\right) \tag{4-9}$$

一般来说，设计响应是位移向量 U 的函数

$$g = \{Q\}^{\mathrm{T}}\{U\} \tag{4-10}$$

所以设计响应对设计变量的偏导数为

$$\frac{\partial g}{\partial X} = \frac{\partial Q^{\mathrm{T}}}{\partial X}\{U\} + Q^{\mathrm{T}}\frac{\partial\{U\}}{\partial X} \tag{4-11}$$

上述方法求解灵敏度的方法称作直接法。另一种方法叫作伴随变量法，在计算灵敏度时可以引入伴随变量 E。伴随变量 E 满足

$$[K]\{E\} = \{Q\} \tag{4-12}$$

从而得到

$$\frac{\partial g}{\partial X} = \frac{\partial Q^{\mathrm{T}}}{\partial X}\{U\} + \{E\}^{\mathrm{T}}\left(\frac{\partial\{P\}}{\partial X} - \frac{\partial[K]}{\partial X}\{U\}\right) \tag{4-13}$$

直接法适用于设计约束很多而设计变量较少的优化问题，如形状优化和尺寸优化。伴随变量法适用于设计约束较少而设计变量很多的优化问题，如拓扑优化和形貌优化。灵敏度的算法无需用户选择，OptiStruct 会自动选择合适的方法。

4.4.2 灵敏度分析方法

在完成优化问题定义的模型上可以进行灵敏度分析，灵敏度分析需要创建两个卡片，一个是OUTPUT 卡片，另一个是控制迭代次数的卡片 DOPTPRM，DESMAX，0。OUTPUT 卡片控制灵敏度输出文件的格式，DOPTPRM，DESMAX，0 控制优化计算在第 0 步就终止，也就是只以初始值进行分析。

设计变量的灵敏度可以输出到 Excel 表格或者 HyperGraph 的图形中，适用于尺寸优化、自由尺寸优化。灵敏度也能以 h3d 格式输出，用 HyperView 画出灵敏度云图，适用于拓扑优化、自由尺寸优化、Gauge 优化。灵敏度的数值还可以输出到 ASCII 的文本文件中，适用于拓扑优化和自由尺寸优化。具体卡片如下。

```
OUTPUT, MSSENS      # Excel 文件格式的灵敏度
OUTPUT, HGSENS      # HyperGraph 格式的灵敏度
OUTPUT, H3DTOPOL    # 拓扑优化 h3d 格式的灵敏度
OUTPUT, H3DGAUGE    # Gauge 优化 h3d 格式的灵敏度
OUTPUT, ASCSENS     # ASCII 文本格式的灵敏度
```

另外，对于尺寸和形状优化还可以通过同时定义卡片 SENSITIVITY，YES 和 SENSOUT，ALL 将灵敏度输出到 Excel 表格。如果已有 OUTPUT 卡片，这两个卡片将被忽略。

图 4-67 所示为 HyperView 显示的拓扑优化灵敏度云图。

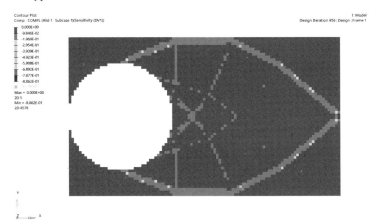

图 4-67 拓扑优化灵敏度云图

图 4-68 是 HyperGraph 中展示的灵敏度直方图。

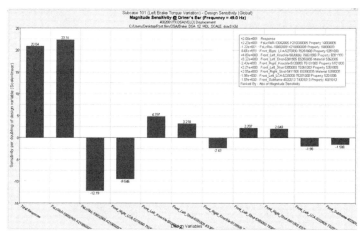

图 4-68　灵敏度直方图

Excel 格式的灵敏度文件默认扩展名为 .slk，图 4-69 是一个 Excel 格式的灵敏度文件。Label 列为所有设计变量的名称；New 列可以为设计变量输入新的取值；Reference 列表示设计变量当前的取值；Lower 和 Upper 列分别代表变量的取值下限和上限；表格右侧区域各列分别代表设计变量对相应响应的灵敏度数值。

TAURUS BODY IN WIGHT FRF ANALYSIS (ITERATION 0)
File BIW_size_sens.fem submitted Tue Dec 03 23:34:23 CST 2019

ID	Label	New	Reference	Lower	Upper	mass · MASS Total Δ TZ grid 1375037	RF_ACC · FRACC	
						Global	Subcase 2 Freq 88	
1	gSectShl	1.60E+00	1.60E+00	1.28E+00	1.92E+00	5.72E-08	-3.77E-04	Sensitivities
2	gSectShl	1.55E+00	1.55E+00	1.24E+00	1.86E+00	1.43E-07	4.82E-03	Sensitivities
3	gSectShl	1.55E+00	1.55E+00	1.24E+00	1.86E+00	5.63E-08	-3.50E-04	Sensitivities
4	gSectShl	1.50E+00	1.50E+00	1.20E+00	1.80E+00	1.62E-08	-8.05E-05	Sensitivities
5	gSectShl	1.60E+00	1.60E+00	1.28E+00	1.92E+00	2.04E-07	1.35E-02	Sensitivities
6	gSectShl	1.75E+00	1.75E+00	1.40E+00	2.10E+00	3.39E-08	-1.28E-04	Sensitivities
208	gBIW - r	1.91E+00	1.91E+00	1.53E+00	2.29E+00	1.50E-03	-4.12E-01	Sensitivities
209	gBIW - s	2.00E+00	2.00E+00	1.60E+00	2.40E+00	1.37E-04	2.21E-03	Sensitivities
210	gBIW - s	2.07E+00	2.07E+00	1.66E+00	2.48E+00	1.37E-04	2.45E-02	Sensitivities
211	gBIW - r	1.52E+00	1.52E+00	1.22E+00	1.82E+00	3.15E-04	-5.38E-02	Sensitivities
212	gBIW - s	1.40E+00	1.40E+00	1.12E+00	1.68E+00	1.33E-03	1.88E+00	Sensitivities
213	gBIW - w	8.50E-01	8.50E-01	6.80E-01	1.02E+00	9.15E-04	1.65E+01	Sensitivities
214	gBIW - w	2.51E+00	2.51E+00	2.01E+00	3.01E+00	1.04E-03	-5.02E+00	Sensitivities
215	gBIW - s	1.42E+00	1.42E+00	1.14E+00	1.70E+00	1.46E-03	4.09E+00	Sensitivities
216	gBIW - w	8.60E-01	8.60E-01	6.88E-01	1.03E+00	3.75E-04	7.54E+00	Sensitivities
217	gBIW - u	1.28E+00	1.28E+00	1.02E+00	1.54E+00	1.23E-03	1.98E+00	Sensitivities
	Response lower bound					/	/	
	Response reference					4.08E-01	4.33E+01	
	Response upper bound					/	4.00E+01	
	Response linear					4.08E-01	4.33E+01	
	Normalized					1.00	1.00	
	Response reciprocal					4.08E-01	4.33E+01	
	Normalized					1.00	1.00	
	Response conservative					4.08E-01	4.33E+01	
	Normalized					1.00	1.00	

图 4-69　Excel 格式的灵敏度文件

表格下方显示了用三种不同的估值方法计算出的响应值，分别是 Response linear（线性估值）、Response reciprocal（倒数估值）、Response conservative（保守估值）。

线性估值表达式为

$$R_1 = R_0 + \frac{\mathrm{d}R}{\mathrm{d}v1}(v1 - v1_0) + \frac{\mathrm{d}R}{\mathrm{d}v2}(v2 - v2_0) + \cdots + \frac{\mathrm{d}R}{\mathrm{d}vn}(vn - vn_0) \tag{4-14}$$

倒数估值表达式为

$$R_1 = R_0 - \frac{\mathrm{d}R}{\mathrm{d}v1}v1_0^2\left(\frac{1}{v1} - \frac{1}{v1_0}\right) - \frac{\mathrm{d}R}{\mathrm{d}v2}v2_0^2\left(\frac{1}{v2} - \frac{1}{v2_0}\right) - \cdots - \frac{\mathrm{d}R}{\mathrm{d}vn}vn_0^2\left(\frac{1}{vn} - \frac{1}{vn_0}\right) \tag{4-15}$$

式中，R_1 代表预测的响应值；R_0 代表参考响应值，即当前值；$v1$，$v2$，$\cdots$，vn 代表设计变量的新值；$v1_0$，$v2_0$，$\cdots$，vn_0 代表设计变量参考值；$\mathrm{d}R/\mathrm{d}v1$，$\mathrm{d}R/\mathrm{d}v2$，$\cdots$，$\mathrm{d}R/\mathrm{d}vn$ 代表灵敏度。

保守估值结合了以上两种方法，当灵敏度为正时使用线性估值，当灵敏度为负时使用倒数估值。因此，如果所有变量对某个响应的灵敏度均为正，则估值结果与线性估值相同；如果所有变量对这个响应的灵敏度均为负，则估值结果与倒数估值相同；如果灵敏度部分为正，部分为负，则响应的估值与前面两种方法都不相同。

以上三种估值的计算公式已经嵌入 Excel 表格中，在 New 这一列输入新的设计变量数值，响应的估计值会自动重新计算。Normalized 值表示估算响应值与参考值的比值。

有些读者可能会想，既然可以拟合出响应数值，是不是不用求解直接用这个表格就可以？答案当然是否定的。实际上，当你回顾灵敏度的数学定义时就会发现这是行不通的。灵敏度是响应对变量的偏导数，而导数只能反映响应在变量一个很小的邻域内的变化趋势。想象一条上下起伏的曲线 $y=f(x)$，如图 4-70 所示。在该曲线上每一点的导数是不一样的，X_0 处为正，X_1 处为 0，X_2 处为负。不能因为 X_0 时 y 对 x 的导数为正，就说在整个区间内 y 会随着 x 的增加而增加。恰恰相反，在这个例子中，整体上 y 是下降的。这是在使用灵敏度分析时要特别注意的。OptiStruct 默认输出第 0 步和最后一步迭代的灵敏度，也可以输出每个迭代步的灵敏度，扩展名为 .0. slk、.1. slk 等。要更全面地了解变量在不同取值下的灵敏度，可以对比查看不同迭代步的结果。还有一种与灵敏度类似的数值分析技术称为主效应分析，从中可以了解变量在整个取值范围内对响应的影响程度，需要使用 HyperStudy 中的 DOE 实现。具体请参考本书第 12 章。

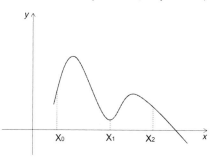

图 4-70 曲线的斜率

对于某些响应的灵敏度（如质量）来说，大型零件的灵敏度始终会比小零件的灵敏度要高，而这会导致分析结果忽略其他方面的影响，故 OptiStruct 提供了基于质量标准化的灵敏度输出，只需要在输出卡片后选择 MASS 选项即可。图 4-71 展示了使用质量标准化前后的不同结果，明显可以看出在进行质量标准化后部分小面积零件的灵敏度有了提高。

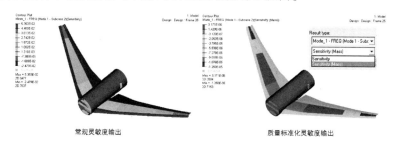

常规灵敏度输出   质量标准化灵敏度输出

图 4-71 使用质量标准化前后的灵敏度输出

质量标准化的灵敏度输出卡片设置如下。

```
OUTPUT, MSSENS, MASS
OUTPUT, HGSENS, MASS
OUTPUT, H3DTOPOL, MASS
OUTPUT, H3DGAUGE, MASS
OUTPUT, ASCSENS, MASS
```

对于频响分析来说，传统的方法必须先定义优化，再进行灵敏度设置。为了提升灵敏度分析在频响计算中的可用性，OptiStruct 简化了设置要求。不用定义优化，只需定义设计变量，即可进行灵敏度计算。随后在 fem 文件的 I/O 段定义 DSA 卡片，OptiStruct 将会自动输出相对于频响位移、速度、加速度的灵敏度。下面是几个示例。

```
$ -------------------------------------------------------
$ 输出各属性相对 12 号节点集频响位移的灵敏度
$ 这里的 SET 类型为 GRIDC,代表节点号及其自由度组成的集合
DSA(DISP,PROPERTY) = 12
$ 输出设计变量相对 45 号节点集频响速度的灵敏度,考虑 PEAKOUT 频率,需设计变量定义
DSA(VELO,PEAKOUT) = 45
$ 输出属性相对 23 号节点集频响加速度的灵敏度
DSA(ACCE,PEAKOUT,PROPERTY) = 23

$ -------------------------------------------------------
```

Altair NVH Director 中集成了频响分析的灵敏度前后处理工具,如需详细了解,请参考 Hyper-View/HyperGraph 中关于 NVH 后处理功能的介绍。

4.4.3 实例:白车身钣金厚度的灵敏度分析

在车身 NVH 分析中,动刚度是一个常规的分析项目。通常进行源点导纳(Input Point Inertance,IPI)分析,在一定频率范围内在加载点施加单位力作为输入激励,同时将该点作为响应点,测得该点在该频率范围内的加速度作为输出响应,单位为(mm/s²)/N,用于考察该点的局部动刚度。

现有一个白车身(见图 4-72),在左减振塔中心点进行 IPI 分析,结果发现 44.5Hz 处加速度响应过大,需要通过优化板厚来降低。整个车身有 217 个钣金件,计划先通过一轮灵敏度分析来寻找对该点动刚度影响最大的板。

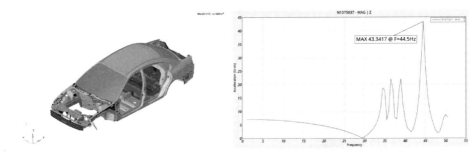

图 4-72   白车身模型及频响分析结果

◎**优化三要素**

- 优化目标:最小化总质量。
- 设计约束:1375037 号节点在 44.5Hz 处的 Z 向频响加速度数值小于 40。
- 设计变量:217 个钣金件厚度。

操作视频

◎**操作步骤**

Step 01 导入模型 CH4_BIW_size_sens_start. fem,创建设计变量。通过 Analysis > optimization > gauge 面板,一次性创建 217 个厚度属性的变量,变化范围为在初始值基础上上下浮动 20%,如图 4-73 所示。

create
update
review
value from property
lower bound % =
-20.000
upper bound % =
20.000
move limit default
no ddval
props
type:
PSHELL - T
separate desvar for each prop
create
review
return

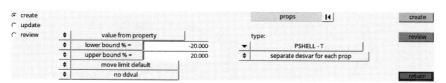

图 4-73　变量定义

Step 02 创建质量响应 mass。

Step 03 创建 1375037 号节点在 44.5Hz 处的 Z 向频响加速度响应，如图 4-74 所示。

response =
FRF_ACC
response type
frf acceleration
magnitude
freq =
44.500
nodes
numbers
no regionid
dof1
dof2
dof3
dof4
dof5
dof6
normal acceleration
create
update
review
return

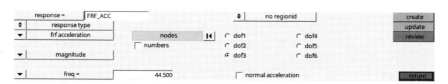

图 4-74　加速度响应

Step 04 定义设计约束：1375037 号节点 44.5Hz 处的 Z 向频响加速度数值小于 40。

Step 05 定义优化目标：最小化质量。

Step 06 通过面板 Analysis > control card 中的 OUTPUT 定义频响输出卡片，输出灵敏度值到 Excel 文件和 . h3d 文件，如图 4-75 所示。

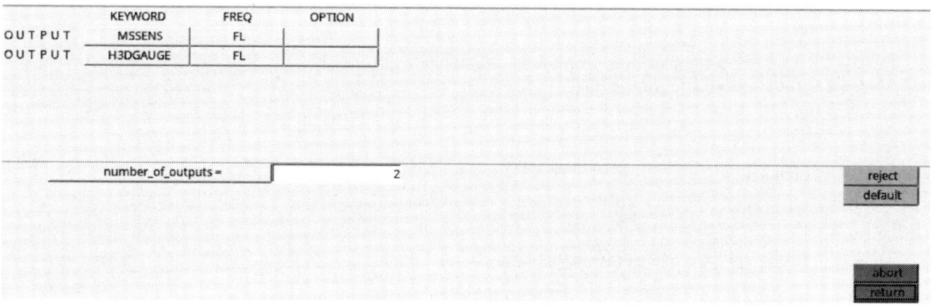

KEYWORD
FREQ
OPTION
OUTPUT
MSSENS
FL
OUTPUT
H3DGAUGE
FL
number_of_outputs =
2
reject
default
abort
return

图 4-75　灵敏度输出

Step 07 定义最大迭代次数为 0。在面板 optimization > opti control 中勾选 DESMAX 并输入 0，如图 4-76 所示。

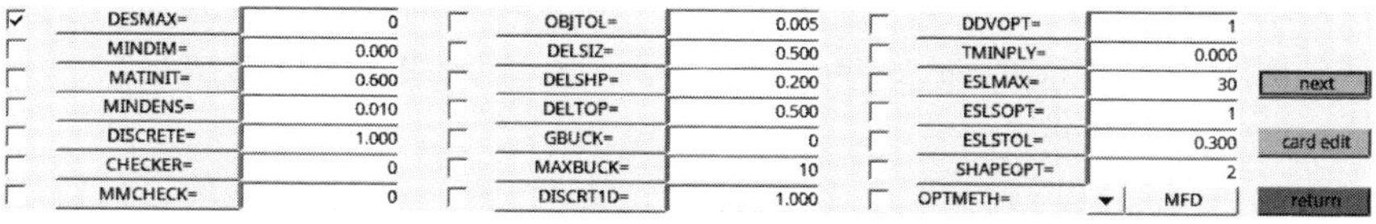

DESMAX=
0
MINDIM=
0.000
MATINIT=
0.600
MINDENS=
0.010
DISCRETE=
1.000
CHECKER=
0
MMCHECK=
0
OBJTOL=
0.005
DELSIZ=
0.500
DELSHP=
0.200
DELTOP=
0.500
GBUCK=
0
MAXBUCK=
10
DISCRT1D=
1.000
DDVOPT=
1
TMINPLY=
0.000
ESLMAX=
30
ESLSOPT=
1
ESLSTOL=
0.300
SHAPEOPT=
2
OPTMETH=
MFD
next
card edit
return

图 4-76　优化控制选项

Step 08 结果后处理。Excel 格式的灵敏度输出文件为 CH4_BIW_size_sens_finished. 0. slk。打开后，对第 J 列进行排序，可以得到灵敏度最大的前 5 个设计变量为 95，177，213，193，199（其他的变量被隐藏）。

Step 09 h3d 格式的灵敏度文件为 CH4_BIW_size_sens_finished_gauge. h3d，用 HyperView 打开，画出对频响加速度的云图，可以很直观地找出灵敏度较大的零件，如图 4-77 所示。

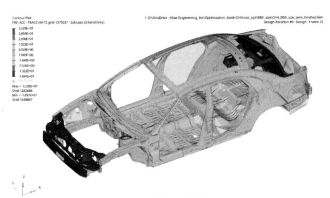

图 4-77 车身灵敏度云图

4.5 全局搜索

对于任何优化问题，优化算法的终极目标总是尝试找到最优解。然而，目前没有一种优化算法可以确定找到全局最优解。优化算法大致可分为梯度法（如可行方向法）和非梯度法（如遗传算法）两大类。一般来说，梯度法具有更快的收敛速度，但是容易收敛到局部最优解；非梯度法有更大的可能性找到全局最优解，但是需要的迭代次数多，这意味着需要更长的计算时间和更多的计算资源。当前 OptiStruct 使用的优化算法主要有可行方向法（MFD）、序列二次规划法（SQP）、对偶算法（DUAL 或 DUAL2）、大规模优化算法（BIGOPT），这些算法都是梯度法。

4.5.1 局部最优解与全局最优解

考虑图 4-78 所示的两条曲线，可以看出，左边的曲线只有一个最小值，这个最小值既是局部最小值，也是全局最小值。但对右边的曲线而言，如果从 A 点开始优化，最优解将是 P 点；从 B 点开始优化，最优解同样是 P 点；而如果从 C 点开始优化，最优解将是 Q 点。前面的 P 点和 Q 点都是迭代得到的局部最优解，而只有 Q 点是全局最优解。

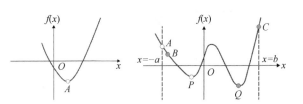

图 4-78 全局最优解和局部最优解

从上面的描述可知，用基于梯度的算法求解优化问题时，结果依赖于起始点，这类算法更易于收敛到局部最优解。那么如何能找到全局最优解呢？一个显而易见的方法是尝试多个不同的初始值或者说从不同的起点开始。

4.5.2 全局搜索算法

OptiStruct 在梯度算法的基础上开发了新的全局搜索算法，称为"多起点优化"。该算法通过从多个初始点执行优化，广泛地在设计空间中探索最优解，有效提高了找到全局最优解的可能性。由于优化结果依赖于起始点，由 n 个不同的起始点可能找到 n 个不同的优化结果。当然，不同的起始点也有可能对应同一个局部最优解。多起点优化提高了找到全局最优解的可能性，但是这并不意味着所找到的最优解一定是全局最优解。

进行局部搜索运算，只需要在 fem 文件的 IO 段和 Bulk Data 段定义 DGLOBAL 卡片即可。IO 段的 DGLOBAL 卡片引用 Bulk Data 段的 DBLOBAL 卡片 ID。在 HyperMesh 中，两个卡片可以通过 Analysis 面板下的 control cards 子面板一次性定义。Bulk Data 段的 DGLOBAL 卡片格式如下。

(1)	(2)	(3)	(4)	(5)	(6)	(7)	(8)	(9)	(10)
DGLOBAL	ID	NGROUP	NPOINT	SPMETH	NOUTDES	DESTOL			
+		MAXSP	MAXSUCC	MAXWALL	MAXCPU				
+	GROUP	SID1	NPOINT1	SPMETH1					
+	GROUP	SID2	NPOINT2	SPMETH2					
+	etc	etc							

最简单的方法是各参数全部采用默认设置。这里对 NGROUP 和 NPOINT 做一简单解释。采用 AUTO 选项，所有的设计变量将会被自动组织到不同的组中，同一个组内的设计变量将会被赋予相同的相对初始值，比如说它们都取最小值或者都取最大值。OptiStruct 将会生成可管理、数量合理的起始点。对于小规模的优化问题，每一个设计变量都有可能被放到一个单独的组中，默认情况下组的个数等于独立设计变量的个数。对于大规模优化问题，设计变量将会按照可能的起始点去分组，所以 NGROUP 和 NPOINT 值将会根据求解模型的不同而变化。如果 NGROUP 的值设置过低，很多设计变量将会在相同的时间发生改变并且目标值的变化很小，这样将不太容易找到全局最优解。如果 NGROUP 的值定义过大，将会产生许多不需要的计算点，这些点都收敛到同一个局部最优解，既浪费计算资源又增加计算时间。

4.5.3 实例：框架结构梁截面优化的全局搜索计算

这里以 4.2.6 节中的框架结构优化为例，演示如何进行多起点优化的设置和后处理。问题的定义没有变化，仅仅是在算法上采用全局搜索算法，并比较结果与经典方法有何不同。

优化三要素

- 优化目标：结构质量最小化。
- 设计约束：1、2 层，2、3 层，3、4 层的层间位移角小于 1/500。
- 设计变量：梁和柱两种工字型截面的各 4 个尺寸，分别为 DIM1、DIM2、DIM3、DIM4，在初始值的基础上上下浮动 20%。

操作视频

操作步骤

Step 01 导入 4.2.6 节中完成优化设置的模型 steel_beam_finish.fem。

Step 02 进入 Analysis > control cards 子面板，单击 DGLOBAL 卡片，参数保持默认值，如图 4-79 所示。然后单击 return 按钮退出。

图 4-79　全局搜索定义

Step 03 导出求解文件为 steel_beam_finish_globalsearch. fem 并提交计算。

Step 04 求解完成后，首先查看 .out 文件。从最后的计算时间可以看出，ELAPSED TIME 为 4 分 10 秒（时间依计算机配置不同而不同），而未开启全局搜索的计算时间为 18 秒，增加了 12.9 倍，计算时间大大增长。

在收敛性的描述中，有图 4-80 所示的语句，表示优化计算收敛并找到了可行解。由其可知，全局搜索算法在尝试了 20 个不同的起始点后，找到了 8 个局部最优解，其中最好的解是通过第 4 个起始点找到的。

```
OPTIMIZATION HAS CONVERGED.

FEASIBLE DESIGN (ALL CONSTRAINTS SATISFIED).

THE GLOBAL SEARCH OPTION DID NOT FIND A NEW UNIQUE DESIGN.
THIS DESIGN HAS BEEN FOUND 4 TIMES SO FAR.

THE GLOBAL SEARCH OPTION STOPPED BECAUSE THE MAXIMUM NUMBER OF
STARTING POINTS WAS REACHED.

THERE WERE 20 STARTING POINTS AND 8 UNIQUE DESIGNS WERE FOUND.
THE BEST DESIGN WAS FOUND AT STARTING POINT 4.
```

图 4-80 全局搜索输出（一）

由图 4-81 可知，第 4 个起始点对应文件夹名的后缀为 _GSO_SP4_UD1 。.out 文件中的结果是按照优化目标的大小排序的，第 4 个起始点求出的优化目标质量为 119.25t。在计算目录下，生成了图 4-82 所示的 8 个文件夹，每个文件夹都对应一个起始点的优化迭代过程，将其中的 .prop 文件导入原模型覆盖即可更新设计变量。

```
        GSO - TABLE OF UNIQUE DESIGNS
-----------------------------------------------
Starting  Objective   Constraint  Times  Directory
Point     Function    Violation   Found  Suffix
-----------------------------------------------
  4       1.19251E+02  8.65297E-02   3    _GSO_SP4_UD1
  5       1.19274E+02  3.49324E-02   2    _GSO_SP5_UD2
  3       1.19284E+02  2.28728E-02   4    _GSO_SP3_UD3
 15       1.19305E+02  8.04162E-02   3    _GSO_SP15_UD4
 12       1.19351E+02  0.00000E+00   2    _GSO_SP12_UD5
 11       1.19377E+02  3.76185E-02   2    _GSO_SP11_UD6
 13       1.19490E+02  0.00000E+00   2    _GSO_SP13_UD7
 17       1.19562E+02  0.00000E+00   2    _GSO_SP17_UD8
-----------------------------------------------
```

图 4-81 全局搜索输出（二）

```
steel_beam_finish_globalsearch_GSO_SP3_UD3
steel_beam_finish_globalsearch_GSO_SP4_UD1
steel_beam_finish_globalsearch_GSO_SP5_UD2
steel_beam_finish_globalsearch_GSO_SP11_UD6
steel_beam_finish_globalsearch_GSO_SP12_UD5
steel_beam_finish_globalsearch_GSO_SP13_UD7
steel_beam_finish_globalsearch_GSO_SP15_UD4
steel_beam_finish_globalsearch_GSO_SP17_UD8
```

图 4-82 全局搜索输出文件夹

全局搜索算法和默认算法的结果对比见表 4-3，初始质量为 143.31t。从结果看，减重比提升了 0.13 个百分点，但计算时间增加了 12.8 倍。

表 4-3 结果对比

算 法	计算时间/s	优化目标/t	减重百分比/%
默认算法	18	119.44	16.66
全局搜索算法（多起点优化）	250	119.25	16.79

拓展：请思考以下问题。

1）全局搜索算法的结果仅比默认的单起点优化改善了 0.13 个百分点，是不是意味着多起点优化没有用？

不是的。全局搜索算法从概率上增加了找到全局最优解的可能性，至于全局最优解相对局部最优解提升了多少，这和具体的优化问题紧密相关，是无法预知的。

2）全局搜索算法相对默认算法计算时间大大增加，如何提高计算效率呢？

全局搜索算法可以和区域分解法（Domain Decomposition Method, DDM）联合起来使用。通过 -ddm -np 选项启动多个 MPI 进程，每个 MPI 进程完成一个起点的优化，这是第一层并行。如果机器具有足够的核数，可以使用 PARAM, DDMNGRPS, < ngrps >，最后一个参数代表把多个 MPI 进程分成多组，那么多个起始点的优化将会依次分配给不同的 MPI 进程组，一个进程组求解一个起始点的优化问题。而在一个进程组内，可能有多个 MPI 进程在求解，这是第二层的并行求解。关于 DDM 并行计算的更多使用方式，请参考帮助文档：User Guide > High Performance Computing > Hybrid Shared/Distributed Memory Parallelization (SPMD)。

第5章

形状优化和自由形状优化

拓扑、形貌、自由尺寸优化属于概念设计优化范畴，设计自由度较大。而尺寸、形状和自由形状优化属于详细设计优化范畴，设计自由度相对较小。进行详细设计优化时通常已经有详细设计的 3D 模型，零件的加工制造方式也已基本确定。常见的优化目标是降低局部应力集中、提高零件固有频率等。软件本身并没有对响应类型的选取做太多限制，因此，详细设计优化也可以用于概念设计阶段，比如桁架结构的大范围变形优化、焊接件加强板位置的优化等。反之，概念设计优化工具也可以用于详细设计阶段，比如进行局部的拓扑优化等。

5.1 形状优化和自由形状优化简介

5.1.1 什么是形状优化

形状优化和自由形状优化都把网格节点的空间位置作为设计变量，而形状优化只使用用户预定义的形状变量。例如图 5-1 所示矩形是原始设计，1、2、3、4 四个位置表示用户自定义的四个网格变形终点，通常意味着形状优化中允许网格到达的最远位置。

可以把一个网格变形看成一个一维向量。图 5-2 所示的箭头表示每个节点的初始位置和最远位置，对于 1 号位置，网格变形向量是 $[0, 1, 2, 3, 4, 5, 4, 3, 2, 1, 0]$。

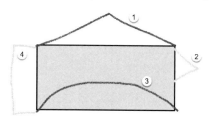

图 5-1　形状变量 1

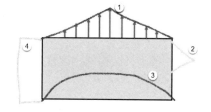

图 5-2　形状变量 2

通过网格变形得到的网格变形向量是常向量，在优化过程中保持不变。优化算法只对网格变形的比例系数进行优化，优化结果是初始位置加上形状扰动向量乘以一个缩放系数。用线性代数的表达式可以表示如下：

网格的最终位置 = 网格的初始位置 + 缩放系数 × 形状扰动向量

缩放系数是一个标量，通常取值范围是 $[0, 1]$ 或者 $[-1, 1]$，0 表示在初始网格位置，1 表示变形到最远位置，-1 表示反方向的最远位置。

具体的计算公式如下。

初始位置为

$$X^{(0)} = \{x_1^{(0)}, x_2^{(0)}, x_3^{(0)}, \cdots, x_n^{(0)}\} \tag{5-1}$$

形状扰动向量（假设有 m 个变形形状）为

$$\Delta X_j = \{\Delta x_j^1, \Delta x_j^2, \Delta x_j^3, \cdots, \Delta x_j^n\} \tag{5-2}$$

设计变量（缩放系数）为

$$\boldsymbol{\alpha} = \{\alpha_1, \alpha_2, \alpha_3, \cdots, \alpha_m\} \tag{5-3}$$

网格节点移动后的位置为

$$X = X^{(0)} + \sum_{j=1}^{m} \alpha_j \Delta X_j \tag{5-4}$$

针对图 5-2 中的形状变量，优化结果可能是图 5-3 所示的虚线位置（也可以是反方向进入框内）。

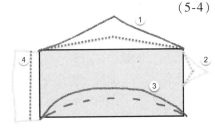

为了获取更多、更复杂的可能形状，可以在同一位置创建多个形状变量，这时的优化结果是原始位置和各个形状变量的线性叠加，组合系数由优化算法计算得到。图 5-4 所示的矩形是初始设计，1 和 2 是两个形状变量，3 是一个可能的最终位置。

图 5-3　形状变量 3

如图 5-5 所示，根据线性叠加的性质，1 和 2 的叠加不可能得到图中的弧线 3。为了得到较好的优化效果，用户需要在创建形状变量的时候做一个预判，把形状变量创建在关键的位置上。实际应用中形状变量的数量通常是几个到几十个。

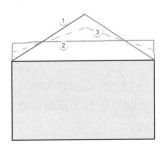

图 5-4　形状变量组合 1

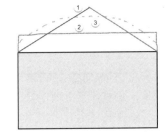

图 5-5　形状变量组合 2

5.1.2　实例：2D 工字梁结构的形状优化

本节以 2D 工字梁结构的强度优化作为形状优化入门案例。

◎优化三要素

- 优化目标：最小化体积。
- 设计约束：应力小于 80MPa。
- 设计变量：两个形状变量。

操作视频

◎操作步骤

Step 01 打开模型。通过主菜单 File > Open 打开 Ibeam_opt_start.hm。

Step 02 创建变形域。从 HyperMorph > Domains 面板创建 2D domain（区域），如图 5-6 所示。单击 elems 按钮后选择所有单元，单击 create 按钮创建图 5-7 所示的变形域。

Step 03 创建变形形状。

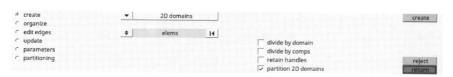

图 5-6　Domains 面板

① 进入 HyperMorph > morph 面板创建第一个形状，选择 move handles 子面板，形状创建方法选择 translate，参数设置如图 5-8 所示。先选择下面的三个控制柄，单击 morph 按钮后的变形效果如图 5-9 所示。再选择上面的三个控制柄，yval 修改为 – 100，单击 morph 按钮后的变形效果如图 5-10 所示。切换至 save shape 子面板，设置如图 5-11 所示。单击 save 按钮创建第一个形状。单击 undo all 按钮撤销所有变形，网格会回到初始状态。

图 5-7　变形域

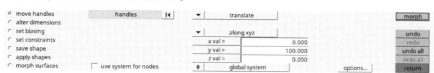

图 5-8　morph 面板

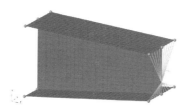

图 5-9　变形效果 1

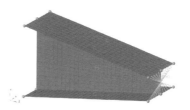

图 5-10　变形效果 2

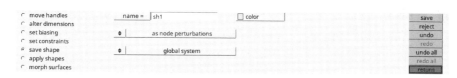

图 5-11　保存形状

② 再次选择 move handles 子面板开始创建第二个形状 sh2，创建方法选择 translate。先选择 RBE2 左侧的两个控制柄，x、y、z 值分别为 50、0、0，单击 morph 按钮后的变形效果如图 5-12 所示。再选择 RBE2 右侧的两个控制柄，x、y、z 值分别为 – 50、0、0，单击 morph 按钮，变形效果如图 5-13 所示。

图 5-12　变形效果 3

图 5-13　变形效果 4

③ 切换至 save shape 子面板，在 name 中输入 sh2，其他设置同图 5-11 所示，单击 save 按钮就完成了第二个形状。单击 undo all 按钮撤销所有变形，网格会回到初始状态。

Step 04 创建形状变量。进入 Analysis > optimization > shape 面板，设置如图 5-14 所示。单击 shapes 按钮后选择 sh1 和 sh2，单击 create 按钮即可完成形状变量的创建。初始值 0.0 表示从原始网格位置开始优化，下限 –1 表示允许沿反方向变形。

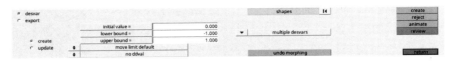

图 5-14　创建形状变量

Step 05 创建体积响应。进入 Analysis > Optimization > responses 面板，设置响应类型为 volume，单击 create 按钮创建体积响应，如图 5-15 所示。

图 5-15　创建体积响应

Step 06 创建位移响应。设置响应类型为 static displacement，选择加载点后单击 create 按钮创建位移响应，如图 5-16 所示。

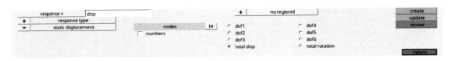

图 5-16　创建位移响应

Step 07 创建设计约束。

① 创建 y 工况的位移约束。进入 Analysis > Optimization > dconstraints 面板，设置如图 5-17 所示。

图 5-17　创建 y 工况位移约束

② 创建 z 工况的位移约束，上限为 5.0。

Step 08 创建优化目标。进入 Analysis > optimization > objective 面板，在 response 中选择 vol，单击 create 按钮完成创建。

Step 09 提交优化计算。进入 Analysis > OptiStruct 面板，设置如图 5-18 所示，单击 OptiStruct 按钮提交优化计算。

图 5-18　提交优化计算

Step 10 结果后处理。求解结束后从求解器对话框中单击 Results 按钮打开后处理面板查看变形动画。单击工具栏上的 contour 按钮，然后单击 Apply 按钮可显示云图。最后一个迭代步的结果如图 5-19 所示，可以单击工具栏上的播放按钮播放动画。

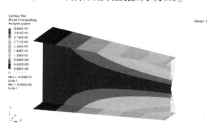

图 5-19　变形结果云图

5.1.3　什么是自由形状优化

　　自由形状优化只要求用户选择哪些位置的节点可以在优化过程中运动并可以指定运动的方向和距离等限制，只需要选择 3D 表面的节点或者 2D 网格的节点。比如图 5-20 中，如果希望调整上边界的形状，只需要选择 1 ~ 7 号节点并设定向外生长和向内收缩的最大允许距离即可。移动的方向是节点所在位置的法向，在 1 号和 7 号节点由于有两个法向可用，用户可以指定一个移动方向或者移动平面。用户还可以指定一些额外的单元用于指定移动的边界，这时只要节点到达边界网格变形就会停止。和拓扑优化类似，自由形状优化也支持拔模、挤压、对称等制造约束。

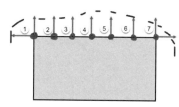

图 5-20　自由形状优化
节点移动示意图

　　形状优化设计变量的创建依赖 HyperMorph 工具，自由形状优化的变量由 OptiStruct 优化引擎自动生成。通过设置 Analysis > optimization > opti control 面板下的 REMESH 选项为 1，允许在优化过程中进行网格重划分时，支持的优化类型包括形貌、自由形状、形状优化三种。

5.1.4　实例：带孔方板的自由形状优化

　　本例通过带孔方板的例子介绍自由形状优化。

🔧 **优化三要素**

- 优化目标：最小化最大应力。
- 设计约束：体积 < 1.5-e7。
- 设计变量：孔周边节点以及上下边的节点。

操作视频

🔧 **操作步骤**

Step 01 打开模型。freeshape2D_start. hm。

Step 02 创建自由形状变量。

① 进入 Analysis > optimization > free shape 面板的 create 子面板，如图 5-21 所示。单击 nodes 按钮，选择图 5-22 所示节点。

② 切换到 parameters 子面板，设置最大生长（max grow）和收缩（max shrink）距离，如图 5-23 所示。max grow 就是增加材料的方向。max shrink 就是减少材料的方向。

图 5-21　free shape 面板

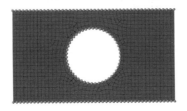

图 5-22　自由形状变量节点

图 5-23　parameters 子面板

③ 切换到 gridcon 子面板，设置选定节点的强制移动方向，如图 5-24 所示。这里设定为节点只能沿着 y 方向移动，nodes 只选择 4 个角点，如图 5-25 所示，目的是保证变形后左右边界依然是直线。

图 5-24　设置选定节点的强制移动方向

Step 03 创建响应。

① 进入 Analysis > optimization > responses 面板，设置响应类型为 volume，单击 create 按钮创建体积响应，如图 5-26 所示。

② 再设置响应类型为 static stress，elems 选择所有单元，单击 create 按钮创建应力响应，如图 5-27 所示。

Step 04 创建优化目标。进入 Analysis > optimization > obj reference 面板创建目标参考，如图 5-28 所示。创建目标参考的原因在于优化只能是单目标的，需要把应力打包之后再取所有应力中的最大应力作为优化目标。

图 5-25　控制节点的移动方向

图 5-26　创建体积响应

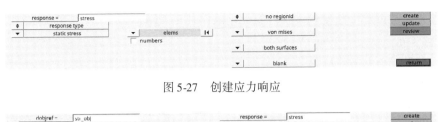

图 5-27　创建应力响应

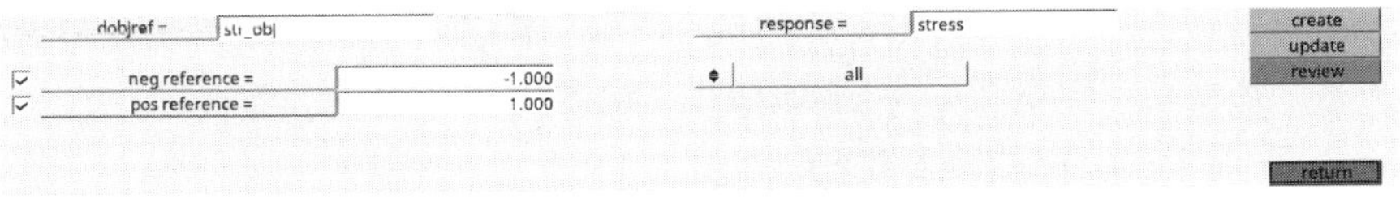

图 5-28　创建目标参考

Step 05 创建优化目标。进入 Analysis > optimization > objective 面板，dobjrefs 选择刚刚创建的 str_obj，单击 create 按钮，如图 5-29 所示。

图 5-29　创建优化目标

Step 06 提交优化计算。进入 Analysis > OptiStruct 面板，设置如图 5-30 所示，单击 OptiStruct 按钮提交优化计算。求解完成后从求解器对话框中单击 Results 按钮打开后处理面板。

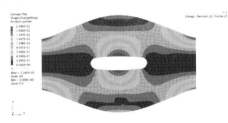

图 5-30　提交优化计算

Step 07 结果后处理。单击 HyperView 工具栏上的 contour 按钮，然后单击 Apply 按钮显示云图。最后一个迭代步的变形结果如图 5-31 所示，可以单击工具栏上的播放按钮播放动画。

图 5-31　变形结果云图

5.2　网格变形技术

5.2.1　网格变形总体介绍

简单地说，网格变形就是将网格从一个位置变形到另一个位置，用途包括：

1）为优化设计创建形状变量，支持的优化软件包括 HyperWorks 中的 OptiStruct、HyperStudy 以及第三方优化软件。

2）将已有网格映射到新几何。

3）迅速、交互、参数化地改变现有模型的外形。

形状优化过程中主要的工作在于生成形状变量。HyperMesh 中的 HyperMorph 模块能以直观的方式对网格模型进行变形操作，而且可以控制单元畸变。HyperMorph 是一个功能强大的前处理模块，提供了大量功能选项。完全掌握这个模块需要动手操作很多模型，建议多加练习。

HyperMorph 提供四类方法进行网格变形。

（1）变形域和控制柄（domain & handle）

基本思路是先将单元/节点做成变形域，然后对变形域边缘部位的控制柄进行操作实现变形。很多情况下变形域和控制柄方法是实现网格变形的首选。该方法的优点是适用范围广、变形精度高、控制手段丰富，缺点是操作较烦琐。示意图如图 5-32 所示。

（2）变形体（morph volumes）

主要思路是将要变形的单元放在变形体内，然后拖动变形体的控制点进行变形，变形的分配方式类似于自由变形。变形体方法的优点是鲁棒性高、网格质量高、适合复杂结构的粗略变形，缺点是无法精确控制尺寸。变形体方法是对大型复杂装配结构进行网格变形的主要方法，例如可以对整车模型进行整体外形的变形，效果如图 5-33 所示。

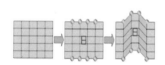

图 5-32　变形域和控制柄方法

图 5-33　整车变形

（3）映射到几何（map to geometry）

主要思路是利用几何位置自动计算出网格变形。该方法的优点是操作简单、变形精确，缺点是对几何的依赖程度高，复杂结构的变形比较困难。但是几何可以使用 CAD 软件或者工业设计软件（比如 Inspire Studio）创建后再导入 HyperMesh 中使用。图 5-34 所示为将网格映射到新的几何曲面。

（4）自由变形（freehand）

如图 5-35 所示，自由变形方法简单直接，适合简单特征的精确变形。主要思路是用户指定参与变形的单元和移动的边界节点以及固定不动的节点，变形会在参与变形的所有单元内进行分配，离移动边界近的单元变形大，离移动边界远的单元变形小。

这四种方法经常是同时使用的，官方教学视频提供了很多常用的使用情形。

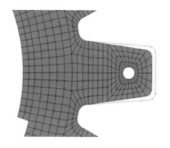

图 5-34　映射到几何

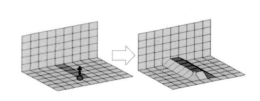

图 5-35　自由变形方法

5.2.2　变形域和控制柄方法

使用变形域和控制柄方法需要先将模型分为不同的变形域（节点和单元的组），然后再用控制柄控制变形域的形状。随着变形域形状的改变，域内的节点位置也随之改变，网格也就相应地被压缩或拉伸。变形域和控制柄分为全局和局部两个基本的类型，变形域和控制柄的图标如图 5-36 所示，有全局、局部、全局加局部三种组合。

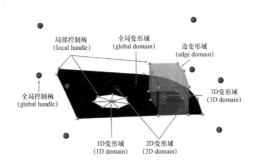

图 5-36　变形域和控制柄类型

1）全局变形域和控制柄。全局变形域由一组节点构成，变形过程直接对节点进行控制。全局变形域可以创建多个，但每个节点只会属于一个全局变形域。对于大型结构创建局部变形域会非常耗时，也不容易操作，这时使用全局变形域或者变形体进行变形通常是更好的选择。图 5-37 是全局变形域的一个示例。

2）局部变形域和控制柄。局部变形域适用于小范围、参数化的变形。根据单元类型不同又分为 1D、2D、3D 局部变形域和边变形域。1D、2D、3D 局部变形域都由相应类型的单元构成，边变形域由一列有序节点构成。图 5-38 是 2D 变形域的一个示例。

图 5-37　全局变形域示例

图 5-38　2D 变形域示例

3）全局变形域与局部变形域结合。适用于大范围 + 小范围的变形。

使用 Tool > HyperMorph > domains 面板的 create 子面板能够**创建变形域**，如图 5-39 所示。共有 10 种创建方法可供选择，如图 5-40 所示。

图 5-39　创建变形域

创建 3D 变形域时会自动创建表面上的 2D 变形域以及边上的边变形域，创建 2D 变形域时会自动创建边上的边变形域。控制柄的位置会根据分域的规则自动在适当的位置创建。同类变形域包含的网格对象具有排他性，比如一个 2D 单元只能属于一个 2D 变形域。创建 3D 变形域时会自动生成名为 ^morphface 的 component，3D 变形域表面的 2D 单元将放在这个 component 中，该表面上的任何变

global domains	1D domains
local domains	2D domains
global and local	3D domains
edge domains	connector domains
general domains	auto functions

图 5-40　变形域类型

形操作将会影响到其下面的实体单元，如图 5-41 所示。本质上，对实体单元进行变形操作其实就是对其边、面进行变形操作。所有对 2D 变形域的操作手段都可以用于^morphface。

边变形域必须依赖于 2D、3D 或全局变形域，不能单独存在。边变形域通常位于 2D 变形域的边缘，可以在 2D 变形域里面选择一列节点单独创建边变形域，而且可以在 2D 变形域的内部，如图 5-42 所示。

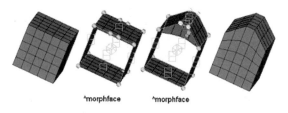

图 5-41　3D 变形域

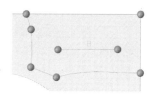

图 5-42　边变形域

create 子面板上各个选项的含义如下。

- divide by comps：如果单元属于不同的 component，不要放在同一个变形域，例如，图 5-43 中如果选择该项将会创建两个变形域，否则只会创建一个变形域。
- divide by domains：如图 5-44 所示，如果不选该项，创建新变形域时会先删除该区域的变形域，如果选择则会保留该局部变形域。

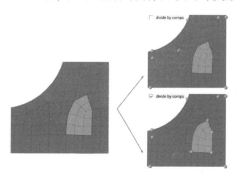

图 5-43　divide by comps 选项示例

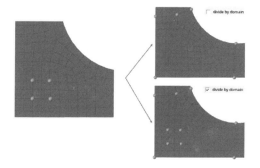

图 5-44　divide by domains 选项示例

- partition 2D domains：选择该项后将根据 partitioning 子面板的设置对变形域进行分区，否则将只创建一个变形域，效果如图 5-45 所示。
- use geometry：表示如果有关联的几何面可用就使用几何面的拓扑信息。
- retain handles：选择该项将保留变形域内已经存在的控制柄，否则将会先删除区域内的所有变形域和控制柄再重新创建。

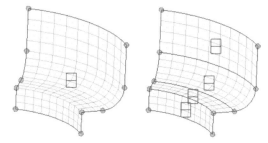

图 5-45　分区效果（右图）

domains 面板的 partitioning 子面板控制变形域的分区算法和参数。默认情况下，四边形或者混合网格（只有少量三角形）基于单元进行分区，三角形和四面体单元基于节点进行分区，通常不需要修改该项。分区算法有基于夹角和基于夹角、曲率两种。基于相邻单元间法向量夹角的分区算法不考虑曲率的变化，如图 5-46 所示。基于夹角和曲率的分区算法可以依据不同曲率找出曲面和平面或不同曲面间的过渡位置，比如圆角位置，如图 5-47 所示。

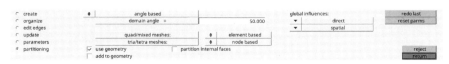

图 5-46　基于相邻单元夹角分区

图 5-47　基于夹角和曲率分区

　　一般在创建变形域的同时就会按照分区的规则**自动生成控制柄**。如果自动生成的控制柄无法满足变形需求也可以使用 Tool > HyperMorph > morph > move handles 面板创建和修改控制柄。大部分情况下只需要选择节点进行创建即可，如果希望依赖于其他控制柄则需要选择其他两项。update 子面板用于更新控制柄的依赖（dependent）关系。控制柄的依赖层级如图 5-48 所示，以不同的颜色显示不同级别的控制柄。

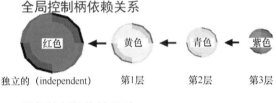

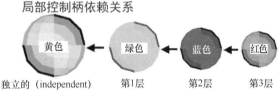

图 5-48　控制柄的依赖层级

　　依赖的控制柄会随着被依赖的控制柄一起移动，移动距离的分配是一个平均公式，具体效果如图 5-49 所示。反之不成立，被依赖的控制柄不会随着依赖的控制柄一起移动。

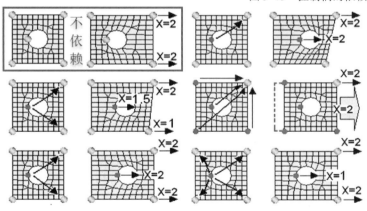

图 5-49　控制柄的依赖效果

　　变形域和控制柄创建完毕后，就可以进行**网格变形**了。变形的操作可以在 map to geom 面板或 morph 面板进行。morph 面板的常用操作如下。

　　1）使用 Tool > HyperMorph > morph > move handles 子面板移动控制柄，如图 5-50 所示。移动控制柄的方法如图 5-51 所示。下面对其中几种方法进行说明。

- interactive：使用鼠标在屏幕上拖动控制柄。
- translate：移动选中的控制柄。可使用局部坐标系，包括圆柱坐标系。
- rotate：令选中的控制柄旋转一个角度。true rotation 选项用于指定节点的旋转量是否受控

图 5-50　移动控制柄（move handles）

图 5-51　移动控制柄的方法

制柄旋转量的影响。具体效果如图 5-52 所示。

2）使用 alter dimensions 子面板直接修改网格特征的尺寸。

修改距离（distance）的时候可以直接选择两个控制柄进行修改，也可以选两个节点作为参考点，然后选择多个控制柄随节点一起运动，设置如图 5-53 所示，效果如图 5-54 所示。

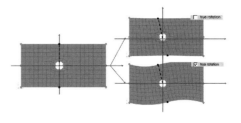

图 5-52　true rotation 选项示例

图 5-53　修改距离设置

修改角度（arc angle）的变形效果如图 5-55 所示。

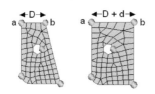

图 5-54　修改距离　　　　　　　　图 5-55　修改角度

修改半径（radius）的设置如图 5-56 所示，变形效果如图 5-57 所示。当通过 radius 或 arc angle 选项进行变形时，勾选 add to current 选项会在原先的半径或圆弧角上增加一个值得到新的半径或圆弧角。如果修改的是部分圆弧，固定位置的选择也很重要，有 hold center、fillet、hold ends、hold end 四个选项。center calculation 选项提供的圆心计算方法见表 5-1。

图 5-56　修改半径设置

图 5-57　修改半径

表 5-1　圆心计算方法

方　　法	描　　述
by normal	2D 变形域上的单元和选择的变形域边界的法向量用于插值每个节点的曲率中心。由于单元法向不总是精准指向曲率中心，该方法可能是不准确的
by axis	选择一个轴作为选定变形域的曲率中心，典型情况是圆形结构
by line	选择一条线作为选定变形域的曲率中心，可切换选择 project normal 或 project direct。该切换按钮决定了每个节点寻找中心时，节点投影到线的方向
by node	选择一个节点作为选定变形域的曲率中心
by edges	只适用于变形域边界。利用变形域边界的平面和节点到节点的曲率计算中心。同时，用户可选择让 HyperMorph 自动在 2D 变形域上为两个选定的变形域边界创建对称，使规整的网格在穿过 2D 变形域的维度上更加光顺

3）使用 set biasing 子面板设置控制柄的偏置系数（bias）。除了那些依赖于 1D 变形域自动生成的控制柄偏置系数初始值为 3 外，所有控制柄的初始偏置系数均为 1。不同偏置系数下的变形效果如图 5-58 所示。

4）设置变形约束。set constraints 子面板类似于 Morph Constraints 面板，使用一组约束子面板约束节点的运动。具体使用方式将在 5.2.8 节的 Morph Constraints 面板部分进行介绍。

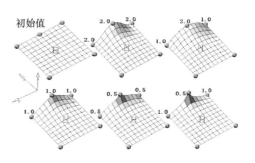

图 5-58　不同偏置值下的变形效果

5.2.3　变形体方法

使用变形体进行变形的一般操作流程是先创建变形体包络住网格，然后通过 morph 面板改变变形体的形状。这种方法可以与局部变形域方法结合，控制体变形改变控制柄的位置，然后通过域操作得到新的网格形状。相邻变形体可以设置多种相切关系，变形体也支持各种对称约束及网格变形约束。使用变形体进行网格变形的关键和难点是创建合适的变形体。对变形体的基本要求如下。

1）包络住参与变形的网格。

2）变形网格和不变形网格之间要有变形体作为缓冲区，避免变形体边界处的网格突然出现过大变形。

3）变形体形状要规则，避免过大的扭曲。

下面介绍 morph 面板中的一些变形体操作方法。

（1）创建变形体

创建变形体有两类方法：用 create 子面板下面的各个工具创建，如图 5-59 所示；在 convert 子面板将六面体网格转换为变形体。

create morphvol	drag morphvols	drag nodes (rect)
pick and enclose	drag elements	drag lines (cyl)
pick on screen	drag matrix (rect)	drag nodes (cyl)
reflect morphvols	drag matrix (cyl)	
create matrix	drag lines (rect)	

图 5-59　create 子面板中的变形体创建方法

- create morphvol：默认方法，选择想要包含在变形体中的网格即可，如图 5-60 所示。适用于外形简单的结构，通常是先创建大块的变形体，然后再在 split/combine 子面板进行切分。如果需要进一步调整变形体的顶点位置，可以在 parameters 子面板选择 mvols：inactive 选项后，到 morph 面板对 handle 进行调整，调整完毕后再切换回 active。

图 5-60   create morphvol 方法

- pick and enclose：选择节点以定义变形体角上的控制柄（需要事先创建好节点或选择变形体上的顶点）。选择节点的顺序与手动创建六面体单元一致，如果顺序不对会导致扭曲过大而无法创建。图 5-61 所示为创建两个变形体之间的一个变形体的一个例子。

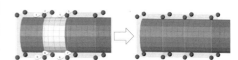

图 5-61   pick and enclose 应用示例

- pick on screen：通过在屏幕上单击四个点确定变形体的一个面，系统会根据需要包络的网格自动沿着深度方向拉伸为变形体，这是创建简单变形体最简单的方式，创建的控制体如图 5-62 所示。

- reflect morphvols：镜像变形体，使用该功能需要事先创建好对称约束，如图 5-63 所示。

图 5-62   pick on screen 应用示例

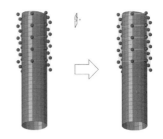

图 5-63   reflect morphvols 应用示例

- create matrix：根据坐标系生成变形体阵列。直角坐标系下的阵列效果如图 5-64 所示。柱坐标系下的阵列效果如图 5-65 所示。可以切换到 update mvols 子面板用 delete empty 工具删除多余的变形体，也可以在 delete 面板或者模型浏览器内进行删除。

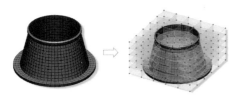

图 5-64   直角坐标系下的阵列变形体

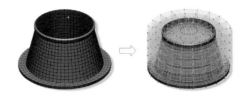

图 5-65   柱坐标系下的阵列变形体

（2）更新变形体

update mvols 子面板用于更新变形体、连接变形体、收缩变形体及关联节点。

1）更新变形体（update mvols 选项）。update mvols 子面板可以重新设置变形体的相切关系，有时比使用 update edges 单个操作要快得多。

2）连接变形体（join mvols 选项）。用于将两个不相连的变形体进行连接。图 5-66 是一个简单的例子。

3）收缩变形体（shrink mvols 选项）。用于将过大的变形体收缩至网格附近。图 5-67 是一个简单例子。实际应用中由于变形体可能出现扭曲，该功能不常用。

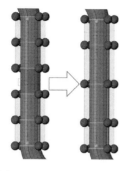 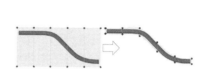

图 5-66　连接变形体示例　　　　　　图 5-67　变形体收缩示例

4）关联节点（register nodes 选项）。即重新将节点关联至变形体，如果发现变形过程中变形体内的节点没有跟着动，就需要重新关联。被关联的节点必须位于变形体的内部。

（3）控制变形体之间的相切关系

update edges 子面板用于控制变形体之间的相切关系。有多种相切/从属关系可供选择。该选项决定了变形体控制柄移动后对周边变形体内网格的影响方式。相切关系在图形上以箭头的形式显示。

（4）切分和合并变形体

split/combine 子面板用于切分变形体，实际创建简单变形体的时候经常会用到该功能。combine mvols 选项用于合并相邻变形体。图 5-68 所示为切割变形体的一个例子。

（5）保存变形体到硬盘

save/load 子面板用于将变形体保存到硬盘。文件内容是纯文本，扩展名没有特别要求，一般设为 .txt 就可以了。该功能的主要目的是重用变形体。网格变形的原则之一是将变形局部化，因此对于复杂的网格变形要求最好是分解到各个局部来进行，既降低了复杂度，也加快了变形速度。使用 load mvols 可以从硬盘读取变形体。

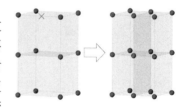

图 5-68　切分变形体示例

（6）变形体和六面体单元的相互转化

convert 子面板用于变形体和六面体单元之间的相互转化。该功能在创建复杂变形体时非常有用，因为它可以通过第三方软件创建几何曲面或实体，然后导入 HyperMesh 中划分六面体后再批量转化为变形体。界面如图 5-69 所示，生成的变形体如图 5-70 所示。

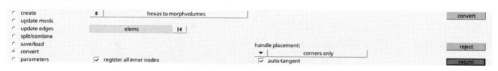

图 5-69　convert 子面板

（7）变形控制选项

parameters 子面板用于控制显示尺寸、变形体是否激活、变形体显示透明度、全局影响方式等选项，如图 5-71 所示。对于复杂的变形体，经常遇到创建的变形体有一些位置的控制柄需要调整的情况，这时需要先不激活变形体（选择 mvols：inactive），待使用 morph 面板将控制柄调整到位后再重新激活变形体（选择 mvols：active），可能还需要到 update 子面板重新关联节点。

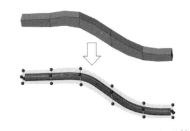

图 5-70　将六面体单元转化为变形体

　　global influences 项的默认值是 direct，也就是直接对节点进行移动。如果网格上具有变形域，可以选择 hierarchical，也就是变形体只对控制柄进行移动，内部网格节点的移动由控制柄的位置再次计算得到，这样可以保证变形后圆形还是圆形。第三个选项 mix 是前面两者的结合，如果网格上有变形域则使用 hierarchical，否则使用 direct。

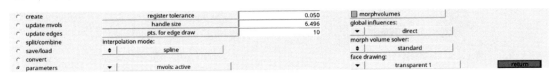

图 5-71　parameters 子面板

5.2.4　映射到几何方法

　　顾名思义，映射到几何就是根据几何确定目标位置。简单的映射工具有映射到线、映射到面、映射到单元，复杂一点的有映射到截面、在不同线之间映射、在不同面之间映射等。对于简单的映射工具只需要选择节点，未经选择的节点默认为固定。对于复杂的映射工具可能会使用变形域。界面如图 5-72 所示。

图 5-72　映射到几何界面

该面板提供的变形方法如图 5-73 所示。部分变形方法的说明如下。

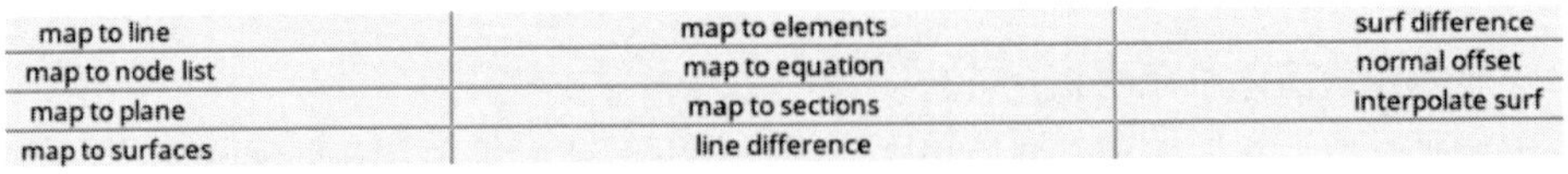

map to line	map to elements	surf difference
map to node list	map to equation	normal offset
map to plane	map to sections	interpolate surf
map to surfaces	line difference	

图 5-73　变形方法

- map to line：将所选实体映射到线，如图 5-74 所示。
- map to plane：将所选实体映射到平面，需要指定一个标准平面。
- map to surfaces：将所选实体映射到曲面，如图 5-75 所示。

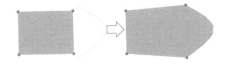

图 5-74　map to line

图 5-75　map to surfaces

- map to elements：功能和映射到曲面类似，只是将曲面换成了单元。
- map to sections：将所选单元映射到几条线形成
  的截面上，该选项会激活 lines/line list 选项以
  及 follower nodes 选项，可以简单地理解为后台
  会先根据这些曲线生成一个曲面，如图 5-76
  所示。

图 5-76　map to sections

- line difference：将所选对象从一条线映射到另一条线，如图 5-77 所示。这里的曲线只是用
  于计算变形矢量，不要求曲线和网格有关联关系。
- surf difference：将所选对象从一个面映射到另一个面。
- normal offset：使选中的对象沿指定单元的法向偏移指定距离。
- interpolate surf：后台会先根据这些输入从选择的算法生成一个拟合曲面，然后再将网格映
  射到由线或者点插值而成的面上，如图 5-78 所示。

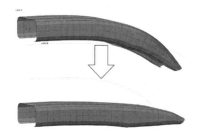

图 5-77　line difference

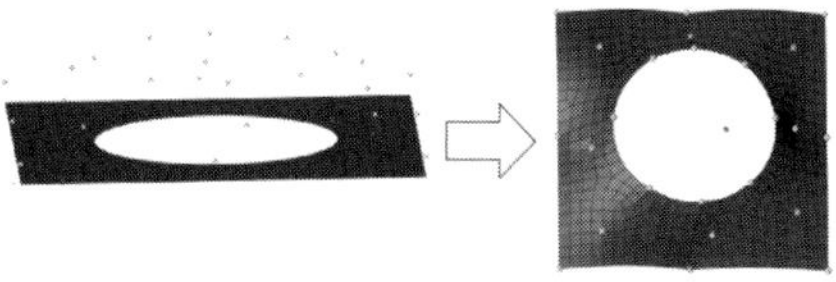

图 5-78　interpolate surf

5.2.5　自由变形方法

自由变形是一种快速变形网格的方法，适合比较简单的变形。使用该方法无需变形域、控制
柄或变形体。

自由变形面板有四个子面板。

- move nodes：直接移动所选节点进行变形。
- record：记录其他面板的操作作为变形过程。
- sculpting：使用各种工具对网格进行"雕刻"。
- save shape：保存形状。

（1）move nodes 子面板

变形区域由一组单元定义，可定义固定的节点、移动的节点和单元移动方向，界面如图 5-79
所示。移动节点的方式有 12 种，如图 5-80 所示。其中，最常用的方式是 manipulator。

图 5-79　move nodes 子面板

图 5-81 所示为 manipulator 的一个例子，上下表面节点是 fixed nodes，中间节点是 moving
nodes，参与变形的单元是所有单元。

其他方式的使用方法大同小异，值得一提的是 apply shape，它可以将在一个零件上变形保存

得到的变形插值到附近的零件，从而得到协调的变形。图 5-82 是 apply shape 的一个例子，先在地板上创建形状，然后将形状作用到周边零件得到协调的变形。

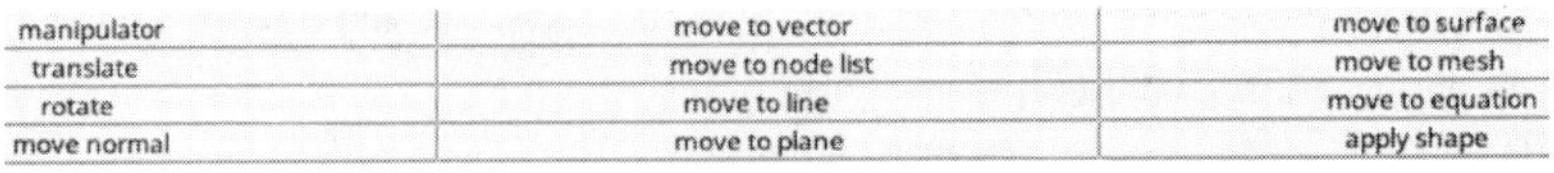

manipulator	move to vector	move to surface
translate	move to node list	move to mesh
rotate	move to line	move to equation
move normal	move to plane	apply shape

图 5-80　移动节点的方式

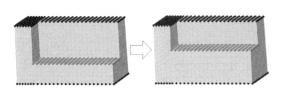

图 5-81　manipulator 示例

图 5-82　apply shape 示例

选择 partitioned 时在变形前会在后台按照 domain > Partitioning 子面板的设置创建变形域，然后按变形域确定移动范围和移动方式。

（2）record 子面板

记录其他面板的网格移动、旋转、比例缩放等操作，并保存为形状，界面如图 5-83 所示。

图 5-83　record 子面板

record 子面板有 apply 和 apply and morph 两种选择，apply 是所见即所得的效果。当变形过程或变形后的网格质量较差时，可使用 Quality Index 面板来调整网格质量。比如先使用变形域和控制柄方法进行网格变形，然后在 record 工具下修正质量较差的单元，最后再保存为形状。还有一种改进单元质量的方法是使用 shape 面板中的相应功能。

apply and morph 选项增加了在已选单元范围内重新分配变形的能力，有利于减少单元的畸变，如图 5-84 所示。该子面板的操作方法是先单击 start 按钮，然后单击 return 按钮暂时离开该面板，接下来可以使用 HyperMesh 的任意工具去调整节点位置（但是不能重划网格），然后再回到 record 子面板设置 fixed nodes 和 affected elements 并单击 finish 按钮完成变形，最后再到 save shape 子面板保存变形以及回到 record 子面板通过 undo all 按钮撤销变形。

图 5-84　apply and morph 选项

（3）sculpting 子面板

以网格或者曲面组等对象为工具，在已有的网格上"雕刻"出相应形式的特征，界面如图 5-85 所示。

图 5-85　sculpting 子面板

使用 sculpting 子面板可以通过多种工具对网格进行"雕刻"（创建半球凹槽、圆锥形的凸起或利用特征线成型），具体来说有 ball（球）、cone（圆锥）、cylinder（圆柱）、node list（节点组）、line（线）、plane（平面）、surface（曲面）、mesh（网格）八种方法。面网格可以通过推、拉进行重新"雕刻"，在网格上创建凹槽或凸起。球形工具可以创建半球形凹槽或凸起。圆锥工具可以产生锥坑或尖状凸起。图 5-86 所示为使用球进行雕刻的例子，使用球形工具沿着节点组或线，创建端部为圆形的弯曲通道。使用圆锥工具可以创建底端为 V 型的通道。图 5-87 所示为使用网格进行雕刻的例子。

 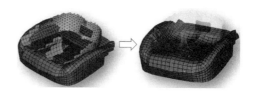

图 5-86　使用球进行雕刻　　　　图 5-87　使用网格进行雕刻

5.2.6　形状及相关操作

形状既是变形的目的也是变形的工具，有了形状后就可以很方便地创建形状变量用于优化。形状可以简单地定义为初始状态和变形后状态之间的位移场，只有在 HyperMorph 环境下进行变形后才会有这个位移区域的信息。

做网格变形时，HyperMorph 将其扰动信息储存在内部，用户可以撤销和重做变形过程中的每一步。通常使用 shape 面板进行形状相关的操作，morph 等面板也有部分同样的功能。

（1）保存形状

save as shape 子面板用于保存形状，如图 5-88 所示。使用 save as shape 可以将当前的变形结果保存为一个形状，用于后续的网格变形或者定义为形状优化变量。选择保存之后，可以单击 undo 按钮还原原来的网格形状，也可以继续进行变形。

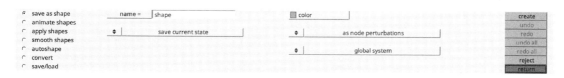

图 5-88　save as shape 子面板

- as node perturbations：将变形保持在节点上，无论发生什么变化总是具有相同的形状，一般情况下选择该项。
- as handle perturbations：将变形保持在变形域和控制柄上，该选项需要的存储空间相对较小，但是后续对变形域和控制柄的编辑会影响到之前存储的形状，不建议使用。
- global system/syst：形状必须基于坐标系，该坐标系影响形状如何应用以及它是如何写成数据文件的。当形状应用到模型中时，形状的扰动会转化为系统的坐标，然后又变为全局坐标系。一个基于局部坐标系的形状在导出数据文件时也会基于局部坐标系。

（2）查看变形动画

animate shapes 子面板可对形状进行动画显示，也可以把动画输出为 avi 文件用于 PPT 演示。动画是展示形状最直观的方法。

（3）形状空间变换

使用 apply shapes 子面板可以应用（apply）、平移（translate）、放置（position）、镜像（reflect）一个或多个形状到网格上，如图 5-89 所示。

图 5-89　apply shapes 子面板

- apply shapes：用已经定义的形状对网格进行变形，可使用变形放大系数。
- translate shapes：多用于复制已创建的形状对象，例如需定义一系列的孔或者肋板形状对象时，可以通过其中一个形状对象创建，再通过此功能复制。
- position shapes：更强大的形状复制功能。可以在任何位置重新定位和放大形状，但一次只能复制到一个位置，效果如图 5-90 所示，而 translate shapes 可以复制到多个位置。
- reflect shapes：允许通过多种镜像对称方式（1-plane、2-plane、3-plane、cyclical）来复制形状，用于创建对称的变形域或关联的控制柄。可以先创建一个零件的形状，再镜像到模型中的对称位置上，效果如图 5-91 所示。

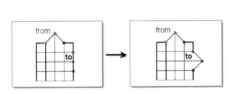

图 5-90　position shapes

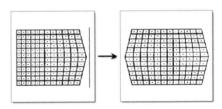

图 5-91　reflect shapes

子面板中 apply method 的可选项（仅出现在平移、放置和镜像时）见表 5-2。

表 5-2　apply method 的可选项

选　项	效　果
apply only	只应用形状到模型的新位置
apply & append	应用形状到模型中，并叠加到原有的形状上
apply & replace	应用形状到模型中，并代替原有的形状
apply & create	应用形状到模型中，并为每一个形状创建新的形状
create new	为每一个应用进来的形状创建新的形状，但不启用这些新建的形状

auto-envelope/env 项也是仅出现在平移、放置和镜像时。envelope 为复制形状对新网格的影响范围，如果 auto-envelope 的尺寸不能覆盖希望变形的节点，可通过 env 文本框设置一个值。

（4）光顺形状

smooth shapes 子面板用于检查形状变化后的网格质量，可以对形状进行平滑化，以改善应用形状后的局部或者全部网格质量。

面板中的检查和平滑功能意在更高效地实现形状优化。形状优化求解器（如 OptiStruct）会在网格质量下降到一定值时终止迭代计算，当多个形状变量被同时应用时，有助于提升网格质量，并计算可以确保优化求解成功完成的形状变化的上下限。

在 output report to file 中可以输入创建的输出文件名，或者通过文件浏览器选择保存的文件。

输出的报告会包含各种形状组合，如果有不合格的单元质量会分别进行报告。图 5-92 所示为三个形状单独作用时网格的变形情况，单元质量都不错。

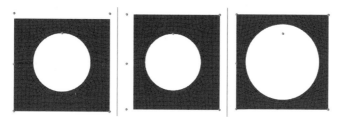

图 5-92　三个形状单独作用时网格的变形情况

图 5-93 是两个形状一起作用时的情况，可以发现左上角的单元质量明显下降。可以打开报告文件查看哪个组合出现了问题，以及有问题的单元。smooth 前后的网格质量对比如图 5-94 所示。

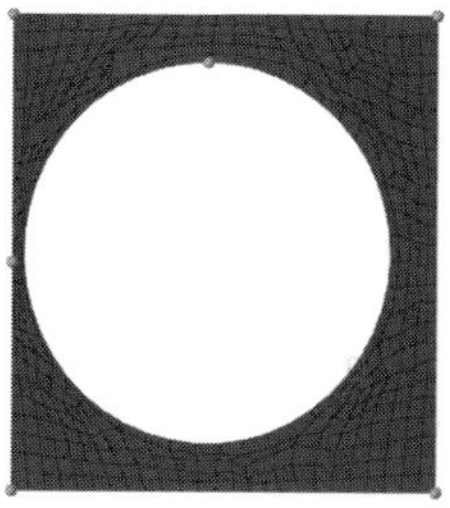

```
Combination 1
   Shape         8 applied at  0.0000
   Shape         7 applied at  0.0000
   ----------------------------------
   Aspect ratio     1.873
   Skew            34.205
   Minimum angle   50.520
   Maximum angle  144.240
Warpage            0.000
Combination 4
   Shape         8 applied at  1.0000
   Shape         7 applied at  1.0000
   * * * * * warning-poor element quality * * * * *
   Aspect ratio    15.479Elem id     233  Limits:    10.000    100.000  1000.000
   Skew            69.510
   Minimum angle   11.731Elem id     114  Limits:    15.000      3.000     0.000
   Maximum angle  171.636Elem id     114  Limits:   165.000    177.000   180.000
Warpage            0.000
Optimization errors can be avoided using the following limits:
   Shape         8  upper bound  1.0000  lower bound  0.0000
   Shape         7  upper bound  1.0000  lower bound  0.0000
```

图 5-95 是三个形状一起作用时的情况，可以发现单元已经崩溃了。考虑到单元质量问题，各形状之间要尽量解耦，避免强耦合。

图 5-93　两个形状一起作用时的变形情况

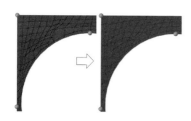

图 5-94　smooth 前后的网格质量对比

图 5-95　三个形状一起作用时单元已经崩溃

（5）保存和导入形状

save/load 子面板用于保存或导入形状，一种重要的应用是将一个大的模型分给多个人创建形状，最后由一个人在总的模型中导入所有形状进行汇总，界面如图 5-96 所示。不同的形状尽量不要使用公共的网格。

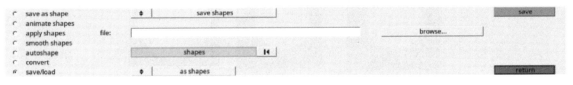

图 5-96　save/load 子面板

5.2.7　对称工具

用户可利用对称性简化变形过程，对称分为镜像和非镜像两个基本的对称组，如图 5-97 所示。可以使用 1-平面（1 plane）、2-平面（2 plane）、3-平面（3 plane）镜像对称和周期循环（cyclical）对称关联对称区域的控制柄，这样，一个控制柄的运动会应用于与其相对称的控制柄。还可以将镜像对称应用于变形域的操作，如改变半径、曲率以及 map to geom 等操作。不勾选 symlinks 复选框或者使 Morph Options 面板处于非激活状态，可以关闭对称功能。

1 plane	linear	cylindrical
2 plane	circular	rad+lin
3 plane	planar	radial 3D
cyclical	radial 2D	spherical

图 5-97　对称工具

非镜像对称有线性 linear、循环（circular）、二维（planar）、径向二维（radial 2D）、圆柱形、径向 + 线性（rad + lin）、径向三维（radial 3D）、球形（spherical）。这些对称改变影响节点以及对称的控制柄，所以一个控制柄的运动会影响另一个。对于非镜像对称的节点处理只能通过撤销激活 symmetry 来关闭。

5.2.8　变形约束

约束也是一类 HyperMesh 对象，并可以保存在模型中。变形约束限制节点的运动或强制变形后的尺寸符合指定的要求。Morph Constraints 面板可以创建各种约束，如图 5-98 所示。

图 5-98　创建变形约束

目前支持的变形约束有 19 种，如图 5-99 所示。常用变形约束及其意义见表 5-3。

fixed	on plane	match elems	arc angle
cluster	on surface	tangency	area
smooth	on elements	length	volume
along vector	on equation	angle	mass
along line	along dofs	radius	

图 5-99　变形约束类型

表 5-3　常用变形约束

约束类型	意　义
fixed	当变形发生时已选节点不发生移动
cluster	节点可随其余节点移动，但保持所选节点之间相对位置不变
along vector	节点只在所选矢量的方向上移动
along line	从几何模型中选择一条线，约束节点只会沿着这条线移动
on plane	需要用平面或矢量选择器定义一个平面，约束节点只会沿着这个平面移动
on surface	需要选择几何模型的一个表面，约束节点只会沿着这个曲面移动
on elements	需要选择模型中的一个和多个单元，约束节点只会沿着给定的网格移动
match elems	忽略节点上的变形，实现两组网格之间的相互匹配。匹配的方向可以为网格法向或一个向量，或按所选节点对应到一组网格上，效果如图 5-100 所示

图 5-100　match elems 约束

5.3　工程实例

　　形状优化通常只进行局部修改，因此大部分情况下会在拓扑或形貌优化的基础上进行，这时零件已经非常接近最终设计，也已经考虑到了加工制造等因素。一般形状优化的收敛速度要比拓扑优化快很多，优化后可以得到新的网格位置以用于进一步的分析和模型修改。

5.3.1　铸造件形状优化

　　本例是一个汽车刹车踏板的形状优化。CAD 模型是在 HyperMesh 中根据前序拓扑优化的结果得到的。本例的模型采用了贯穿式结构设计。实际上，汽车踏板也可能会保留中间的隔板并采用左右对称的设计。如有兴趣可以自己动手试试重新进行拓扑优化，结构的性能能够得到进一步提高。

优化三要素

- 优化目标：最大应力最小化。
- 设计约束：体积不增加。
- 设计变量：加强筋的厚度。

操作视频

操作步骤

Step 01 打开 brake_pedal. hm，模型如图 5-101 所示。
Step 02 创建 3D 变形域。为了方便后续变形操作，变形域按照 comp 依次创建，这样的好处是在 comp 交界处有分开的变形域。

图 5-101　优化模型

Step 03 创建/保存形状。进入 Tool > HyperMorph > morph 面板创建形状，如图 5-102 所示。本例共创建 16 个形状，这是本例最关键的一步，详细过程请参考操作视频。每一个形状控制一个加强筋的厚度。

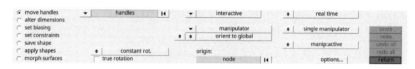

图 5-102 创建形状

Step 04 创建形状变量。进入 Analysis > optimization > shape 面板，如图 5-103 所示。选择所有形状创建形状变量。

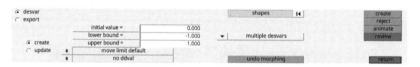

图 5-103 创建形状变量

小技巧：创建形状变量尽量往保守的一侧移动，比如改变壁厚时尽量往壁厚减小的方向移动，因为增厚总是可以的，减薄却受限制；四面体单元尽量往减材料的方向移动，因为四面体被压坏的可能性远远超过被拉坏的可能性。

Step 05 创建体积响应。体积响应既可以选择整个零件，也可以仅选择受影响的部分，差别只是敏感程度不同。体积和质量的差别也类似。

Step 06 创建应力响应。设置响应类型为 static stress，如图 5-104 所示。单元选择如图 5-105 所示。

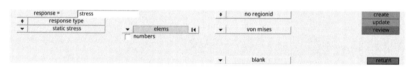

图 5-104 创建应力响应

小技巧：这里单元的选择应该根据分析结果来决定，实际上最好是在每个加强筋的中部位置也选一些，这样可以更好地控制应力。或者可以在表面放一层 2D 单元，然后只创建 2D 单元的应力，这样也很经济。要注意的一点是，在线弹性分析中要避免选择应力集中区域的单元。

图 5-105 选择创建应力响应的单元

Step 07 创建目标参考。进入 Analysis > optimization > obj reference 面板，设置如图 5-106 所示。目标参考的意义主要是打包响应，否则无法作为目标进行优化。打包后，优化时会先找出包

图 5-106 创建目标参考

中最大的那个响应，然后再进行优化。

Step 08 创建优化目标。进入 Analysis > optimization > objective 面板，响应选择刚刚创建的 str _obj，创建 minmax 类型的优化目标。

Step 09 提交优化计算。进入 Analysis > OptiStruct 面板，设置如图 5-107 所示。计算完成后可单击 HyperView 按钮或者从求解器的对话框中单击 Results 按钮打开后处理。

图 5-107 提交优化计算

Step 10 结果后处理。单击工具栏上的 contour 按钮，然后单击 Apply 按钮显示云图。优化结果如图 5-108 所示。

图 5-108 形状优化结果

从优化结果后处理中可以看到具体的变形情况。从优化后得到的应力结果可以看出，应力响应单元的选择不够合理，如果多选择一些单元创建应力响应优化结果将更加合理。另外，这个例子的加强筋厚度没有进行离散化控制，这样得到的结果需要人为进行圆整。

5.3.2　注塑件加强筋位置优化

在注塑件设计过程中，外形通常由工业设计部门提供，产品设计部门负责复杂功能和强度方面的设计，而加强筋设计是强度设计的主要部分。推荐的方法是先使用拓扑优化得到加强筋的大致布局，然后根据优化结果按照生成的要求进行设计，最后再进行形状优化和强度校核。通过本例你将学习复杂 2D 网格变形。

优化三要素

- 优化目标：最大位移最小化。
- 设计变量：加强筋的位置。
- 设计约束：无

操作视频

操作步骤

Step 01 打开模型 plastic_start. hm。

Step 02 创建 2D 变形域，网格如图 5-109 所示。

Step 03 创建/保存形状。进入 Tool > HyperMorph > morph 面板创建形状，本例共创建 44 个形状，这是最烦琐也最关键的一步，操作界面如图 5-110 所示，具体过程请参考操作视频。

图 5-109 模型网格

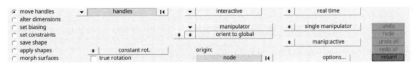

图 5-110 创建形状

Step 04 创建形状变量。进入 Analysis > optimization > shape 面板，设置如图 5-111 所示。选择所有形状创建形状变量。

图 5-111　创建形状变量

Step 05 创建位移响应。设置响应类型为 static displacement，如图 5-112 所示。nodes 选择图 5-113 所示节点（从分析结果估计的最大位移出现位置）。

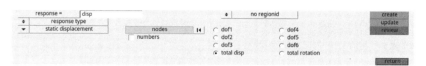

图 5-112　创建位移响应

图 5-113　选择位移响应的节点

Step 06 创建目标参考。进入 Analysis > optimization > obj reference 面板，response 选择 disp，创建目标参考 disp_obj，neg reference 和 pos reference 分别为 −1、1，如图 5-114 所示。

图 5-114　创建目标参考

Step 07 创建优化目标。进入 Analysis > optimization > objective 面板，选择 minmax，response 选择刚刚创建的 disp_obj。

Step 08 提交优化计算。进入 Analysis > OptiStruct 面板，设置如图 5-115 所示。计算完成后可单击 HyperView 按钮或者从求解器的对话框中单击 Results 按钮打开后处理。

图 5-115　提交优化计算

Step 09 结果后处理。单击工具栏上的 contour 按钮，然后单击 Apply 按钮显示云图，如图 5-116 所示。

从优化结果后处理中可以看到具体的变形情况。也可以打开 .out 文件查看形状变量和约束的情况。最大变形量从 26.5mm 减少到了 25.5mm。

可以从主菜单 File > Export > Solver Deck 中导出变形后的网格，然后再导入 HyperMesh 进行重新分析，或者通过 HyperMesh 的面板区的 Geom > surfaces > From FE 按钮创建曲面用于 CAD 软件重新造型。

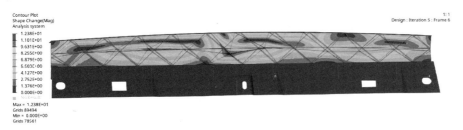

图 5-116　优化结果

5.3.3　钣金件形状和自由形状联合优化

在实际优化中有时使用形状优化比较合适，有时使用自由形状优化比较合适，实际上这两种优化也是可以同时使用的。本例通过一个钣金件静力工况下进行应力优化的例子介绍形状和自由形状联合优化。

优化三要素

- 优化目标：最小化体积。
- 设计约束：所有单元的应力 <80MPa。
- 设计变量：厚度方向的形状变量和孔周边的自由形状变量。

操作视频

操作步骤

Step 01 打开模型 transport-shackle-start. hm。

Step 02 创建并编辑 3D 变形域，如图 5-117 所示。

Step 03 创建形状。进入 Tool > HyperMorph > map to geom 面板创建形状，使用图 5-118 中的 normal offset 方法进行变形，offset 设为 3。

图 5-117　创建并编辑 3D 变形域

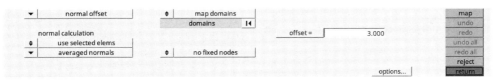

图 5-118　创建形状

Step 04 保存形状。变形完成后需要将变形保存为形状，命名为 sh1，如图 5-119 所示。创建后需要单击 undo all 按钮回到原始网格。

图 5-119　保存形状

Step 05 创建离散变量。创建离散变量是希望形状变量只在一些指定的位置停留，从而得到规整的零件厚度。进入 Analysis > optimization > discrete dvs 面板创建离散变量，设置如图 5-120 所示。

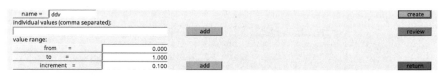

图 5-120　创建离散变量

Step 06 创建形状变量。进入 Analysis > optimization > shape 面板创建形状变量，设置如图 5-121 所示。这里将下限设置为 0 表示不允许进行反向变形。

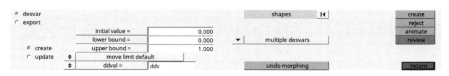

图 5-121　创建形状变量

Step 07 创建自由形状变量。进入 Analysis > optimization > free shape 面板的 create 子面板，设置如图 5-122 所示。nodes 选择图 5-123 所示节点。

图 5-122　创建自由形状变量

Step 08 约束设置。

① 切换到 parameters 子面板，设置如图 5-124 所示。其中，max grow 表示最大生长（增加材料的方向）距离，max shrink 表示最大收缩（减少材料的方向）距离。

② 切换到 draw/extr 子面板，进行挤压约束设置，如图 5-125 所示。设置挤压约束的目的是希望零件的截面是平整的，这和实际制造钣金件的要求一致。

图 5-123　自由形状变量相关节点

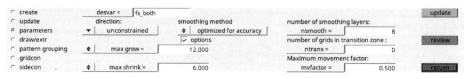

图 5-124　设置优化参数

图 5-125　挤压约束设置

③ 切换到 gridcon 子面板，设置如图 5-126 所示。gridcon 用于控制节点的移动方向，这里设定为只能在法向为 y 方向的平面内移动。必须这样做的原因是这些节点在两个面的交线上，优化时没有一个确定的法向可供移动，会造成优化后的节点位置不在大平面内，这与实际的制造工艺不符。nodes 选择图 5-127 所示的节点。

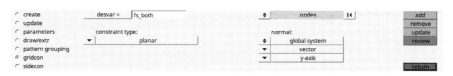

图 5-126　设置 gridcon

Step 09　创建应力响应。设置响应类型为 static stress，elems 选择所有单元。

Step 10　创建体积响应。进入 Analysis > optimization > responses 面板，设置响应类型为 volume。如果实际的局部变形不会造成过大的体积变化，可以不设置这项，此时节点的移动距离只受设计变量定义时设置的最大移动距离限制（一种隐含的约束）。

图 5-127　gridcon 相关节点

Step 11　创建应力约束。进入 Analysis > optimization > dconstraints 面板，设置如图 5-128 所示。

小技巧：实际上并不是所有应力约束都会起作用，通常远离约束值的那些应力会被自动忽略。应力约束还需要注意的一点是线性分析中通常会发生应力奇异，这时的应力水平和实际零件会有较大的出入，这种部位不适合用于优化。一种解决方法是使用非线性工况，但是这样会导致计算量大幅增加。另外一种解决方法是引入 Neuber 应力，这时依然可以是线性工况，但是线性应力会换算为塑性应力。

图 5-128　创建应力约束

Step 12　创建优化目标。进入 Analysis > optimization > objective 面板，选择 min，response 选择刚刚创建的 vol。

Step 13　提交优化计算。进入 Analysis > OptiStruct 面板，设置如图 5-129 所示。计算完成后可单击 HyperView 按钮或者从求解器的对话框中单击 Results 按钮打开后处理。

图 5-129　提交优化计算

Step 14　结果后处理。单击工具栏上的 contour 按钮查看变形动画，然后单击 Apply 按钮显示云图。优化结果如图 5-130 所示。

图 5-130　变形云图

从优化结果后处理中可以看到具体的变形情况，也可以打开 .out 文件查看形状变量和约束的情况，形状变量优化结果如图 5-131 所示。

Design Variable ID	Design Variable Label	Lower Bound	Design Variable	Upper Bound
1	shape	0.000E+00	3.000E-01	1.000E+00

图 5-131　.out 文件

小技巧：其实这个例子也可以使用尺寸优化 + 壳单元的自由形状优化来实现，不仅计算量小，操作过程也简单，有兴趣的读者不妨试试。另外，为了绕开自由形状变量使用过程中产生的网格质量问题（优化过程网格重划可以解决部分问题），可以考虑在第一次自由形状优化结果的基础上进行网格重划，然后再继续进行自由形状优化。

第6章

增材制造优化

本章主要介绍 Inspire，因此需要大家简单学习 Inspire 的基本操作，学习资料请关注 Altair 的官方微信公众号获取。如果对增材制造和格栅优化不感兴趣可以直接跳到第 7 章继续学习。

6.1　增材制造简介

6.1.1　增材制造现状

随着工业发展全球化，制造业的竞争越来越激烈，使用增材制造方法进行生产能极大缩短产品的研发周期，很好地满足现代制造业产品快速迭代的需求。增材制造目前已经广泛应用于航空航天、汽车、生物医学、影视道具等行业。

增材制造是 20 世纪 80 年代发展起来的一种全新的制造技术，常被称为 3D 打印。增材制造过程中材料逐层叠加，与传统制造方法存在本质的区别。传统的制造方法一般是等材制造和减材制造，比如铸造属于等材制造方法，在制造过程中材料不减少而是发生转移；切削、磨削加工属于减材制造，在加工过程中不断去除材料，工业革命以来其工艺已经非常成熟。

增材制造相对于传统制造方法优点如下：①生产周期短，有利于产品快速研发，如快速生产原型机；②可以生产非常复杂的结构且费用不会增加，可以有效减少零件数量，缩减装配成本；③只需要打印机和少量后处理设备，不需要很多生产设备协同工作。增材制造优点明显，其缺点也很明显：①中、大批量生产成本高；②可选用的材料较为有限，目前只有不锈钢、铝合金、钛合金等常见金属以及树脂、ABS、尼龙等常见塑料可以作为打印材料；③加工精度不够高，如轴承孔等位置通常需要后期进行打磨。基于以上优缺点，增材制造现在一般用于原型机、模具等小批量、小体积的产品以及传统制造方法很难制造的结构复杂的产品。随着材料限制越来越少以及生产工艺越来越成熟，增材制造成本越来越低，其应用范围会越来越广。

3D Systems 公司最早提供 3D 打印机，目前比较知名的 3D 打印设备生产商还有 Stratasys、EOS、Renishaw、通用电气以及 SLM Solutions 等公司，可以提供金属、塑料以及陶瓷等材料的打印机。自 20 世纪 90 年代开始，西安交通大学、华中科技大学等高校开始研究增材制造，目前国内已有商业打印机生产公司。

6.1.2　Altair 增材制造解决方案

整个增材制造过程包括结构设计、结构仿真、制造仿真、实际制造、后处理，Altair 作为一家软件公司，可以提供结构设计、结构仿真以及制造仿真三部分的解决方案，图 6-1 所示为欧洲航天局供应商 RUAG Space 天线支架的设计流程。

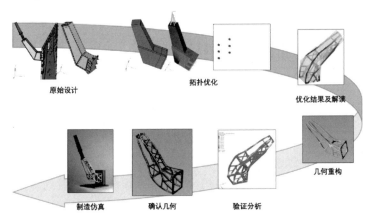

原始设计　　　　　　　拓扑优化　　　　　　　优化结果及解读

制造仿真　　　确认几何　　　验证分析　　　几何重构

图 6-1　增材制造产品设计流程

　　相比传统制造方法，增材制造技术对产品结构的约束非常少。传统的产品设计需要考虑各种制造约束，因此牺牲了一部分性能，比如铸造生产，需要考虑拔模角，不能有中空结构，不能有垂直于拔模方向的结构并且总体结构不能太复杂等。因此，若想充分发挥增材制造的优势，需要对结构进行重新设计，获得质量更轻、性能更好的结构。

　　Altair 提供的解决方案是仿真驱动设计，使用优化工具来指导设计，从而更快地得到最优结构。Altair 一共有三个相关的优化软件：Inspire、OptiStruct 以及 HyperStudy，可以提供全面的优化功能，包括拓扑优化、格栅优化（见图 6-2）、形状优化、尺寸优化、自由形状优化、自由尺寸优化以及形貌优化。传统设计方法依靠设计工程师的个人经验，局限性较大；而优化算法可以探索更多的结构形式，并且可以通过仿真分析进行验证，从而得到更优的结果。同时，Altair 也提供工业设计软件 Inspire Studio，可以快速进行几何造型设计。

　　产品初步设计完成后，需要通过仿真或者实验来验证其性能是否满足要求。Altair 有非常全面的结构仿真平台，提供了隐式静力学、显式动力学、多体分析、流体分析以及电磁分析等求解器，可以快速进行仿真分析，验证结构可靠性。

图 6-2　格栅优化结构

　　若产品结构设计不合理，就会存在打印失败的可能性。在增材制造过程中，可能存在翘曲、变形过大以及残余应力过大等问题，因此在实际生产前需要进行打印过程仿真，从而降低打印失败的风险。Altair 的 Inspire Print 3D 可以进行打印过程仿真。支持 EOS、Renishaw 以及 SLM Solutions 公司的多种型号打印机，自带不锈钢、铝合金、钛合金等打印材料的参数，可以优化摆放方向从而减少支撑数量，最后可对整个打印过程进行热固耦合分析得到温度、应力、应变以及位移等结果，为调整产品结构提供数据支撑。

6.2　增材制造结构优化

　　增材制造方法能生产结构非常复杂的产品，且不会产生额外的生产成本。结构设计工程师能极大程度地根据最优传力路径来设计产品结构，从而设计出性能更好、结构更轻的产品。

　　本节主要介绍 Inspire 中基于静力学仿真的拓扑优化、基于多体动力学仿真的拓扑优化，基于

PolyNURBS 进行几何重构以及 Inspire 和 OptiStruct 中的格栅优化，基于这些方法可以得到性能最优的结构，从而更好地发挥增材制造生产复杂结构的优势。

6.2.1 实例：基于静力学仿真的拓扑优化

本节以一个自行车支架为例展示 Inspire 中基于静力学仿真的拓扑优化，如图 6-3 所示。该模型中，材料、属性、约束、载荷以及分析工况都已经设置好，并做过一次拓扑优化，结果如图 6-4 所示，可以看到按照目前的摆放方向，存在与竖直方向夹角大于 45°的结构，在进行 3D 打印时需要额外的支撑结构，不经济。

操作视频

图 6-3　初始模型　　　　　图 6-4　无悬空约束的优化结果

悬空约束是 Inspire 中专门用于增材制造结构优化的制造约束。在打印过程中，结构与竖直方向夹角小于 45°时，不需要支撑就能打印；若结构与竖直方向的夹角超过 45°，则需要支撑结构才能打印。Inspire 中的悬空约束可以保证优化后的结构在打印过程中尽可能少地使用支撑，从而减少材料，节省成本。本例使用的模型文件是文件夹 CH6_2_1_topo_motion 下的 Analyze_Design_Concept_start. stmod，操作视频为 CH6_2_1_悬空约束的应用 . mp4。

打开 Inspire，导入模型，在模型浏览器中由 Max Stiffness Mass 30% （1）切换到 rocker，如图 6-5 所示；在"结构仿真"＞"仿真设定"＞"形状控制"中选择"悬空"，如图 6-6 所示，之后首先选择设计空间，再选择一个与打印方向正交的面，如图 6-7 所示。

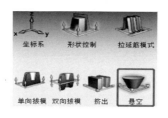

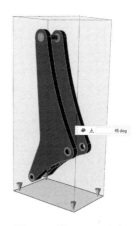

图 6-5　切换模型　　　　　图 6-6　悬空约束工具　　　　　图 6-7　设置悬空约束

悬空约束设置完成后，进入拓扑优化参数设置界面，优化目标为最大化刚度，优化约束（"质量目标"项）为体积小于设计空间总体积的35%，其他设置如图6-8所示。

优化计算结束后，查看优化结果，如图6-9所示。可以看到，目前所有的筋与竖直方向的夹角都小于45°，需要的支撑数量会显著减少。

图6-8　优化参数

图6-9　优化结果

6.2.2　实例：基于多体动力学仿真的拓扑优化

很多产品在使用过程中一直处于运动状态，需要使用多体动力学工况进行仿真分析。本节以一个支架为例，演示在 Inspire 中进行多体动力学仿真建模的过程以及基于多体动力学的拓扑优化建模过程。

本节的支架模型承受来自转动电机的载荷，左侧销轴处具有固定约束，如图6-10所示。整个分析过程中，首先需要定义材料、连接关系、电机以及运动求解参数用于运动仿真，然后需要定义设计空间、形状控制参数、优化约束以及优化目标等优化参数用于优化求解，最后查看并验证优化结果。本例使用的模型文件为文件夹 CH6_2_2_topo_motion 下的 M04_YBracket_start.x_t，操作视频为 CH6_2_2_基于运动学的拓扑优化.mp4。

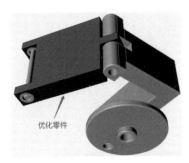

优化零件

图6-10　原始模型

操作视频

🖉 操作步骤

1. 多体动力学仿真建模

Step 01 定义材料。单击要赋予材料的部件，然后在右键快捷菜单的"材料"子菜单中选择材料，如图 6-11 所示。若希望自定义材料，可通过"结构仿真" > "仿真设定" > "材料" > "我的材料" 面板自行输入材料参数后进行调用。

Step 02 定义地平面。使用"运动" > "地平面"工具将与待优化零件连接的销轴（Shaft）定义为地平面，如图 6-12 所示，表示在整个运动仿真过程中，其相对于全局坐标系处于固定状态，不会发生任何运动。

图 6-11　赋予材料　　　　　　　　　　　　　图 6-12　定义地平面

Step 03 定义刚体组。"刚体组"工具类似于结构仿真分析中的固定连接，若将两个或多个部件设置为一个刚体组，则在整个仿真过程中同一个刚体组的部件不会发生相对运动。通过"运动" > "刚体组"工具将 Ball1、Ball2 和 Shaft 三个部件定义为第一个刚体组，将 Bracket 和 Boss 部件定义为第二个刚体组。

Step 04 定义连接关系。由"运动" > "连接" > "铰接"进入连接关系定义面板，Inspire 会自动识别连接关系。单击部件 Ball 和 Boss 间的连接关系，将其修改为"球和球承窝"（见图 6-13），单击"连接所有"按钮，自动定义其他的连接关系。

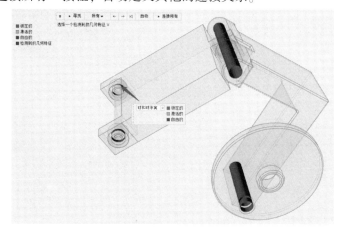

图 6-13　定义连接关系

Step 05 定义转动电机。由"运动" > "力" > "转动电机"进入转动电机定义界面，选择 Flywheel 部件的圆孔面，定义转动电机，使用默认参数即可，如图 6-14 所示。

Step 06 定义重力。由"运动" > "力" > "重力"进入重力定义面板，默认的重力方向是沿全局坐标系 Z 轴的负方向，通过坐标系图标工具将重力方向沿 X 轴旋转 30°，如图 6-15 所示。

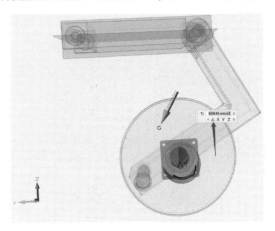

图 6-14   定义转动电机   图 6-15   定义重力

Step 07 定义运动参数。由"运动" > "运行" > "分析运动"进入运动参数定义面板，设置"结束时间"为 2s，"输出率"为 50Hz，其他参数按图 6-16 所示进行设置，之后单击"运行"按钮开始仿真。

Step 08 查看运动仿真结果。运动仿真结束后，可单击任意部件，查看其运动分析结果，如图 6-17 所示。

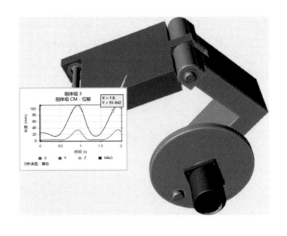

图 6-16   运动仿真参数   图 6-17   运动仿真结果

2. 拓扑优化仿真建模

Step 01 定义设计空间。右击名为 Bracket 的部件，进入快捷菜单，勾选"设计空间"选项，其颜色将变为棕色，表示设置成功，如图 6-18 所示。

Step 02 定义对称及拔模参数。由"结构仿真" > "仿真设定" > "形状控制"面板 > "施加拔模方向" > "双向拔模"进入拔模参数定义面板，沿支架厚度方向定义双向拔模；由"结构仿真" > "仿真设定" > "形状控制"面板 > "施加对称控制" > "控制"进入控制参数定义面板，定义图 6-19 所示的两个对称面。

Step 03 定义优化参数。由"运动" > "运动" > "优化零件"面板进入优化参数设置面板，"类型"为"拓扑"，"目标"为"最大化刚度"，"运动的载荷"取运动过程中最大的 5 个载荷（使用 5 个最大载荷）。其他参数按图 6-20 所示进行设置，最后提交计算即可。

图 6-18　定义设计空间

图 6-19　定义制造约束

图 6-20　优化参数

Step 04 查看优化结果。计算完成后，单击"查看结果"按钮或者单击"运动" > "运行" > "优化零件"图标进入形状浏览器面板，查看优化后的结构。可单击形状浏览器面板的密度阈值条，将单元密度小于该阈值的网格自动隐藏，如图 6-21 所示。可根据经验确定密度阈值或单击形状浏览器中的"分析"工具对优化后的结果进行验证，根据分析结果来确定性能是否达标。

图 6-21　优化结构

6.2.3　实例：基于 PolyNURBS 工具进行几何重构

使用 Inspire 做完拓扑优化，可以通过形状浏览器中的密度阈值条来调整保留材料的多少。每次调整后，先单击"拟合 PolyNURBS"按钮对优化结果进行快速拟合，得到一个较为光顺的结构，然后直接单击"分析"按钮进行初步分析验证，如图 6-22 所示。初步验证达标后，就可以让设计工程师参考优化结果进行几何模型重构，进行最后验证。本例使用的模型文件是文件夹 CH6_2_3_polynurbs 下的 Rear Set Bracket_start. stmod，视频为 CH6_2_3_PolyNURBS 几何重构 . mp4。

设计工程师使用 CAD 软件进行几何重构，通常花费时间比较长。Inspire 中提供了 PolyNURBS 工具，可以基于优化结果进行快速几何重构，可通过"几何" > "创建" > "PolyNURBS"选项进入。PolyNURBS 工具面板如图 6-23 所示。

下面以 6.2.1 节中优化后的模型为例，演示使用 PolyNURBS 进行快速几何重构的过程，使用的模型如图 6-24 所示。

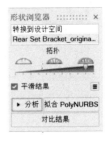

图 6-22 形状浏览器

图 6-23 PolyNURBS 工具面板

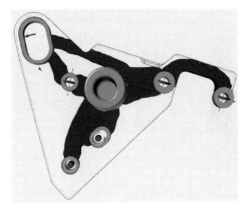

图 6-24 拓扑优化结果

操作视频

进行模型重构时主要使用包覆工具，必要时使用锐化工具降低 NURBS 模型的平滑程度，但 NURBS 模型更贴近拓扑优化后的结构；基本模型做好后，需要使用布尔运算工具将非设计区域和设计区域进行连接；最后，因为 NURBS 模型和原模型存在大量重合，需要单击"视图" > "模型配置"按钮后将 Design Space 复选框取消勾选，以免后续做分析验证时出现穿透情况。

操作步骤

Step 01 首先打开模型 Rear Set Bracket_original. stmod，由"几何" > "创建" > "PolyNURBS" > "包覆"进入创建 NURBS 模型面板，将光标放到优化后的设计空间上，Inspire 会自动捕捉优化后的截面，移动光标即可拉伸截面，捕捉优化后的结构，如图 6-25 所示。

Step 02 使用包覆工具快速捕捉整个模型，然后处理 NURBS 面和非设计空间之间的连接关系，调整接头处，使得 NURBS 面与非设计空间发生穿透，方便后续使用布尔操作使得接头位置完美连接，如图 6-26 所示。

Step 03 调整接头时，不要选择 PolyNURBS 面板下的任何工具，直接单击 NURBS 面或线会出现图 6-27 所示的调整界面，拖拽选中 NURBS 面上的箭头即可调整 NURBS 面使其与非设计区域发生穿透，如图 6-28 所示。可以用锐化工具调整 NURBS 面使其与设计空间拟合得更好。

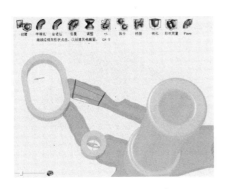

图 6-25　PolyNURBS 包覆工具

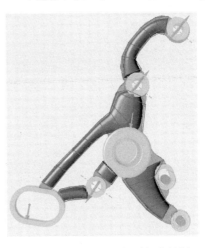

图 6-26　PolyNURBS 包覆初步结果

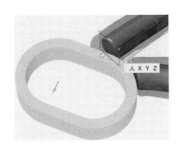

图 6-27　PolyNURBS 模型接头调整

图 6-28　PolyNURBS 模型接头调整完成

Step 04 最后做布尔运算，由"几何"＞"修改"＞"布尔运算"进入操作界面，如图 6-29 所示，单击"减去"图标，单击目标，选择所有的 NURBS 块，单击"工具"按钮，选择所有的非设计空间，勾选"保留工具"复选框，单击"减去"按钮即可完成布尔运算，如图 6-30 所示。

图 6-29　布尔运算工具

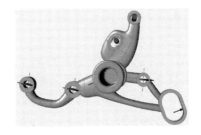

图 6-30　布尔运算完成

Step 05 几何重构完成后，进入"视图"＞"模型配置"界面，取消勾选 Design Space，避免后续验证分析时与 PolyNURBS 块发生穿透，如图 6-31 所示。

Step 06 进入"结构仿真"＞"运行"＞"运行 OptiStruct 分析"界面，单击"运行"按钮进行快速验证分析，如图 6-32 所示。安全系数低于要求值时，调整薄弱位置的 PolyNURBS 块尺寸，直到所有位置满足强度要求为止，如图 6-33 所示。

图 6-31　模型配置

图 6-32　分析参数面板

图 6-33　分析结果

6.2.4　实例：Inspire 格栅优化

如图 6-34 所示，格栅结构相对于传统的块状实心结构而言具有下列三个优点。

1）更好的稳定性。格栅结构中，任意一根梁断裂都不会对全局结构产生破坏性的影响，因此整个结构稳定性更好。

2）更好的散热性能。格栅结构中存在大量的缝隙，因此通风性能好，依靠风冷就能实现良好的散热性能，不需要额外的冷却装置。

3）占据相同空间的情况下质量轻、格栅结构本身有大量的缝隙，因此占据相同空间的情况下，其总体积小，质量更轻，有利于设计出更轻的结构。

基于以上优点，格栅结构可用于航空航天、生物医学等领域，但传统制造方法很难制造出格栅结构，若使用增材制造方法，制造难题便能迎刃而解。

配合拓扑优化方法，可以得到性能更好的格栅结构。当增材制造结构设计工程师拿到一件现有的产品或者全新设计一个产品时，若先使用拓扑优化得到最佳传力路径，然后在此基础上进行格栅优化，便可得到一个性能最优且质量很轻的结构，最后可导出 STL 格式文件供 3D 打印机使用。

本节以一个简单的 300mm×200mm×7.6mm 平板模型为例，演示从原始设计经过拓扑优化、PolyNURBS 快速几何重构、验证分析、格栅优化，最后生成格栅结构的过程。平板上共有三个小孔，左侧两个小孔施加固定约束，右侧小孔受到 1000N 侧向力载荷，如图 6-35 所示。本例使用的模型文件是文件夹 CH6_2_4_lattice 下的 1.0_hanger_topology_start.stmod，视频为 CH6_2_4_格栅结构.mp4。

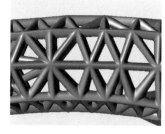

图 6-34　格栅结构

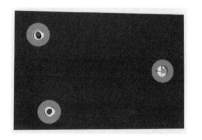

图 6-35　初始模型

操作视频

操作步骤

Step 01 拓扑优化。打开模型 1.0_hanger_topology_original. stmod，其中材料属性、约束、载荷、分析步、设计空间、挤压约束已经设置好。在软件右下角确认单位制为 MPA（mm-Ton-N-s）。由"结构仿真" > "运行" > "优化"进入运行优化面板，设置优化目标为最小化质量，优化约束为安全系数不小于 5，厚度约束为不超过 15mm。相同空间的格栅结构其强度占据实体结构的 1/10 到 1/5，因此优化系数设置为不小于 5，如图 6-36 及图 6-37 所示。

图 6-36 拓扑优化设计空间及挤压约束   图 6-37 拓扑优化参数

Step 02 查看拓扑优化结果。优化计算完成后，进入形状浏览器面板，调整阈值，尽量保留更多材料，为格栅优化留下更大的优化空间，如图 6-38 所示。

Step 03 PolyNURBS 快速几何重构。基于拓扑优化结果，使用 PolyNURBS 工具快速进行几何重构，重构完成后，需要通过布尔运算将非设计空间和 NURBS 结构进行关联。另外，进入"视图" > "模型配置"工具，取消勾选模型浏览器中的 Part1 复选框，避免 NURBS 结构和非设计空间在验证分析时发生穿透。重构结果如图 6-39 所示。

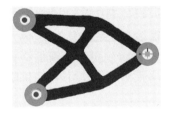

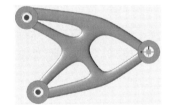

图 6-38 拓扑优化结果   图 6-39 PolyNURBS 几何重构结果

Step 04 验证分析。进入"结构仿真" > "运行" > "分析 OptiStruct"面板，如图 6-40 所示，进行快速分析验证，若最小安全系数大于 5，则满足要求；若最小安全系数小于 5，则需要重新调整 NURBS 结构，对结构进行加强。分析结果如图 6-41 所示。

Step 05 格栅优化。

① 首先单击模型浏览器中的 PolyNURBS 块，进入属性编辑器，取消勾选"自动计算单元尺寸"复选框，避免网格尺寸和点阵优化中的尺寸发生冲突。勾选"设计空间"复选框，将

PolyNURBS 块设置为优化设计空间，如图 6-42 所示。

图 6-40　分析设置

图 6-41　分析结果

② 由"结构仿真">"运行">"优化"进入格栅优化参数设置面板，将格栅结构的目标长度设置为 6mm，最小直径 1mm，最大直径 3mm，填充 100% 的格栅结构。其余参数按图 6-43 所示进行设置，最后单击"运行"按钮。

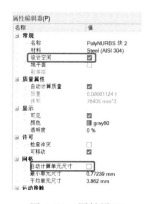

图 6-42　属性设置

图 6-43　格栅优化参数设置

③ 格栅优化运行结束后，自动跳出格栅结构分析结果，最小安全系数为 2.2，满足结构强度要求，如图 6-44 所示。单击 ▤ 图标并选择"平滑点阵"，可以得到更加平滑的格栅结构，如图 6-45 所示。最后可通过"文件">"另存为"，保存 STL 格式文件，供 3D 打印机使用。

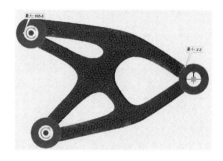

图 6-44　格栅优化结果

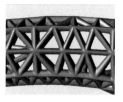

平滑点阵开启　　　　　平滑点阵关闭

图 6-45　平滑点阵效果

6.2.5 实例：OptiStruct 格栅优化

1. 自带单胞格栅优化

OptiStruct 支持格栅优化，目前自带七种单胞结构，包括四种针对六面体网格的单胞，针对四面体、金字塔和三棱柱的各一种单胞，如图 6-46 所示。

OptiStruct 中的格栅优化与拓扑优化步骤基本相同，只需要在做好的拓扑优化模型基础上添加格栅结构相关参数即可。格栅优化可分为两个阶段：①进行拓扑优化，然后将优化后的低密度网格删除，高密度网格保留为实体网格，中密度网格自动替换为圆柱截面的梁单元；②对上一阶段生成的格栅结构进行尺寸优化，优化梁单元的截面半径。

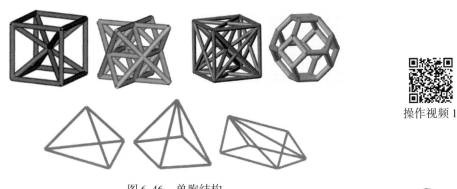

操作视频 1

图 6-46　单胞结构

如图 6-47 所示，下面以一个控制臂结构为例，演示格栅优化的基本流程。本例中使用的模型为文件夹 CH6_2_5_Opti-Struct_Lattice 下的 controlarm_start. fem，视频为 CH6_2_5_视频 1_controlarm. mp4。

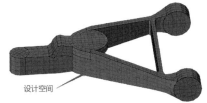

设计空间

图 6-47　初始模型

操作步骤

Step 01 首先打开 HyperMesh，求解器模板切换为 OptiStruct，导入 controlarm_start. fem 文件。模型中材料属性、约束、载荷、分析步和求解设置已经完成，设计空间为图 6-47 所示部分，优化约束为优化后设计空间体积小于初始模型设计空间体积的 30%，优化目标为柔度最小化。这个模型可以直接提交计算进行拓扑优化。

Step 02 下面定义格栅优化的相关参数。由 Analysis > optimization > topology > update 进入拓扑优化设计变量更新面板，勾选 lattice optimization 选项，lattice type 设置为 1，将单胞设置为图 6-48 中的第一种结构。设置 lower bound 为 0.1，upper bound 为 0.7，stress value 为 200，单击 update 按钮，如图 6-48 所示，即优化后单元密度在 0.1 ~ 0.7 范围内的单元会被转换为梁单元，且优化后设计空间内的单元应力低于 200MPa。

图 6-48　格栅优化参数

Step 03 然后单击 edit latparm 按钮，进入格栅优化控制参数设置面板。勾选图 6-49 中的 LATLB，该值设置为 AUTO，可在一阶段结束后自动对比拓扑优化结构柔度和转换后的栅格结构柔度，若格栅结构柔度增大，即刚度降低了，系统将会自动将上一步中的 lower bound 数值调小，从而使得格栅结构转换不会导致结构刚度降低。勾选 POROSITY，值设置为 MED，意为产生中等数量的格栅网格，在拓扑优化过程中不会设置罚函数使得网格密度往 0 和 1 靠拢。

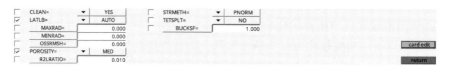

图 6-49　格栅优化控制参数

对图 6-49 面板中的关键字说明如下，多数情况下设置 LATLB 和 POROSITY 两个参数即可。

- CLEAN：控制第二阶段梁单元清理程序是否激活，YES 为激活，NO 为不激活。

- LATLB：控制第一阶段是否自动进行验证分析，取 AUTO 时，自动进行验证分析，必要时还会调整 lower bound 值，使得梁单元转换后结构刚度不会降低；取 CHECK 时，可从 .out 文件中查看梁单元转换前后柔度的数值变化，若柔度变大了，则需要手动调低图 6-48 中的 lower bound，重新计算以生成刚度更高的梁单元结构；取 USER 时，系统不会进行验证分析，无法判断梁单元转换前后结构的柔度变化情况。图 6-50 上图为设置 AUTO 时，.out 文件尾部可看到自动进行了两次柔度检查，并调低了 lower bound 值从而提高梁单元转换后的刚度；下图为设置 CHECK 时，.out 文件尾部可看到只做了检查，没有调整参数。

```
LATTICE LB CHECK   1
100.0% of provided LB(s) cause removing of      643 low density elements.
This leads to an increase of          2.0% in compliance/weighted compliance

LATTICE LB CHECK   2

*** WARNING # 7524
Lattice LB in the DTPL card 1 is reset to 7.6498e-03 in order
to prevent significant performance loss.
*********************************************************

*** INFORMATION # 7509
618 solid elements with low densities were removed.

*** INFORMATION # 7510
3321 lattice beam elements were created.

*** INFORMATION # 7516
Optimization set up might have been modified towards
the 2nd lattice optimization phase.
Please review the optimization set up.
```

```
LATTICE LB CHECK   1

*** INFORMATION # 7525
The provided lattice LB(s) leads to an increase of 2.0 percent
in compliance.

*** INFORMATION # 7509
643 solid elements with low densities were removed.

*** INFORMATION # 7510
3044 lattice beam elements were created.

*** INFORMATION # 7516
Optimization set up might have been modified towards
the 2nd lattice optimization phase.
Please review the optimization set up.
```

图 6-50　柔度检查

- MAXRAD：指定梁单元的最大截面半径。

- MINRAD：指定梁单元的最小截面半径。

- OSSRMSH：激活此选项可调用 OSSmooth 对拓扑优化结果进行光顺；若指定尺寸，可对网格进行重划。

- POROSITY：在一阶段中控制罚函数 $E = \rho^P E_0$ 中的 P 值，从而调整生成梁单元的数量，取 HIGH、MED 和 LOW 三个值，表示生成大量、中等和少量梁单元。

- R2LRATIO：在二阶段中，控制梁单元的半径和长度比值，若比值小于设定值，梁单元会被清理掉。

- STRMETH：为二阶段设置应力约束方法，默认为 PNROM，可选 FSD 方法。FSD 方法属于探索性方法，不一定能得到可行解。

- TETSPLT：用于将非设计区域的实体网格切割为四面体网格，可导出给 3D 打印软件使用。

Step 04 LATLB 和 POROSITY 两个参数设置好后，即可提交优化计算，进行格栅优化，同时会生成名为 controlarm_start_lattice.fem 的模型文件。该文件已自动将每根梁单元的半径定义为尺寸设计变量，并创建了应力优化约束以及体积最小化优化目标。多数情况下，该文件可直接提交计算进行尺寸优化，但还是建议将此文件导入 HyperMesh，检查优化响应、优化约束、优化目标以及接触关系。一阶段生成的格栅结构如图 6-51 所示，其应力云图如图 6-52 所示。

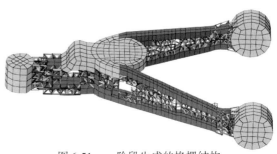

图 6-51　一阶段生成的格栅结构

尺寸优化结束后，会生成 controlarm_start_optimized. fem 文件，如图 6-53 所示，不同位置的梁单元截面半径不同。也可查看尺寸优化结束后的分析结果，梁单元上最大应力为 189.4MPa，小于之前设定的 200MPa。到此，格栅优化结束。

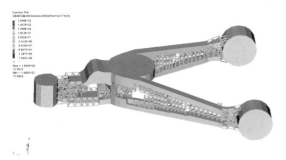

图 6-52　尺寸优化结果应力云图

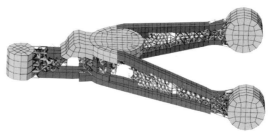

图 6-53　尺寸优化结果

2. 自定义单胞格栅优化

OptiStruct 也支持自定义格栅单胞，使用 CELL 关键字定义，并被空间填充关键字 DLATTICE 引用。本例使用的模型文件是文件夹 CH6_2_5_OptiStruct_Lattice 下的 LatticeFillingWithUserDefineCell_start. fem，视频为 CH6_2_5_视频 2_LatticeFilling-WithUserDefineCell. mp4。

CELL 关键字示例如图 6-54 所示。

	(1)	(2)	(3)	(4)	(5)	(6)	(7)	(8)	(9)	(10)
	CELL	CELLID								
杆两端节点编号		ROD	R1_ID1	R1_ID2						
		ROD	R2_ID1	R2_ID1						
		etc								
节点ID及坐标		ID1	X1	Y1	Z1					
		ID2	X2	Y2	Z2					
		etc								

图 6-54　CELL 关键字

DLATTICE 关键字示例如图 6-55 所示。

自定义格栅单胞示例如图 6-56 所示。

HyperMesh 2019 版的前处理界面不支持 CELL 关键字和 DLATTICE 关键字的定义，可以通过 tcl 脚本辅助生成正确的自定义单胞。具体步骤如下。

1）在 HyperMesh 中通过创建节点（GRID）和杆单元（CROD）定义单胞。

		填充空间内面体单元集编号	填充空间表面壳单元集编号	用户自定义格栅单胞ID	材料ID				
(1)	(2)	(3)	(4)	(5)	(6)	(7)	(8)	(9)	(10)
DLATTICE	ID	VOLSID	SURFSID	CELLID	MATID	CONTSET			
	LAYOUT	S_X	S_Y	S_Z		CID			
	ROD	R2_ID1	R2_ID1		X、Y、Z方向单胞缩放系数				
	STRESS	STRLMT							
	BOUNDS	RAD_INIT	RAD_MIN	RAD_MAX	VOL_INIT	VOL_MIN	VOL_MAX		
	SEAL	SRCHRAD	DENS	RAD					
	OVERHANG	ANGLE	GID1/X1	Y1	Z1	GID2/X2	Y2	Z2	
		MAXLEN							

图 6-55　DLATTICE 关键字

2）只保留单胞包含的节点（GRID）和杆单元（CROD），导出 ∗.fem 文件。

3）运行本书示例模型同一路径下的 tcl 脚本 Convert2LatticeCellFormat.tcl，选择 ∗.fem 文件，生成 ∗_cell.fem 单胞文件。

4）通过 Include 引用或直接复制的形式在主文件中引用。

下面通过一个简单案例来说明用户自定义格栅填充与优化的基本过程。

◎操作步骤

Step 01 打开 HyperMesh，设置 User Profiles 为 OptiStruct，如图 6-57 所示。

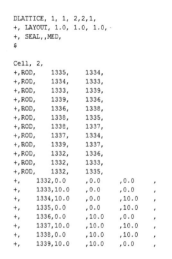

图 6-56　自定义单胞　　　　　　　　图 6-57　选择 User Profiles

Step 02 通过创建节点（GRID）和杆单元（CROD）定义单胞。

① 通过 Geom > nodes 面板，以输入坐标的形式创建节点，如图 6-58 所示。通过 1D > rods 面板创建杆单元，其中，elem types 选择 CROD。选择节点进行创建，如图 6-59 所示。

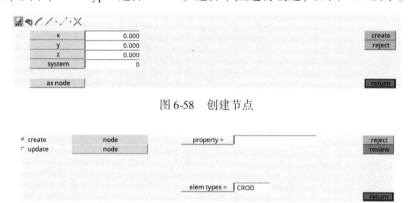

图 6-58　创建节点

图 6-59　创建杆单元

② 只保留单胞包含的节点（GRID）和杆单元（CROD），导出 ∗.fem 文件（对节点与杆单元进行 renumber 设置，避免单胞节点、单元编号与主文件冲突。

③ 运行 tcl 脚本 Convert2LatticeCellFormat.tcl，选择 ∗.fem 文件，生成 ∗_cell.fem 单胞文件，如图 6-60 和图 6-61 所示。

```
$$
$$  GRID Data
$$
GRID    80000000    15.0    0.0     30.0
GRID    80000001    25.0    0.0     30.0
GRID    80000002    25.0    10.0    30.0
GRID    80000003    15.0    10.0    30.0
GRID    80000004    15.0    0.0     20.0
GRID    80000005    25.0    0.0     20.0
GRID    80000006    25.0    10.0    20.0
GRID    80000007    15.0    10.0    20.0
GRID    80000008    17.5    2.5     22.5
GRID    80000009    22.5    2.5     22.5
GRID    80000010    22.5    7.5     22.5
GRID    80000011    17.5    7.5     22.5
GRID    80000012    17.5    2.5     27.5
GRID    80000013    22.5    2.5     27.5
GRID    80000014    22.5    7.5     27.5
GRID    80000015    17.5    7.5     27.5
$$
$$  CROD Elements
$$
CROD    80000000    8000001380000014
CROD    80000001    8000001280000015
CROD    80000002    8000001380000009
CROD    80000003    8000001480000010
CROD    80000004    8000000980000010
CROD    80000005    8000001580000011
CROD    80000006    8000001180000008
CROD    80000007    8000000880000012
CROD    80000008    8000000280000001
CROD    80000009    8000000380000000
CROD    80000010    8000000580000006
CROD    80000011    8000000780000004
CROD    80000012    8000000780000006
CROD    80000013    8000000480000005
CROD    80000014    8000000880000001
CROD    80000015    8000000380000002
CROD    80000016    8000001180000010
CROD    80000017    8000001380000014
CROD    80000018    8000001280000015
CROD    80000019    8000000880000009
CROD    80000020    8000000280000006
CROD    80000021    8000001180000007
CROD    80000022    8000000880000004
CROD    80000023    8000000980000005
CROD    80000024    8000001380000001
CROD    80000025    8000000880000012
CROD    80000026    8000000380000002
CROD    80000027    8000001480000002
```

图 6-60　HyperMesh 导出的 *.fem 文件格式

```
DLATTICE, 1, 1, 2,2,1,
+, LAYOUT, 1.0, 1.0, 1.0,
+, SEAL,,MED,
Cell, 2,
+ , ROD , 80000013 , 80000014,
+ , ROD , 80000012 , 80000015,
+ , ROD , 80000013 , 80000009,
+ , ROD , 80000014 , 80000010,
+ , ROD , 80000009 , 80000010,
+ , ROD , 80000015 , 80000011,
+ , ROD , 80000011 , 80000008,
+ , ROD , 80000008 , 80000012,
+ , ROD , 80000002 , 80000001,
+ , ROD , 80000003 , 80000000,
+ , ROD , 80000005 , 80000006,
+ , ROD , 80000007 , 80000004,
+ , ROD , 80000007 , 80000006,
+ , ROD , 80000000 , 80000001,
+ , ROD , 80000003 , 80000002,
+ , ROD , 80000011 , 80000010,
+ , ROD , 80000013 , 80000014,
+ , ROD , 80000012 , 80000013,
+ , ROD , 80000008 , 80000009,
+ , ROD , 80000010 , 80000006,
+ , ROD , 80000011 , 80000007,
+ , ROD , 80000008 , 80000004,
+ , ROD , 80000009 , 80000005,
+ , ROD , 80000013 , 80000001,
+ , ROD , 80000000 , 80000012,
+ , ROD , 80000015 , 80000003,
+ , ROD , 80000014 , 80000002,
+ ,  80000000 ,  15.0 ,  0.0 ,  30.0 ,
+ ,  80000001 ,  25.0 ,  0.0 ,  30.0 ,
+ ,  80000002 ,  25.0 ,  10.0 , 30.0 ,
+ ,  80000003 ,  15.0 ,  10.0 , 30.0 ,
+ ,  80000004 ,  15.0 ,  0.0 ,  20.0 ,
+ ,  80000005 ,  25.0 ,  0.0 ,  20.0 ,
+ ,  80000006 ,  25.0 ,  10.0 , 20.0 ,
+ ,  80000007 ,  15.0 ,  10.0 , 20.0 ,
+ ,  80000008 ,  17.5 ,  2.5 ,  22.5 ,
+ ,  80000009 ,  22.5 ,  2.5 ,  22.5 ,
+ ,  80000010 ,  22.5 ,  7.5 ,  22.5 ,
+ ,  80000011 ,  17.5 ,  7.5 ,  22.5 ,
+ ,  80000012 ,  17.5 ,  2.5 ,  27.5 ,
+ ,  80000013 ,  22.5 ,  2.5 ,  27.5 ,
+ ,  80000014 ,  22.5 ,  7.5 ,  27.5 ,
+ ,  80000015 ,  17.5 ,  7.5 ,  27.5 ,
```

图 6-61　tcl 脚本格式转换之后的 *_cell.fem 文件

Step 03 主文件定义。

① 模型准备。导入准备好的 LatticeFillingWithUserDefineCell_start.fem 文件，包含网格划分（被填充区域目前只支持 CTETRA 四面体单元）、材料属性、载荷工况等。

② 通过 Tool > faces 面板创建被填充区域的外表面，用于定义格栅填充外边界。以 component 形式保存在模型中需要定义 PSHELL，可以赋予较小的厚度，如图 6-62 所示。

③ 创建单元集。将被填充区域 CTETRA 的四面体单元定义为集合，ID 后续会被 DLATTICE 关键字引用；将被填充区域的外表面 CTRIA 的三角形单元定义为集合，ID 后续会被 DLATTICE 关键字引用。

注：如果需要进行优化，则需要创建响应、约束、目标，但无须创建设计变量。因为一旦文件中存在 DLATTICE 与 CELL 关键字，OptiStruct 会在格栅填充完成之后将每一根杆单元的半径建立为尺寸优化设计变量。

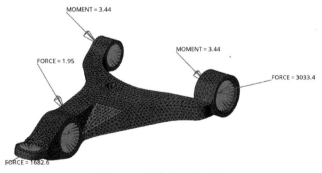

图 6-62　创建填充外边界

Step 04 导出文件 master.fem。

① 单胞文件 *_cell.fem 中的 DLATTICE 关键字需要根据主文件的定义做适当调整，如图 6-63 所示。VOLSID 为被填充区域 CTETRA 的四面体单元集合 ID；SURFSID 为被填充区域的外表面 CTRIA 三角形单元集合 ID；S_X、S_Y、S_Z 为根据被填充区域的尺寸调整单胞的缩放系数。

② 将更新后的 *_cell.fem 文件以 Include 形式引用或直接复制到主文件中，可以放置于文件末尾的 ENDDATA 上方，如图 6-64 所示。

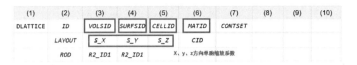

图 6-63　DLATTICE 关键字卡片

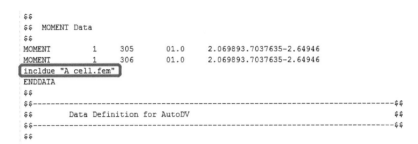

图 6-64　include 文件

Step 05 运行自定义格栅单胞填充或优化。

　　直接通过 OptiStruct 求解器运行窗口提交求解器计算。添加-check 求解选项，只进行格栅填充，生成 .fem 文件；或添加-analysis 求解选项，进行格栅填充并进行计算，如图 6-65 所示。在没有-check/-analysis 求解选项且文件中包含目标函数时，将进行格栅填充，生成 master_lattice.fem，并进行尺寸优化，生成 master_optimized_done.fem 文件，可查看优化后的梁单元半径，优化结果如图 6-66 所示。

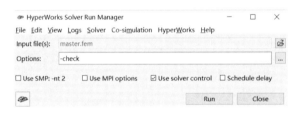

图 6-65　check 计算

图 6-66　优化结果

第7章

复合材料优化

在现代材料学中，复合材料专指由两种或两种以上不同相态的组分所组成的材料。20 世纪 40 年代，玻璃纤维增强不饱和聚酯的出现开辟了现代复合材料的新纪元，50 年代又相继发展出了高强度和高模量的碳纤维、石墨纤维和硼纤维等，70 年代出现了芳纶纤维和碳化硅纤维，不同纤维与不同类型的基体（合成树脂、陶瓷、橡胶等非金属基体或铝、镁、钛等金属基体）复合，构成各具特色的复合材料。

先进复合材料最早于 20 世纪 40 年代用于飞机的非承力构件，由于其轻质量、高强度、抗疲劳、耐腐蚀等特点，如今在航空航天、汽车、船舶等领域广泛应用。以波音 787 为例，其结构中使用了约 50% 的复合材料。在我国自主研发的大飞机 C919 上，复合材料使用比例占结构重量的 12%，新一代大飞机 C929 更是有望超过 50%。在汽车行业，复合材料被应用于车身、灯壳罩、前后护板、保险杠、板弹簧、座椅架及驱动轴等部件上。

复合材料的分类方法有很多，按增强材料形态可分为：①纤维增强复合材料，将各种纤维增强体置于基体材料内复合而成。纤维增强复合材料又可分为连续纤维复合材料和非连续纤维复合材料。连续纤维指长纤维的两端都位于复合材料边界处。非连续纤维是指短纤维、晶须等无规则地分散在基体材料中。②颗粒增强复合材料，将硬质细粒均匀分布于基体中，如弥散强化合金、金属陶瓷等。③层叠复合材料：由多层二维增强材料与基体复合在一起。④编织复合材料：以二维或三维编织工艺加工的复合材料。其他增强类型还有骨架、涂层、片状等。图 7-1 所示为几种不同类型的复合材料示意图。

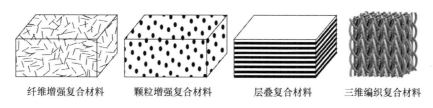

| 纤维增强复合材料 | 颗粒增强复合材料 | 层叠复合材料 | 三维编织复合材料 |

图 7-1　复合材料分类

复合材料的力学性质和金属材料大不相同，在仿真建模方面也需要不同的处理方法。本章将首先介绍 Altair 针对不同类型复合材料的建模和分析方案，然后详细说明铺层复合材料的优化设计方法及其使用案例。

7.1　复合材料优化解决方案

复合材料的建模、材料本构关系和损伤破坏机理是仿真研究的重点。Altair 提供了包括制造工艺仿真、微观尺度建模、宏观尺度建模、材料库定义、隐式和显式分析、复合材料优化设计在内的全流程解决方案。图 7-2 展示了 Altair 复合材料解决方案和涉及的模块。

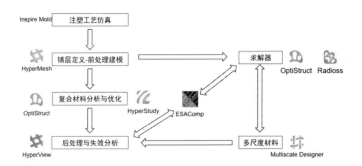

图 7-2　Altair 复合材料解决方案

　　短纤维注塑工艺的仿真使用专门的注塑仿真求解器 Inspire Mold，其纤维流向结果可通过 HyperMesh 映射到结构网格上。复合材料建模可以使用 HyperMesh，它为各类复合材料的建模提供了多种多样的建模和显示方式。HyperMesh 支持直接读取市场上主流复合材料设计工具（如 FiberSim、CATIA CPD）的设计文件。对于铺层复合材料，HyperMesh 提供了全面的铺层定义、层合板定义、厚度显示和铺层显示等，图 7-3 所示为铺层复合材料的几种显示方式。它还可以把短纤维复合材料的纤维流向信息映射到结构网格上，供后续 Multiscale Designer 计算材料本构。

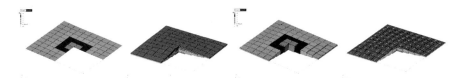

图 7-3　铺层复合材料的显示方式

　　复合材料结构的隐式求解使用 OptiStruct，它是通用的结构线性和非线性隐式求解器，但 2020 版软件开始具有显式分析功能。OptiStruct 支持求解静力、动力学问题，可以考虑材料非线性、接触非线性以及几何非线性。OptiStruct 提供了全面的复合材料失效准则，如 Tsai-Wu、Hill、Hoffman、最大应变、Hashin、Puck 准则，并且可以在一次分析中同时计算多种失效准则，这些准则可用于后续优化计算。优化方面，OptiStruct 提供了对铺层复合材料的完整优化设计方案。通过优化计算可以确定铺层复合材料的铺层厚度、形状和顺序，并且考虑制造工艺。

　　复合材料显式求解可以使用 Radioss，它具有拉格朗日、欧拉、ALE、SPH 等算法，特别适用于求解高速非线性动力冲击问题，所有求解序列都适用于复合材料。Radioss 支持实体单元、厚壳单元及薄壳单元的复合材料分析。它提供了丰富的材料本构，包括专门用于复合材料的模型，如 LAW25 为各向异性弹性材料，采用 Tsai-Wu 屈服准则，适用于长纤维的复合材料；LAW27 为各向同性材料，采用 Johnson-Cook 屈服准则，可考虑应变率的影响，适用于金属材料、玻璃、纤维杂乱分布的复合材料等；LAW36 为各向同性材料，可采用用户自定义的应变率相关的屈服曲线，适用于纤维杂乱分布的复合材料等。除此之外，Radioss 中的失效模型涵盖了复合材料的纤维失效、基体失效及层间剥离。

　　涉及复合材料模型的多学科优化时，适合使用 HyperStudy。HyperStudy 的详细功能在本书的后半部分有详细介绍。复合材料模型的后处理使用 HyperView。对于铺层复合材料，它可以按物理铺层显示单个铺层的应力、应变和破坏准则结果。

　　复合材料微观尺度研究使用 Multiscale Designer。它可以模拟多尺度的连续型、编织型、短纤维复合材料，蜂窝夹芯复合材料，钢筋混凝土、土体、骨骼以及其他非均质类材料。它基于微观尺度的单胞信息推断出宏观的材料本构关系，并将这个材料本构导出为结构求解器可以使用的材料库文件，在结构求解中调用。目前支持的结构求解器有 OptiStruct、Radioss、DYNA 和 Abaqus。

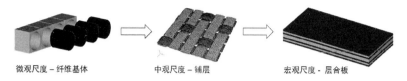

微观尺度 – 纤维基体　　　　中观尺度 – 铺层　　　　宏观尺度 - 层合板

图 7-4　Multiscale Designer 从微观到宏观的模拟

复合材料微观力学分析和层合板分析设计使用 ESAComp，它提供了丰富的复合材料数据库，涉及纤维、基体、均匀板、纤维增强板、黏合剂、均匀芯层、蜂窝芯层等上千种类型。ESAComp 具有微观的基于材料组合、纤维和基体的分析功能，也具有宏观的层合板分析功能，还可以进行加筋板在横向载荷、面内载荷下的屈曲分析、固有频率分析和失效分析。另外，对于复合材料结构的凹槽、开口、单双面搭接、紧固件连接等问题有专门的处理模块。

7.2　铺层复合材料优化三阶段

铺层复合材料（或称层合板）是由两层以上的单层板黏合为一个整体的受力结构，每一个单层的材料厚度、形状和弹性主方向可以互不相同，由此可以产生非常奇特的受力特性。比如结构受拉以后不仅产生受拉方向的变形，也产生扭转变形。因此，适当的设计铺层属性可以得到有效承受各种特定载荷的结构组件。实际工程中，碳纤维铺层复合材料已在航空航天、汽车、国防等行业广泛使用。

对于铺层复合材料，基于特定的载荷工况和要求，需要在设计中确定每种铺层的形状、数量和顺序。如图 7-5 所示，OptiStruct 提供了全流程的铺层复合材料优化功能，包含三个阶段：阶段一通过自由尺寸优化确定每种角度铺层的厚度分布和形状；阶段二通过尺寸优化确定每种铺层的厚度；阶段三通过铺层顺序优化确定最佳叠放次序。此外，复合材料制造过程复杂，有很多工艺方面的限制和要求，OptiStruct 同样提供了很多选项，让用户能够在优化过程中考虑制造工艺约束。

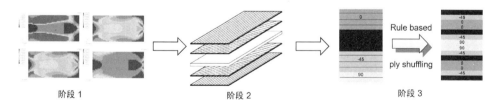

阶段 1　　　　　　　　　　阶段 2　　　　　　　　　　阶段 3

图 7-5　OptiStruct 复合材料优化三阶段

7.2.1　复合材料的建模、响应与制造约束

在介绍优化之前，首先了解一下铺层复合材料的建模方法。OptiStruct 支持三种类型的铺层定义，分别为 PCOMP、PCOMPG、PCOMPP。前两种为基于区域的定义方法，PCOMPP 是基于物理铺层的定义方法。下面以图 7-6 所示复合材料结构中圈出的 T 型局部为例，说明几种方法的区别。

（1）PCOMP

按区域定义铺层的顺序、角度、材料和厚度。图 7-7 中显示的是物理铺层截面，5 个区域的单元铺层不一样，所以每个区域需要创建一个 PCOMP 属性，一共 5 个 PCOMP 属性。需要注意的是，从物理铺层上来讲，Skin_inner 的第 4 层和 Flange2_Skin_Rib 的第 3 层是同一个铺层。同样地，Skin_inner 的第 5 层和 Skin_outer 的第 3 层是同一个铺层。在结果后处理的时，后处理软件是按每个区域属性定义中的顺序显示的，而

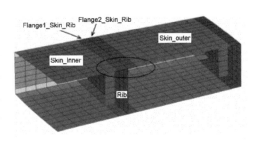

图 7-6 复合材料结构

实际上我们是希望按物理铺层来查看应力应变的。如果在后处理中显示第 4 层结果，那么对于 Skin_inner 来说是第 4 层，但对于 Flange2_Skin_Rib 显示的却是另一个物理铺层的结果，这种错位对结果判断有较大的影响。

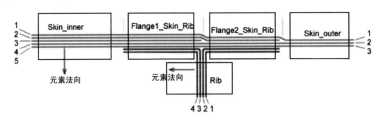

图 7-7 PCOMP 属性定义

（2）PCOMPG

为了解决上述物理铺层的错位问题引入了 PCOMPG，也需要按区域定义铺层的顺序、角度、材料和厚度。唯一不同的是，按照物理铺层的组成为每一个铺层指定全局 ID。仍然以图 7-6 的结构为例，5 个区域的铺层 ID 如图 7-8 所示，其中对于同一个物理铺层，只有一个全局唯一的 ID，无论它在不同的区域中是第几层。由于指定了唯一的 ID，所以在后处理中可以按照全局 ID 来进行结果的显示和处理。

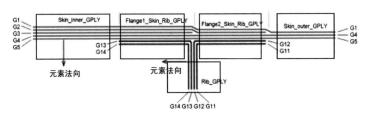

图 7-8 PCOMPG 属性定义

（3）PCOMPP

PCOMP 和 PCOMPG 都是基于区域的复合材料建模方式，这种建模方式需要为不同区域的单元分别创建不同的属性，单元的铺层不同，属性就不同，操作比较烦琐。更麻烦的是，当任意一个铺层发生变化的时候，将会影响到所有引用这个铺层的属性。图 7-8 中，若 G5 铺层发生变化，那么全部五个区域的 PCOMPG 属性都要随之更改，这在处理复杂结构时会产生较大的工作量。

最直观的方法是模拟现实中的制造过程，首先定义单个铺层，然后按照制造顺序将不同的铺层叠放在一起，形成整体结构。这种创建方式所需要的属性是 PCOMPP。PCOMPP 的创建需要三步：①创建 Ply（层），在每个 Ply 中定义该铺层所包含的单元、厚度、角度等信息；②创建 Laminate（层合板），按照铺层的顺序把多个 Ply 叠放在一起形成层合板；③创建 PCOMPP 属性，赋给对应的组件即可。图 7-9 显示的是按铺层定义的 PCOMPP 属性。需要说明的是，结构的壳单元只需要划分一次，不需要有多层壳单元，图 7-9 中显示的是壳单元被不同铺层引用的结果。此外，由于在 Ply 中定义了引用的单元，而 Laminate 由铺层组成，所以 PCOMPP 中不需要指定任何的单

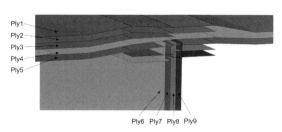

图 7-9　PCOMPP 按铺层定义的属性

元信息。对于更复杂的铺层建模方法，请参考 Altair 复合材料建模教程。

和一般的金属材料不同，复合材料在计算时有一些特有的响应类型是按照铺层定义的，如复合材料应力（composite stress）和复合材料应变（composite strain）。图 7-10 所示为复合材料应变响应的定义界面，在这个界面中最大的特别之处是可以指定铺层。all plies 代表所有铺层的单元应变，切换为 ply number 时可以输入想要提取应变的铺层编号，切换为 global ply number 时代表 PCMOPG 中的全局铺层编号。

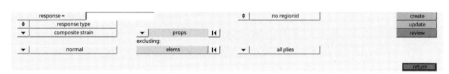

图 7-10　复合材料应变响应定义

另一种特殊的响应类型是复合材料破坏准则（composite failure）。图 7-11 所示复合材料破坏准则响应的定义界面，可以按照铺层单元和属性来定义破坏准则，支持的破坏准则有 Hill、Hoffman、Tsai-wu、Max strain、Hash、Puck。这些破坏准则最终计算出来的都是一个系数，系数大于 1 表示破坏，小于 1 表示安全。破坏准则响应可在优化中作为约束条件使用。

图 7-11　复合材料破坏准则响应定义

复合材料的制造工艺中有很多特殊要求，不满足工艺要求的设计是无法实现的，所以在优化过程中考虑制造工艺约束非常重要。OptiStruct 在复合材料优化的不同阶段都支持制造约束，下面介绍一些典型的制造约束。制造约束通过设计变量关键字 DSIZE、DCOMP、DSHUFFLE 中的选项定义。

- 层合板总厚度限制：指定层合板总厚度的上下限。
- 单方向厚度限制 PLYTHK：某一方向铺层厚度的上下限。
- 单方向铺层厚度百分比限制 PLYPCT：某一方向的铺层厚度占总厚度的百分比上下限。
- 铺层制造厚度限制 PLYMAN：可制造的单个铺层的最小厚度，可以理解为原材料的单层厚度。
- 两方向铺层平衡限制 BALANCE：两个方向的铺层厚度必须相等。
- 铺层厚度常数值限制 CONST：某一方向的铺层厚度必须等于设定值。
- 复合材料丢层约束 PLYPDRP：铺层总厚度变化的区域，定义厚度变化的绝对值或厚度变

化的速率，如图 7-12 所示。

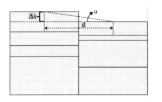

- 连续相同铺层限制 MAXSUCC：相同方向的铺层最多连续堆叠的层数，这意味着不能仅使用单一方向的铺层来满足设计要求。
- 两方向铺层成对限制 PAIR：两个方向的铺层必须成对出现。
- 核心铺层限制 CORE：指定层合板中间的局部铺层序列。
- 表面铺层限制 COVER：指定层合板表面的局部铺层序列。

图 7-12 复合材料丢层约束示意

7.2.2 阶段一：铺层形状优化

复合材料优化的第一阶段是利用自由尺寸优化进行概念设计，一般考虑全局响应和一些制造约束。在这一阶段认为层合板的总厚度是可以在每个位置连续变化的，因此以每个单元的厚度作为优化对象，相当于研究材料在单元的厚度方向上怎么分布，类似于拓扑优化。在这里引入一个新的概念——超级层，将同一个角度的铺层整合为一个超级层，如图 7-13 所示。换句话说，一个超级层代表了一个角度所有铺层的总和。为了消除铺层顺序的影响，要在 Laminate 定义中打开 SMEAR 选项。自由尺寸优化的设计变量支持三种复合材料建模方式：PCOMP、PCOMPG、PCOMPP。

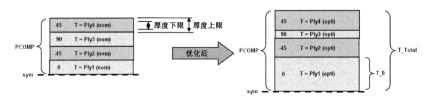

图 7-13 复合材料自由尺寸优化示意图（单元厚度）

自由尺寸优化完成后可以得到每一个超级层的厚度分布，也就是每个角度铺层的总厚度分布。根据总厚度分布，可以将单个超级层切割为多个形状不同的铺层束。默认情况下一个超级层会被切割为 4 个铺层束，也就是分割为 4 种形状。4 个铺层束并不代表最终该角度只有 4 个铺层，这里只是分为了 4 种形状，每种形状的具体厚度需要在第二阶段优化中确定，由具体厚度除以原材料的厚度才是最终的层数。铺层束的个数可以通过卡片 OUTPUT、FSTOSZ、BUNDLES 定义，但是多数情况下，建议使用默认值。图 7-14 左侧显示了自由尺寸优化以后每个超级层，即每个角度铺层的总厚度分布，右侧表示每个超级层被自动分割成了 4 种形状。

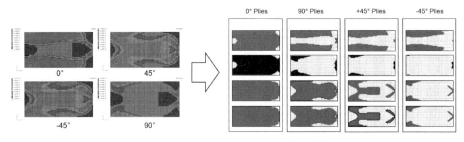

图 7-14 自由尺寸铺层厚度分布及铺层束形状

从图 7-14 的结果可以看出，默认生成的铺层形状是不规则的，有很多地方是不连续的小区块，这些不规则的形状和独立区块给制造过程带来额外的成本，因此铺层的形状应尽可能规则

一些。在实际使用中，建议对自动生成的铺层形状进行查看和手动更改，包括使铺层的形状更规

则、删除或合并一些零散小块。在自由尺寸优
化中设置 OUTPUT、FSTOSZ 卡片后，会自动生
成用于第二阶段尺寸优化的 fem 文件，文件名
为 "原文件名_sizing. ∗. fem"，其中星号代表
第一阶段优化迭代的次数。在 HyperMesh 中导
入这个文件，可以查看铺层形状。可以通过编
辑 ply 中包含的单元来修改铺层形状。图 7-15
是一个铺层调整前和调整后的形状。

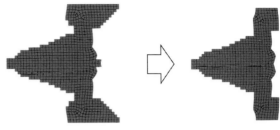

图 7-15　调整铺层形状

　　除了手动调整铺层形状之外，OptiStruct 还支持基于区域的铺层自由尺寸优化，可以自动生成
非常规则的形状。基于区域的自由尺寸优化通过 DSIZE 卡片中的 GROUP 选项定义，在面板操作
中通过 optimization > free size > zone based 选择单元集合定义，同一集合中的单元将具有相同的铺
层属性，也就是会放在同一个铺层形状中。图 7-16 显示了默认的铺层形状优化结果和基于区域的优
化结果。可以看出，基于区域的自由尺寸优化可以得到非常规则的铺层形状，基本上可以直接使用。

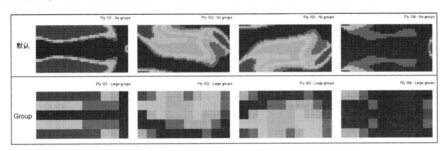

图 7-16　默认铺层形状与基于区域的铺层形状

　　如果希望将铺层形状导出为几何文件，可以使用 Post 面板的 OSSmooth 功能。选择计算完成
的_sizing. ∗. fem 文件，输出类型选择 PLY shape，将会在 HyperMesh 中自动生成每一个铺层的几
何。这些几何文件可以导出供设计人员使用。图 7-17 显示了 OSSmooth 功能的面板设置和生成的
铺层形状几何面。

图 7-17　OSSmooth 生成铺层形状的几何面

7.2.3　阶段二：铺层厚度优化

　　第二阶段的目的是通过尺寸优化确定每一个角度、每一种形状铺层的具体厚度。第一阶段每
一种角度的铺层被分成了 4 种相同形状的铺层束，每个铺层束就是一个 Ply，将铺层束的厚度作

为设计变量，经过优化后可以计算出最优厚度。从制造工艺可知原材料的最小厚度或者说基本层的厚度，那么铺层束的厚度除以基本层的厚度就是这种形状的铺层最终所需的总层数。

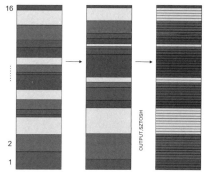

将第一阶段自动生成的_sizing. *. fem 文件作为第二阶段的输入。在这个文件中已经自动创建了第二阶段的设计变量。默认情况下如果有 4 种角度的铺层，即 4 个超级层，在第二阶段每个超级层被分解成 4 个铺层束，那么一共有 16 个设计变量会被自动创建。同时，在第一阶段中设置的制造约束将会被自动传递给第二阶段的设计变量。图 7-18 展示了阶段二的尺寸优化过程。第一阶段得到 16 个铺层，通过尺寸优化调整这 16 个铺层的厚度，结合基本层的厚度，可以把它们分解成最终所需的真实铺层数量。

图 7-18　阶段二的尺寸优化过程

为了进行第三阶段的铺层顺序优化，需要定义 OUTPUT、SZTOSH 卡片，从而自动生成新的 fem 文件作为第三阶段的输入。文件名默认为"原文件名_shuffling. *. fem"，其中 * 号表示第二阶段尺寸优化的迭代次数。

7.2.4　阶段三：铺层顺序优化

第三阶段铺层顺序优化的目的是确定真实铺层的上下叠放次序，如图 7-19 所示。将第二阶段完成后自动生成的"原文件名_shuffling. *. fem"文件作为第三阶段的输入，在其中已经定义了复合材料铺层顺序优化的设计变量 DSHUFFLE。第二阶段定义的制造约束也被自动传递给第三阶段的设计变量。在第三阶段中可以定义额外的几种制造约束，包括最大连续铺层数量 MAXSUCC、成对出现的铺层 PAIR、核心铺层 CORE、表面铺层 COVER。

第三阶段铺层顺序优化的结果放在"原文件名 . shuf. html"文件中，可以用网页浏览器打开。图 7-20 所示示例中，每一列代表当前迭代步下的铺层叠放顺序。一般来说，最后一次迭代，也就是最后一列是最优的铺层顺序结果。

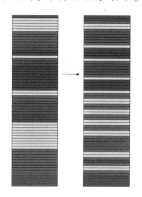

图 7-19　阶段三铺层顺序优化过程

图 7-20　阶段三铺层顺序优化 html 结果文件

经过三个阶段的优化之后，能够得到一个完整的复合材料设计结果：确定的复合材料铺层数量、铺层形状和叠放顺序。这里并没有特别说明设计变量、目标函数和约束条件的设置，是因为在优化三要素的设置上，复合材料的优化与其他的结构优化是类似的。但需要说明的是，第一阶段的自由尺寸优化实际上进行的是类似于拓扑优化的概念优化，所以一般以整体的柔度或者刚度作为目标函数，而把体积/体积分数或者质量/质量分数作为约束条件，不建议直接用最终性能指标作为约束条件；第二阶段进行的是详细设计的调整，可以设置具体的性能指标，比如将纤维和基体的应变作为约束条件，质量作为目标函数；第三阶段是在第二阶段的基础上进行微调，目标函数和约束条件可以与阶段二保持一致，在此基础上可能会添加一些制造约束。我们知道每增加一个约束实际上是限制了设计空间内的一部分解，因此，和阶段二采用相同的约束条件有可能导致阶段三无法收敛，这时需要适当放松约束条件。另一个可行的思路是，在第二阶段使用较为严格的性能约束（相对真实目标），然后在第三阶段使用真实性能目标作为约束以得到一个可行的解。

7.3 工程实例

7.3.1 机翼结构复合材料蒙皮优化

现有一机翼结构，结构框架由金属材料构成，蒙皮由复合材料构成。机翼肋板和长桁的布置采用方盒子结构。长桁根据受载区域的强弱分为三节，从翼根到翼尖刚度依次减弱。模型如图 7-21 所示。

图 7-21　复合材料机翼模型

复合材料蒙皮的初始设计有四个铺层，分别对应 0°、45°、−45°、90°，每层厚度为 12.0mm。Laminate 属性设置为 Smear。铺层顺序以及其他设置如图 7-22 所示。

 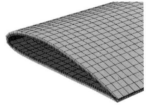

图 7-22　机翼蒙皮复合材料铺层

机翼受三个工况作用。工况一为机翼上气动面受压，工况二为机翼下气动面受压，工况三为机翼上、下气动面组合受压，即工况一与工况二的组合。三个分析工况的约束一致，都是机翼根部节点约束平动自由度。约束及受力情况如图 7-23 所示。本例中的气动载荷是按照线性加载公式直接施加的，与机翼真实受载方式不同。实际工程应用中，需要根据机翼的真实受载情况施加对应的载荷。通常有两种施加方式，一种是直接施加在单元节点上，另一种则是施加在单元表面上。第一种载荷施加方式应用居多。

本例需要进行蒙皮的复合材料优化设计，在满足制造工艺约束（如厚度约束、铺层百分比约束、丢层约束）和性能约束（如强度、刚度）的前提下，实现结构重量的最小化。

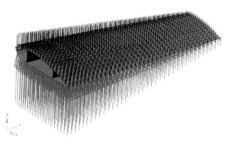

操作视频

图 7-23 机翼上下气动面受载示意图

阶段一：铺层形状优化

本阶段通过自由尺寸优化寻找材料在厚度方向上的最佳分布。

优化三要素

- 优化目标：结构质量最小化。
- 设计约束：所有铺层应力小于500MPa；所有铺层应变小于0.003，即3000个微应变。
- 设计变量：复合材料蒙皮上所有单元的厚度。

操作步骤

Step 01 在 HyperMesh 中导入模型文件 wing1_orig. fem，开始进行优化设置。

Step 02 定义自由尺寸优化变量。进入面板 Analysis > optimization > free size 输入变量名 free-Size，type 选择 STACK，然后单击 laminates 按钮选择 laminate1 铺层。最后单击 create 按钮完成自由尺寸变量定义。

图 7-24 自由尺寸优化设置面板

Step 03 进入 parameters 子面板，设置自由尺寸变量的最小成员尺寸为300，单击 update 按钮完成变量约束更新。

Step 04 进入 composites 子面板，设置自由尺寸变量的最小厚度约束，即 minimum thickness 为1.6。单击 update 按钮完成最小厚度约束设置。接着单击 edit 按钮设置铺层工艺约束。复合材料涉及的制造工艺约束较多，都可以在这个面板下设置。这里需要设置的工艺约束有铺层百分比、铺层厚度约束、+/−45°成对约束以及丢层约束，具体操作为 Step 05 到 Step 08。

Step 05 勾选 PLYPCT，在上方区域设置 PPMIN 为0.2，PPMAX 为0.7，即约束任一铺层在总厚度中的占比不低于20%，不高于70%。

Step 06 勾选 PLYMAN，在上方区域设置 PMMAN 为0.2，表示最终可制造的单个铺层厚度为0.2。

Step 07 勾选 BALANCE，DSIZE_NUMBER_OF_BANLANCE 默认为1，表示只定义一对铺层约束。在上方的 BALANCE 中设置 BANGLE1 和 BANGLE2 的值分别为45和−45，表示这两个角

度的铺层厚度必须相等。

Step 08 勾选 PLYPDRP，DSIZE_NUMBER_OF_PLYDRP 默认为 1，表示只定义一个丢层约束。在上方 PLYDRP 中设置 PDMAX 为 0.4，表示最大丢层厚度不能大于 0.4。详细设置如图 7-25 所示。

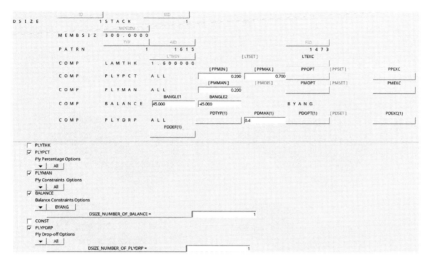

图 7-25　自由尺寸优化制造约束设置

Step 09 进入 pattern grouping 子面板，添加对称约束。pattern type 选择 1-pln sym，表示一平面对称。anchor node（锚点）选择长桁切面单元的中心节点，first node（第一个节点）选择长桁切面单元的最顶端节点，如图 7-26 所示。

Step 10 创建响应。进入 optimization > Response 面板，创建名为 stress 的应力响应，选择响应类型为 composite stress，选择属性 pcompp，返回后再设置单元应力输出类型为 normal1，输出为 all plies。类似地，创建名称为 strain 的应变响应。

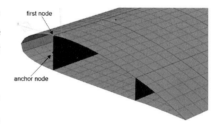

图 7-26　对称约束设置

Step 11 创建响应名称为 mass 的质量响应，响应类型为 mass。默认为 total，表示整体质量。

Step 12 进入 optimization > constraints 面板，创建约束。输入约束名称 cstress，response 选择 stress，loadsteps 选择全部工况，upper bound 设置为 500.0，表示铺层应力上限为 500。

Step 13 输入约束名称为 cstrain，response 选择 strain，loadsteps 选择全部工况，upper bound 设置为 0.003，表示铺层应变上限为 0.003。

Step 14 进入 optimization > objective 面板，定义目标函数。选择目标函数类型为 min，response 选择 mass。

Step 15 最后进行输出设置。进入 Analysis > control cards 面板，单击 OUTPUT 按钮，在弹出的面板区域设置 number_of_outputs 为 1，KEYWORD 选择 FSTOSZ 卡片，FREQ 选择 LAST 卡片。这个关键字的目的是将自由尺寸优化最后一个迭代步的模型自动输出为下一阶段尺寸优化的模型，如图 7-27 所示。

Step 16 输出模型保存为 wing1_step1. fem，提交求解计算。求解完成后在输出窗口和 out 文件中有 FEASIBLE DESIGN 字样时，说明优化收敛且全部约束均满足。

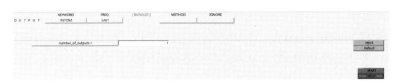

图 7-27　OUTPUT 卡片

Step 17 计算完成后单击 result 按钮可打开 HyperView，自动加载结果文件选择最后一个迭代步，然后再选择 result type 为 Ply Thicknesses（t），对应的输出属性选择 Thickness，Layers 选择不同的铺层，可以查看每个铺层的厚度云图，如图 7-28 所示，分别代表 0°、45°、－45°和 90°铺层的厚度分布。

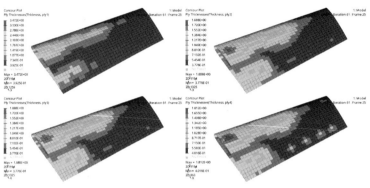

图 7-28　铺层厚度分布

阶段二：铺层厚度优化

第一阶段正常求解并且有可行解的话，会自动生成新的模型文件 wing1_step1_sizing.61.fem 供第二阶段使用。其中，61 表示第一阶段的迭代次数，受软硬件环境影响，数字可能会略有不同。在第一阶段已经得到了每种角度的铺层，即超级层的厚度分布，每个超级层会被默认分割为 4 个形状相同的铺层束，也就是一共有 16 个铺层束。第二阶段的主要任务是通过尺寸优化，以这 16 个铺层束的厚度为设计变量，寻找最佳的铺层束厚度。

优化三要素

- 优化目标：结构质量最小化。
- 设计约束：所有铺层应力小于 500MPa；所有铺层应变小于 0.003，即 3000 个微应变；翼尖位移小于 16mm。
- 设计变量：16 个铺层束的厚度。

操作步骤

Step 01 在 HyperMesh 中导入第一阶段的结果文件 wing1_step1_sizing.61.fem，其中已经自动创建了 16 个尺寸优化的设计变量，与 16 个铺层束相关联。优化的响应、约束和目标函数自动与阶段一保持一致。

Step 02 阶段一自动生成的尺寸优化设计变量需要适当修改，在模型浏览器中，同时选中 16 个设计变量，在下方将上限值统一修改为 6.0，如图 7-29 所示。

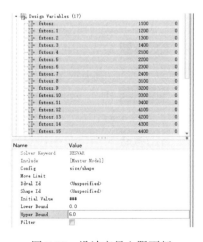

图 7-29　设计变量上限更新

Step 03 在模型浏览器中右击 laminate1，选择 edit，将上一步优化时设置的 Smear 属性修改为 Symmetric，使得最终优化的结构铺层满足对称铺设要求，如图 7-30 所示。

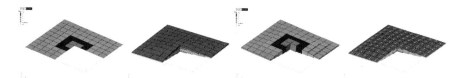

图 7-30　对称铺层设置

Step 04 自动生成的 16 个铺层代表最终的铺层形状，但是这些铺层形状并不一定满足制造工艺的要求，因此需要手动调整每个铺层形状。调整方法为：在 Ply 对象上右击，选择 edit，然后在弹出的 Edit Ply 对话框中单击 Element 按钮，在图形区域选择单元。单元可以增加，也可以减少。选择完成后，回到 Edit Ply 对话框，单击 Update 按钮，该铺层将被更新，如图 7-31 所示。

图 7-31　Ply 更新

注：铺层形状的复杂程度关系到生产成本，所以具体形状的取舍要结合工艺要求进行。图 7-32 是编辑前后几个铺层的形状对比。上面一行是阶段一自动生成的铺层形状，下面一行是手动修改后的铺层形状。

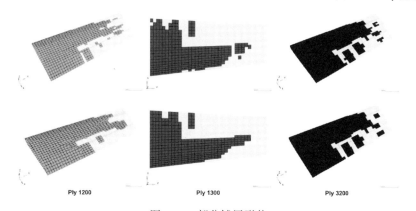

Ply 1200　　　　　Ply 1300　　　　　Ply 3200

图 7-32　部分铺层形状

Step 05 在尺寸优化过程中，还可以继续修改铺层的制造约束，如丢层约束。在本模型中，进入 Analysis > optimization > composite size > parameters 面板，选择设计变量 freeSize，单击 edit 按钮，将铺层的丢层约束最大值修改为 2.0，如图 7-33 所示。

PLYDRP	ALL		PDTYP	PDMAX	PDOPT	[PDSET]	PDEXC(1)
			TOTDRP	2.0	BYANG		

BYANG
DSIZE_NUMBER_OF_BALANCE = 　　1

CONST
PLYDRP
Ply Drop-off Options
All
DSIZE_NUMBER_OF_PLYDRP = 　　1

reject
default

abort
return

图 7-33　丢层约束修改

Step 06 添加机翼翼尖位移响应。进入 response 面板，设置响应名称为 disp，选择响应类型为 static displacement。选择翼尖末端端面上蒙皮的节点，设置输出响应值为 total disp。

Step 07 创建对应的位移约束。进入 constraints 面板，设置约束名称为 cdisp，response 选择 disp，loadsteps 选择全部工况，upper bound 设置为 16.0，即约束翼尖位移不超过 16。

Step 08 最后设置优化输出卡片。进入 Analysis > control cards，选择 OUTPUT 卡片，将阶段一定义的 FSTOSZ 改为 SZTOSH，目的是在阶段二尺寸优化完毕后自动输出下一阶段的优化输入模型，即复合材料铺层顺序优化模型。

Step 09 全部设置完毕后，将模型导出为 wing1_step2. fem，提交求解。OptiStruct 求解界面可以查看优化目标的迭代曲线，并且可以查看最终优化约束的违反情况，出现 Feasible Design 关键字时，说明优化后的方案收敛于可行解，满足所有约束条件。

Step 10 在 HyperView 中，查看蒙皮厚度分布云图、应力和应变云图及位移分布云图。图 7-34 和图 7-35 分别是工况 3 的应力和位移云图。

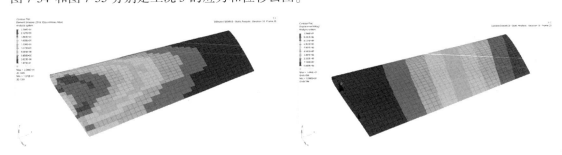

图 7-34　应力云图　　　　　　　　　　　　图 7-35　位移云图

阶段三：铺层顺序优化

在阶段二优化中，已经得到了 16 个铺层束的厚度，而每个铺层束的厚度除以最小可制造厚度就是该铺层最终所需要的层数。阶段二计算完毕会自动生成新的模型文件 wing1_step2_shuffling. 10. fem，其中，数字 10 表示阶段二尺寸优化的迭代次数。在这个文件中已经将每个铺层束分解成了最终的物理铺层，阶段三优化的目的就是要决定所有铺层的叠放次序。

这一阶段的优化目标和约束条件与阶段二保持一致，设计变量发生变化。

优化三要素

- 优化目标：结构质量最小化。
- 设计约束：所有铺层应力小于 500MPa；所有铺层应变小于 0.003，即 3000 个微应变；翼尖位移小于 16。
- 设计变量：所有铺层的叠放顺序

操作步骤

Step 01 在 HyperMesh 导入阶段二生成的模型文件 wing1_step2_shuffling. 10. fem，可以看到之前的设计变量已全部删除，并自动创建了铺层顺序优化变量，名称为 freeSize，类型为 DSHUFFLE。

Step 02 进入 Analysis > optimization > composite shuffle > parameters 面板，单击 dshuffle 按钮并选择 freeSize 设计变量，勾选 pairing constraint，即进行成对铺层约束设置，ply angle1 为 45，ply angle2 为 -45。单击 update 按钮完成更新，如图 7-36 所示。

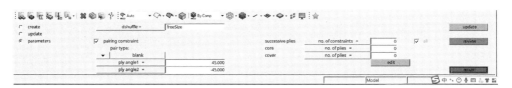

图 7-36 成对铺层约束

Step 03 再单击 edit 按钮，添加 MAXSUCC 和 COVER 约束，即最大连续同角度铺层不能出现超过连续 4 层的约束，以及铺层外表面的铺层角度必须为一组 [45/ – 45/45/ – 45] 的铺层。如图 7-37 所示。

Step 04 设置完毕后，将修改后的模型导出为 wing1_step3. fem，提交求解。铺层顺序优化的结果可以查看结果文件 wing1_step3. shuf. html，用浏览器打开即可，如图 7-38 所示。图中共有 3 列（铺层太多，没有全部显示），代表 3 次迭代后的铺层顺序，第 3 列就是最终的铺层顺序结果。

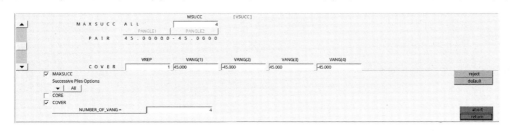

图 7-37 铺层顺序优化制造约束

Step 05 打开 HyperView，分别加载结果文件 wing1_step3_s1. h3d ~ wing1_step3_s3. h3d，其中，s1 代表工况 1，s2 代表工况 2，s3 代表工况 3。查看并检查每个工况的应力、应变和位移云图，判断优化结果是否违反约束。图 7-39 和图 7-40 是工况 3 的应力和位移云图。

图 7-38 铺层顺序优化结果（部分）

图 7-39 应力云图

至此，机翼蒙皮复合材料铺层优化的全流程就结束了。如果发现最后一步的优化结果违反了约束，则需要在阶段二的优化过程中适当使用更严格的约束值，在阶段三优化中使用预设的性能目标即可。优化最后会自动产生一个 fem 文件 wing1_step3_shuffling. 2. fem，该文件包含了最终的铺层形状及铺层顺序，可以导入到 HyperMesh 中进行查看和编辑。

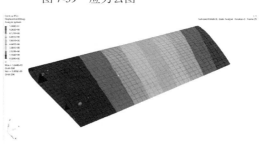

图 7-40 位移云图

7.3.2 工字梁复合材料优化

本案例介绍工字梁的复合材料优化设计。要设计一个复合材料工字梁，其尺寸参数如图7-41所示。底面两端简支，上表面中间 102mm 的宽度上受到 3.92MPa 的均匀压力。最终要求底面位移小于 2.5mm，每个铺层的纤维方向应变小于 5000 个微应变，基体方向应变小于 3500 个微应变，剪切应变小于 5000 个微应变。

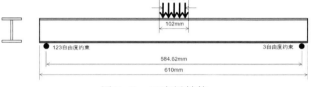

图 7-41　工字梁结构

工字梁的复合材料铺层略微复杂，分为上、下、左、右四个子铺层，然后再用一个总铺层把它们连在一起。本模型的初始状态一共定义了 top、left、right、bottom 四个子铺层，类型为 Sublaminate。每个子铺层有 0、45°、-45°、90°四个方向的铺层组成。top 子铺层包含的铺层为 4、3、2、1，left 子铺层为 8、7、6、5，right 子铺层为 12、11、10、9，bottom 子铺层为 13、14、15、16。注意各子铺层中的铺层顺序是按单元法向排列的。最后的总铺层为 all，类型为 Interface laminate，在总铺层中需要定义子铺层与子铺层之间相互接触的交界面，通过相邻两个铺层的 ID 来指定，ID 的顺序决定了子铺层的叠放顺序。工字梁铺层的定义如图 7-42 所示。总铺层中 Interface laminate 连接层的定义如图 7-43 所示。在阶段一的优化中要忽略铺层顺序的影响，故 laminate 定义时，laminate option 要设置为 Smear。

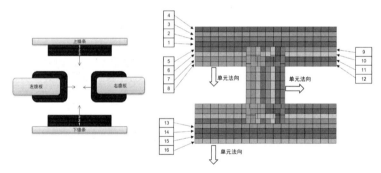

图 7-42　工字梁铺层的定义

图 7-43　Interface laminate 连接层定义

结构载荷和约束条件如图 7-44 所示。

图 7-44 载荷和约束

操作视频

阶段一：铺层形状优化

本阶段通过自由尺寸优化寻找材料在厚度方向上的最佳分布。

◎ **优化三要素**

- 优化目标：结构柔度最小化。
- 设计约束：体积分数小于 0.3。
- 设计变量：工字梁所有单元的厚度。

◎ **操作步骤**

Step 01 在 HyperMesh 中导入模型文件 I_beam_initial.fem，开始进行优化设置。

Step 02 定义自由尺寸优化变量。进入面板 Analysis > optimization > free size，输入变量名 freesize，type 选择 STACK，然后单击 laminates 按钮选择 all，最后单击 create 按钮。HyperMesh 2019 当前面板不支持直接选择 Interface laminate 类型的铺层，所以接下来需要进入 update 子面板，单击 laminates 按钮选择 all，最后单击 update 按钮完成自由尺寸变量定义。

Step 03 进入 composites 子面板，定义复合材料的制造约束，单击 edit 按钮开始设置铺层工艺约束。

Step 04 勾选 PLYPCY，在上方区域设置 PPMIN 为 0.1，PPMAX 为 0.7，表示任一铺层在总厚度中占比不低于 10%，不高于 70%。

Step 05 勾选 PLYMAN，在上方区域设置 PMMAN 为 0.125，表示最终可制造的单个铺层厚度为 0.125。

Step 06 勾选 BALANCE，DSIZE_NUMBER_OF_BANLANCE 默认为 1，表示只定义一对铺层。在上方 BALANCE 中设置 BANGLE1 和 BANGLE2 的值分别为 45 和 -45，表示这两个角度的铺层厚度必须相等。

Step 07 进入 pattern grouping 子面板，添加对称约束。pattern type 选择 2-pln sym，表示两平面对称面。anchor node 选择工字梁中心点 9266，first node 选择过中心点的 X 轴上的一点，second node 选择过中心点的 Y 轴上的一点，如图 7-45 所示。

Step 08 创建响应。进入 optimization > response 面板，定义响应 compliance 和体积分数响应 vf。

Step 09 进入 optimization > constraints 面板，创建约束。约束名为 cvf，response 选择 vf，upper bound 设置为 0.3，表示体积分数小于 0.3，保留 30% 的材料。

Step 10 进入 optimization > objective 面板，定义目标函数。选择目标函数类型为 min，response 选择 compliance。

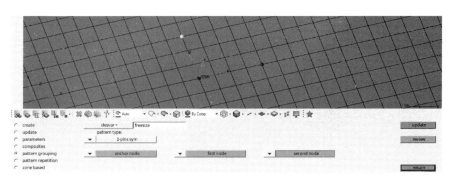

图 7-45　对称约束设置

Step 11　最后定义输出设置。进入 Analysis > control cards 面板，单击 OUTPUT 按钮，在弹出的面板区域设置 number_of_outputs 为 2，KEYWORD 选择 FSTOSZ 卡片，FREQ 选择 LAST 卡片。这个关键字的目的是将自由尺寸优化最后一个迭代步的模型自动输出为下一阶段尺寸优化的模型。第二行的 KEYWORD 选择 HM，FREQ 选择 NONE，表示不输出 . res 格式的结果文件，如图 7-46 所示。

图 7-46　OUTPUT 卡片定义

Step 12　将输出文件保存为 I_beam_step1. fem，提交求解计算。求解完成后在输出窗口或 out 文件中有 FEASIBLE DESIGN 字样时，说明优化收敛且全部约束均满足。

Step 13　计算完成后在工作目录下自动生成 I_beam_step1_sizing. 49. fem 文件，该文件就是阶段一优化完成后的模型。在 HyperMesh 中导入 I_beam_step1_sizing. 49. fem，可以查看铺层的定义和厚度。当前模型中原本有 16 个超级层，每个超级层被分解为 4 个铺层束，共有 64 个铺层束。每一个铺层束代表了该角度铺层的一种形状。在 HyperMesh 中通过在 ply 上右击选择 review 来依次检查铺层形状，如果铺层形状不满足制造工艺的要求，需要手动修改 ply 的定义。本案例中没有进行修改，但实际工程中建议按工艺要求进行修改。图 7-47 所示为工字梁第一阶段优化后的几种铺层形状。

图 7-47　部分铺层束形状

阶段二：铺层厚度优化

第二阶段的主要任务是通过尺寸优化，以第一阶段划分的 64 个铺层束的厚度为设计变量，优化获得最佳的铺层束厚度。

优化三要素

- 优化目标：结构体积最小化。
- 设计约束：所有铺层纤维方向即 X 方向的应变小于 5000 个微应变；所有铺层基体方向即 Y 方向的应变小于 3500 个微应变；所有铺层剪切应变小于 5000 个微应变；工字梁下表面位移小于 2.5mm。
- 设计变量：64 个铺层束的厚度。

操作步骤

Step 01 第一阶段的结果文件中已经自动创建了 64 个尺寸优化的设计变量，并与 64 个铺层束相关联。第一阶段设置的响应、约束和目标函数也自动继承过来了，尺寸优化设计变量需要适当修改，在模型浏览器中，同时选中 64 个尺寸优化变量，在下方将上限值统一修改为 3.0。

Step 02 在模型浏览器中选中 DCOMP5 设计变量，在下方将 Minimum Laminate Thickness 改为 1.0，表示总铺层的最小厚度为 1。不指定下限的话，某些地方厚度可能为零。

Step 03 在模型浏览器中选中铺层 all，右击后选择 edit，将上一步优化时设置的 Smear 属性修改为 Total，如图 7-48 所示。

图 7-48　修改 Laminate option

Step 04 自动生成的 64 个铺层代表最终的铺层形状，建议依次查看并根据实际生产工艺进行调整。本案例中不进行调整。整体的铺层初始状态如图 7-49 所示。

Step 05 删除第一阶段的体积分数响应和柔度响应。

Step 06 添加纤维方向应变响应。进入 response 面板，设置响应名称为 strainx，选择响应类型为 composite strain，props 选择所有三个 PCOMPP 属性，响应类型选择 normal

图 7-49　工字梁阶段二初始铺层束

1，铺层选择 all plies，单击 create 按钮完成创建，如图 7-50 所示。

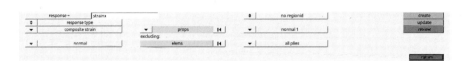

图 7-50　铺层应变响应

Step 07 采用类似的操作分别添加基体方向响应 strainy 和剪切应变响应 shearstrain，响应类型分别选择 normal 2 和 shearl 2。

Step 08 添加位移响应 disp，节点选择工字梁下表面的所有节点。添加体积响应 vol。

Step 09 创建约束。进入 constraints 约束面板，输入约束名称 cdisp，response 选择 disp，load-steps 选择全部工况，upper bound 设置为 2.5，即下表面位移小于 2.5。采用类似的操作定义其他三个约束，分别是 strainx < 0.005、strainy < 0.0035 和 shearstrain < 0.005。

Step 10 设置优化输出卡片。进入 Analysis > control cards 面板，选择 OUTPUT 卡片，将阶段一定义的 FSTOSZ 改为 SZTOSH，以在阶段二尺寸优化完毕后自动输出铺层顺序优化模型。

Step 11 全部设置完毕，将模型保存为 I_beam_step2. fem，提交求解。OptiStruct 求解界面出现 Feasible Design 关键字后，说明优化后的方案收敛于可行解，满足所有约束条件。

Step 12 在 HyperView 中，载入 I_beam_step2_s1. h3d，查看应变云图和位移云图，如图 7-51 ~ 图 7-54 所示。从结果可以看出，模型满足所有的性能指标。

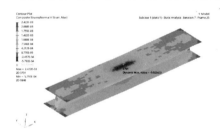

图 7-51　纤维方向最大应变

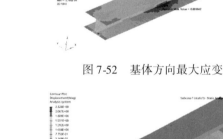

图 7-52　基体方向最大应变

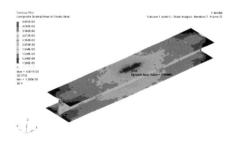

图 7-53　最大剪切应变

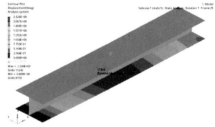

图 7-54　下表面位移云图

阶段三：铺层顺序优化

在阶段二优化中，已经得到了 64 个铺层束的厚度，在阶段一定义过最小可制造厚度为 0.125，每个铺层束的厚度除以最小可制造厚度就是该形状最终所需的层数。阶段二计算完毕会自动生成新的模型文件 I_beam_step2_shuffling. 7. fem，其中数字 7 表示阶段二尺寸优化的迭代次数。在这个文件中已经将每个铺层束自动分解成了最终的物理铺层，阶段三优化的目的就是要决定所有铺层的叠放次序是怎样的。

这一阶段的优化目标和约束条件与阶段二保持一致，设计变量发生变化。

优化三要素

- 优化目标：结构体积最小化。
- 设计约束：所有铺层纤维方向即 X 方向的应变小于 5000 个微应变；所有铺层基体方向即 Y 方向的应变小于 3500 个微应变；所有铺层剪切应变小于 5000 个微应变；工字梁下表面位移小于 2.5mm。
- 设计变量：所有铺层的叠放顺序。

操作步骤

Step 01 在 HyperMesh 导入阶段二生成的模型文件 I_beam_step2_shuffling. 7. fem，因为每个物理铺层的最小可制造厚度为 0.125mm，所以当前模型已经被分解为 162 个物理铺层。截面如图 7-55 所示。

Step 02 当前模型中阶段二的设计变量已全部删除，并自动创建了铺层顺序优化变量，名称为 DCOMP5，类型为 DSHUFFLE。

图 7-55　阶段三初始状态 162 个铺层

Step 03 进入 Analysis > optimization > composite shuffle > parameters 面板，单击 dshuffle 按钮并选择 DCOMP5 设计变量，勾选 pairing constraint 约束，设置 ply angle1 为 45，ply angle2 为-45。单击 update 按钮完成更新。

Step 04 再单击 edit 按钮，添加 MAXSUCC 约束，MSUCC 设为 4，即同角度铺层不能出现连续 4 层以上，如图 7-56 所示。

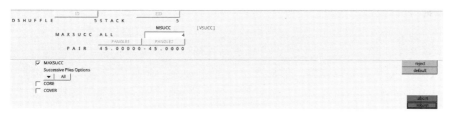

图 7-56　制造工艺约束

Step 05 设置完毕后，将模型保存为 I_beam_step3. fem，提交求解。正常计算结束后，可以在 out 文件中看到关键字 FEASIBLE DESIGN（ALL CONSTRAINTS SATISFIED）。铺层顺序优化的结果在结果文件 I_beam_step3. shuf. html 中，用浏览器打开即可。工字梁一共有 4 个子铺层，在结果文件中依次显示 4 个子铺层的结果，其中一个铺层的结果如图 7-57 所示。图中共有 3 列，代表 3 次迭代后的铺层顺序，第 3 列就是最终的铺层顺序。最终的模型文件为 I_beam_step3_shuffling. 2. fem，可以导入 HyperMesh 中进行查看。

Step 06 打开 HyperView，加载结果文件 I_beam_step3_s1. h3d。检查应变和位移云图，可以看到所有约束条件都满足，如图 7-58 ~ 图 7-61 所示。

图 7-57　铺层顺序优化结果
（bottom 子铺层）

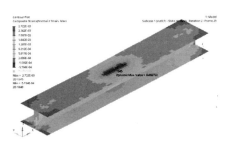

图 7-58 纤维方向最大应变

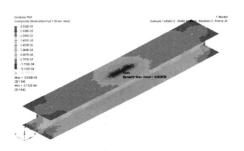

图 7-59 基体方向最大应变

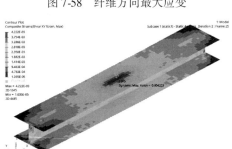

图 7-60 最大剪切应变

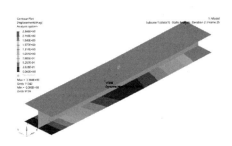

图 7-61 位移云图

拓展：请思考以下问题。

1）请读者尝试在算例的阶段一使用基于区域的自由尺寸优化，分析与没有使用这一选项的铺层束形状对比，有何差异。

2）是不是所有的复合材料都要用三阶段优化？

答案是否定的，三个阶段的优化完全可以独立运行。如果已有一个成熟的设计，但又不想修改铺层的形状，可以只进行阶段二和阶段三的优化。如果只要调整一下铺层顺序，那么可以直接进行铺层顺序优化。

3）工字梁的优化中，阶段一使用了两平面对称的约束，在阶段二没有使用这一约束，最后生成的厚度结果沿 X 平面是对称的，但是沿 Y 平面不对称，如图 7-62 所示。沿 X 平面对称的原因是整个结构和载荷是左右对称的。有没有办法让铺层结果沿 Y 平面也对称呢？提示：关联尺寸优化的设计变量。

图 7-62 阶段二厚度优化结果

第8章

等效静态载荷法、热、疲劳及非线性优化

8.1 利用等效静态载荷法进行结构动态优化

8.1.1 等效静态载荷法简介

等效静态载荷（Equivalent Static Load）主要用来代替动态载荷产生的效果，并且这种替代不仅仅局限于单一工况。在动态载荷下，物体表现最明显的一个特征就是动态载荷所造成的位移，因此可以引入一个静态载荷，使物体在该静态载荷下的位移场同物体在承受某一动态载荷时的位移场相同，即通过位移场等效原理引入等效静态载荷，如图 8-1 所示。

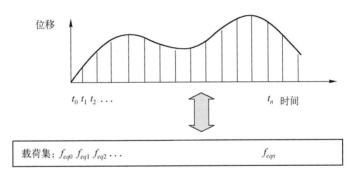

图 8-1 等效静态载荷

事实上，等效静态载荷已经被广泛应用于工程领域。一般通过实验数据、动载系数及其他经验方法来获取等效静态载荷。在大多数工程实践中，等效静态载荷主要用来预测某些关键部位的变形或位移情况，如桥梁中点的位移情况。在这些应用中，等效静态载荷的时间信息已不是考虑对象，所需考虑的仅仅是其数值的大小。

等效静态载荷的定义：当结构承受动态载荷时，在某一时刻结构发生变形形成一个位移场。如果一个静态载荷能够产生相同的位移场，则称该静态载荷为这一动态载荷在某一时刻的等效静态载荷。

根据上面的定义通过有限元法可以得到等效静态载荷的计算公式。若不考虑阻尼，受动态载荷的结构运动方程可以表示为

$$\boldsymbol{M}(b)\ddot{y}(t) + \boldsymbol{K}(b)y(t) = r(t) \tag{8-1}$$

式中，$\boldsymbol{M}(b)$ 为质量矩阵；$\boldsymbol{K}(b)$ 为刚度矩阵；$y(t)$ 为位移；$r(t)$ 为结构所受外力。式（8-1）移项后可得

$$\boldsymbol{K}(b)y(t) = r(t) - \boldsymbol{M}(b)\ddot{y}(t) \tag{8-2}$$

根据位移场等效，静态载荷为

$$f_{eq} = \boldsymbol{K}(b)y(t) = r(t) - \boldsymbol{M}(b)\ddot{y}(t) \tag{8-3}$$

从式（8-3）中可以看出，等效静态载荷可以由外力和结构的惯性力求出。因此，等效静态载荷是设计变量的隐函数。尽管外力是沿某个固定的方向作用在物体上，由于惯性力 $\boldsymbol{M}(b)\ddot{y}(t)$

不为零，等效静态载荷可以是沿任意方向的。这样就可以更加精确地描述出结构在某一时刻的受力情况。

从式（8-3）中也可以看出，等效静态载荷只有在对结构进行瞬态分析之后才能计算得到。也就是说，通过等效静态载荷计算的是已知的位移场。从这个角度来说，等效静态载荷是没有任何意义的。但是，这里研究的不是利用等效静态载荷来预测动态载荷产生的变形情况，而是希望根据位移等效原理得到等效静态载荷，并将其应用于结构优化中。换句话说，这里的等效静态载荷是以设计为导向的载荷，而不是以分析为导向的载荷。接下来将介绍以设计为导向的载荷在动态响应优化领域的应用。

类似地，等效惯性力可以定义为

$$p_{eq} = M(b)\ddot{y}(t) = r(t) - K(b)y(t) \tag{8-4}$$

该式用于优化过程中加速度的定义。

目前，在离散的时域中求解式（8-1）是很容易实现的，因而，在离散的时域内求得等效静态载荷也可以实现。在 u 时刻，等效静态载荷可以在进行柔性多体动力学后求得：

$$\begin{cases} f_{eq}^u = K(b)y_u = r(t_u) - M(b)\ddot{y}_u, u=1,2,\cdots,q \\ p_{eq}^u = M(b)\ddot{y} = r(t_u) - K(b)y_u, u=1,2,\cdots,q \end{cases} \tag{8-5}$$

式中，q 为所截取的时间点的个数，即等效静态载荷的数目。

大多数应用场合中不会引入速度约束，因此离散时间区域内的动态优化问题可表达为

$$\begin{cases} \min\varphi(b) \\ \text{s. t. } M(b)\ddot{y}_u + K \\ g_{ju}(b,y_u,\dot{y},\ddot{y}_u) \leq 0 \end{cases} \tag{8-6}$$

根据等效静态载荷算法，使用一系列等效静态载荷重复进行静态响应优化来代替直接求解式（8-6），动态结构优化问题可以转化为

$$\begin{cases} \min\varphi(b) \\ \text{s. t. } K(b)y_u = f_{eq}^u, u=1,2,\cdots,q \\ g_{ju}(b,y_u,\dot{y}_u,\ddot{y}_u) \leq 0 \end{cases} \tag{8-7}$$

利用等效静态载荷法进行动态结构优化的算法如下。

1）赋初值：$p=0$，$b_p=b_0$。

2）将 b_p 代入式（8-1）进行瞬态分析。

3）计算时域内的等效静态载荷，可根据下式计算。

$$\begin{cases} f_{eq}^u = K(b_p)y_u, & u=1,2,\cdots,q \\ p_{eq}^u = M(b_p)\ddot{y}_u, & u=1,2,\cdots,q \end{cases} \tag{8-8}$$

4）若 $p=0$，转到式（8-5）。若 $p>0$，并且满足

$$\sum_{u=1}^q \| f_{eq}^u(p) - f_{eq}^u(p-1) \| < \varepsilon \tag{8-9}$$

则优化完成。否则，转到式（8-5）。$f_{eq}^u(p)$ 是指 u 时刻、第 p 次循环的等效静态载荷矢量。

5）求解静态结构优化问题：

$$\begin{cases} \min\varphi(b_{p+1}) \\ \text{s. t. } K(b_{p+1})z_u = f_{eq}^u, u=1,2,\cdots,q \\ M(b_{p+1})a_u = p_{eq}^u, u=1,2,\cdots,q \\ g_{ju}(b_{p+1},z_u) \leq 0, j=1,2,\cdots,m; u=1,2,\cdots,q \\ b_{p+1,kL} \leq b_{p+1,k} \leq b_{p+1,kU}, k=1,2,\cdots,n \end{cases} \tag{8-10}$$

式中，z_u 和 a_u 分别是静态响应优化过程中等效静态载荷/惯性力产生的位移和加速度。

6）令 $p = p + 1$，转到式（8-2）。

由式（8-2）～式（8-6）进行了一次完整的循环。式（8-5）中的等效静态载荷/惯性力是固定的，位移和加速度分量将根据式（8-10）进行更新。等效静态载荷是设计变量 y 和 $\dot{y}$ 的函数，随着位移和加速度的更新，上述循环需要重复进行以获得新的等效静态载荷/惯性力值，直到问题收敛。

在 OptiStruct 中，将整个时域 $[0，T]$ 离散成 q 个时间点，由此获得的等效静态载荷数量也为 q，进行等效静态响应分析的工况数量也是 q，问题转变成 OptiStruct 中的 q 个静态工况下的结构优化问题，并且需要循环进行多次迭代直到位移收敛，因此计算量比较大。OptiStruct 会默认进行智能约束屏蔽，降低约束的实际数目以缩小优化问题规模。

简单来说，等效静态载荷法自动把动态的工况转化为多个 OptiStruct 可以求解的静态或者准静态工况，从而进行结构优化。目前，OptiStruct 可基于等效静态载荷法对多体动力学工况和显式动力学工况进行拓扑优化、形状优化、尺寸优化、自由形状优化、自由尺寸优化以及形貌优化。使用等效静态载荷法做显式动力学工况优化时，需要在 Radioss 界面创建分析模型，后台调用 Radioss 进行求解计算，OptiStruct 提供优化算法，最后结果将返回 OptiStruct。

8.1.2 实例：基于 Radioss 模型进行等效静态载荷法优化

本例演示如何基于 Radioss 分析模型进行拓扑优化。模型如图 8-2 所示，该模型有两个主要部件，底板受到固定约束，上面的变形件承受向下的 4000N 均匀载荷，按一定曲线在 10s 内加载完成，底板和变形件之间靠接触传力。

注意：等效静态载荷法会将动态工况自动转换为多个静态工况，再加上优化迭代步数可能较多，因此总体计算时间较长。

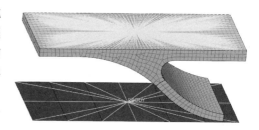

图 8-2　初始模型

本例中已准备好可以直接做分析的 Radioss 模型，读者只需要设置优化相关参数。本例使用的模型为 hook_opt_0001. rad 和 hook_opt_0000. rad 文件。

优化三要素

- 优化目标：质量最小化。
- 设计约束：变形件向下的最大位移不超过 5mm。
- 设计变量：变形件和底板接触的支撑板上所有单元的密度。

操作步骤

操作步骤

Step 01 定义拓扑优化设计变量。在 HyperMesh 中选择 Radioss 作为求解器模板。通过 View 下拉菜单，打开 Solver Browser，所有优化参数都通过在 Solver Browser 中右击进行创建。在 Solver Browser 中创建 DTPL 卡片（拓扑优化设计变量），将名为 design 的 component 作为设计空间，并定义最小尺寸约束为 1mm，同时定义单向拔模约束。具体设置如图 8-3 所示。

Step 02 定义优化响应。在 Solver Browser 中右击创建 DRESP1 卡片（第一类响应），将名为 design 的 component 作为体积响应的对象，将 12095 号节点的总位移定义为位移响应。

Step 03 定义设计约束。在 Solver Browser 中右击创建 DCONSTR 卡片（设计约束），约束 12095 号节点的总位移不超过 5mm。

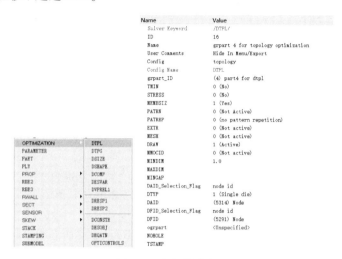

图 8-3　定义设计变量

Step 04 定义优化目标。在 Solver Browser 中右击创建 DESOBJ 卡片（优化目标），将优化目标设置为体积最小化，如图 8-5 所示。

图 8-4　定义响应

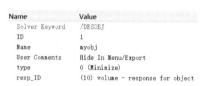

图 8-5　定义优化目标

Step 05 导出模型文件并提交优化计算

① 基于 Radioss 创建优化模型需要导出三个文件：一个 start 文件（*0000.rad），一个 Engine 文件（*0001.rad），还有一个优化参数文件（*.radopt）。选择菜单项 File > Export > Solver Deck，选择文件保存路径，设置文件名称为 hook_opt，勾选 Auto export engine file 和 Export Optimization file，即可导出三个所需的文件，如图 8-6 所示。

② 打开 Radioss 求解器面板，选择 .radopt 文件作为优化计算输入；在 Option 面板设置-radopt 卡片提醒求解器做优化计算，因优化计算量较大，可通过-nt 设置多核计算，如图 8-7 所示。

拓扑优化结果如图 8-8 所示，保留两个支架即可满足最大变形量不超过 5mm 的约束要求。

图 8-6　导出优化模型

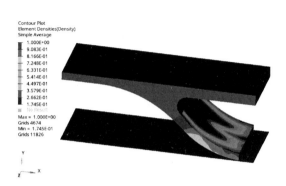

图 8-7　提交计算

图 8-8　优化结果

8.2　基于热工况的优化

8.2.1　热分析简介

本节介绍的 OptiStruct 主要针对结构线性稳态热分析、线性瞬态热分析、非线性稳态热分析、非线性瞬态热分析、瞬态热应力分析以及考虑热接触的热分析等，但无法考虑流场以及流固耦合。

传热分析主要求解热载荷作用下结构未知的温度和热流量。温度表征了可用热量的多少，热流量表征了热量流动的快慢。热传递的热量交换是通过分子运动实现的，固体与其周围流体之间的热量交换是通过自然对流实现的。热载荷以流入和流出系统的热流量大小来定义。

在线性稳态分析中，材料的属性（如传热系数和对流系数等）都是线性的，而且主要关心结构在热平衡稳态时的温度和热流量。基本的有限元分析方程式为

$$((\boldsymbol{K}_c)+(\boldsymbol{H}))\{\boldsymbol{T}\} = \{p\} \tag{8-11}$$

式中，$(\boldsymbol{K}_c)$ 是传热系数矩阵；$(\boldsymbol{H})$ 是自然对流的边界换热系数矩阵；$\{\boldsymbol{T}\}$ 是未知的节点温度；$\{p\}$ 是热载荷向量。求解系统的线性方程可以得到节点温度 $\{\boldsymbol{T}\}$。

热载荷向量可以表示为

$$\{\boldsymbol{p}\} = \{\boldsymbol{p}_B\} + \{\boldsymbol{p}_H\} + \{\boldsymbol{p}_Q\} \tag{8-12}$$

式中，$\{\boldsymbol{p}_B\}$ 是边界热通量功率，可以在 QBDY1 卡片中定义；$\{\boldsymbol{p}_H\}$ 是自然对流的对流向量，在 CONV 卡片中定义；$\{\boldsymbol{p}_Q\}$ 是内部生热的功率向量，在 QVOL 卡片中定义。

在没有定义温度边界条件的情况下，式（8-11）左边的矩阵是奇异的，可以利用高斯消元法求解平衡方程得到未知温度。高斯消元法利用矩阵的对称性和稀疏性提高了计算效率。计算出节

点处的温度之后，就可以根据单元的形函数计算出温度梯度 $\{VT\}$，而单元的热流量可以计算为

$$\{f\} = [k]\{VT\} \tag{8-13}$$

式中，(k) 是材料的传热矩阵。

关于传热分析和结构分析的对比见表 8-1。

表 8-1 传热分析和结构分析的对比

	传 热 分 析	结 构 分 析
未知量	温度	位移
	温度梯度	应变
	热流量	应力
(K_c)	传热系数矩阵	刚度矩阵
(H)	边界对流系数矩阵	弹性基础刚度矩阵
$\{P\}$	热流量向量	载荷向量

热载荷和边界条件在输入文件的 Bulk Data 部分定义。它们需要分别以 SPC 或 MPC 的形式和 LOAD 的形式被 SUBCASE 引用。

每个传热工况都定义了一个温度集，该温度集可以被结构工况的 TEMP（LOAD）选项引用来实现与结构工况的耦合，以执行热力耦合分析。在默认情况下，温度集 ID 和换热工况 ID 相同，这可以在 TSTRU 卡片中修改。如果温度集 ID 与 Bulk Data 的温度集 ID 相同，换热分析的温度就会覆盖 Bulk Data 的温度。

热力耦合分析按照以下方式执行：首先执行传热分析以确定结构的温度场；然后将温度场作为结构分析时施加载荷的一部分。热分析和结构分析使用相同的单元。静态结构分析的有限元控制方程为

$$(K)\{D\} = \{f\} + \{f_T\} \tag{8-14}$$

式中，(K) 是整体刚度矩阵；$\{D\}$ 是待求解的位移向量；$\{f_T\}$ 是温度载荷；$\{f\}$ 是结构载荷，如力、压力等；位移向量 $\{D\}$ 可以通过线性方程求解器求解线性方程得到。

在热力耦合优化中，需要计算 $\{f_T\}$ 对结构设计变化的灵敏度。除了常见的响应，如位移、应力、质量等，温度也可以作为优化的一种响应，但是该响应不能用于拓扑优化和自由尺寸优化。

热力耦合分析中的耦合是顺序进行的，热分析会影响随后的结构分析，但是结构分析对热分析没有任何影响。在热力耦合优化中，优化者为了满足结构响应的约束而改变结构，这也会影响热分析的结果。

8.2.2 实例：热工况下的风道挡板形貌优化

本节将以风道中的一个挡板为例来展示热工况下的优化流程（见图 8-9）。该零件通过 5 个孔固定在风道中，材料本身存在热胀冷缩现象，而风道中温度高于室温，因此零件会因为温度变化而发生变形，导致产生热变形以及热应力。本例中的材料参考温度为 315K，即在此温度下材料不会发生膨胀也不会收缩，风道中温度为 750K，零件会因为温度较高而产生膨胀变形。若希望在不改变板件厚度的情况下提高结构的刚度以及模态频率，采用形貌优化方法可以达到目标。

本例中使用的模型为 Air_Duct_start. fem 文件。

◎ 优化三要素

- 优化目标：一阶模态频率最大化。
- 设计约束：热变形工况下节点沿 Z 轴的位移下限为 0，即约束节点不能存在 Z 轴负方向的位移。
- 设计空间：图 8-9 上部的方形区域。

操作视频

◎ 操作步骤

Step 01 设置材料参数。优化涉及热分析及模态分析，除了杨氏模量、泊松比以及密度外，材料参数还需要设置热膨胀系数 A 为 1.3e-5/K，热分析的参考温度 TREF 为 315K，如图 8-10 所示。

Step 02 创建载荷及约束。

① 创建热载荷 Temperature，设置卡片类型为 TEMPD，温度为 750K，如图 8-11 所示。

图 8-9　初始模型

图 8-10　材料参数

图 8-11　创建热载荷

② 设置模态提取卡片 Modal，设置卡片类型为 EIGRL，ND 设置为 6，即计算前六阶模态，如图 8-12 所示。

③ 创建约束，约束模型中 5 个孔边缘的所有节点，本例中使用 5 个 RBE 单元分别将 5 个孔的边缘节点关联起来，只需要约束 5 个 RBE 单元的 123456 自由度即可。

Step 03 设置分析工况。

① 模态分析类型为 Normal modes，设置约束及模态提取卡片 Modal，如图 8-13 所示。

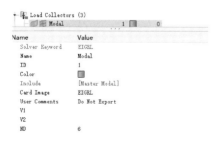

图 8-12　模态提取

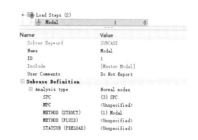

图 8-13　模态卡片

② 热载荷分析类型为 Linear Static，设置约束 SPC 以及温度载荷 TEMP_LOAD，如图 8-14 所示。至此，分析模型创建完成，可先提交计算查看分析结果。

图 8-14　热载荷

Step 04　设置形貌优化设计变量。卡片类型为 topography，主要设置设计空间、起筋参数和对称约束。设计空间为名为 design 的整个 component。最小筋宽为 0.3mm，拔模角为 60°，最大起筋高度为 0.1mm。因设计区域是方形，可设置双平面对称约束（2-plns sym）。具体参数如图 8-15 所示。

Step 05　创建响应。本模型主要关心一阶模态频率和平板上 Disp_set 中节点的 Z 向位移，因此创建两个响应即可，响应类型分别为 static displacement 和 frequency，如图 8-16 所示。

图 8-15　形貌优化设计变量

图 8-16　创建响应

Step 06　创建位移约束。将位移响应设置为约束，约束下限为 0，即被约束的节点不能发生 Z 轴负方向的变形，如图 8-17 所示。

Step 07　创建优化目标。将一阶模态频率最大化设置为优化目标，如图 8-18 所示。

Name	Value
Solver Keyword	DCONSTR
Name	Displacement
ID	1
Include	[Master Model]
Response	(2) Displace
List of Loadsteps	1 Loadsteps
⊟ **Lower Options**	
Lower Options	Lower bound
Lower Bound	0.0
Upper Options	<OFF>
PROB	

图 8-17　定义位移约束

Name	Value
Solver Keyword	DESOBJ(MAX)
Name	objective
ID	1
Include	[Master Model]
Objective Type	Maximize
Response Id	(1) Frequenc
Loadstep Id	(1) Modal

图 8-18　定义优化目标

Step 08　后处理。

形貌优化结果如图 8-19 所示，优化后一阶模态频率为 3.4Hz，比优化前的 2.9Hz 明显提升。

约束节点的位移满足约束条件，没有发生 Z 轴负方向
变形。

使用 OSSmooth 工具中的 FEA reanalysis 工具将优化后
的模型文件提取出来直接进行计算，可省去重新建模的过
程，快速验证优化结果，如图 8-20 所示。

提取的模型如图 8-21 所示，因提取过程中会对模型
做一些平滑处理，提取出来的结果和优化结果会存在一定
的差异。提取的模型中，一阶模态频率为 3.3Hz，比优化
前提升约 14%，如图 8-22 所示。

图 8-19　优化结果

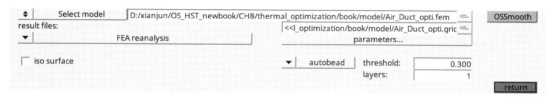

图 8-20　提取优化结果

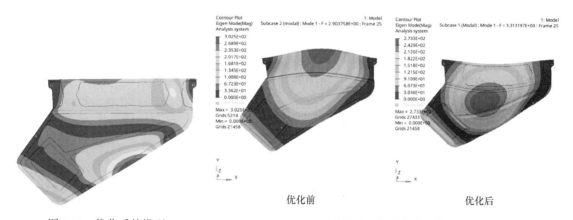

图 8-21　优化后的模型

图 8-22　优化前后对比

8.2.3　实例：热工况下的散热器拓扑优化

散热器模型如图 8-23 所示，左侧从热源吸热，经过中
间部件传热，最后通过右侧换热系数较高的散热片将热量
发散出去，从而降低结构温度。希望通过拓扑优化，降低
中间传热部件的重量，同时兼顾结构的散热能力。本例使
用的模型为 Optim_Topol3D_Thermique_TCOMP_start.fem
文件。

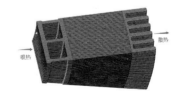

图 8-23　初始模型

优化三要素

- 优化目标：导热能力最大化。
- 设计约束：中间传热部件热柔度不能低于约束值。
- 设计变量：中间传热部件所有单元的密度。

操作视频

操作步骤

Step 01 创建拓扑优化设计变量。在 Analysis > optimization > topology 面板创建拓扑优化设计变量，将名为 P_VD 的 component 作为设计空间。定义最小尺寸约束为 1.8mm，避免细长结构出现；设置单向拔模和双平面对称，具体设置如图 8-24 所示。

Step 02 定义响应。通过 Analysis > optimization > response 面板定义体积响应，响应类型为 volume，对象为整个模型。用同样的方法定义热柔度响应，响应类型为 thermal compliance，热柔度越小，导热能力越强。具体设置如图 8-25 所示。

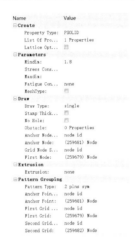

Name	Value
⊟Create	
Property Type:	PSOLID
List Of Pro...	1 Properties
Lattice Opt...	☐
⊟Parameters	
Mindim:	1.8
Stress Cons...	
Maxdim:	
Fatigue Con...	none
MeshType:	☐
⊟Draw	
Draw Type:	single
Stamp Thick...	☐
No Hole:	☐
Obstacle:	0 Properties
Anchor Node...	node id
Anchor Node:	(259681) Node
Grid Node S...	node id
First Node:	(259679) Node
⊟Extrusion	
Extrusion:	none
⊟Pattern Grouping	
Pattern Type:	2 plns sym
Anchor Poin...	node id
Anchor Point:	(259681) Node
First Grid ...	node id
First Grid:	(259679) Node
Second Grid...	node id
Second Grid:	(259682) Node

图 8-24 创建拓扑优化设计变量

Name	Value
Solver Keyword	DRESP1
Name	volume
ID	1
Include	[Master Model]
Response Type	volume
Property	PROP_TOTAL
Property Type	total
Region Identifier	
DREPORT	☐

Name	Value
Solver Keyword	DRESP1
Name	tcomp
ID	2
Include	[Master Model]
Response Type	thermal compliance
Property	PROP_TOTAL
Region Identifier	
DREPORT	☐

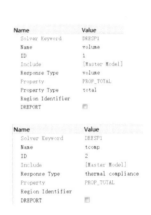

图 8-25 定义响应

Step 03 定义设计约束。通过 Analysis > optimization > dconstraints 面板将体积响应定义为设计约束，上限为 93000 mm^3，原模型体积为 148876mm^3，相当于至少减少 37% 的体积。

Step 04 定义优化目标。通过 Analysis > optimization > objective 面板定义热柔度最小化为优化目标，即在体积减小的情况下保证散热器的散热能力。

Step 05 定义优化控制参数。通过 Analysis > optimization > opti control 面板定义优化参数，最大优化迭代次数为 100 次，离散系数为 3，使得优化后的单元密度尽量向 0 或 1 靠近，如图 8-26 所示。

☑	DESMAX=	100	☐	OBJTOL=	0.005	☐	DDVOPT=	1	
☐	MINDIM=	0.000	☐	DELSIZ=	0.500	☐	TMINPLY=	0.000	
☐	MATINIT=	0.600	☐	DELSHP=	0.200	☐	ESLMAX=	30	next
☐	MINDENS=	0.010	☐	DELTOP=	0.500	☐	ESLSOPT=	1	
☑	DISCRETE=	3.000	☐	GBUCK=	0	☐	ESLSTOL=	0.300	card edit
☐	CHECKER=	0	☐	MAXBUCK=	10	☐	SHAPEOPT=	2	
☐	MMCHECK=	0	☐	DISCRT1D=	1.000	☐	OPTMETH=	MFD	return

图 8-26 优化控制参数

Step 06 提交计算并查看结果。

由 Analysis > OptiStruct 进入提交求解计算界面，选择保存路径，设置 run options 为 optimization，如图 8-27 所示。

优化结果如图 8-28 所示，整个结构是对称的，而且没有出现中空结构，使用铸造等传统工艺即可生产。

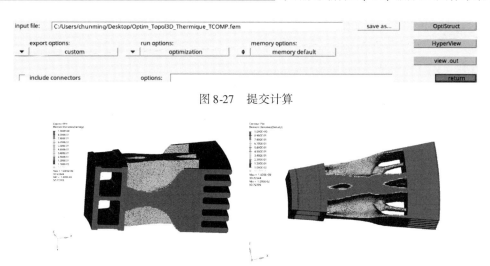

图 8-27　提交计算

图 8-28　优化结果

8.3　基于疲劳工况的优化

8.3.1　疲劳分析简介

疲劳失效是实际结构中最常见的失效方式之一。在某点或某些点承受扰动载荷（应力、应变），且在足够多的循环扰动作用之后形成裂纹或完全断裂的材料中所发生的局部永久结构变化的发展过程，称为疲劳。其显著特点是在远低于静强度的载荷下，结构发生失效。金属疲劳一般分为三个阶段，即裂纹萌生、裂纹扩展和失稳断裂。生产工艺缺陷会导致零件本身就存在细微裂纹，比如粗糙表面以及铸造气孔等。另外，试件承受长时间的周期性载荷，也会逐渐产生微小裂纹。裂纹在扩展过程中会发生融合现象，如两个细微裂纹变成一个较大的裂纹，随后裂纹扩展进入加速阶段，直至失稳断裂。

OptiStruct 现在支持单轴疲劳、多轴疲劳、焊点疲劳、焊缝疲劳、随机振动疲劳以及扫频疲劳分析，详情可参考帮助文档中 OptiStruct 部分 User Guide 中的 Fatigue Analysis 部分。

HyperWorks 2019 版新模块 HyperLife 可以在有限元计算的结果文件基础上计算疲劳寿命。具体思路如下：①得到刚强度等分析的结果文件，并导入 HyperLife，如 h3d 和 odb 文件；②定义 S-N 曲线，HyperLife 中自带常用钢材、铝材等材料的 S-N 曲线；③定义载荷历程；④计算疲劳寿命及损伤。

8.3.2　实例：疲劳工况下的控制臂拓扑优化

本节将以汽车悬架控制臂为例，展示疲劳工况下的优化流程。图 8-29 中，控制臂右侧两个孔被约束，另外上表面中间位置约束一个点的 Z 轴方向位移，该约束主要用于保留约束点附近的材料；左侧孔承受三个方向的载荷，分为三个分析步加载。最后，会以三个静力学分析工况为基础进行疲劳分析。本例中使用的模型为 Control_arm_start. fem 文件。

图 8-29　初始模型

优化三要素

- 优化目标：模型整体体积最小化。
- 设计约束：疲劳损伤。
- 设计变量：图 8-29 中除三个连接孔以外的区域。

操作视频

操作步骤

Step 01 定义拓扑优化设计变量。卡片类型为 topology，主要定义设计空间、疲劳损伤上限值、拔模以及对称约束。以名为 design 的整个 component 为设计空间，设置疲劳损伤上限值为 1.0e-06；设置双向拔模（split）制造约束；因设计区域模型对称，可设置单平面对称（1 pln sym）约束。具体参数如图 8-30 所示。

Create	
Property Type	PSOLID
List Of Properties	1 Properties
Lattice Optimization	
Parameters	
Mindim	
Stress Constraint	
Maxdim	
Fatigue Constraint	damage
damage <	1e-06
MeshType	
Draw	
Draw Type	split
No Hole	
Obstacle	0 Properties
Anchor Node Selection	node id
Anchor Node	(17696) Node
Grid Node Selection	node id
First Node	(15782) Node
Extrusion	
Extrusion	none
Pattern Grouping	
Pattern Type	1 pln sym
Anchor Point Selection	node id
Anchor Point	(36174) Node
First Grid Selection	node id
First Grid	(38338) Node

图 8-30 设计变量

Step 02 定义响应。本案例主要关心模型的整体体积和疲劳寿命，优化设计变量中已将疲劳损伤定义为设计约束，因此创建一个响应即可，响应类型为 volume，如图 8-31 所示。

Step 03 定义优化目标。将模型整体体积最小化设置为优化目标，如图 8-32 所示。

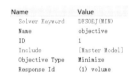

Name	Value
Solver Keyword	DRESP1
Name	volume
ID	1
Include	[Master Model]
Response Type	volume
Property	PROP_TOTAL
Property Type	total
Region Identifier	
DREPORT	

图 8-31 定义响应

Name	Value
Solver Keyword	DESOBJ(MIN)
Name	objective
ID	1
Include	[Master Model]
Objective Type	Minimize
Response Id	(1) volume

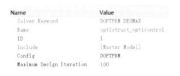

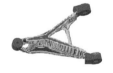

图 8-32 定义优化目标

Step 04 提交计算。通过 Analysis > optimization > opti control > DESMAX 参数将拓扑优化最大迭代次数设置为 100 次，如图 8-33 所示，然后提交计算即可。

Step 05 查看优化结果。拓扑优化结果如图 8-34 所示，可以看出主要传力路径呈人字形，将左侧孔上所受载荷分散到了右侧两个孔上，从而达到力平衡状态。

Name	Value
Solver Keyword	DOPTPRM DESMAX
Name	optistruct_opticontrol
ID	1
Include	[Master Model]
Config	DOPTPRM
Maximum Design Iteration	100

图 8-33 优化控制参数

图 8-34 优化结果

使用 OSSmooth 工具按图 8-35 所示进行设置，根据 .fem 文件和 .sh 文件生成拓扑优化的结果几何文件，为设计人员重新设计结构提供参考。

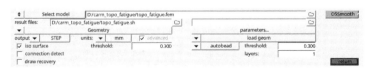

图 8-35 OSSmooth 工具

8.4 工程实例

8.4.1 非线性工况下的发动机连杆自由形状优化

本例展示了基于非线性工况的发动机连杆模型的自由形状优化过程。基本工况如下：连杆大头端两个螺栓施加 28kN 的预紧力，中心固定，在小头端施加 140MPa 的压强来模拟连杆的工作工况。第一个分析步模拟螺栓预紧工况，第二个分析步模拟螺栓预紧并承受轴承力载荷的工况，如图 8-36 所示。

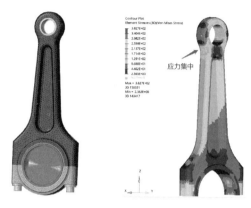

经分析发现，连杆小头过渡圆角处的应力较大，安全系数较低，所以希望通过自由形状优化方法，改变过渡圆角处的形状，从而优化其最大应力。很多情况下，约束和目标可以互换，优化目标的结果可控性低，设计约束可控制性相对高。如果希望优化结果中的某项系统性能参数处于某个范围内，则可以将其设置为设计约束；如果只是希望某个系统性能参数尽可能大或者尽可能小，则可将其设置为优化目标。

图 8-36　模型展示

模型文件中，约束条件、载荷、材料属性和载荷工况（载荷步）已经定义，连杆使用弹塑性材料进行模拟，连杆大头和小头间有定义接触关系，通过摩擦传力，即整个模型中存在材料非线性和接触非线性。本例中使用的模型为 ConRod_start. fem 文件。

优化三要素

- 优化目标：总体质量最小化。
- 设计约束：小头端过渡圆角处应力小于 200MPa。
- 设计变量：过渡圆角处定义的自由形状变量。

操作视频

操作步骤

Step 01 打开 HyperMesh，加载用户配置并导入文件。

Step 02 定义设计变量。

① 进入 Analysis > optimization > free shape > create 子面板。在 desvar 中输入 dv1，单击 nodes 按钮，在图形区选择连杆小头端圆角处的节点。单击 create 按钮，即为已选节点创建自由形状设计变量，如图 8-37 所示。

图 8-37　创建自由形状优化设计变量

② 进入子面板 parameters。单击 desvar 按钮，选择 dv1。在 nsmooth 处输入 10，该参数控制光顺变形单元的层数。在 ntrans 处输入 3，该参数控制模型变形与非变形区域之间的过渡节点数。

在 mvfactor 处输入 0.6，该参数控制模型中单元变形的百分比。direction 选择 unconstrained，不限制变形的方向，即自由变形，如图 8-38 所示。

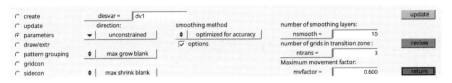

图 8-38　定义自由形状设计变量参数

③ 进入子面板 pattern grouping，定义对称约束。单击 desvar 按钮，选择 dv1。

④ 按〈F4〉快捷键进入 distance 面板，选择小头圆孔上的三个点，单击 circle center，创建中心点。再使用 translate 工具向 X 方向复制平移创建一个点，如图 8-39 所示。

⑤ 在 pattern type 下拉选项中选择 1-pln sym，然后单击激活 anchor node，选择刚才创建的中心点。类似地，激活 first node，选择另一点，单击 update 按钮，完成对称约束定义，如图 8-40 所示。

图 8-39　创建临时节点

图 8-40　创建对称约束

⑥ 单击 return 按钮，返回 optimization 面板。

Step 03 定义响应。为目标定义两个响应：目标质量响应、小头圆角处的应力响应。

① 进入 responses 面板。在 response 处输入 mass，response type 选择 mass。单击 create 按钮创建质量响应。

② 修改 response 处的响应名称为 stress response type 选择 static stress。激活单元选择按钮，框选小头圆角处的单元，如图 8-41 所示。选择 von mises，单击 create 按钮，创建目标单元应力响应。单击 return 按钮，返回 optimization 面板。

图 8-41　创建目标单元应力响应

Step 04 定义设计约束。进入 dconstraints 面板，在 constraint 处输入 stress_200MPa。勾选 upper bound 复选框，并在后面输入 200，控制节点位移不超过 200MPa。response 处选择刚刚创建的响应 stress，loadsteps 选择 Bolt_PreTension_28000N 和 Bearing_Pressure 两个工况。单击 create 按钮，创建最大应力约束。

Step 05 定义优化目标。进入 optimization > objective 子面板，选择 min，response 选择响应 mass。单击 create 按钮，完成目标函数的定义。单击两次 return 按钮，返回 Analysis 面板。

Step 06 提交计算。从 Analysis 面板进入 OptiStruct 面板。在 options 处输入-core in -nt 8，调用计算机内存及 CPU 核数进行计算。单击 OptiStruct 按钮，提交求解，OptiStruct 求解器开始计算。如果计算成功，则 OptiStruct 模型所在文件夹将写入新的结果文件，可以在 .out 文件中检查错误信息。

Step 07 非线性优化结果解读及提取。

a) 查看静态的形状云图

从弹出的 OptiStruct 求解器对话框中单击 Result 按钮，调出 HyperView 查看结果。从 Results Browser 中选择最后一个迭代步。单击工具条上的 Contour 按钮，进入 contour 面板。将 Result type 设为 Shape Change（v），type 设为 Mag，如图 8-42 所示。单击 Apply 按钮，云图显示如图 8-43 所示。

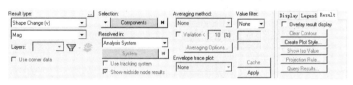

图 8-42　contour 面板

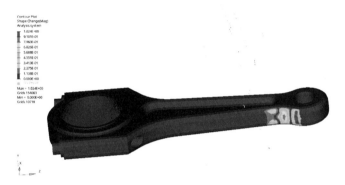

图 8-43　形状变化云图

b) 提取优化结果并分析验证

① 进入 Post > OSSmooth 面板。result files 选择 FEA reanalysis，取消勾选 Iso surface，如图 8-44 所示。

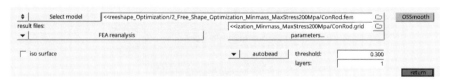

图 8-44　OSSmooth 设置

② 单击 OSSmooth 按钮，程序根据结果节点文件拟合出新的连杆模型，如图 8-45 所示。

③ 单击 return 按钮，返回主面板。进入 Analysis > OptiStruct 面板，将 run options 切换到 analysis。单击 OptiStruct 按钮提交计算，结果如图 8-46 所示，过渡圆角处的应力小于 200MPa。

图 8-45　新的连杆模型

图 8-46　优化结果重分析

对于只存在材料非线性的模型，若要使用自由形状优化来降低应力，可参考 OptiStruct 帮助文档中的 OS-T：5100 Stress Response based on Neuber Correction Method，在优化应力时使用线性工况来代替非线性工况，缩短优化计算时间，优化前后应力对比如图 8-47 所示。Neuber 修改方法以线性分析应力、应变结果为基础，以材料塑性段应力应变曲线为依据，预测实际发生塑性应变时模型的真实应力。该方法中使用 Linear Static 分析类，需要定义材料塑性阶段的应力应变曲线。

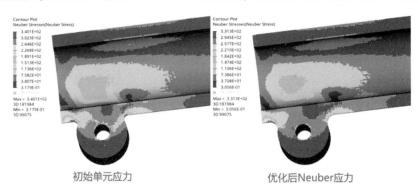

图 8-47　优化前后应力对比

8.4.2　非线性工况下的轮毂拓扑优化

本例将通过一个简化的轮毂模型来展示非线性工况下的拓扑优化过程，模型如图 8-48 所示。本例中使用的模型为 hub_start. fem 文件。

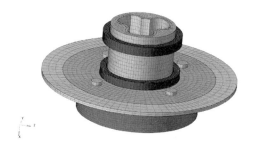

图 8-48　初始模型

优化三要素

- 优化目标：整体加权柔度最小化。
- 设计约束：轮毂体积百分比上限 0.06；制动盘安装法兰体积百分比上限 0.12；万向节壳体积百分比上限 0.40；制动盘设计区域体积百分比上限 0.12。
- 设计变量：轮毂（hub_wheel）、制动盘安装法兰（hub_disk）、万向节壳（hub_joint）、制动盘非装配部分（disk_design）。

操作视频

操作步骤

Step 01 定义拓扑优化设计变量。模型中共有四个设计空间，需要创建四个设计变量。进入 Analysis > optimization > topology > create 子面板进行定义，各设计变量中主要定义最小特征尺寸、中心对称约束以及拔模约束，详细设置如图 8-49 所示。

图 8-49　拓扑优化设计变量

Step 02 定义响应。

① 体积百分比响应类型为 volumefrac，只考虑设计区域的体积变化，详细设置如图 8-50 所示。依次创建对应四个设计空间的体积百分比响应。

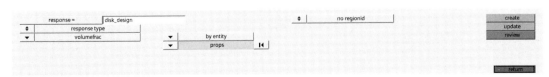

图 8-50　制动盘设计空间体积百分比响应

② 加权柔度响应 weight_c 类型为 weighted comp，选择所有三个工况。

Step 03 定义设计约束。进入 optimization > dconstraints 面板，选择上一步创建的体积百分比响应，分别约束各个设计空间的体积百分比上限：轮毂上限 0.06；制动盘安装法兰上限 0.12；万向节壳上限 0.40；制动盘设计区域上限 0.12。

Step 04 定义优化目标。轮毂优化的主要目标是提高整体的刚度并轻量化，将优化目标设置为 weight_c 响应最小化。

Step 05 优化结果解读及几何提取。

优化后的结果如图 8-51 所示，红色位置为非设计区域。因为定义了 cyc 1-plan 约束，轮毂和制动盘沿圆周阵列特征并关于设计变量中 Pattern Grouping 定义的两个矢量对应的平面对称。

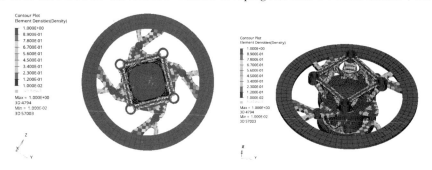

图 8-51   优化结果

优化完成后，若希望得到优化后的几何文件，可使用 Post > OSSmooth 面板，根据 .fem 文件与 .sh 文件进行提取。.fem 文件中包含原模型的结构信息，.sh 文件包含最后迭代所产生的形状信息。

OSSmooth 面板设置如图 8-52 所示，选择优化后的结果文件，单击 OSSmooth 按钮，之后依次，单击 FE-surf、save&exit 按钮，程序自动提取结果几何文件并在结果文件夹中生成 .step 文件。几何结果如图 8-53 所示。

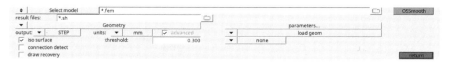

图 8-52   OSSmooth 设置

图 8-53   输出几何模型

第9章

Altair概念设计优化流程与多学科优化工具

9.1 仿真驱动设计

近几十年来，随着计算机技术的飞速发展和数值计算方法的广泛应用，大多数企业已经将数值仿真作为产品设计流程中必不可少的环节，遵循着设计 > 仿真验证 > 物理样机验证 > 产品量产的流程。然而，仅将仿真用于设计方案的验证，将会需要多个设计与验证的循环迭代，这只是仿真的初级使用层次。首先，多次设计变更和仿真验证需要消耗大量的研发时间；其次，仿真验证只能指出当前设计方案的问题，却不能提供有价值的修改建议；最后，由于仿真前后处理的复杂性，仿真工作的节奏远远落后于设计迭代的周期，往往前一轮仿真还未完成，新版本的设计已经发布，此时的仿真结果无法反映最新的设计变更。以上种种原因说明，仅将仿真用于方案验证不能充分发挥它的作用，而且对于研发工作的促进效果比较有限。因此，Altair 公司多年前就提出仿真驱动设计（Simulation Driven Design）的理念，希望仿真和优化能够尽可能多、尽可能早地参与到设计流程中。一方面，在设计早期的优化，可以为整个设计奠定非常好的基础，减少后续细节优化的努力；另一方面，在设计的不同阶段使用不同成熟度的模型，逐级仿真，逐级优化，使产品方案日趋完善。这一流程可以让设计与仿真深度融合，步调一致地促进产品进化。图 9-1 说明了两种设计流程的差异。

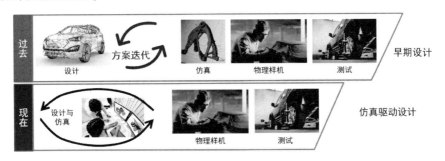

图 9-1　早期设计与仿真驱动设计的差异

要完全释放仿真驱动设计的潜力，在做好各专业学科模拟的基础上，优化技术是至关重要的。只有充分使用优化技术，才能驱动产品设计的不断正向迭代。作为结构优化领域的先行者，Altair 公司在 1994 年发布 OptiStruct 后，从未停止其创新和发展。从功能上讲，OptiStruct 已从传统的结构拓扑、形状和尺寸优化拓展到如今的多模型优化、3D 打印 Lattice 优化、考虑失效安全的拓扑优化等；从工具上讲，已从单一的面向结构工程师的 OptiStruct 发展到面向概念设计师的 Inspire 和面向多学科优化工程师的 HyperStudy；从应用的客户和行业来讲，优化技术的使用者从早期仅有汽车行业，发展到在航空航天、医疗、机械、电子等各行各业几千家客户的广泛使用，设计并实际应用于无数可靠的产品结构。更进一步，Altair 公司将优化思想带入了越来越多的产品，可以说优化技术贯穿了整个 Altair 公司的产品矩阵，覆盖了产品研发的各个阶段，无论是哪个设计阶段、哪个专业都可以找到合适的工具来指导和优化设计方案。图 9-2 展示了各设计阶段可以使用的优化工具及方法。

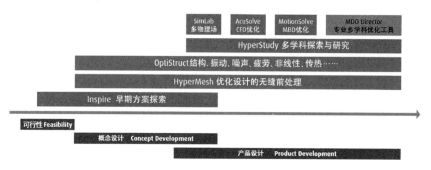

图 9-2　产品研发流程中的优化工具

9.2　概念设计优化流程 Altair C123

产品设计是一个综合学科。当今社会，小到一个零部件，大到成熟的汽车、飞机、火箭，都要在设计中考虑各个学科的需求，涉及功能定义、材料、机械结构、制造工艺、装配等各个环节，设计过程不是一蹴而就的，而是通过严谨、科学的流程实现的。图 9-3 所示为著名的产品开发 V 模型，V 模型最早由 Paul Rook 在 20 世纪 80 年代后期提出，用于软件开发的生命周期管理，

如今已扩展到工业设计、航空航天及汽车应用中。其中，设计阶段要经过需求定义、概念设计和详细设计。现代制造实践已经证明，对于新产品研发，设计阶段决定了 70% ~ 80% 的制造生产率和 70% ~ 85% 的产品成本，而概念设计又占据了其中很大的比重。拿汽车车身设计来说，概念设计决定了车身整体成本的 70%。好的概念设计可以为后期产品设计奠定良好的基础，减少后期详细设计阶段的设计变更次数，从而大量节省开发时间和成本。

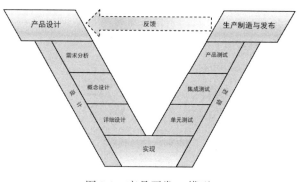

图 9-3　产品开发 V 模型

依托在汽车行业深厚的项目经验，Altair 公司总结出了复杂产品在概念设计阶段的优化流程，我们称之为 C123。顾名思义，这个流程有三大步骤，再加上优化之前的准备工作，一共有四个阶段，分别如下。

- C0 阶段：准备设计空间、整体工况、性能目标等。这一阶段通过应用产品功能设计的要求，决定各主要系统的布置空间，除去功能性部分占用的空间外，其他部分均为设计空间。
- C1 阶段：通过拓扑优化，基于影响整体结构的工况寻找较优的传力路径。在这一阶段先不考虑细节特征，而是通过施加对整体结构有影响的工况，聚焦在结构传力路径的分布上，得到一个或多个可能的路径分布。

- C2 阶段：根据 C1 结果，使用低成熟度的简化模型，快速对方案进行评估和迭代。这一阶段用于构建简化模型，利用梁单元、壳单元、弹簧单元和质量点建模。简化模型的单元数量少，结构简单，从而可以进行非常快速的修改、计算和优化。在 C2 模型上快速对比不同方案的优劣，根据性能改变的趋势对方案进行取舍，最终保留一到两种最可能的方案。
- C3 阶段：根据 C2 结果，构建概念设计模型，进行详细建模，对性能进行优化。对 C2 阶段优选出的方案建立初版 CAD 模型，依照此模型建立细节有限元模型，进行各专业性能的分析、评估和优化，最终交付满足性能目标的概念设计方案。

图 9-4 以汽车车身的概念设计为例展示了典型的 C123 概念设计流程。

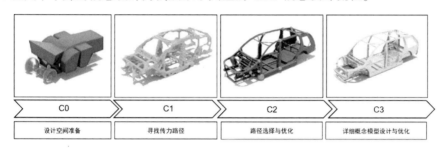

图 9-4　C123 概念设计优化流程

C123 是一套方法论，重点体现的思想是在概念设计阶段从粗略到详细，从整体到局部，通过不断对比、优化探索设计可能性，推动方案逐渐走向成熟。虽然这套方法最初是从汽车行业设计实践中总结发展而来的，但是，C123 的概念和思想可以应用于任何复杂产品的概念设计过程，比如轨道列车车身设计、飞机结构设计等，而且这套方法可以很好地服务于正向设计流程，帮助工程师设计出创新性的产品。下面以白车身概念设计为例简要介绍各个阶段完成的主要工作。

9.2.1　C1 拓扑优化

C1 阶段拓扑优化的主要任务是寻找较优的传递路径，为后续方案创建和结构选型提供参考。既然是拓扑优化，就要解决以下几个问题，

1. 设计空间

对于车身结构来说，在概念设计阶段，可以确定的是内、外造型面和总布置空间。内外造型面组成的空间确定了所有系统可能分布的区域，在这些区域内需要安排一些子系统，如发动机、座椅、门洞、天窗、轮胎包络等，这些地方是不能有结构的。内、外造型面减去子系统空间后剩余的空间，即为设计空间，在此空间上划分网格形成拓扑优化的设计空间。图 9-5 显示了一个外造型面围成的空间和一些子系统的空间。图 9-6 显示了在设计空间上创建的六面体网格。

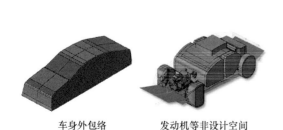

车身外包络　　　发动机等非设计空间

图 9-5　车身外包络和子系统空间

图 9-6　车身拓扑优化设计空间六面体网格

要创建设计空间的网格，最直观的方法当然是先在 CAD 软件中创建出对应空间的几何，然后直接在几何上划分网格。但这一过程操作烦琐，而且很多 CAE 工程师对 CAD 软件并不熟练。HyperMesh 2019 版（即 HyperWorks X）新增了 Voxel 功能，专门针对这种情况快速创建六面体网格，首先选中外轮廓空间，再选中需要排除的子系统空间即可，而且可以建立对称面，创建出的六面体网格还可以通过拖拽的方式修改，非常方便。实际工程中非设计空间的几何（如发动机包络、天窗等系统）也可能发生变化，使用 Voxel 工具可以快速重新生成或调整规则的六面体设计空间。图 9-7 所示为 Voxel 工具的界面，详细操作请参考 HyperWorks X 帮助文档。

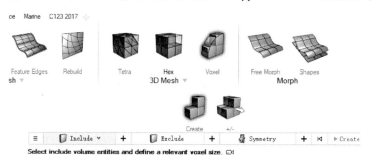

图 9-7　六面体设计空间网格创建工具 Voxel

2. 载荷工况

对于 C1 拓扑优化来说，应该考虑的是对整体结构走向有影响的工况，如整体弯曲和扭转刚度，及各种碰撞工况。部分 NVH 工况也会对较大范围内的结构产生影响，因此也可以把它们添加进来。

虽然 OptiStruct 拓扑优化支持直接基于碰撞工况和 NVH 工况的优化，但是就工程经验而言，这样的设置非常不经济，一方面是因为碰撞工况和动力学工况单次求解的时间太长，另一方面是实际的优化效果可能无法得到保证，所以建议将这两类工况进行简化。动力学工况如动刚度工况，可以简化为单位力加载的惯性释放工况。碰撞工况需要进行线性化。

（1）动刚度工况简化

动刚度工况通过等效静刚度（Equivalent Static Stiffness）工况来简化。它是频响分析，计算时间长，结果曲线处理复杂，不利于快速计算。实践中另一种方法是用等效静刚度来评估，如果等效静刚度提高，那么该点的动刚度也会有很大的概率得到提升，因此，优化等效静刚度近似于优化动刚度。等效静刚度的计算方法是取频响位移曲线 2Hz 处位移的倒数：

$$ESS_i = \frac{1}{D_i} \tag{9-1}$$

式中，D_i 代表在 2Hz 处的频响位移，ESS_i 代表在第 i 个点的单位力作用下的等效静刚度。

式（9-1）仍然是基于频响分析工况的。通过分析发现，如果在激励点施加单位力，运行惯性释放分析，根据柔度值也可以计算等效静刚度，公式为

$$ESS_i = \frac{1}{2C_i} \tag{9-2}$$

式中，C_i 代表第 i 个点施加单位力作用的惯性释放工况下的柔度。

经验证计算可知，两种计算方法得到的结果是一致的，因此在拓扑优化中使用单位力作用下的惯性释放工况来代替动刚度工况。

（2）碰撞工况线性化

所谓碰撞工况线性化，是指把高度非线性的过程分解为几个典型的受力阶段，提取每个阶段的截面力建立静力工况，用静力工况进行优化。以 100% 正面碰撞为例，根据设计空间和总布置，

可以提前规划几个吸能的主要阶段：第一阶段为吸能盒和防撞梁压溃，该时刻绝大部分载荷通过前纵梁向车身后方传递，将截面力提取出来作用在前纵梁截面前端，作为线性化的第一个静力工况；第二阶段为前纵梁前端压溃，该时刻大部分载荷通过纵梁中后部向车身后方传播，将截面力提取出来作用于前纵梁中后段，这是线性化的第二个静力工况；第三阶段为前纵梁已压溃，发动机可能已向后侵入前围板，并与中央通道前端、地板下纵梁前端接触，轮胎大幅向后移动顶住门槛梁前端，该时刻载荷传递有多条路径，包含中央通道、地板下纵梁、A 柱、门槛梁向车身后方传播，将截面力作用于这些位置，作为线性化的第三个静力工况。至此，正面碰撞工况被线性化为三个静力工况，如图 9-8 所示。

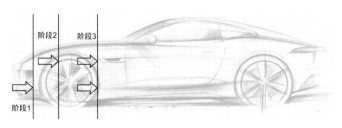

图 9-8　正面碰撞的三个吸能阶段

图 9-9 所示正面碰撞三个阶段提取截面力的位置。每个车身设计都需要结合总布置空间定义合理的吸能和压溃阶段，不一定和示例一样。

同样地，后碰工况也可按吸能阶段线性化为几个静力工况。实际工程中到底分为几个阶段需要结合碰撞吸能空间和工程经验进行规划。对于侧碰和顶压工况，在整个载荷作用阶段，能量的传递路径并未发生明显变化，所以线性化为一个静力工况即可。碰撞线性化的目的并不是用线性静力工况完全取代显式非线性工况，所以不要试图去比较静力

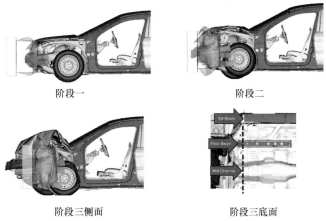

阶段一　　　　　　　　　　　阶段二

阶段三侧面　　　　　　　　　阶段三底面
图 9-9　正面碰撞三阶段提取截面力的位置

工况与显式工况的分析结果。如果希望通过碰撞工况的拓扑优化找到力的传递路径，那么只要线性化工况的载荷传递路径与碰撞工况的路径是相同的，线性化工况的拓扑优化结果就能起到传递碰撞工况下截面力的目的。由于在整个碰撞过程中，不同吸能阶段的传力路径稍有不同，所以每个吸能阶段要分别简化为一个静力工况。综合考虑所有不同阶段的静力工况，拓扑优化的结果就适用于所有碰撞工况。就每一个单一工况而言，载荷的大小不会影响拓扑优化结果，但是对于多工况而言，载荷的大小改变将影响各个工况柔度的大小比例，导致最终的拓扑优化结果发生变化。从这个角度看，各个工况等效载荷的比例大小要比某一个载荷的精确大小更加重要。

另一种碰撞工况线性化的方法是能量法，即根据碰撞的速度和整车的质量，计算出碰撞前的总能量，根据总能量规划碰撞不同阶段车身结构所需吸收的能量和可以利用的压溃距离，再根据能量值计算出截面力的大小。

3. 约束条件和目标函数

拓扑优化中一般常用的做法是把质量最小化作为目标函数，以各专业的性能指标作为约束条

件。对于整体弯扭刚度工况，直接把弯扭刚度目标值作为约束；对于线性化以后的碰撞工况，可以将柔度值作为约束；动力学工况以简化后的等效静态刚度值为约束。

4. 超单元和多模型优化

本节优化关心的是白车身结构部分，但是各学科模型中还会包含车门、发动机、副车架等子系统，如果直接在优化模型中包含这些子系统的详细模型，会占用大量的计算资源，降低计算速度。这时可以使用超单元，将不需要优化的子系统创建为超单元，然后在拓扑优化模型中直接引用，将大大加速优化计算。关于超单元的创建和使用，请大家参考 OptiStruct 求解器的帮助文档。

不同学科的模型在配置上也是不同的，如碰撞线性化模型需要包含发动机、假人的配重，而整体弯扭刚度模型就没有，但是拓扑优化的最终结果应该能够在不同学科模型上面保持一致，这就需要用到 OptiStruct 的另一项技术：多模型优化（MMO）。关于多模型优化的介绍，请大家参考本书第 2 章的内容。

在 C1 阶段拓扑优化的过程中，也可以尝试不同的优化设置，比如分别进行各个学科的拓扑优化。在基于弯扭刚度工况的拓扑优化中，可以看到结构中的哪一部分是用于传递弯扭荷载的；在基于碰撞线性化工况的拓扑优化中，可以观察到不同碰撞工况下能量是通过什么样的路径进行传播的。综合单学科的拓扑优化结果和多模型拓扑优化结果，可以为后续拓扑优化结果的解读和创建 C2 阶段模型提供更多的线索。

图 9-10 所示为基于整体弯扭工况的拓扑优化结果，图 9-11 所示为基于碰撞线性化工况的优化结果，图 9-12 所示为等效静态刚度工况的优化结果。从这三个结果可以分别解读出对于各个学科比较重要的传力路径。图 9-13 所示为同时考虑所有工况的 MMO 结果，可以看出 MMO 的结果能够体现所有单学科工况下的传力路径。

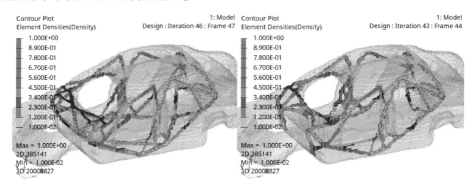

图 9-10　整体弯扭工况的拓扑优化结果

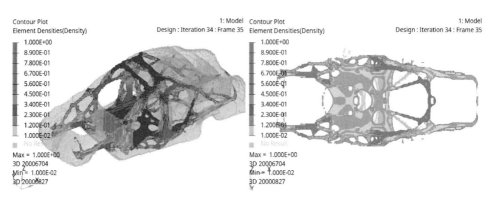

图 9-11　碰撞线性化工况的优化结果

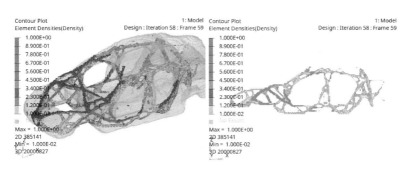

图 9-12　等效静态刚度工况的优化结果

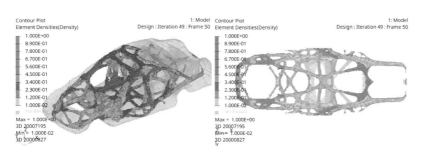

图 9-13　MMO 结果

9.2.2　C2 方案迭代

在 C2 阶段，我们将根据拓扑优化的结果构建简化模型进行路径方案的选择和主要路径上梁截面的选型和优化。简化模型主要是以梁单元和壳单元组成的，它能从总体上反映车身的性能。由于简化模型单元数量少，便于修改，计算速度快，因此可以快速进行传递路径的选择、截面的选型和截面参数的优化。

根据 C1 拓扑优化的结果可以解读出较为明显的传递路径，在这些传递路径的基础上构建简化模型。需要注意的是，拓扑优化结果解读的过程要结合工程经验进行，并不是完全依照优化结果一丝不差地画出简化模型，最后的方案追求的也不是和拓扑优化结果一模一样，只要用 1D 单元能够表示传递路径的存在即可，至于每条梁的粗细、大小等细节可以在后期通过修改梁单元和优化截面参数的方式实现。图 9-14 展示了从拓扑优化结果解读梁单元模型的示例。

大面积的钣金件（如前围板、地板、中央通道、后地板等）在这一阶段可以用形状较为简单的平板代替，也可以将现有的相似零件替换到模型中。梁单元和壳单元通过 BUSH 单元进行连接，图 9-15 展示了一个在拓扑优化基础上创建的梁-壳单元混合模型。

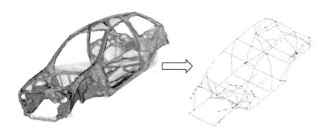

图 9-14　从拓扑优化结果解读梁单元模型

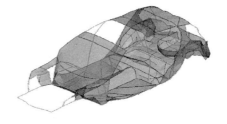

图 9-15　梁-壳单元混合模型

对于 1D 梁单元，有限元求解器并不关心它的真实截面形状是什么样的，只要给定梁的截面参数，如截面面积、惯性矩、扭转常数等，它们就可以参与计算。对于梁单元模型而言，能直接作为优化设计变量的是上述物理参数。那么，要优化白车身截面，一种思路就是直接优化这些物理参数。这种方法在设置上是非常简单的，但由此带来的困难在于后处理。当获得一组最优的截面参数之后，寻找到一种能够满足这组物理参数的真实截面形状会非常困难。因此可以采用另外一种思路——直接基于真实截面参数的优化。对于任意一个真实截面，可以将这个截面中每一部分的厚度、截面的宽高系数和整体形状放大系数作为设计变量，然后构建设计变量与截面物理参数之间的响应面关系。响应面关系最终表现为物理参数与设计变量之间的一个方程，将这个方程引入 OptiStruct，就可以直接优化真实截面的参数，真实截面参数的修改通过方程反映到 1D 梁单元模型的属性中。图 9-16 反映了两种不同截面优化方式的基本流程。

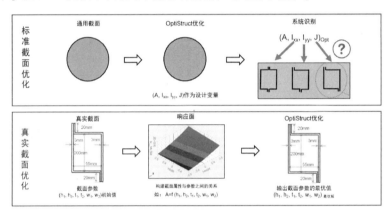

图 9-16　基于物理参数的优化和基于真实截面的优化

当然，在基于真实截面的优化中需要事先构建截面参数与物理变量之间的函数关系。这一关系的精度会影响最终模型的精度，所以需要在构建响应面以后评估响应面的精度。响应面的构建可以通过 HyperStudy 实现。另外，Altair 公司开发了专门的截面处理工具来创建这一过程，目前该工具并未商业化，仅在咨询项目中使用。

另一个非常重要的问题是，对于接头的部分如何简化？可用的方案是用刚性单元、弹簧单元和质量单元组成的模型来代替真实的 2D 单元接头，如图 9-17所示。如何保证这个简化模型能够代替真实的 2D 单元接头呢？方法是通过一个对标过程，调节每个弹簧单元的刚度数值，使简化模型与真实 2D 接头的刚度是相近的。对标完成后，把简化后的 1D 接头替换到车身混合模型中。

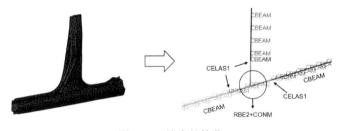

图 9-17　接头的简化

在完成真实截面参数的简化与接头的替换以后，C2 混合模型搭建完成，如图 9-18 所示。接下来可以在混合模型的基础上进行传递路径的选择和截面优化。由于 C2 模型的传递路径由梁单元表示，所以在这个模型上可以非常方便地修改梁单元的走向，甚至添加或删除任意一根路径。修改完模型之后，可以快速地进行一轮优化，根据优化结果的优劣来判断该路径对最终的性能和质量造成了何种类型的影响。如果某一条传力路径的删除或增加造成了目标质量的上升和性能的下降，那么这个修改就应该被否决；反之，应该接受这个修改。当然，具体的修改过程中还要与设计部门讨论工艺与功能方面的影响，进行综合评价。C2 阶段对传力路径的修改和探索是 C123 方法的灵魂，通过对不同方案的分析、优化和评估，可以对设计变更做出快速响应，对结构中任意一条路径的影响也了然于胸。通过这一阶段大量的方案修改、优化和讨论，可以推动设计方案向越来越成熟的方向发展。优化的根本作用之一是帮助工程师理解设计的结构，而不仅仅是以黑匣子的方式给出一个神奇地最优解。

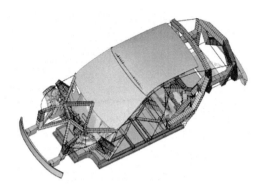

图 9-18　C2 混合模型示例

在 C2 阶段可以通过优化后质量与性能的对比确定每一条传力路径的去留，决定每一次设计方案的更改是否能够通过，最终输出最优的结构框架和真实截面参数（包含厚度、高度、宽度等信息）。基于上述结果，可以进行初版 CAD 模型的创建。

9.2.3　C3 细节优化

在 C2 阶段已经得到了最优的车身结构框架和真实截面参数，基于这个结果与设计工程师合作创建初版概念 CAD 模型，然后可以在此基础上创建细节性的壳单元模型。此时的模型已经是比较详细的了，可以直接进行各个学科的性能分析和验证。如果某个学科的性能不满足要求，那么就需要借助 OptiStruct 的优化功能进行优化，比如进行部分零件的厚度优化、通过局部的形貌优化决定加强筋的布置及通过自由尺寸优化寻找厚度分布等。此外还可以对局部细节进行优化设计，比如优化每个接头内部加强板的分布、形状和厚度。C3 阶段的工作和传统的性能优化是类似的。如果非要说不同，那么首先是当前的工作仍然处于概念设计阶段，对结构还有较大的修改空间。但是由于有了 C1 阶段单个工况下拓扑优化的研究，和 C2 阶段对每一种可能的传力路径的研究，在 C3 阶段进行优化时会更清楚每一个部件的作用和影响，在优化时会更有方向、修改的目标会更加明确。因此，C123 方法大大节省了修改试错的时间。

9.3　C123 概念设计优化流程的应用

需要注意的是，C123 流程是非常灵活的，以上介绍的基本过程只是一个示例。实际使用中一定不要拘泥于 C1、C2、C3 阶段的名称和各阶段的工作分工，不需要明确要求每个阶段的开始和结束。人为划分为三个阶段只是为了便于表述，实际中每个阶段可以没有界线，甚至它们之间可以相互融合、反复迭代；可能在 C2 模型的中期发现局部路径不合理，再返回 C1 进行局部拓扑优化；也可能在 C3 阶段有了布置空间变更，回到 C0 修改设计空间，再快速进行拓扑优化并与 C2 方案对比；还可以在 C2 模型的局部进行详细建模，构建混合模型，更早地进行专业学科的仿真，这些都是可能的使用方法。

当然 C123 这个流程也不是完美的，每个阶段都有很多可以改进的地方，但是对于工程应用而言是一个可行的方法。在应用到复杂产品的设计中时，可以根据需要进行修改。思考下面的问题。

（1）C1 阶段

拓扑优化可以考虑哪些工况？拓扑优化中各部件之间的连接有没有更简单的方法？

拓扑优化过程中单工况和多工况优化之间的差异该怎么理解？是否可以通过调整工况的约束

条件来研究传力路径的变化？

优化结果的解读有没有更好、更快的建模方法？在 Inspire 2019 中提供了根据拓扑优化结果自动构建光滑的 PolyNURBS 实体的方法，可以应用到拓扑优化的后处理。

（2）C2 阶段

如何快速地构建真实截面参数与梁单元截面属性之间的响应面？

如何保证响应面的精度？

哪些接头需要重点关注？如何简化才能保证接头的精度没有损失？

如何提高混合模型的精度？

怎样快速地进行传力路径修改、增加和减少的研究？如何与设计部门无缝配合？

（3）C3 阶段

C2 的结果能够快速实现为 CAD 模型吗？如何节省这个时间？

如果部分专业的性能不满足目标，有固定的流程方法进行快速改进吗？

如果在 C3 阶段发生了设计变更，怎么在工作量最小的情况下修改方案？

以上提到的种种问题仅仅是使用过程中的几点思考，每位工程师都可以在工作中针对自己的产品提出不同的问题，我们希望各位读者能从这一流程中得到启发并灵活应用相关的优化思想。理解之后，对于任何优化问题，都可以有思路和方法，做到无招胜有招。

9.4　多学科优化

产品概念设计阶段完成后就进入详细设计阶段，在这一阶段，传统的做法是各个学科分别按照各自的专业要求进行优化设计。以汽车结构设计为例，涉及 NVH、碰撞、疲劳耐久、CFD、电磁等专业，每个专业分别按优化结果提出修改方案后，再通过协商解决设计更改问题。然而，各个学科的修改方案有很大的概率是相互冲突的，要在各个学科之间通过工程经验、开会讨论的方式进行协调是非常困难的。以图 9-19 的一小段梁模型为例，假设需要考虑三个学科的专业要求，学科一是挤压工况，学科二是 NVH 动力学工况，学科三是疲劳耐久工况。

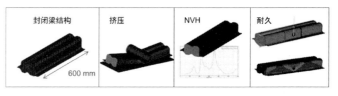

图 9-19　梁模型及其工况

若将挤压、NVH 和疲劳耐久的性能指标都设置为小于 1，基准模型在这三种工况下的性能数值分别为 0.91，0.79 和 0.86，基准模型的质量为 1。在单学科优化模式下的结果见表 9-1 。可以看出，仅考虑碰撞专业（挤压工况）的优化，那么 NVH 和疲劳耐久的性能将会超标；仅考虑 NVH 的优化，那么碰撞和疲劳耐久的指标将达不到要求；同理，仅考虑疲劳耐久工况的优化，挤压的响应不能达到要求。

表 9-1　梁模型单学科优化结果

	基准模型	单学科优化		
		挤压	NVH	疲劳耐久
挤压响应	0.91	1	1.41	0.81
NVH 响应	0.79	6.54	1	4.06
耐久响应	0.86	1.98	2.18	1
目标函数（质量）	1	0.48	0.53	0.72

如何解决这样的问题？答案是引入多学科优化，即在同一个优化流程中，考虑所有学科的设计变量和性能约束要求。本节将以车身结构优化为例介绍基本的多学科优化流程方法和 Altair 多学科优化工具 MDO Director。

9.4.1 多学科优化一般流程

在各专业学科的分析模型准备好以后，可以着手进行多学科优化。一般的多学科优化流程如图 9-20 所示。首先是基于各专业的基准模型创建设计变量。每个学科都有自己不同的设计变量，也有共同的设计变量，而它们实际上对应的是同一个车身结构，共同设计变量必须保持一致。因此，按照每个学科的要求选出设计变量后，需要将共同的设计变量同步起来。其次进行 DOE（试验设计）分析。DOE 分析的目的是研究每一个设计变量对各自性能指标的影响，有的设计变量对性能影响很大，有的设计变量则几乎没有影响。需要筛选出那些影响大的设计变量，在后期优化中重点关注，然后基于筛选出的设计变量构建响应面模型。响应面模型就是数学替代模型，也可以说是降阶模型（Reduce Order Model），它把真实的性能指标与设计变量之间的关系用一个数学函数表达出来。这个数学函数可以用于以后的优化计算和预测。接下来基于响应面模型进行多学科优化。由于响应面模型的计算速度非常快，因此可以快速得到最优解。最后，需要将最优方案代入模型用求解器进行验证计算。由于响应面模型存在误差，基于响应面得到的最优解可能在约束条件和目标函数上与真实值有一定的差距，因此需要验证。如果验证通过，就可以采纳该方案；如果验证后不满足，那么就要返回调整响应面的精度或者更改约束条件，重新进行优化计算和验证。

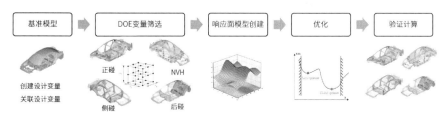

图 9-20　多学科优化流程

多学科优化是一个复杂的多人合作项目，存在许多困难。首先，就模型而言，多学科优化往往涉及三个甚至更多的模型，模型的搭建与变量同步设置需要大量烦琐的人为操作，非常容易出错。计算结果数据量庞大，对数据进行分析和后处理会花费大量时间。其次，就设计变量而言，每个学科都有众多的设计变量需要进行研究，如果直接考虑所有设计变量的组合，则随着设计变量个数的增加，组合的个数会爆炸性地增长，从而变得无法计算，这就是所谓的维数灾难。然后，就资源而言，部分专业的单次计算需要大量的计算资源（CPU、内存和硬盘）和时间，比如整车碰撞往往需要占用十多个 CPU、耗时十几个小时，而项目所能使用的硬件资源是非常有限甚至是不足的。除此之外，项目的时间节点往往非常紧张，无法承受过多的试错研究。因此，需要用更加经济高效的方法完成多学科优化。

9.4.2 多学科优化工具 MDO Director

针对多学科项目中的痛点，Altair 公司结合众多车身多学科优化项目的工程经验，开发了专门的多学科优化工具 MDO-D（Multi-Disciplinary Optimization Director）。这一工具目前需要单独购买，并建议与咨询项目一起实施。MDO-D 无缝集成于 HyperWorks 软件中，它提供了一个半自动化的流程和全可视化的环境以减少 MDO 设置的复杂度，使团队能够在一个友好且高效的环境中将设计导入实际项目中。图 9-21 展示了 MDO-D 的操作界面，左侧是树形导航，右侧是图形区域，下方是主要面板操作区域。

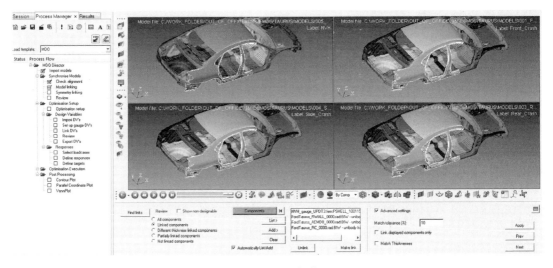

图 9-21　MDO-D 操作界面

MDO-D 的主要功能如下。

（1）多学科模型同步

不同学科的模型按不同的专业标准创建，车身上的同一零件在各专业模型中的编号、属性、材料可能不尽相同，但是在优化中是必须保证一致的，所以在 MDO 中需要将相同零件关联起来。MDO-D 提供了自动搜索、自动识别相同零件的方法。在界面中同时导入多个模型，如碰撞、NVH 等模型，运行自动搜索，可以识别到不同模型中的相同零件，并在它们之间创建关联关系。还有一类需要关联的是对称零件，MDO-D 同样可以自动识别，图 9-22 显示了它在四个模型中找到了各自的对称零件。当然，对于未能正确识别出的零件，也支持手动选择零件后强制进行关联。

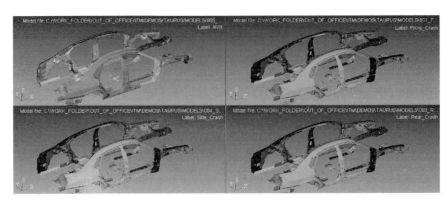

图 9-22　MDO-D 自动识别对称零件

（2）多学科优化模型设置

MDO-D 2019 版本只支持厚度变量的设置。在设置优化设计变量时，MDO-D 支持直接以文本文件的方式导入设计变量，也可以直接在图形窗口中用鼠标框选想要优化的零件进行批量创建。同时，它还支持定义设计变量之间的依赖关系，这在定义激光拼焊板不同区域之间的厚度关系时非常有用。变量定义完成后，使用表格进行查看。如图 9-23 所示，当选中表格中的变量时，图形窗口中的零件会被自动高亮显示出来，这大大方便了设计变量的检查。响应定义方面，MDO-D 支持直接以文本文件的方式导入响应。传统多学科优化软件在设置时需要直接编辑文本文件，非常容易引入错误，图形化的设置和检查操作降低了这种错误发生的概率。

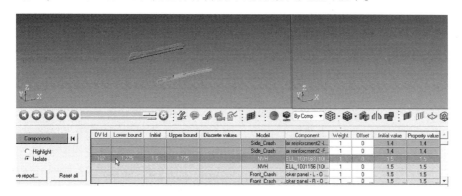

图 9-23　零件自动高亮显示

（3）计算资源规划

MDO 流程需要的计算量大，硬件资源的需求大，而实际项目的时间紧迫，所以非常有必要事先进行规划。在一定的硬件资源（主要是 CPU 核数）中，如何保证在有限的时间内得到一组可用的结果？MDO-D 提供了相应的计算规划功能，输入每个任务计算可以使用的 CPU 个数、每个任务的计算时间，以及总共规划的计算次数，MDO-D 会自动计算出总的计算时间。这里总计算次数一般定义为设计变量的整数倍，如 2N、4N、6N 等，N 为设计变量个数，如图 9-24 所示。

Label	Subcase	CPU#/ Run	Hours/ Run		Design Variables (N)	Runs	CPU Hours		
NVH	All	4	4	...	56	2N	912.0		
Side_Crash	Crash_Side	32	12	...	26	N	10752.0	CPU's available:	500
Front_Crash	Crash_Front_ODB	32	12	...	26	N	10752.0	Total CPU days:	2.8
	Crash Front RW	...	32	12	...		10752.0		

图 9-24　计算时间规划

DOE（Design of Experiment，试验设计）算法方面，MDO-D 引入了最新的 MELS（Modified Extensible Lattice Sequences，修正的可扩展网格序列）法，这种算法可以在设计空间内生成更加均匀的采样点，并且在一次 DOE 完成之后，可以非常方便地添加更多的采样点。采样点的数量和设计变量个数相关，设计变量数量越多，每个 DOE 需要进行的计算次数就越多，需要的计算资源和时间也就越多。MDO-D 引用 sub-space 子空间技术，对每个专业模型中涉及的独立设计变量分别安排 DOE，这样可以大大降低总的计算次数。

MDO-D 可以自动写出可计算的 HyperStudy 模型，用户无须打开 HyperStudy 就可以将设置好的多学科优化的 DOE、响应面和优化提交计算，极大地方便了 MDO 的计算过程。

（4）数据后处理

对于 MDO 来说，数据分析的作用是非常重要的，甚至比优化计算本身还要重要。因为毫无规划地、盲目地把所有设计变量直接提交给计算机求解是不负责的，往往也不会得到好的结果。

MDO-D 可以直观地显示数据是否有异常，响应面的质量是否过关，并在表格中用不同的颜色和字符显示出来。图 9-25 显示了针对四种不同的专业模型进行 DOE 分析的数据完整性 Integrity 和响应面质量 Quality。对于 DOE 来说，PASS 表示数据没有出现异常，绿色底纹；FAIL 表示有计算错误或提取错误，红色底纹；CHECK 表示有数据异常（大或者小）。对于响应面来说，PASS 表示交叉验证的误差可接受，绿色底纹；FAIL 表示交叉验证的误差较大，红色底纹。

Label	Subcases	○ Skip	○ Runs	○ Report	⦿ Fit	Integrity	Quality		
NVH	All	○	○	○	⦿	PASS	FAIL		Create
Side_Crash	All	○	○	○	⦿	PASS	FAIL		Review...
Front_Crash	All	○	○	○	⦿	PASS	FAIL		
Rear_Crash	All	○	○	○	⦿	PASS	FAIL		
									Open HyperStudy

图 9-25　DOE 和响应面质量评估

优化计算完成后，MDO-D 可以用云图的方式显示零件的厚度分布和质量分布、零件对响应的线性主效应、设计变量相对其上下限的比值（取上限为 1，下限为 0）。根据厚度云图可以直观地看出零件的厚度分布，根据质量云图可以看出零件的重量分布，根据主效应云图（见图 9-26）可以分析每个零件对特定响应的影响大小，而设计变量云图可以看出每一个零件厚度的取值在其取值范围内的位置。

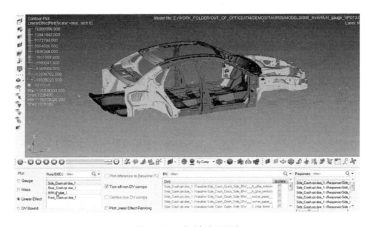

图 9-26　主效应云图

MDO-D 支持两种多学科优化模式：i-MDO 和 a-MDO。所谓 i-MDO 是指以线性工况为基础进行优化，然后利用非线性工况进行检查和校正，重复这一过程直到得到较优的方案。由于线性工况计算的速度非常快，所以这个流程可以快速迭代，适用于项目时间紧张的情况。而 a-MDO 是指在优化中同时考虑线性工况和非线性工况，这种优化往往是首先运行 DOE 分析构建响应面，然后基于响应面模型进行优化。在项目时间充足的情况下，可以用更多时间进行详细的 DOE 研究，更有针对性地进行优化。

MDO-D 作为可视化和流程化的多学科优化设置、规划和分析工具，可以在整个流程中灵活使用，充分结合 DOE 的设计变量探索和响应面 trade-off 权衡进行研究。当然，仅仅依靠这一个工具是不足以完成复杂的多学科优化项目的。实际项目中，需要根据时间安排合理进行变量的 DOE 分析工作，在设计变量选择和响应的选择方面谨慎考虑。另外，在系统运行 DOE 和优化计算的同时，各专业工程师应该借助优化方法结合工程经验，从局部加强、连接、材料选型等方面同步进行性能的改进。最后，不能忽视的一点是 MDO 项目需要仿真、IT、制造工艺、设计、项目管理各专业的紧密合作。

第 10 章

HyperStudy简介与理论基础

10.1 HyperStudy 简介

HyperStudy 是多学科的设计探索、研究以及优化软件。通过使用试验设计、拟合模型、优化算法，HyperStudy 可以创建可变设计、管理计算以及收集数据。它可以帮助用户理解数据趋势、权衡设计、优化设计性能以及提高鲁棒性。HyperStudy 无缝嵌入在 HyperWorks 平台中，用户界面非常直观，即使是非专业用户也可以使用它完成设计探索。本书介绍的内容不仅包括基础操作，还包括了很多额外的技巧和高级内容。另外，可以从 NAS 网盘中下载 Altair 公司的各种视频教程，包括 Templex 系列视频教程、HyperStudy 的 tutorial 系列视频教程和 HyperStudy 的基础培训教程。第 5 章介绍的 HyperMorph 也是 HyperStudy 创建形状变量的基础，这部分也提供了丰富的教学资料和视频。

进行设计探索为的是改进设计。比如要改进图 10-1 所示的零件。每改一个设计变量就会得到一个新的设计，最终可以得到大量的不同设计，如图 10-2 所示，称之为设计空间。如果可以尝试所有的可能设计，当然可以找出最好的设计。但是这通常是不可能的，这时需要一个高效的方法帮助我们找到更好的设计。

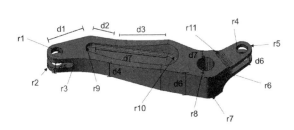

图 10-1　待改进零件

图 10-2　设计空间

在结构设计领域，OptiStruct 中的拓扑优化通常是最有效率的结构创新设计方法，如果可能应该优先考虑。但是如果模型涉及 OptiStruct 无法求解的问题，比如流体、电磁场等，可以使用 HyperStudy 进行尺寸（参数）和形状优化。另外，OptiStruct 的优化算法都是基于梯度的，而 HyperStudy 提供了更多的优化算法，有时可以找到比 OptiStruct 更好的优化结果。

HyperStudy 是一个通用的设计探索工具，如图 10-3 所示，不仅和 HyperWorks 中的软件无缝衔接，还可以和外部软件联合使用。用户也可以使用自己编写的求解器。

图 10-3　和外部软件联合

10.1.1　应用领域

HyperStudy 应用范围非常广。从功能上来说可以包括试验设计分析、响应面构建、单模型优化、多模型优化、多学科优化、随机性分析。从学科来说，没有显著的学科限制。实际上要使用 HyperStudy 进行设计探索，只需要满足以下三个条件。

1）HyperStudy 可以识别计算结果。HyperStudy 使用 HyperGraph 的读取接口，可以识别大部分商业有限元软件的计算结果，也可以识别任意的文本文件或者 Excel 表。

2）HyperStudy 可以改变模型中的设计参数。有限元软件基本上都是文档输入文件，所以这方面不存在问题。HyperStudy 也对很多以二进制文件作为输入文件的求解器进行了定制开发，例如 ANSYS Workbench。

3）求解器支持后台命令提交求解，也就是通过无人工干预的方式进行任务提交，比如 DOS 窗口提交。

10.1.2　用户界面

HyperStudy 图形界面如图 10-4 所示，操作方式主要是先单击左侧探索区树状结构中的项目，然后在右侧出现的界面下进行相应的设置。在 HyperStudy 中，可以通过单击 View > Language 切换界面语言。

图 10-4　HyperStudy 图形界面

- 菜单栏：进入 HyperStudy 不同功能。
- 工具栏：包含一组图标和控件，它们是许多菜单命令的快捷方式。
- 目录：是一个树状结构，包含了各种 approach。
- 工作区：主要的操作区域。

- 消息区：显示各种警告和错误信息。
- 状态栏：显示各种即时信息和操作提示。

10.1.3 操作流程

如果把求解器看成一个黑盒，求解流程如图 10-5 所示。通常求解器读入的模型是不变的，而且结果只输出一次。而 HyperStudy 通常需要创建大量不同的模型进行分别求解并提取计算结果进行分析或优化。以优化为例，HyperStudy 的流程如图 10-6 所示。

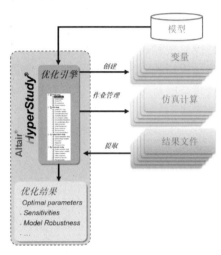

图 10-5　求解流程　　　　　　　　图 10-6　HyperStudy 优化流程

HyperStudy 的优化引擎会根据计算结果反复修改设计变量，直到优化完成。实际上 Hyper-Study 并不知道求解器是怎么计算模型的，对 HyperStudy 来说求解器确实是个黑盒。

10.2 HyperStudy 中的方法

HyperStudy 的功能可以分为四种类型：试验设计（DOE）、近似模型、优化、随机性分析。这四个模块可以独立工作，也可以有继承关系，无论要做的工作是其中一种或者多种，都需要一个或多个输入文件，输入文件可以是 HyperMesh 等前处理软件来提供，也可以是一个 templex 参数化文件。具体可以参考图 10-7。

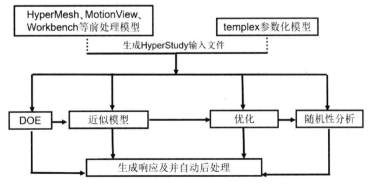

图 10-7　HyperStudy 工作流程

10.2.1 试验设计

试验设计就是对试验进行科学合理的安排，以最少的人力、物力和时间，最大限度地获得丰富而可靠的资料，应用统计方法来解决问题。其主要方法是通过各种 DOE 算法得到设计变量的组合，如图 10-8 所示，由 HyperStudy 自动修改参数，批量生成设计模型进行计算，目的是以最少的计算次数研究参数的影响，由后处理中的数据分析工具帮助识别最重要的参数。

10.2.2 近似模型

响应面是某种数学表达式，如图 10-9 所示，通常是将现有的计算数据或者试验数据拟合成特定数学表达式并验证其精度，目的是代替有限元等计算或者试验，后续设计变量修改时可以通过响应面直接获取新的响应值。也可以基于响应面调用优化引擎进行优化设计。

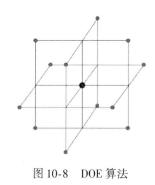

图 10-8　DOE 算法

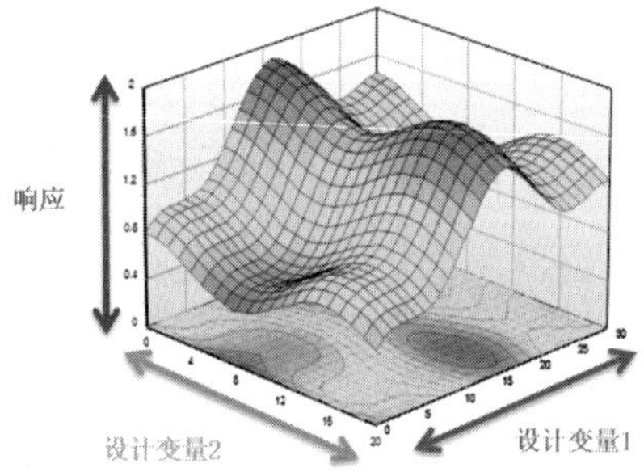

图 10-9　响应面

10.2.3 优化方法

优化就是通过 HyperStudy 的优化算法不断驱动设计变量的修改并检查关心的响应。目的是得到最佳的设计。HyperStudy 既支持离散变量也支持连续变量，既支持确定性优化也支持基于可靠性的优化。图 10-10 所示为二变量单目标约束优化的示意图。

HyperStudy 提供多种优化算法，既支持单目标优化也支持多目标优化，图 10-11 所示为多目标优化的优化结果。

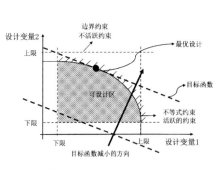

图 10-10　约束优化示意图

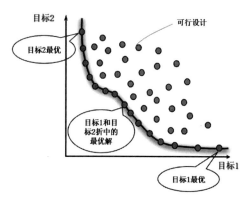

图 10-11　帕雷托前沿

10.2.4　随机性分析

随机性分析主要关心包含随机性的问题，这时的设计变量不再是一个确定值（如设计变量是一个正态分布），那么可以通过随机性分析获取计算结果的分布，如图 10-12 所示。此外，还可以基于随机性进行设计优化。

如果优化时不考虑随机性，优化算法总是尽可能地利用约束条件，最终得到的设计刚好处于可行设计域的边界。如果应力约束是 100MPa，那么最终得到的设计方案最大应力很可能就是 100MPa，如果原材料的许用应力是一个均值为 100MPa、方差为 1MPa 的正态分布，那么产品中实际上有一半是废品。设计人员通常的解决方案是给一个较大的安全系数来确保产品的安全性。随机性分析可以以定量的方式给出产品失效的风险。

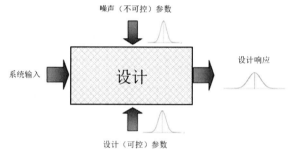

图 10-12　随机性分析

第 11 章

建立HyperStudy模型

上一章介绍了 HyperStudy 的主要功能和应用，无论后续要进行 DOE 还是响应面拟合，抑或是多学科优化和随机性分析，第一步都必须把待研究的模型加入 HyperStudy 项目中，并完成以下操作。

1）定义变量。

2）HyperStudy 根据参数化文件重新生成求解模型。

3）HyperStudy 调用求解器进行试算。

4）从结果文件中提取结果并定义响应。

这几个步骤统称为 **Model Setup**（建立 HyperStudy 模型）。其中，第 2）步是 HyperStudy 在后台完成的，不需要人工干预。整体流程如图 11-1 所示。

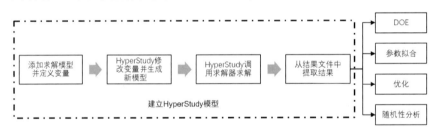

图 11-1　HyperStudy 整体流程

Model Setup 是后续所有步骤（DOE、优化等）的基础，必须保证准确无误，否则计算将无法完成。本章将聚焦在 Model Setup 这一步骤，介绍以下内容。

1）注册求解器的方法。

2）HyperStudy 支持的模型类型及参数化方法。

3）添加模型和变量的方法。

4）编辑变量属性的方法。

5）提取结果和自定义响应的方法。

Model Setup 的子步骤可见用户界面中的模型浏览器，包括 Define Models（定义模型）、Define Input Variables（定义输入变量）、Test Models（测试模型）和 Define Output Responses（定义输出响应）。

11.1　求解器注册

定义模型时需要确定所用的求解器。无论将什么模型添加到 HyperStudy 研究任务中，都要保证求解或处理该模型的求解器可以被 HyperStudy 正确调用。本节将介绍 HyperStudy 支持的求解器类型及求解器的注册流程。

11.1.1 支持的求解器类型

HyperStudy 安装完成后会自动配置部分求解器，包括 HyperWorks 平台下的 Radioss、OptiStruct、MotionSolve、HyperXtrude、HyperMesh Batch 模式、HyperMesh BatchMesher、HyperWorks 前后处理、HV Trans 结果转换器、Lookup 文件读取，还包括三种编程语言解释器 Python、Tcl 和 Templex。具体如图 11-2 所示。

	Label	Varname	Type	Preference	Path	
1	RADIOSS	radioss	Radioss	HyperWorks	C:/Program Files/Altair/2019/hwsolvers/scripts/radioss.bat	
2	OptiStruct	os	OptiStruct	HyperWorks	C:/Program Files/Altair/2019/hwsolvers/scripts/optistruct.bat	
3	MotionSolve	ms	MotionSolve	HyperWorks	C:/Program Files/Altair/2019/hwsolvers/scripts/motionsolve.bat	
4	Python	py	Generic	HyperWorks	C:/Program Files/Altair/2019/common/python/python3.5/win64/python.exe	
5	Tcl	tcl	Generic	HyperWorks	C:/Program Files/Altair/2019/hw/tcl/tcl8.5.9/win64/bin/tclsh85.exe	
6	Templex	templex	Generic	HyperWorks	C:/Program Files/Altair/2019/hw/bin/win64/templex.exe	
7	HyperXtrude	hx	Generic	HyperWorks	C:/Program Files/Altair/2019/hwsolvers/scripts/hx.bat	
8	HM Batch	hmbatch	Generic	HyperWorks	C:/Program Files/Altair/2019/hm/bin/win64/hmbatch.exe	
9	HM BatchMesher	hmbatchmesher	Generic	HyperWorks	C:/Program Files/Altair/2019/hm/batchmesh/hw_batchmesh.bat	-nocmd_win
10	HyperStudy Batch	hstbatch	Generic	HyperWorks	C:/Program Files/Altair/2019/hst/bin/win64/hstbatch.exe	
11	HyperWorks	hw_exe	Generic	HyperWorks	C:/Program Files/Altair/2019/hw/bin/win64/hw.exe	
12	HV Trans	hvtrans	Generic	HyperWorks	C:/Program Files/Altair/2019/io/result_readers/bin/win64/hvtrans.exe	
13	None	HstSolver_None	None	Internal	C:/Program Files/Altair/2019/hst/bin/win64/hstsolver_none.bat	
14	Lookup Solver	HstSolver_Lookup	Lookup Solver	Internal	C:/Program Files/Altair/2019/common/python/python3.5/win64/python.exe	"C:/Program Files

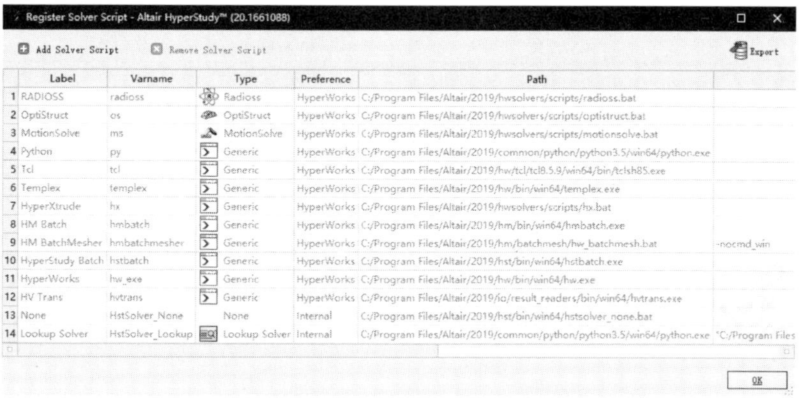

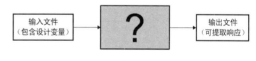

图 11-2 默认求解器

HyperStudy 作为求解器中立的多学科设计探索、研究和优化平台，不在上述列表中的求解器如何才能被调用呢？不妨先思考何为求解器。如图 11-3 所示，求解器的本质是接收输入文件，经过运算或处理输出结果文件的计算机程序。对于 HyperStudy 来说，求解器可以看作一个黑盒子，它不关心这个黑盒子内部是如何运行的，只负责把带设计变量的输入文件传递给程序，启动求解器，读取结果文件这三件事情。从这个意义上讲，运行在操作系统中的任意代码或程序都可以看作求解器，如 CAE 求解器、可执行程序、Windows 批处理程序（.bat 脚本）、Python 脚本、Microsoft Excel 表格等。

图 11-3 求解器示意图

那么可以被 HyperStudy 调用的求解器要满足什么条件呢？对应上一段描述，求解器要完成的三件事情依次如下。

1）传递带设计变量的输入文件：这要求求解器能够接收一个 ASCII 的文本文件作为输入模型或者计算参数，常见 CAE 求解器（如 OptiStruct、Radioss、Abaqus、Nastran、DYNA 等）的模型文件（如 .fem、.rad、.inp、.bdf、.k）都是文本文件。

2）由 HyperStudy 启动求解器：这要求求解器可以用命令方式启动，最好是无须显示用户界面、无须人工干预就可以运行完毕，因为在 DOE 或优化过程中，人为介入意味着必须有人值守，这对于动辄几十次甚至上百次的仿真求解而言，是不太现实的。

注意： 不允许人工干预并不是绝对的，如果需要，HyperStudy 也支持人工干预求解过程。第 16 章技术专题介绍了自行车设计 DOE 过程中通过人机对话引入主观评价的例子，大家可以参考。

3）读取结果文件：这一条要求结果文件必须是 HyperStudy 支持的格式，以从结果文件获得响应。HyperStudy 支持的结果文件主要有两类：一类是 HyperView 和 HyperGraph 软件具有直接接口的结果文件，包括主流 CAE 求解器的结果（见表 11-1 和表 11-2）；第二类是文本文件，Hyper-Study 通过关键字读取。

表 11-1　HyperView 支持的结果文件

求解器	文件格式/扩展名	求解器	文件格式/扩展名
Nastran	. op2, . xdb	Radioss	. A00
Abaqus	. odb	OptiStruct	. opt, . h3d
ANSYS	. rst, . rth, . rmg	HyperMesh RES	. res
I-DEAS	. unv	Altair Hyper3D	. h3d
LS-DYNA	. d3plot, . intforc	Animator DB	. a4db
MARC t16	. t16	MotionSolve	. mrf
MOLDFLOW	. udm	ADAMS	. gra, . res
NIKE 3-D n3plot	. n3plot	Altairflx	. flx
PAM-CRASH	. dsy, . ERHF5, . dsy. fz, . erfh5, erf. fz	DADS	. def, . bin
MADYMO	. kin3, . kn3	Altair Hyper3-D	. h3d

表 11-2　HyperGraph 支持的结果文件

求 解 器	文件格式/扩展名	求 解 器	文件格式/扩展名
Abaqus	. odb	Dyna BINOUT	BINOUT
ASAM ODS	. ATFX	Altair H3D	. h3d
AcuSolve Log	. log	HDF4	. HDF
Adams	. REQ, . ADM, . RES	HyperGraph	. hgdata
Column Data	. dat	Helioss	. lst
DADS Graph	. BIN	HyperMesh Result	. res
DIAdem	. DAT, TDM, TDMS	TiemOrbit	. but
Nastran	. op2, . pch, . f06	MotionSolve	. plt, . mrf
PAM-CRASH	. DSY, . erfh5, . THP	Radioss	* T01, thy
Nastran	. op2, . pch	System Performance Data	. spd
Altair Binary Format	. abf	Universal Block 58, Universal Output	. UNV, . XRF
OSACII	. cntf, . force, . gpf, . out, . rengy, . spcf	ISO 13499, ISO 6487, ISO-MME 13499	. ISO, . iso, . MME

综合以上要求可以看出，市场上主流的第三方有限元求解器 MSC Nastran、Abaqus、ANSYS、LS-DYNA 等都满足这三个条件。更一般地，对于任意接收模型文件、计算处理后生成结果文件的程序或代码，都可以注册为求解器。对于包含多个步骤的复杂处理过程，可以通过 Windows 系统的 . bat 批处理文件或 Python 脚本串联起来，然后再将批处理脚本或 Python 脚本注册为求解器。

11.1.2　求解器注册流程

1. 求解器命令测试

对于满足要求的求解器、脚本或程序，要注册到 HyperStudy 中作为求解器，建议首先在 Windows 命令行窗口对命令进行测试，以保证该求解器在运行过程中可以被 HyperStudy 正确调用。

测试前准备好需要求解的模型文件，查询对应软件的帮助文档，找到相应的启动命令。一般在帮助文档中有单独小节（类似运行选项 Run Option 或批处理模式 Batch Mode 等）说明调用命令。图 11-4 和图 11-5 所示为 OptiStruct 和 HyperMesh 在帮助文档中对于启动命令的描述。

From a Script

To run on Unix from the command line, type the following:

`<install_dir>/altair/scripts/optistruct "filename" -option argument`

To run OptiStruct from a Windows DOS prompt, type the following:

`<install_dir>/hwsolvers/bin/win64/optistruct.bat "filename" -option argument`

The options and arguments are described under Run Options.

图 11-4　OptiStruct 运行选项

Example: Startup Options

Windows

`<altair_home>/hm/bin/<platform>/hmbatch.exe -tcl /home/user/my_script.tcl`

Linux

`<altair_home>/altair/scripts/hmbatch -tcl /home/user/my_script.tcl -nobg`

图 11-5　HyperMesh 运行选项

下面以 OptiStruct 为例说明命令测试的过程。本例中模型文件路径为 D:\OSmodel\model. fem，OptiStruct 安装目录为 C:\Program Files\Altair\2019。

1）从开始菜单启动 Windows 系统下的命令提示符。

2）用 cd 命令将当前路径切换到模型文件所在目录，如果目录在 D 盘，需要使用 d: 命令切换盘符到 D 盘。

3）把以下命令粘贴到命令行窗口，按〈Enter〉键运行。这个命令的第一部分为求解器脚本 optistruct. bat 的绝对路径，第二部分为输入文件名称 model. fem（由于当前路径和输入文件在同一文件夹下，故无须包含路径），第三部分 "-out" 为求解器接收的选项参数。三个部分用空格隔开。

`"C:\Program Files\Altair\2019\hwsolvers\scripts\optistruct. bat" model. fem -out`

运行后得到图 11-6 所示提示，表示 OptiStruct 已经正常启动。如果运行后结果正常，说明该求解器的调用命令和参数是正确的，可以在 HyperStudy 中注册为求解器使用。

图 11-6　OptiStruct 正常启动界面

对于其他求解器来说，这个步骤是类似的，只不过在第 3）步需要根据各自文档的内容使用正确的命令和参数。表 11-3 列出了常用求解器运行的命令和最少参数，如需了解各参数的意义或添加更多的控制参数，请参考各自产品的帮助文档或咨询相应的售后技术部门。

表 11-3　求解器批处理命令（model 均表示模型名称）

求 解 器	默 认 路 径	备　注
Abaqus	<安装路径>/Commands/abaqus. bat job = model memory = 300Mb interactive	
ADAMS	<安装路径>/common/mdi. bat av ru-s b model. cmd e	

（续）

求　解　器	默　认　路　径	备　　注
ANSYS Workbench	<安装路径>/Framework/bin/Win64/runwb2. bat -B -F -X model. wbpj	注册时只需要选择路径，HyperStudy 自动加参数
Compose	<安装路径>/hwx/Compose_batch. bat -f model. oml	HyperWorks 2019 以上
LS-DYNA	<安装路径>/ls971_s_R5. 1. 1_winx64_p. exe i = model. k MEMORY = 5000000	. exe 文件名随版本变化
Nastran	<安装路径>/Nastran. exe batch = no model. bdf	
Matlab	matlab -nosplash -noFigureWindows -wait -r " try; run ('model. m '); catch; end; quit"	

使用 Abaqus 求解器时建议修改环境文件，如将 < ABAQUS INSTALL > \v6. 11 \6. 11-1 \site \abaqus v6. env 中的 ask_delete 选项修改为 OFF，在运行过程中将会自动覆盖工作目录下的文件而不会弹出询问窗口。

在 Windows 系统下有一个小技巧可以获得求解器的运行命令和参数。在求解器运行求解时，打开任务管理器，右击任务管理器列标题，勾选"命令行"，在任务管理器中将会看到每个程序运行时的命令。图 11-7 中显示了 OptiStruct 的运行命令是：

"C: \Program Files \Altair \2019 \hwsolvers \optistruct \bin \win64 \optistruct _2019.2.2 _win64 _i64. exe" beam_analysis. fem -core = IN -out -aif

其中，optistruct_2019. 2. 2_win64_i64. exe 是求解器可执行文件名，beam_analysis. fem 是模型文件名，-core = IN、-out 和-aif 都是运行选项。对于不熟悉的求解器，有了这个命令就可以按照这个格式在 HyperStudy 中注册了。

图 11-7　在 Windows 任务管理器中获取程序运行命令

2. 注册求解器

求解器测试通过后，记录下使用的命令和参数，就可以将进行注册了。注册求解器的方法有两种。第一种方法操作步骤如下。

1）从 HyperStudy 菜单栏选择 Edit > Register Solver Script，弹出注册对话框，如图 11-8 所示。

2）单击 Add Solver Script 按钮，弹出 Add 对话框，如图 11-9 所示。在下方选择求解器类型。一般的 . exe 程序和 . bat 脚本都选择 Generic。在 Label 栏输入求解器的名称，Varname 栏输入求解器名称的简称，单击 OK 按钮。

图 11-8　Register Solver Script 对话框

3）在 Register Solver Script 对话框最后一行会出现刚刚加入的求解器名称，如图 11-10 所示。单击 Path 列的文件夹图标选择求解器可执行文件或 . bat 文件路径，这里以 MySolver. bat 为例。也可直接将路径复制过来。在 User Arguments 列，可以选择性填写求解器运行的默认参数选项，这里指定以后，模型定义时就不需要重复添加，HyperStudy 每次调用都会自动传递该参数。

图 11-9　选择求解器类型

图 11-10　新增一行

4）单击 OK 按钮完成注册。单击 Export 按钮可以将求解器的设置导出为 . mvw 文件，下次使用时可以从菜单 File > Use preferences file 载入以重复利用。

5）注册完毕，在 Define Models 面板中单击 Add Model 后，在 Solver Execution Script 列可以选择自定义求解器，如图 11-11 所示。

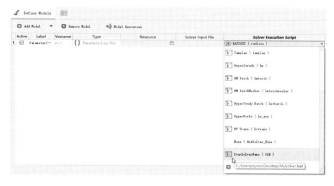

图 11-11　选择求解器

另一种注册求解器的方法是直接编辑首选项文件（Preferences File）。该文件名称为 preferences_study. mvw，默认路径为 ＜安装目录＞/hw/prefinc/，操作步骤如下。

1）用文本编辑器打开 preferences_study. mvw。

2）搜索关键字 ∗BeginSolverDefaults，下方的 ∗RegisterSolverScript 语句即为注册求解器。

3）复制任意一个 ∗RegisterSolverScript 语句并粘贴到其下方，按下面的语法进行修改。

∗RegisterSolverScript(script_name,"script_label","executable","solver_type ", arguments)

- script_name：求解器名称，用户定义的称呼，没有引号。
- script_label：求解器名称，被 HyperStudy 内部使用。注意必须包含英文引号。
- executable：程序或脚本的全路径，使用英文引号引用，注意路径分隔符使用右斜杠/，例如"C:/Program Files/Altair/2019/Compose2019. 3/Compose. bat"。
- solver_type：求解器类型，一般类型使用 HST_SolverGeneric，无需引号。
- arguments：求解器默认参数，无需引号，可选项。

4）保存 preferences_study. mvw 文件。

下面是求解器 Abaqus、Workbench、AcuSolve 后处理、SimLab、DYNA 的注册示例：

∗RegisterSolverScript(abaqus, "abaqus", "D:/Program Files/abaqus/abaqus. bat", HST_SolverGeneric)

∗RegisterSolverScript (HstSolver_Wbpj, "Workbench", "C:/Program Files/ANSYS Inc/v195/Framework/bin/Win64/RunWB2. exe", HstSolver_Wbpj, "-R C:/PROGRA ~ 1/Altair/2019/common/python/python3. 5/win64/Lib/SITE-P ~ 1/alt/hst/eac/cmd/HSTUPD ~ 2. PY")

∗RegisterSolverScript(acusolve, "AcuSolve_post", "D:/HyperStudy/UG_SimLab_AcuSolve_opt/AcuSolve_Post. bat", HST_SolverGeneric) ∗RegisterSolverScript(simlab, "SimLab", "C:/Program Files/Altair/2019/SimLab2019. 3/SimLab. bat", HST_SolverGeneric)

∗RegisterSolverScript (dyna, " DYNA ", " C:/Program Files/DYNA/R11.0/ls-dyna _ smp _ s _ R11.0 _ winx64. exe", HST_SolverGeneric)

11. 2　添加模型和非文本类模型参数化

HyperStudy 研究的第一步是将模型添加到研究任务中，并且将模型中需要研究的参数或设计变量传递给 HyperStudy。不同类型的模型有不同的添加方法和参数化方法，本节将对模型类型和参数化方法进行介绍。

在 HyperStudy 中添加模型和模型参数化属于一个步骤，在 Setup 流程中的 Define Models 面板下进行即可，如图 11-12 所示。

- Add Model：用于添加模型，单个研究中可以添加多个不同求解器的模型。
- Model Resources：用于定义模型之间数据文件的相互依赖和引用关系。
- Label：是模型的自定义名称，可以更改。
- Varname：模型的内部引用名称，不可更改。
- Type：显示模型类型，不可更改。
- Resource：指定模型文件路径，可以打开文件浏览器选择，也可直接将文件拖进来。

图 11-12　Define Models 面板

- Solver Input File：表示由 HyperStudy 自动生成的模型文件，需要包含扩展名，根据求解器所需文件类型指定。该文件将作为输入传递给求解器，文件名可以和 Resource 中的名称不一样。部分求解器不需要输入这个参数，HyperStudy 会自动定义。
- Solver Execution Script：用来从下拉列表中选择求解器，求解器一旦注册便可以从这个列表中选择。
- Solver Input Arguments：表示求解器运行时所需参数，不同的求解器需要参考各自的帮助文档，简单参数参考表 11-4 中的求解器批处理命令。该区域可填入多个参数，参数之间用空格分开，被自定义脚本调用时，可以分别用 %1、%2…来代表第 1 个参数、第 2 个参数…，HyperStudy 还提供了一些内置变量以方便引用，具体有：

$ {file}	Solver input file 包含文件名的全路径,通常作为求解器输入
$ {filespec}	Solver input file 包含文件名的全路径,通常作为求解器输入
$ {filebasename}	Solver input file 文件名,包含扩展名,不包含路径
$ {fileroot}	Solver input file 文件名,不包含扩展名
$ {filespec_resource}	Resource 文件的全路径
$ {studydir}	当前工作目录
$ {m_1.file_1}	模型 1 的第一个文件是资源文件,在定义多模型时可用

11.2.1　HyperStudy 支持的模型类型

HyperStudy 可添加的模型类型如图 11-13 所示，大致可分为以下四类。

1）具有内置接口的模型。这类模型是 HyperStudy 直接接口支持的。

- Internal Math（内置数学）模型：在 HyperStudy 中定义数学表达式，内置求解器求解。
- Feko 模型：可求解计算的 Feko 工程文件，扩展名为 .cfx。
- Flux 模型：可求解的 Flux 模型文件，扩展名为 .F2G 或专为 HyperStudy 生成的 .F2HST。
- FluxMotor 模型：可求解的 FluxMotor 模型文件，扩展名为 .fm2hst。
- SimLab 模型：可运行的 SimLab 脚本文件，扩展名为 .js 或 .py。

图 11-13　HyperStudy 支持的模型类型

- HyperStudy Fit 模型：HyperStudy 生成的拟合模型，扩展名为 .pyfit。
- Spreadsheet：Microsoft Excel 表格，扩展名为 .xls、.xlsx、.xlsm。
- Lookup 模型：结构化的 .csv 文件，前 N 列为输入变量，其他列为输出响应。
- Workbench 模型：在 ANSYS Workbench 中完成建模加载后求解的 .wbpj 文件。
- B Preprocessor 模型：在 ANSA 中完成建模加载并可直接导出求解的 .ansa 文件。

2）HyperWorks 前处理模型。得益于 HyperWorks 平台广泛兼容的前处理能力，很多模型在 HyperMesh 或 MotionView 中设置完成后导出即可提交给相应求解器计算，如在 HyperMesh 中设置好的 Abaqus、ANSYS、DYNA、Nastran 模型等。添加到 HyperStudy 时需要选择对应的 .hm 文件或 .mdl 文件。HyperStudy 有内置接口来读取模型变量。

- HyperMesh 模型：在 HyperMesh 中完成建模加载后可导出直接计算的 .hm 文件。

- MotionView 模型：在 MotionView 中完成建模加载后可导出直接求解的 . mdl 文件。

3）Operator 模型。这类模型仅用于执行一个操作，不需要参数化文件作为输入。

4）参数化文件模型。这类模型的求解文件是 ASCII 格式的文本文件，HyperStudy 并不能直接识别其中的变量，需要先利用 Templex 语言定义变量后保存为模板文件。

- Parameterized 文件：利用 Templex 语言参数化的模型文件，扩展名为 . tpl。

上面的四类模型中，前两类是特定求解器类型的模型，第三类是执行特殊操作，第四类模型在实际中更通用一些，只要模型文件是文本文件，都可以使用 Templex 语言将其中的任意数字部分定义为变量进行参数化。主流有限元求解器的求解格式很多都是文本文件，比如 Abaqus 的 . inp 文件，LS-DYNA 的 . k 文件，Nastran 的 . bdf 文件，OptiStruct 的 . fem 文件，Radioss 的 . rad 文件等，它们都可以利用 Templex 进行参数化。文本类模型的参数化将在 11.3 节详细介绍。

11. 2. 2　内置接口模型及其参数化

1. Internal Math 数值计算模型

对于已经知道数学表达式的工程问题或数学问题，HyperStudy 内置了数学计算内核，输入变量和函数表达式后，可以直接按表达式计算结果，这类模型叫 Internal Math。利用此功能 HyperStudy 可作为数值计算软件对数学问题进行求解。

下面以经典的六峰值驼背（six-hump camel back）函数为例说明 Internal Math 模型的添加过程。六峰值驼背函数是常用的测试函数，经常用来测试优化算法的效率。该函数有两个变量，表达式为

$$f(x_1, x_2) = x_1^2 \left(4 - 2.1x_1^2 + \frac{x_1^4}{3} \right) + x_1 x_2 + x_2^2 (4x_2^2 - 4) \tag{11-1}$$

该函数通常在区间 $x_1 \in [-3.0, 3.0]$ 和 $x_2 \in [-2.0, 2.0]$ 内评估。它有 6 个局部最小值，其中两个为全局最小值，$f(x_1^*, x_2^*) = -1.0316$，$x^* = (0.0898, -0.7126)$ 或 $(-0.0898, 0.7126)$。其等值面图如图 11-14 所示。该图是用 Altair Compose 绘制的，参考附件脚本 00_Six-Hump Camel-Back Function. oml。

本案例设置好的模型为 InternalMath. hstx，可以通过 HyperStudy 菜单 File > import archive 打开。主要步骤如下。

1）在 Setup 中添加模型时选择类型为 Internal Math，如图 11-15 所示。

操作视频

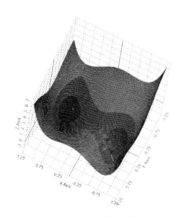

图 11-14　六峰值驼背函数

图 11-15　添加模型

2）添加两个设计变量，初值为 1.0，上限为 3.0，下限为 – 3.0，如图 11-16 所示。

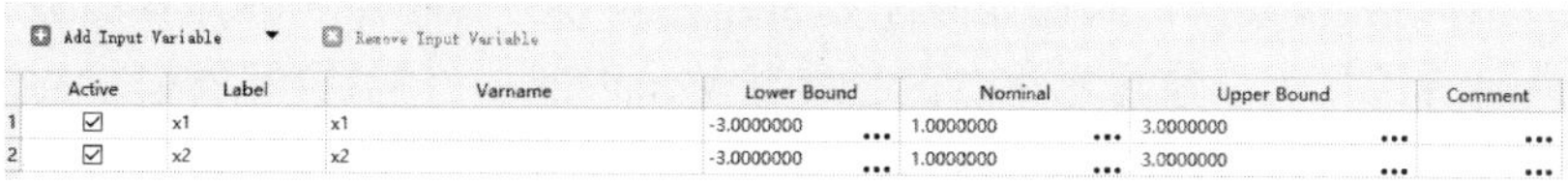

图 11-16　添加设计变量

3）添加一个响应，将六峰值驼背函数的表达式输入 Expression 列中，如图 11-17 所示。

图 11-17　添加响应

4）添加一个优化方法，在 Define Output Responses 这一步，单击 Goals 列的蓝色加号，将 Response 1 定义为最小化目标函数，如图 11-18 和图 11-19 所示。

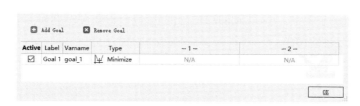

图 11-18　定义目标响应

图 11-19　定义优化目标

5）选择 GRSM 优化算法，使用默认参数进行计算。计算完成后在 Evaluate 步骤中查看 Iteration History（迭代历程），如图 11-20 所示。目标函数最小值为 – 1.0314730，与理论的全局最小值 – 1.0316 非常接近，误差仅为 0.01%。

	x1		x2		Response 1		Goal 1	Iterat... Index	Evalu...rence	Iterat...erence	Condition	Best Iteration
6	-0.0052032		0.4617092		-0.6732207		-0.6732207	6	12	5	Feasible	
7	-0.1678937		0.5103782		-0.7451293		-0.7451293	7	15	7	Feasible	
8	-0.2846831		0.6197345		-0.8121076		-0.8121076	8	17	8	Feasible	
9	-0.2846831		0.6197345		-0.8121076		-0.8121076	9	17	8	Feasible	
10	-0.1478601		0.6819101		-1.0094775		-1.0094775	10	21	10	Feasible	
11	-0.1035875		0.7503034		-1.0191885		-1.0191885	11	23	11	Feasible	
12	-0.1035875		0.7503034		-1.0191885		-1.0191885	12	23	11	Feasible	
13	-0.1035875		0.7503034		-1.0191885		-1.0191885	13	23	11	Feasible	
14	-0.1112516		0.7114942		-1.0298133		-1.0298133	14	29	14	Feasible	
15	-0.1112516		0.7114942		-1.0298133		-1.0298133	15	29	14	Feasible	
16	-0.1112516		0.7114942		-1.0298133		-1.0298133	16	29	14	Feasible	
17	-0.0835164		0.7120347		-1.0314730		-1.0314730	17	35	17	Feasible	Optimal
18	-0.0835164		0.7120347		-1.0314730		-1.0314730	18	35	17	Feasible	Optimal
19	-0.0835164		0.7120347		-1.0314730		-1.0314730	19	35	17	Feasible	Optimal
20	-0.0835164		0.7120347		-1.0314730		-1.0314730	20	35	17	Feasible	Optimal
21	-0.0835164		0.7120347		-1.0314730		-1.0314730	21	35	17	Feasible	Optimal
22	-0.0835164		0.7120347		-1.0314730		-1.0314730	22	35	17	Feasible	Optimal
23	-0.0835164		0.7120347		-1.0314730		-1.0314730	23	35	17	Feasible	Optimal
24	-0.0835164		0.7120347		-1.0314730		-1.0314730	24	35	17	Feasible	Optimal

图 11-20　优化迭代历程

2. Excel 模型

Excel 表格可容纳大量数据，内置多种计算和处理函数，具有强大的计算能力，在数据发生修改后自动重新计算工作表。除此之外，它还具有 Visual Basic（VB）开发接口。这些特性使得 Excel 可以应用于各行业的工程计算，如建筑领域地基沉降量的计算、汽车行业的试验数据处理、航空领域的强度校核计算等。

HyperStudy 支持两种类型的 Excel 文件，一种是利用内置函数计算的工作表，另一种是利用 VB 脚本计算的工作表。在格式上建议输入变量和输出数值按列排列，以便于选择（否则需要选择多次，而且需要手动修改变量名），如图 11-21 所示。

图 11-21　Excel 输入变量和输出响应示例

添加模型的操作非常简单，在 Define Model 中直接选择对应的 Excel 文件或将文件拖拽到操作区即可。对于需要执行 VB 脚本以更新计算数据的工作表，应该在 Solver Input Arguments 一栏填写 VB 脚本名称，如图 11-22 所示。

图 11-22　Excel 模型设置

在 Import Variables 步骤中，Excel-Altair HyperStudy 接口将会自动启动，根据提示选择输入变量和输出响应，如图 11-23 所示。

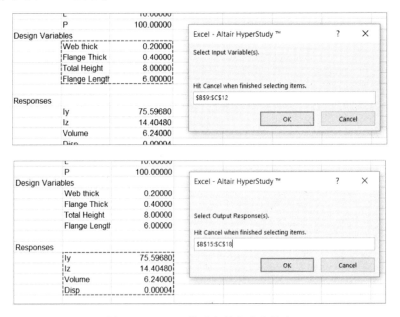

图 11-23　Excel 模型变量和响应导入

有一类特殊的 Excel 文件是纯数据文件，前 N 列为输入变量，其他列为输出响应，第一行为数据名称，如图 11-24 所示。这类文件另存为 .csv 文件后，可以添加为 Lookup 模型在 HyperStudy

中进行处理。

	A	B	C	D	E	F	G	H	I
1	high	radius_3	radius_2	radius_1	length_2	length_1	Max_Disp	Volume	Max_Stress
2	-1	-0.5	-0.5	-2	0	-0.5	2.110144	1601420	377.723
3	-1	-0.5	-0.5	-2	0	2	2.378532	1542130	379.1325
4	-1	-0.5	-0.5	-2	2	-0.5	1.593165	1822220	312.5066
5	-1	-0.5	-0.5	-2	2	2	1.770922	1760970	314.1755
6	-1	-0.5	-0.5	-2	2	2	1.681222	1775230	317.0775
7	-1	-0.5	-0.5	-2	0	2	1.947964	1715940	351.6253
8	-1	-0.5	-0.5	-2	2	-0.5	1.270345	1996500	247.6608
9	-1	-0.5	-0.5	-2	0	2	1.448467	1935250	273.9211
10	-1	-0.5	-0.5	-2	0	-0.5	1.603682	1739000	325.6232
11	-1	-0.5	-0.5	-2	0	2	1.87145	1679710	356.3261
12	-1	-0.5	-0.5	-2	2	-0.5	1.216187	1969800	257.323
13	-1	-0.5	-0.5	-2	2	2	1.392576	1898550	282.456
14	-1	-0.5	-0.5	-2	0	-0.5	1.382108	1912810	304.9525

图 11-24　Lookup 文件示例

3. Feko、Flux 和 FluxMotor 模型

Feko、Flux 和 FluxMotor 是 Altair 的电磁求解器，安装时 HyperStudy 将会自动注册，添加模型时直接选择对应类型即可。Feko 资源文件类型为 . cfx，Flux 资源文件类型为 . F2G 和 . F2HST，FluxMotor 资源文件类型为 . fm2hst。Flux 模型添加步骤如图 11-25 所示。

图 11-25　Flux 模型添加步骤

三种模型添加时所需的 Resource 文件和 Solver Input Arguments 如图 11-26 所示。

图 11-26　Feko、Flux 和 FluxMotor 模型参数

4. ANSYS Workbench 模型和 ANSA 模型

添加模型时选择 Workbench 类型，即可添加 ANSYS Workbench 模型，资源文件类型为 . wbpj。HyperStudy 会自动填充 Solver Input Argument，如图 11-27 所示。模型中的参数需要在 Workbench 界面中定义，HyperStudy 将会自动识别。Workbench 中定义的 Input Parameter 会识别为 HyperStudy 的 Input Variable。Workbench 定义的 Output 将会识别为 Response。

图 11-27　Workbench 模型参数

添加 ANSA 模型时，类型选择 B Preprocessor，可将 .ansa 文件添加到资源文件下，也可直接拖拽到工作区域，模型设置如图 11-28 所示。HyperStudy 会自动填充 Solver Input Arguments。

图 11-28　ANSA 模型参数

5. HyperStudy Fit 模型

HyperStudy 拟合生成的响应面模型可以导出为 .pyfit 文件，可看作降阶模型（ROM）。响应面模型接收设计变量的输入即可按拟合函数输出响应数值。该模型可用于后续的 DOE、优化和随机性分析过程，也可作为一个模块被系统仿真工具 Altair Activate 引用。

.pyfit 模型中输入参数的个数与拟合时所指定的变量个数相同，添加模型后 HyperStudy 会自动导入所有变量，无须进行参数化。Solver Input File、Solver Execution Script 和 Solver Input Arguments 都无须输入，模型设置如图 11-29 所示。

图 11-29　HyperStudy Fit 模型参数

6. HyperWorks 前处理模型

HyperStudy 支持的前处理模型有 HyperMesh 的 .hm 文件、MotionView 的 .mdl 文件和 SimLab 的 .js 文件。HyperMesh、MotionView 和 SimLab 都是 HyperWorks 平台下的通用前后处理模块，如果要将这些前处理生成的文件作为模型添加到 HyperStudy 中，需要在前处理中完成模型的建立和工况设置，导出后可以直接调用求解器计算。HyperMesh 和 MotionView 模型的添加有两种方式：一种是在 HyperStudy 中选择 .hm 文件或 .mdl 文件；另一种是在前处理界面 HyperMesh 或 MotionView 的菜单栏选择 Application 下的 HyperStudy，HyperStudy 会被打开并且在添加模型时会自动选中对应的模型文件。

.hm 格式的 HyperMesh 模型文件支持为 LS-DYNA、ANSYS、Abaqus、Nastran 进行前处理。将 .hm 文件模型添加以后，需要修改 Solver Input File，一般 ANSYS 模型为 .cdb 文件，LS-DYNA 模型为 .k 文件，Abaqus 模型为 .inp 文件。Solver Execution Script 选择对应求解器。Solver Input Arguments 输入相应参数。图 11-30 是几个求解器参数的示例。

图 11-30　求解器参数示例

MotionView 模型支持 .mdl 文件，该文件是为 MotionSolve 进行前处理的。这类文件添加后参数设置如图 11-31 所示。

图 11-31　MotionView 模型参数

. hm 文件和 . mdl 文件模型在单击 Input Variables
后将会自动启动 HyperMesh 和 MotionView 的用户界
面，同时出现 Model Parameters 对话框，该对话框左
侧为当前模型中可以选择的参数，直接双击后该参数
会被放入右侧，表示已经成功添加到 HyperStudy 中。
参数的变化范围可以在 Model Parameters 对话框设置，
也可以随后在 HyperStudy 中设置，如图 11-32 所示。

SimLab 模型是指在 SimLab 中录制好的自动化脚
本，脚本格式可以是 Python 脚本 . py 和 JavaScript 脚
本 . js。模型参数在 SimLab 的 session 文件 . sls 中定
义，保存模型后会导出到配套的 . xml 文件中。添加
. py 文件或 . js 文件模型作为 Resource 以后，Hyper-
Study 将自动补充求解参数（Solver Input Arguments），

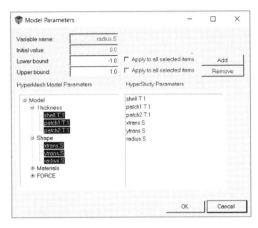

图 11-32 Model Parameters 对话框

无须进行更改。在单击 Input Variables 后，HyperStudy 会自动读取 . xml 文件中的参数并自动导入。
界面设置如图 11-33 所示。

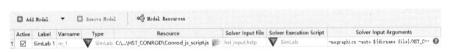

图 11-33 SimLab 模型参数

11. 2. 3 Operator 模型

Operator 模型比较特殊，它用来对工作目录下现有的文件或其他模型生成的文件执行一定的
动作，但是这类模型不引入新的参数，所有没有参数化的过程也就不需要根据 Resource 文件生成
新的文件。Operator 通常用来将不同模型的输入或输出文件串连在一起进行一系列操作，从而完
成复杂的处理过程（否则需要编写自定义求解器脚本来实现这一过程）。比如联合结构求解器
OptiStruct 和疲劳求解器 nCode 进行零部件的疲劳寿命计算，可首先添加 Model 1 为结构静力计算
模型，该模型的结果文件 model. op2 作为 nCode 的输入，然后添加 Model 2 为 nCode 模型，Model
2 类型选择为 Operator，求解器选择 nCode。通过 Model Resource 中的 Resource Assistant 将 Model 1
的 . op2 文件选择为 Model 2 的输入。

借助 Operator 模型可以在 HyperStudy 中轻而易举地将多个不同求解器联合起来创建复杂计算
过程。图 11-34 所示为基于结构求解器、多体求解器和疲劳求解器的求解过程示意图。模型需要
改变的参数仅存在于 . fem 结构模型中，该过程的计算流程为：

1）将 . fem 模型文件传递给结构求解器求解后生成计算结果 . op2 文件和 . h3d 柔性体文件。

2）将 . h3d 柔性体文件传递给多体模型 . mdl 文件，生成多体计算模型 . xml 文件。

3）将 . xml 文件传递给多体动力学求解器 MotionSolve 求解，生成 . mrf 结果文件。

4）将 . mrf 文件传递给曲线处理软件 HyperGraph 提取模态参与因子 . dac 文件。

5）将 . dac 文件和第一步生成的静力计算结果 . op2 文件传递给疲劳求解器 nCode 计算疲劳寿
命，输出结果在 . csv 文件中。

这个过程中除 Model 1 为 Parameterized File（参数化文件）模型外，其他的四个模型均可添加
为 Operator 模型实现。图 11-35 所示为添加好的流程示例。关于模型之间数据文件的传递请参考

本章的应用案例。

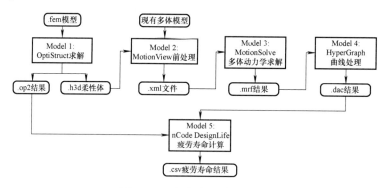

图 11-34　复杂疲劳计算流程

图 11-35　Operator 模型设置

11.3　文本类模型参数化

最通用的模型文件是文本类型，如求解器 OptiStruct 的 .fem 文件、Radioss 的 .rad 文件、Abaqus 的 .inp 文件、LS-DYNA 的 .k 文件、Nastran 的 .bdf 文件等。文本文件类模型在添加到 HyperStudy 时，均使用 Parameterized File 类型。利用 Templex 语言，可以将文本模型中的任意数字或字符参数化，还可以定义复杂的参数逻辑关系。

对于普通模型的参数化无须了解 Templex 语法，HyperStudy 内置的参数编辑器（Parameter Editor，即｛｜Editor 对话框）可以快速完成参数化工作。

11.3.1　通用的参数化方法

使用参数编辑器进行文本文件参数化的步骤如下。

1）添加模型，选择模型类型为 Parameterized File。

2）在 Resource 列选择文本类型的模型文件，如 .fem、.inp、.key 等，将会弹出对话框询问是否需要对该文本进行参数化，如图 11-36 所示，单击 Yes 按钮进入参数编辑器，如图 11-37 所示。

图 11-36　添加模型

3）在左下角 Find 栏可以输入关键字进行搜索，也可直接定位到相应的行，用鼠标选中要设置为参数的数字部分，右击选择 Create Parameter 以创建参数。

注意：不同求解器的格式有很大不同，在选择数字部分时需要遵循各自的关键字卡片格式。

OptiStruct 的 .fem 文件默认为固定宽度格式，每个字段占用 8 个字符，每次选择时必须以 8 个字符为最小单位。LS-DYNA 的 .k 文件默认为标准格式，每个字段占用 10 个字符宽度，选择时必须以 10 个字符为最小单位。Radioss 数字部分为 10 或 20 字符。为了方便选择，参数编辑器提供了便捷显示和快捷键。图 11-37 中，纵向虚线之间的间隔为 8 个字符，每一行两条虚线之间的部分

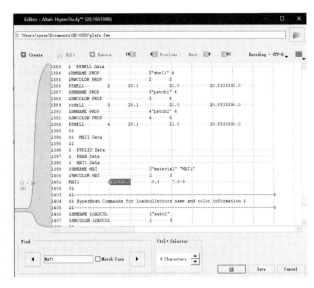

图 11-37　参数编辑器（ ¦¦ Editor 对话框）

就是选择的最小单位。按住〈Ctrl〉键，在参数编辑器下方将会出现 Ctrl + Selector 选项，默认为 8 字符，此时按〈Ctrl〉键同时单击文件中的任意部分，将会自动选中该部分对应的 8 个字符宽度。当处理 .k 文件时，可以将 Ctrl + Selector 选项设置为 10，则〈Ctrl〉键 + 单击变为选中 10 个字符宽度。图 11-37 中选中的是材料卡片 MAT1 中的弹性模量部分 "210000.0"。

有些求解器（如 Abaqus、LS-DYNA 等）的输入模型支持自由格式（见图 11-38），关键字卡片的不同字段之间用逗号或其他字符分隔，每个字段占用的宽度不固定。自由格式的文本在选择时选择两个分隔符之间的部分即可。

```
// Part, id, parentid, name, type, ox, oy, oz, ax
Part, 2, 1, RootPart, 1, 0,0,0, 0,0,1, 0,360, 90
Part, 3, 2, HullAssembly
Part, 4, 3, Hull, 2, 0,0,0, 1,0,0, 0,1000, 500

// Facet, id, pid, mid, cid, n1, n2, n3
Facet, 1, 4, 1, 1, 1, 2, 3
Facet, 2, 4, 1, 1, 3, 2, 4

// Node, id, x, y, z
Node, 1, 78.78124, -17.82810, 38.84036
Node, 2, 76.00118, -17.82810, 39.93748
```

```
**HMNAME BEAMSECTS  END
*ELSET, ELSET=force1_1p9t
*ELSET, ELSET=force2_1p9t
*MATERIAL, NAME=steel
*DENSITY
7.8500E-09,0.0
*ELASTIC, TYPE = ISOTROPIC
206000.0  ,0.27      ,0.0
```

图 11-38　LS-DYNA 和 Abaqus 的自由格式示例

4）在弹出的 Parameter 对话框中定义参数信息，如图 11-39 所示。

- Label：尽量设置有实际意义的名称，如 ball_thickness、beam_length 等。
- Varname：可以修改，但是通常不必修改、如果修改，请不要使用 x、y 等太简单的字符，以免和系统内的变量冲突。
- Lower Bound，Nominal，Upper Bound：变量的取值范围和 Nominal 值可以直接输入，也可以根据百分比或绝对变化量自动填入。
- Format：这一项非常重要，表示参数在模型文件中的

图 11-39　定义参数信息

输出格式。%8.1f 表示该数据为浮点型实数，共占 8 位，小数位数为 1。对于固定格式的模型文件，这里指定的宽度必须和求解器卡片的字段宽度保持一致。小于或大于规定的字段宽度都会导致输出到模型文件中产生错位，导致求解失败。如果 8 位宽度、1 位小数无法表示该数字，可使用科学计数法表示。Format 部分的基本样式为:% ±8.1f，各部分的详细解释如下。

　　% ：格式定义引导符。

　　± ：该参数输出 + 号为右对齐，– 号为左对齐。

　　8.1：参数输出总宽度为 8 位，小数部分占 1 位。整数和字符串无须指定小数宽度。

　　f：该参数为浮点型小数。

　　i：参数为整数。

　　e：参数用科学计数法表示。

　　s：参数为字符串。

　　g：根据参数的实际长度自动选择浮点型格式输出或科学计数法输出。

　　5）单击 OK 按钮，在参数部分的下方显示该参数替换的语句，在文件开头出现参数定义语句，如图 11-40 所示。其中由花括号括起来的部分即为 Templex 语句。HyperStudy 在运行过程中会将花括号部分替换为参数的不同取值，生成新的模型文件。

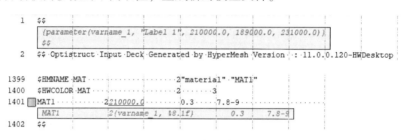

图 11-40　完成参数化

　　6）重复上述三步，可定义更多的参数。定义完毕后，单击参数编辑器右下角的 OK 按钮，将参数化的模型文件保存在工作目录下，默认文件类型为 .tpl。该文件会自动选择，作为模型的 Resource 文件。

　　7）按求解器输入 Solver Input File，用来表示 HyperStudy 自动生成的模型文件名称，名称可以和输入模型文件不一样，但文件扩展名建议要遵守求解器的要求，否则可能求解错误。在 Solver Execution Script 列选择求解器，在 Solver Input Arguments 中输入对应求解器的运行选项，这就完成了一个文本文件模型的添加和参数化设置，如图 11-41 所示。

图 11-41　定义模型

通过参数编辑器右上角的菜单按钮 ≡，可以控制一些选项，如图 11-42 所示。

● Annotations：是否显示 Annotations，对比如图 11-43 所示，第一张图为不显示，参数部分仅以下划线表示；第二张图为显示状态，直接显示 Templex 语句。

● Whitespaces：空白字符是否显示为一个小点，推荐勾选。

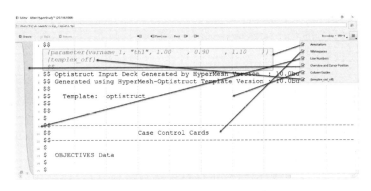

图 11-42　参数编辑器控制菜单

图 11-43　Annotations 控制选项

- Line Numbers：左侧行号显示控制，推荐勾选。
- Overview and Curve Position：在左侧显示当前行和参数在文件中的相对位置。
- Column Guides：字段宽度的纵向分隔线是否显示。分隔线宽度由 Ctrl + Selector 中的设置决定。对于固定字段宽度格式的文件推荐勾选该项，可以有效避免误选。
- {templex on/off}：是否需要在 Templex 语句前后加上 {templex on} 和 {templex off} 以表示 Templex 语句的开始和结束。如果原来的文本中有 {} 字符，需要打开以识别 Templex 语句，否则不需要使用。

在参数编辑器中还有一些右键快捷菜单选项可以使用，如图 11-44 所示。

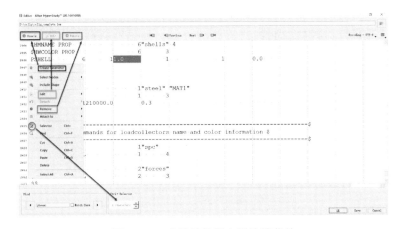

图 11-44　参数编辑器右键快捷菜单

- Select Nodes：自动根据不同关键字选中所有节点定义部分，用于进行形状变量的替换，支持 GRID、*NODE、/NODE、NODE/ 定义的关键字。其他类型需要手动选择。
- Include Shape：选择一个包含形状变量的文件，用于替换文件中的节点信息。
- Edit：编辑变量。
- Detach：删除该数字与变量的引用关系。

- Attach to：选中的数字部分与变量关联，一个变量可以在多个位置被引用。
- Selector：显示下方的 Ctrl + Selector 设置选项。
- Find：关键字搜索查找。

11.3.2　形状变量的参数化

数字变量仅需选中数字部分，直接替换为变量即可，但形状变量需要一个额外的准备工作。添加形状变量的流程如图 11-45 所示。

1) 创建并保存形状，具体操作请参考 HyperMorph 的相关资料和教程。

2) 定义形状变量。在 optimization 面板下的 shape 子面板可一次性选择多个形状定义多个形状变量。形状变量的上下限通常用 +1 和 −1 表示，+1 表示结构中所有节点按形状定义时变形的方向和距离移动，−1 表示结构中的每个节点反向移动，

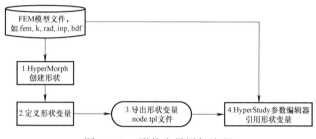

图 11-45　形状变量添加流程

移动的距离和形状定义时相同。所以形状变量实际相当于在形状定义上加了一个系数，系数是可以取任意数字的，只要保证形状的改变不会造成网格畸形就可以了，如图 11-46 所示。

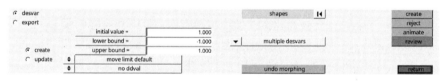

图 11-46　定义形状变量

3) 导出形状变量文件。进入 shape 面板下的 export 页面，analysis code 选择 HyperStudy，sub-code 根据模型的类型选择求解器，如图 11-47 所示。export as 可以将形状变量导出，建议导出到 HyperStudy 的工作目录下。一般会导出两个文件：.shp 文件和 .node.tpl 文件，这两个文件在 HyperStudy 创建形状变量时会被引用。

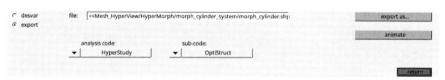

图 11-47　导出形状变量文件

其中，.shp 文件的内容如下：

```
6.2861560e+01   8.2594948e+00   1230
5.0000000e+01   0.0000000e+00   1230
0.0000000e+00   0.0000000e+00   1230
6.2862690e+01   8.2594948e+00   1231
3.0000000e+01   0.0000000e+00   1231
0.0000000e+00   0.0000000e+00   1231
```

第一列是各个节点变形前的节点坐标；第二列是第一个形状变量各个节点自由度的变形量大小，

也就是 HyperMorph 变形后的位置到原始位置的 x、y、z 方向距离，如果有多个变量就会有多列；第三列是节点 ID。.shp 文件被 .node.tpl 文件引用。

.node.tpl 文件的内容如下，$ 开头的行是注释，解释了各行语句的意义。

```
{parameter(sh1,"sh1",0.00000000e+00,-1.00000000e+00,1.00000000e+00)}
$第一行定义了形状变量 sh1，初始值为 0，下限-1，上限 1
{coeff0=read ("sh1.shp",0,0,0 )}
$读取 sh1.shp 文件的第 0 列
{coeff1=read ("sh1.shp",0,0,1 )}
$读取 sh1.shp 文件的第 1 列
{I1=array(12)}
$创建数组{0,0,0,0,0,0,0,0,0,0,0,0}
{I1=coeff0}
$各个自由度的原始坐标值
{I1=I1 + sh1 * coeff1 }
$变形后坐标值=原始坐标值 + 变量 x 各个自由度的变形矢量
GRID*1230   {getvalueatindex("I1", 0),%16.8e}{ getvalueatindex("I1", 1),%16.8e}
* G         {getvalueatindex("I1", 2),%16.8e}
$把第 6 行计算得到的所有自由度新坐标的第 0、1、2 个分量取出来填在这里
GRID*  1231 {getvalueatindex("I1", 3),%16.8e}{ getvalueatindex("I1", 4),%16.8e}
* G         {getvalueatindex("I1", 5),%16.8e}
$把第 6 行计算得到的所有自由度新坐标的第 3、4、5 个分量取出来填在这里
```

通常需要创建很多个形状变量，这时 .node.tpl 的文件内容会变成如下形式。从表达式可以看出，节点坐标的改变是原始形状乘以系数以后的线性叠加。

```
{parameter(sh1,"sh1",0.00000000e+00,  -1.00000000e+00,  1.00000000e+00)}
{parameter(sh2,"sh2",0.00000000e+00,  -1.00000000e+00,  1.00000000e+00)}
{coeff0   = read ("shell2shape.shp",0,0,0 )}
{coeff1   = read ("shell2shape.shp",0,0,1 )}
{coeff2   = read ("shell2shape.shp",0,0,2 )}
{I1 = array(18)}
{I1 = coeff0}
{I1 = I1 + sh1 * coeff1 }
{I1 = I1 + sh2 * coeff2 }
```

4）在 HyperStudy 参数编辑器中引用形状变量。将模型文件（如 .fem、.k、.inp、.bdf 等）直接拖拽到 HyperStudy 工作区，或选中作为资源文件，将会自动弹出对话框询问是否参数化。单击 Yes 按钮后打开参数编辑器。将光标拖动到节点定义部分，在右键快捷菜单中选择 Select Nodes，根据节点定义关键字进行选择。对于 OptiStruct 应选择 GRID，如果节点关键字不在列表中，请手动选择所有节点定义部分。节点选中后，再次右击选择 Include Shape，在弹出的对话框中选择 HyperMesh 导出的 .node.tpl 文件，如图 11-48 所示。

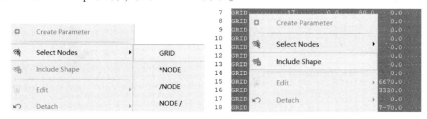

图 11-48　引用形状变量

5）形状变量已经引用完成，在 .tpl 文件中，节点定义的部分被 include 语句代替，如图 11-49 所示。

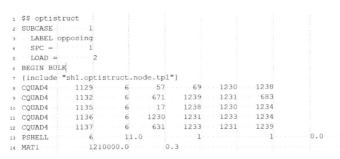

图 11-49　形状变量引用

11.3.3　Templex 语法及其应用

在文本类模型的参数化中，使用参数编辑器生成了 .tpl 文件作为对应模型的资源文件。在后续的 DOE 或优化中，HyperStudy 将会按 Templex 的语法规则对该文件进行解析，改变其中的参数取值，从而自动批量生成不同的有限元模型供求解器调用。实际上，在 .tpl 文件中可包含任意的 Templex 语句，用于处理复杂的模型参数变化逻辑关系。

1. Templex 基本语法

Templex 是解释型编程语言，也是通用文本和数值处理器，通常配合 HyperWorks 的各个模块使用。下面将按照介绍编程语言的方法给大家介绍 Templex，也准备了系列视频教程帮助大家快速掌握 Templex。Templex 的帮助可以在 HyperWorks Desktop Reference Guides 的 Templex and Math Reference Guide 部分查找：Templex Reference 介绍语法；Math Reference 介绍数据类型、运算符、函数。

（1）第一个程序 Hello World

Templex 的解释器嵌入在 HyperWorks 中，打开 HyperView，将窗口类型切换为 TextView，在窗口中输入 {"Hello world"}，单击 _{ABC}(...)图标即可得到运行结果，如图 11-50 所示。

如果希望输出的字符串占 20 列，可以加上 %s 格式控制符：{"Hello world",%20s}，结果就变成了右对齐的 20 个字符，前面的字符都是空格。浮点数使用 %f，整数使用 %d，详细的格式控制符请参考 C 语言的格式控制符。示例如下。

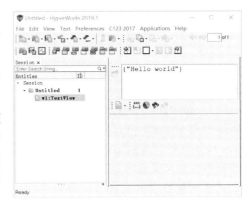

图 11-50　HyperView 中运行 Templex

```
{pi = 3.14159}          输出：
{pi}                    3.14159

{pi = 3.14159}          输出：
{pi, %10.8f}            3.14159000
                        cr()用于输出换行符，输出
{pi = 3.14159}          3.14159
{pi;cr();pi, %10.8f}    3.14159000
```

{'"Hello world"}	英文单引号是注释符号,从"'"到行 尾的语句会被解释器忽略 本语句没有输出

（2）Template 脚本

Templex 脚本是包含纯文本、Templex 语句、数学表达式、常量、变量处理的 ASCII 文本文件。Templex 执行大括号里面的语句并输出运行结果,其余内容原封不动地复制到输出,输出可能是标准输出（屏幕）或者文件。

变量不需要事先创建,第一次赋值时自动创建,例如求两个数的平方和再求平方根。在 HyperView 的 TextView 窗口写入如下语句:

```
{x = 3
y = 4
z = sqrt(x^2 + y^2)
z}
```

然后单击 ![ABC](...) 图标运行。z 的值 5 将会直接显示出来。这样运行脚本得到的输出都是在显示器上,而优化时通常需要先将结果保存在文件里然后在后续步骤中进行提取。可以这么写:

```
{open("out.txt")}
{"Hello world"}
{close}
```

这样就可以在当前目录下创建一个 out.txt 文本文件,内容是 Hello world。和 C 语言一样,在 {} 内的大部分空格是不起作用的。

```
{
foreach (i = {1, 2, 3, 4})
i;cr();
endloop
}
```

和

```
{foreach (i = {1, 2, 3, 4})
i;cr();
endloop}
```

以及

```
{
foreach (i = {1, 2, 3, 4})
    i;cr();
endloop
}
```

输出都是

```
1
2
3
4
```

最后一种写法有缩进层次,大括号单独放在一行,便于阅读,是推荐的写法。另外需要强调一下,如果多行都是 Templex 命令,则没有必要每行单独加大括号,以上代码与以下代码的效果相同。

```
{foreach (i = {1, 2, 3, 4})}
{  i}
```

```
{endloop}
```

（3）字符串操作

几乎所有程序都会涉及字符串，包括创建、比较、连接、修改等操作。创建字符串直接把字符串放在双引号里即可。

```
{str = "a new string"}
```

也可以创建字符串数组：

```
{
s = stringarray(3);
s[0] = "One"
s[1] = "Two"
s[2] = "Three"
s
}
```

结果为：｛"One"，"Two"，"Three"｝。

连接两个字符串：

```
{
str1 = "front"
space = " "
str2 = "back"
str3 = str1 + space + str2
str3
}
```

结果为：front back。

使用 mid（*string*，*char*，*length*）函数取部分字符串：

```
{
str1 = "HyperMesh"
str2 = mid(str1,5,4)
str2
}
```

结果为：Mesh。

替换一个字符串：

```
replace(orig, pattern, replacement)
{ replace("this and that", "this", "that") }
```

结果为：that and that

也支持正则表达式，下列语句中［^］表示不是空格的字符，+表示数量至少一个：

```
{replace("those and these", "th[^ ] +", "that")}
```

结果为：that and these。

（4）数值运算

Templex 最常用的数值类型是整数、浮点数和数组，见表 11-4。

表 11-4　数值类型

语　　句	功　能　介　绍
int_num = 3	整数
float_num = 3. 0	浮点数
int_array = ｜1，2，3，4｜	整数数组

（续）

语　　句	功　能　介　绍
float_array = {1.0, 2.0, 3.0, 4.0}	浮点数数组
int_array_2D = {{1, 2, 3, 4}, {5, 6, 7, 8}}	多维数组
array（10）	定义一个长度为 10、元素都是 0 的数组
arr = 0：20：2	定义一个初始元素为 0、增量为 20、最后一个元素小于等于 20 的数组
arr [0：10：2]	返回 arr 数组的第 0、2、4、6、8、10 个元素
numpts（）	返回数组的元素个数
maxindex（）	返回数组的最大下标
size（）	返回数组的维度（比如几行几列）
int_array > 1	返回数组中所有值是否大于 1，结果是 0、1 组成的数组

有限元分析中经常需要取最后一个时刻的结果，int_array [numpts（int_array）－1]、int_array[maxindex(int_array)] 或者 int_array[size(int_array)[0]] 能够返回数组的最后一个值。

（5）创建参数的函数

与 HyperStudy 模型参数化关系密切的一个命令是 parameter。创建数值型变量（参数）的格式为 parameter（varname, label, nominal, min, max），其中，varname 为脚本中的变量名，label 为用户看到的标签，nominal 为参数默认值，min 为参数最小值，max 为参数最大值，例如{parameter (thickness，"Thickness",1.0, 0.8, 1.4)}

字符串型变量（参数）的格式为 parameter（varname, label, nominal, str1, str2, str3, …）其中，str1 等为字符串可选值，例如{parameter(name, "Name", "Anonymous", "Abel", "Baker", "Charley")}。

注意：变量名不要取得太简单（如 x、y），最好取有实际意义的英文数字组合，如 mat_id、part1_th 等。

（6）分支语句

下列语句是一个简单的分支语句示例

```
{var =1}
{if (var ==1)}
{"my choice"}
{elseif (var ==2)}
{"another choice"}
{else}
{"This is default choice"}
{endif}
```

运行结果是 my choice。

如果第一句改为 {var =2} 运行结果是 my choice；如果第一句改为 {var =4}，运行结果是 This is default choice。

（7）循环语句

Templex 有 for、while 和 foreach 三种循环。for 循环写法如下：

```
{
for(i =1; i < =4; i ++)
```

```
"INCLUDE 'c" + i +"'";cr()
endloop
}
```

如果使用 foreach 循环，需要写成：

```
{
foreach(i = {1,2,3,4})
"INCLUDE 'c" + i +"'";cr()
endloop
}
```

如果使用 while，需要写成：

```
{
i = 1;
while (i < = 4)
"INCLUDE 'c" + i +"'";cr()
i ++;
endloop
}
```

输出都是一样的，如下：

```
INCLUDE 'c1'
INCLUDE 'c2'
INCLUDE 'c3'
INCLUDE 'c4'
```

2. Templex 模型参数化应用

利用 Templex 语言可以在 HyperStudy 的 .tpl 文件中定义逻辑关系，自动生成复杂模型。下面是两个典型的应用。

案例 1：使用 Templex 寻找数学函数最小值

求函数 $y = x^2 + 2x + 15$ 在 $[-10, 10]$ 区间的最小值。本案例设置好的模型文件为 math1.hstx，可以通过 HyperStudy 菜单 File > import archive 打开。步骤如下。

1）先用 Compose 绘制图形，如图 11-51 所示，可以看到大约在 −1 时取得最小值 14（配方后直接可以看出 −1 是解析解）。

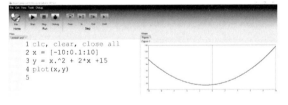

操作视频 1

图 11-51　Compose 绘制函数图形

2）用文本编辑器创建一个 math1.tpl 文件，内容如下：

```
{parameter (x1, "x1",1.0,-10.0, 10.0)}
{open("out.txt")}
{y = {x1}^2 + 2* {x1} + 15}
{y;}
{close}
```

3）在 HyperStudy 中添加一个模型，类型是 Parameterized File，如图 11-52 所示。

图 11-52　添加模型

4）单击 OK 按钮后填写其他项目，如图 11-53 所示。

	Active	Label	Varname	Type	Resource	Solver Input File	Solver Execution Script	Solver Input Arguments	Comment
1	☑	Parameterized File 1	m_1	{} Parameterized File	E:\...\math1\math1.tpl	math1_1.tpl	☐ Templex	${file}	...

图 11-53　定义模型

5）单击 import variables 按钮后可以看到变量情况，如图 11-54 所示。

	Active	Label	Varname	Lower Bound	Nominal	Upper Bound	Comment
1	☑	x1	var_1	-10.000...	1.000...	10.000...	...

图 11-54　导入变量

6）单击 next 按钮，然后单击 Run Definition 按钮进行试算。在 Directory 选项卡下浏览计算目录，找到 out.txt 并拖拽到右边的响应创建窗口来创建响应，这样就完成了模型设定，如图 11-55 所示。

图 11-55　模型设定

案例 2：使用 if 语句实现材料属性关联改变

模型有两种材料可供选择，材料 A 为钢，材料 B 为铝。材料不同，材料属性中的弹性模量、泊松比和密度都会发生变化。在模型文件中，弹性模量、泊松比和密度都需要定义为参数。定义好的 .tpl 文件如图 11-56 所示。

```
{parameter(Young, "Young", 2.1e+11, 7.0e+10, 2.1e+11)}
{parameter(Possion, "Possion", 0.30000, 0.27000, 0.33000)}
{parameter(Den, "Den", 7820.000, 2700.000, 7820.000)}
$$   MAT1 Data
$$
$HMNAME MAT              1"MAT1" "MAT1"
$HWCOLOR MAT             1        3
MAT1      1{Young, %8.1e}        {Poisson, %8.5f}{Density, %8.5f}
$$
```

操作视频 2

图 11-56　Templex 定义材料参数

但是这三个参数并不能独立改变和组合，比如钢的泊松比不能和铝的弹性模型组合在一起使用，所以这三个参数必须同步变化，因此必须加上逻辑关系。当弹性模量等于 2.1e + 11 时，材料为钢，则泊松比为 0.3，密度为 7820。反之，当弹性模量取 7.0e + 10 时，材料为铝，则泊松比为 0.33，密度为 2700。这个逻辑判断，通过如下语句实现：

```
{if (Young == 2.1E + 11)}
        {Possion = 0.3}
        {Den = 7820}
{elseif (Young == 7E + 10)}
        {Possion = 0.33}
        {Den = 2700}
{endif}
```

将这段语句添加到 .tpl 文件开头，Parameter 定义的下一行，即可实现材料参数的关联变化，也就等于实现了材料类型的选择。这种判断逻辑可轻松扩展到多个参数的同步变化。本案例设置好的模型文件为 Templex. hstx，可以通过 HyperStudy 菜单 File > import archive 打开。

案例 3：使用 if 语句实现结构改变

图 11-57 所示结构的中间加强部分有四种选择，希望通过优化计算确定选择其中一种。在有限元文件中将四个部分分别定义为单独的 include 文件，然后定义一个参数 var1，根据 var1 的取值来决定使用哪一条 include 语句引用相应结构。

逻辑判断的语句如下：

```
{if (var1 == 3)}
INCLUDE 'c3'
{elseif (var1 == 4)}
INCLUDE 'c4'
{elseif (var1 == 5)}
INCLUDE 'c5'
{else}
INCLUDE 'c6'
{endif}
```

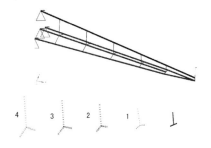

操作视频 3

图 11-57　多种结构选择

其中的 c3、c4、c5、c6 分别代表对应部分的单元所组成的 include 文件，c3 的文件内容如图 11-58 所示（只包含单元关键字）。

```
 1  CBEAM     30001     20       76      117-.9948910.095355-0.03316          BGG
 2  CBEAM     30002     20      117      118-.9948910.095355-0.03316          BGG
 3  CBEAM     30003     20      118      119-.9948910.095355-0.03316          BGG
 4  CBEAM     30004     20      119      120-.9948910.095355-0.03316          BGG
 5  CBEAM     30005     20      120      121-.9948910.095355-0.03316          BGG
 6  CBEAM     30006     20      121      122-.9948910.095355-0.03316          BGG
 7  CBEAM     30007     20      122      123-.9948910.095355-0.03316          BGG
 8  CBEAM     30008     20      123      142.78867110.512505-.339612          BGG
 9  CBEAM     30009     20      142      143.78867110.512505-.339612          BGG
10  CBEAM     30010     20      143      144.78867110.512505-.339612          BGG
11  CBEAM     30011     20      123      145.7067105.7074593-.007847          BGG
12  CBEAM     30012     20      145      146.7067105.7074593-.007847          BGG
13  CBEAM     30013     20      146      147.7067105.7074593-.007847          BGG
```

图 11-58　c3 的 include 文件

也可以通过语句实现每一部分结构的有无，首先在文件开始创建九个变量：

```
{parameter (tube1, "tube1",10, 10, 40)}
{parameter (tube2, "tube2",20, 10, 40)}
{parameter (tube3, "tube3",20, 10, 40)}
{parameter (tube4, "tube4",30, 10, 40)}
{parameter (tube5, "tube5",30, 10, 40)}
```

操作视频 4

```
{parameter (tube6, "tube6",30, 10, 40)}
{parameter (isec1, "isec1",2, 1, 3)}
{parameter (isec2, "isec2",2, 1, 3)}
{parameter (isec3, "isec3",2, 1, 3)}
```

然后在相应部分引用这些变量

```
CBEAM      10001    {tube1,%2d}    223    519-3.75-15-2.728-8-1.0      BGG
CBEAM      10002    {tube1,%2d}    519     332.079-16-2.728-8-1.0      BGG
CBEAM      20001    {tube2,%2d}    148    149.26633535.0483-4.9638803  BGG
CBEAM      20002    {tube2,%2d}    149    150.26633535.0483-4.9638803  BGG
```

以上例子的变量类型都是数值型，也可以直接定义字符串类型的变量：

```
parameter(filename, "filename", "part1", "part2", "part3", "part4")
```

然后在 BEGIN BULK 后面使用：

```
{
if (filename == "part1")
    "INCLUDE 'part1'"
elseif (filename == "part2")
    "INCLUDE 'part2'"
elseif (filename == "part3")
    "INCLUDE 'part3'"
else
    "INCLUDE 'part4'"
}
```

11.4 定义输入变量

11.4.1 变量基本属性

完成模型定义和参数化后，就进入变量定义（Define Input Variables）阶段，可以对变量的属性进行设置。尺寸、材料属性、坐标等大多数用数值表示的部分都可定义为变量。变量的基本属性在 Bounds 选项卡下进行设置，界面如图 11-59 所示。

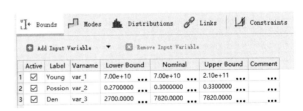

图 11-59　变量基本属性

- Active：定义变量是否激活。每个变量都可以在 Study Setup 中选择，也可以在后续 DOE 或优化中选择是否激活。
- Label：定义变量名，主要是给用户看的，可以修改。
- Varname：变量的内部名称，是内部使用或在响应函数中使用的名称，一般不修改。
- Lower Bound，Nominal，Upper Bound：变量的取值范围和 Nominal 值可以直接输入，也可以根据百分比或绝对变化量自动填充。

小技巧：HyperStudy 中所有的数据表格都支持复制、粘贴操作。如果变量的数量非常多，大量修改会比较烦琐，那么可以像操作 Excel 表格一样选中多行多列的数据，利用右键快捷菜单中的 Copy 或 Copy + Labels，把数据复制到 Excel 中进行批量修改，修改完成后再从 Excel 表格粘贴回来，变量取值就被更新了。

11.4.2 变量类型

HyperStudy 支持不同类型的设计变量，变量类型在图 11-60 所示的 Modes 选项卡下进行设置。

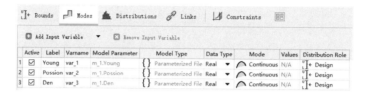

图 11-60　变量类型

数据类型通过 Data Type 设置，支持实数、字符串、整型。数据模式通过 Mode 设置，支持连续型（Continuous）、离散型（Discrete）、分类（Categorical）。离散型变量需要在 Values 列指定变量所有可能的取值。分类变量是指变量的取值不能进行排序的数据，如变量 x 为颜色，x 的取值为 red、green 或 blue，这三种颜色在数值上并无大小之分。一个典型的应用是将材料名称设置为分类变量，结合前文的 Templex 语句逻辑实现在 .fem 文件中选择材料的功能。

确定性变量与随机变量通过 Distribution Role 设置。Design 表示确定性变量，Design with Random 表示变量为随机设计变量，Random Parameter 表示变量是一个随机参数，该参数在模型中会按一定概率分布随机变化，作为一个随机因素考虑，但在实际使用中无法控制。比如在某些分析中，温度是必须要考虑的一个选项，它在实际工作环境中是会波动的，但是我们无法控制这个波动，只能在分析中考虑温度变化的影响，那么温度就是一个随机参数。而在同一个分析中，厚度也是满足正态分布的，但是在设计和制造中可以人为控制厚度分布的均值和方差，分析的目的是要找到最合适的均值和方差，那么厚度就是一个随机设计变量。默认情况下所有变量都是确定性变量，如果切换为随机设计变量和随机参数，则需要在 Distributions 选项卡下指定该变量的随机分布特性，如图 11-61 所示。

分布类型在 Distribution 列设置，目前支持的随机分布类型有指数分布（Exponential）、对数正态分布（Log-Normal）、正态分布（Normal CoV/Variance）、三角分布（Triangular）、均匀分布（Uniform）、均匀离散分布（Uniform Discrete）、韦伯分布（Weibull），如图 11-62 所示。

图 11-61　变量随机分布特性

不同的随机分布需要指定不同的参数，请参考相关统计学资料确定合适的输入。

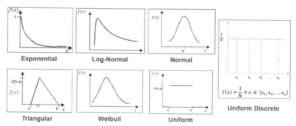

图 11-62　随机变量分布类型

11.4.3　变量关联与变量约束

输入的设计变量之间往往存在一定的关系，比如在多模型分析和优化中，不同模型中的变量需要相等、模型变量和输出响应之间有数学关系、左右对称的零件厚度要保持一致，激光焊接的两块板之间的厚度差必须保持在一定的范围内等。设计变量与变量之间或与响应之间的关系都可以通过 Links 选项卡进行设置，如图 11-63 所示。

如果变量之间只是简单的数学关系，可以直接在 Expression 中输入数学表达式。图 11-63 中，设计变量 Possion 满足表达式 var_1，表示变量 Possion 等于变量 Young。如果变量之间的关系比较复杂，需要引用响应和其他高级函数，则可单击 Expression 处的三个小点，将会打开 Expression Builder 对话框，在 Expression Builder 中可以定义函数、输入变量和输出响应之间的复杂关系式，如图 11-64 所示。

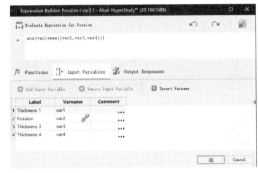

图 11-64　定义复杂变量关系

图 11-63　变量关联设置

设计变量也可设置一些限制条件，称为变量约束，可以在 Constraints 选项卡进行设置。比如变量 3 的值必须大于变量 1，可以在 Constraints 中设置约束 Var_1 ≤ var_3，如图 11-65 所示。通常这种变量约束是为了避免不合适的变量取值组合导致的求解器错

图 11-65　变量约束定义

误。如果不是为了解决求解器错误，建议在优化设置中使用响应来定义约束条件，部分优化算法不支持在设计变量上添加约束。

11.5　测试模型

模型添加和变量定义完成后，进入模型测试阶段，通过 Test Models 面板进行，如图 11-66 所示，2019 以前的版本称之为 Nominal Run。这一步的主要任务是检查 HyperStudy 能否正常生成模型文件，能否正确调用求解器进行求解，多模型的情况下还要检查各模型之间的依赖关系是否正常、结果文件和输入文件是否正确复制和引用。在 Test Models 中，每个模型的后方有四个按钮，包括模型文件生成（Write）、调用求解器求解（Execute）、提取（Extract）三步，这三步可以分开执行，也可以单击最后的 All 按钮一次全部执行。如果有多个模型，可以使用右下角的按钮 Run Definition 一次性测试所有模型。在初次设置和调试模型时，建议分开执行：在执行 Write 写出模型后，通过上方按钮 Show in Explorer 在文件夹中查看并检查生成的模型文件是否正确；在执行 Execute 后，同样在文

件夹中查看模型是否被正确求解，求解后生成的结果文件是否正常。只有 Test Models 正常运行，后面的步骤才能进行下去，否则需要根据出错的原因返回模型定义（Define Model）对模型进行修正。Extract 在没有定义响应的时候可以忽略，响应定义后会自动重新计算所有响应的数值。

图 11-66　测试模型

某些计算的结果文件可能很大，导致硬盘资源紧张。比如 OptiStruct 计算默认会生成旧的结果格式 .res，这个文件通常比较大，但是读取结果并不需要它。HyperStudy 提供了自动删除大文件的功能。如图 11-67 所示，在 Test Models 选项卡中单击 Purge settings 按钮后，会打开 Purge 对话框自动扫描当前所有模型的计算结果文件，并列出大于 10KB 的文件，如果希望自动删除，可以勾选该文件前的复选框，在以后的 DOE、优化和其他计算中，同样类型的文件会被自动删除。勾选复选框 Only purge a successful evaluation 能保证只对成功计算的任务执行删除操作，如果某个计算出错，会保留所有输出文件以供调试。

图 11-67　自动清理结果文件

11.6　定义输出响应

响应是研究项目中关心的结果或某些属性的取值，如质量、体积、应力、应变、支反力、频率等。响应的数值会用在后续的 DOE、响应面拟合、优化、统计研究中，通常是从直接结果文件中提取某些数据，或者在已经提取的响应、变量基础上经过运算以后的结果。需要注意的是，在 HyperStudy 中响应的取值只能是单个数值，不能是向量、数组或矩阵等包含多个数值的类型。

响应主要有两种：一种是简单计量，直接从一类结果文件中读取某个数值；另一种是复杂计量，需要在简单计量结果的基础上经过数学计算得到结果，比如所有单元的最大位移、两条曲线之间的误差等。简单计量响应可以使用 File Assistant 创建，复杂计量响应通过 Expression Builder 创建。在提取响应之前需要明确要提取的结果在哪个文件中。不同求解器的结果文件输出内容也不尽相同，比如 OptiStruct 分析以后质量数据在 .out 文件中，位移和应力数据在 .h3d 文件中；Radioss 分析的时间历程结果在 T01 文件中；DYNA 的结果在 .d3plot 或 .binout 文件中。部分求解器还可以将关心的节点、单元或零件结果输出到特定类型的文件中，一方面大大减小了结果文件的体积，加快了读取速度；另一方面也简化了响应提取的流程，是值得推荐的方法。

11.6.1　使用结果文件创建响应

HyperStudy 从 2017 版后就引入了 File Assistant，如图 11-68 所示，可以根据选择的结果文件类型智能推荐读取的数值和方法。在 Define Output Responses 面板单击 File Assistant 按钮，或从 HyperStudy 左侧 Directory 浏览器拖拽结果文件到右侧窗口可以打开 File Assistant 对话框。

File Assistant 启动后的第一步，根据选择文件的不同将会自动指定读取接口，也可以手动切换。这里有三种读取接口，其中 Altair HyperWorks 最为通用。

- Altair HyperWorks：HyperWorks 后处理接口，HyperView 支持的格式会自动选择。
- HyperStudy Spreadsheet Extraction：表格文件读取接口。
- HyperStudy Text Extraction：文本文件读取接口。

选择 Altair HyperWorks 接口后进入下一步，有四种结果读取类型可选，如图 11-69 所示。

图 11-68　File Assistant 对话框

图 11-69　Altair HyperWorks 结果读取类型

（1）Single Item in a Time Series

读取单个序列结果，可以是一条曲线（数值上表示为一个向量）或单个数值。如提取某个节点的位移、应力、结构质量等。Request 后面的 Filter 可以输入 ID 以快速过滤得到想要的节点或单元。

（2）Multiple Items at Multiple Time Steps

读取多个结果随时间变化的曲线，可以是单条随时间变化的曲线（数值上表示为一个向量）或多个结果随时间变化的曲线（数值上表示为一个矩阵）。以一个 .h3d 结果文件为例，图 11-70 所示为提取从第一个节点到最后一个节点的 X，Y，Z 三个方向位移分量的结果，Start 和 End 表示提取的开始节点号和终止节点号，可以在后面的 Filter 窗口输入 ID 以快速过滤。

单击 Next 按钮进入下一步后，可以创建不同类型的最终响应，如图 11-71 所示。请注意前面的提示：响应只能有一个数值。在这里，Data Set Dimensions 显示当前数据是 3 x 662 的矩阵，因为

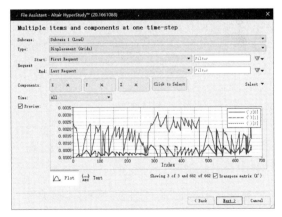

图 11-70　多项目多曲线提取步骤1

前面选择了 662 个点在 X、Y、Z 三个方向上的分量。

图 11-71 所示界面中，上半部分 Create and slice new Data Sources（Count）栏决定如何提取数据。如果选择 Single Data Source，将默认提取所有数值的最大值创建一个响应；选择 Slice Data，可以对数据进行切片，也就是按矩阵的不同维度进行提取。其中，Components 表示按 X、Y、Z 三个分量进行提取，662 个点的 X 位移组成一个向量、Y 位移组成一个向量、Z 位移组成一个向量，即提取出三个向量；选择 Requests 表示按 662 个点提取，每个点的 X、Y、Z 位移组成一个向量，会提取出

662 个向量。右侧的 Create a combined Data Source 表示是否会额外创建一个向量，把左侧提取出来的三个向量或 662 个向量合并起来。

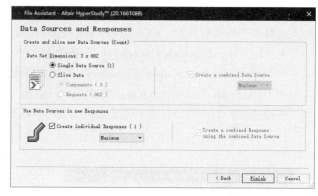

界面的下半部分 Use Data Sources in new Responses 决定怎么创建响应。默认 Create individual Responses 是选中状态，表示基于上面提取的结果向量来创建响应，下拉列表框表示对提取的向量进行什么样的操作，默认为 Maximum。比如如果按 Components 切片，创建了三个向量，那么

图 11-71 多项目多曲线提取步骤 2

会提取三个向量中的最大值各创建一个响应，即分别提取 662 个节点 X、Y、Z 三个方向的位移最大值。如果选择的是按 Requests 切片，创建了 662 个响应，那么会基于这 662 个向量分别取最大值，创建 662 个响应，即 662 个节点的位移向量 {X, Y, Z} 的最大值。其中的 Create individual Responses 可以切换为第一个数值、最后一个数值、最大值、平均值、最值、求和选项。

小技巧：在前处理时将关心的节点或单元 ID 重新编号到固定的数据段，与模型中的其他节点和单元分开，这样在定义响应时 Start 和 End 会更容易选择。

（3）Mode Tracking

模态追踪。产品设计中通常关心的是特定振型下的频率，如果产品设计发生变化，该振型的阶数可能会发生变化。假设优化设计中希望约束的是第 m 阶的频率，设计变量更改后，相同振型的阶数变为第 n 阶，那么再约束第 m 阶频率就不对了，所以需要一个工具能够找到在新的模型中与初始状态相同的振型是哪一阶，进而约束相应的频率。这一过程需要把新结果中的振型与初始结果中关心的振型进行对比，获得模态相关系数 MAC（Modal Assurance Criteria）最接近 1 的振型，该振型所对应的频率就是应该约束的值。Mode Tracking 提供了这一功能。设置过程如下。

1）在 Reference 中选择基准模态分析结果，Subcase 选择模态工况，Type 选择特征模态，Mode 选择关心的阶数，下方的 Target 栏保持默认，单击 Next 按钮，如图 11-72 所示。

2）MAC 计算得到的是包含三个数值的向量： {最匹配模态所对应的频率，最匹配模态的 MAC 值，最匹配模态的阶数}，当前对话框中 Use Data Source in a new Responses 栏右下角默认为 Maximum，就是这三个值中的最大值，这个最大值通常是最匹配模态的频率。但是这个取法其实不太严谨，最好的办法是直接用向量的下标表示，取 MAC 计算返回向量的第一个值。单击 Finish 按钮，会自动创建一个响应，如图 11-73 所示。

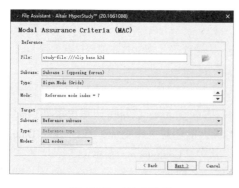

图 11-72 MAC 计算

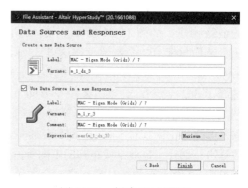

图 11-73 创建 MAC 响应

3）自动创建的响应如图 11-74 所示。在 Expression 一列，自动填入的公式是 max（m_1_ds_1），其中，m_1_ds_1 就是 MAC 计算返回的向量，那么，最匹配模态所对应的频率应该是把 Expressions 改为 m_1_ds_1［0］。相应地，MAC 值为 m_1_ds_1［1］，最匹配模态的阶数为 m_1_ds_1［2］。

图 11-74　MAC 响应表达式

（4）Area between two curves

两条曲线之间围成的面积。该响应的经典应用是计算实验曲线和仿真曲线之间的误差，这里需要用到外部数据，下一小节将详细介绍。

11.6.2　使用数据源创建响应

结果文件或外部数据文件都可以通过数据源（Data Source）提取，支持定义多个数据源，然后由响应表达式引用。添加数据源后，通过 File 列中的扩展按钮进行详细设置。根据选定数据文件的不同，数据源可定义多种类型的结果，如图 11-75 所示。

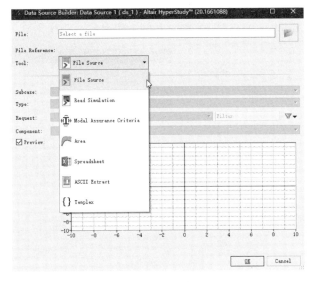

图 11-75　提取数据类型

- File Source 和 Read Simulation：用来读取 HyperWorks 支持的结果文件中的数据，通常是一系列的数值，如采样时间点序列、位移的时间历程向量等。
- Modal Assurance Criteria：计算模态相关系数用于模态追踪，这一选项与 File Assistant 中的模态追踪一样，请参考 11.6.1 节。
- Area：计算两条曲线的面积误差。
- Spreadsheet：提取 Excel 表格中的数据。
- ASCII Extract：提取 ASCII 文本文件中的数据。
- Templex：执行 Templex 语句获得数据。

下面重点介绍 Area 和 ASCII Extract。

（1）Area

仿真分析中的一个重要项目是曲线对标。图 11-76 中的两条线分别是测试曲线和仿真结果，两条曲线之间的误差越小越好，但如何度量两者之间的误差呢？一个方法是求两条曲线的 Y 轴差值，然后计算差值曲线与 X 轴围成面积的绝对值。如果两条曲线的 X 轴采样间距不一样，还需要首先将两条曲线同步并插值才能相减。这一过程可以通过外部函数计算，也可通过 Area 实现。

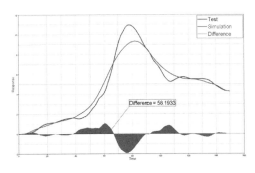

图 11-76　两条曲线的误差

定义 Area 之前，先要获得两条曲线的数据。曲线本质上是由两个一维向量组成的，所以两条曲线需要定义四个 Data Source 来提取两条曲线的 X 和 Y 轴数据。图 11-77 中是一个示例，前两个 Data Source 是从仿真结果文件 T01 中提取的位移时间序列和力时间序列，后两个 Data Source 是从实验数据文件 exp-data. csv 中提取的位移向量和力向量。

图 11-77　两条曲线的向量定义

接下来添加新的 Data Source，Tool 选择 Area，如图 11-78 所示，下方会出现 Curve1 和 Curve2 选项，分别选择 Data Source 中定义的四个向量，两曲线的差值的绝对面积会自动计算，并显示在 Absolute Area Value 中，右侧会实时显示曲线预览。

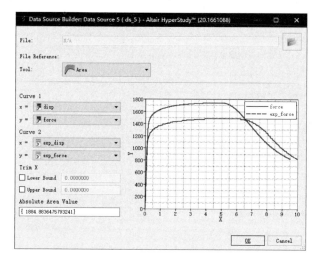

图 11-78　定义 Area

单击 OK 按钮后，将会新建一个 Data Source，图 11-79 中的 ds_5 就是曲线差值的面积。

图 11-79　Area 定义后的数据源

（2）ASCⅡ Extract

如果要提取文本文件中的数值作为响应，可以使用 ASCII Extract 工具。选中文本文件中的特定字符串，右击并选择 keyword，然后选择后方的数值，右击并选择 Value。提取时 HyperStudy 将会以定义的关键字搜索该文本文件，然后偏移一定字符，提取相同长度的字符作为数值结果。如果搜索到多个关键字，则会得到多个数值的向量。在选择数值部分时，不要只选择当前文件中的数值部分，而要选择可能出现数字的整个长度范围。图 11- 80 所示为以"ELAPSED TIME"为关键字，向后偏移 6 个字符后取 15 位字符作为响应。当前文件中数字部分只有 5 位"19.71"，但是真实结果中，这个数字可能占用更多位数，等号后面的部分都可能是数字，所以选择的时候包含了前面的空格。

拓展：批量创建响应和 Data Source。定义 100～200 号节点的位移变化曲线的 Data Source，或定义 100～200 号单元的应力，手动创建显然是不太有效率的。批量添加 Data Source 的步骤如下，这个步骤也适用于响应的批量创建。

图 11-80　ASCII 文件提取

1）创建 100 号节点位移的 Data Source，如图 11-81 所示。

图 11-81　提取 100 号节点位移

2）选中 Data Source 表格中的一行粘贴到 Excel 中，如图 11-82 所示。

图 11-82　Data Source 信息

3）在 Excel 中复制多行，并对"Request ="后面的节点 ID 进行批量修改，如图 11-83 所示。

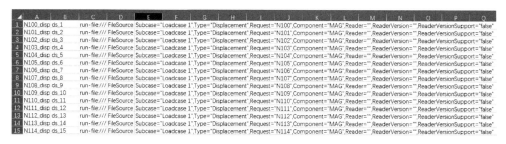

图 11-83　批量复制和修改

4）在 Expression Builder 中添加 100 个 Data Source，单击 Add Data Source 右侧的小三角后可以输入一次性添加的 Data Source 个数，如图 11-84 所示。

5）把 Excel 表格中第三列提取结果的内容粘贴到 Expression Builder 中，添加完毕，如图 11-85 所示。

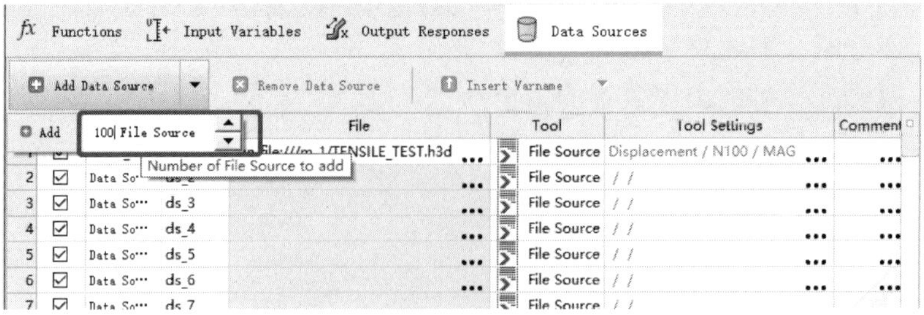

图 11-84　批量添加 Data Source

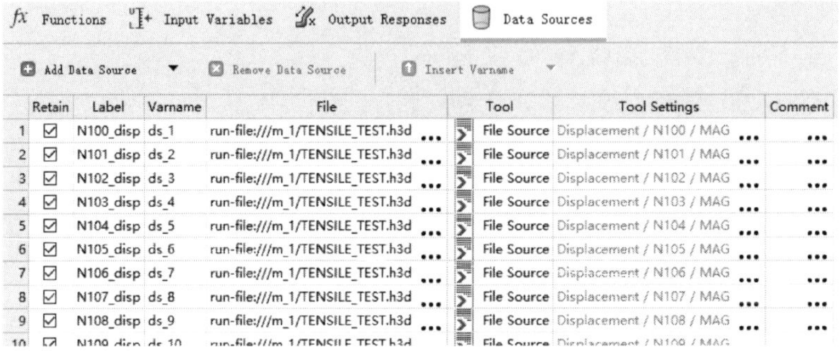

图 11-85　Data Source 批量修改

11.6.3　使用内部函数与外部函数创建响应

在 Expression Builder 对话框中可以引用内部函数和外部函数，并且输入变量、输出响应、数据源都可以作为参数传递给函数进行处理，表达式中也支持函数的嵌套。函数列表如图 11-86 所示。

函数分为内部函数和外部函数两类。内部函数是 HyperWorks 平台自带的数值计算和数据处理函数，可用于 HyperMesh、MotionView、HyperGraph 2D、HyperGraph 3D 和 HyperStudy 中，包含基本数学函数、三角函数、统计函数、声计权函数、变换函数、滤波函数等，在 Functions 选项卡下可直接选择。关于每个函数的详

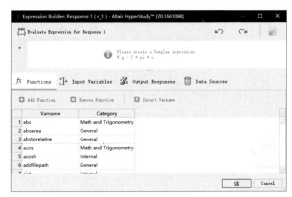

图 11-86　使用函数

细介绍，可以查询 HyperWorks Desktop Reference Guide 帮助文档中的 Templex and Math Reference Guide > Math Reference > Functions and Operators。在 Expression Builder 的 Functions 选项卡下，光标移动到函数名上悬停，也会出现该函数的帮助。

外部函数是用其他编程语言编写的程序代码，包括 Templex 函数、Compose 函数和 Python 函数。Altair Compose 是具有 CAE 结果数据接口的数值计算程序，有专用的开发调试界面。注册后的 Compose 函数不仅可用于 HyperStudy，也可用于 HyperGraph 和 HyperView 的数据处理过程。Python 则有大量的学习资料和开源库可以使用，简单易学，容易上手。因此，推荐在 HyperStudy 中

使用 Compose 函数或 Python 函数。

外部函数需要先创建，再注册，最后使用。Compose 函数的注册仅需要一步。函数编写调试完毕后，在 Compose 界面选择函数名，右击选择图 11-87 中的 Register Function 即可成功注册。注册完成后，在 HyperStudy Expression Builder 的 Functions 选项卡下就会出现相应函数。

图 11-87　Compose 函数注册

更一般地，可以通过 Preference 文件来注册 Compose 和 Python 函数。具体操作步骤如下。

1）准备好 Compose 和 Python 函数文件。

2）复制默认 .mvw 文件到工作目录，默认的 Preference 文件路径为 C:\Program Files\Altair\2019\hw\preferences_hst.mvw。

3）用文本编辑器修改 .mvw 文件，在 *BeginDefaults( ) 和 *EndDefaults( ) 语句之间加入函数注册语句，修改完成后保存。

4）在 HyperStudy File 菜单下勾选 Use Preference File，然后再选择 File 菜单下的 Set Preference File，在弹出的对话框中选择已保存的 mvw 文件。

对于 Compose 函数，函数注册语句为 *SetOMLRootDir( ) 和 *RegisterOMLFunction( )，*SetOMLRootDir 中的参数是 Altair Compose 的安装路径，注意 Windows 系统中文件路径要用右斜杠。*RegisterOMLFunction 有三个参数，第一个参数为函数名，需要和 .oml 文件中的函数名保持一致；第二个参数是 .oml 文件的绝对路径，注意用右斜杠；第三个参数为函数的输入参数个数。示例如下。

```
*SetOMLRootDir("C:/Program Files/Altair/2019/Compose2019.3")
*RegisterOMLFunction("ros_eval"," C: /Users/syscn/Documents/Altair/ros_eval.oml", 2)
```

对于 Python 函数，只需要添加一个注册语句 *RegisterPythonFunction，它有三个参数，第一个参数为函数名，需要和 .py 文件中的函数名保持一致；第二个参数是 .py 文件的绝对路径，注意用右斜杠；第三个参数为函数的输入参数个数。示例如下。

```
*RegisterPythonFunction("ros_eval"," C: /rosenbrock_function.py", 2)
```

函数注册完成后会在 Functions 选项卡下的列表中看到自定义外部函数，使用方法与内部函数相同。在 Compose 界面中注册函数的方法本质上也是通过 .mvw 文件实现的，只不过默认会在"我的文档"下自动创建目录 HyperGraph，并自动创建 preferences.mvw，在这个文件中定义了 Compose 函数的路径和名称。HyperStudy 启动时会自动读取该目录下的配置文件。

11.6.4　使用表达式创建复杂响应

复杂响应可以通过 Expression Builder 定义表达式来完成，界面如图 11-88 所示。任意添加一个 Response，单击 Expression 栏中的扩展按钮即可启动 Expression Builder。上方空白处可填入 Templex 表达式，表达式可以引用 Functions 等四个选项卡中的对象。四种类型的对象可以通过 Insert Varname 插入上方表达式中。按钮 Evaluate Expression for Response X 用来计算结果，可以检查数值结果是否正确。

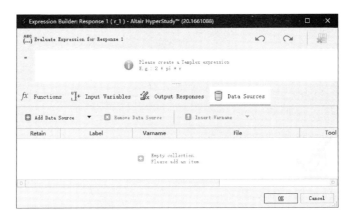

图 11-88　Expression Builder 界面

11.7　驱动 CAD 软件参数化几何模型

11.7.1　联合 HyperMesh 驱动 UG 参数化几何模型

NX UG 在机械行业广泛使用，所以本小节将介绍利用 HyperMesh 驱动 UG 进行几何参数更改以及在 HyperStudy 中进行 DOE 分析的过程，同样的模型设置过程可用于参数化几何的优化工作。UG 模型也可以使用 SimLab 驱动，使用过程与 11.7.1 节中的案例类似。

HyperMesh 在 2019 版本以后，提供了读取 UG 参数的直接接口。只要安装了正版 UG，HyperMesh 就可以在导入几何模型的同时导入已经定义的参数，随后可以在 HyperMesh 中直接修改参数，驱动几何模型发生改变。读取几何参数之前，需要修改安装目录下的配置文件 C:\Program Files\Altair\2019\io\afc_translators\bin\win64\ug_reader.ini：

```
@ ImportParameters = "on"      # [on, off] default is "off"; if set to "on" this will also set the
@ ParametersPrefix = "HW_"     # meaningful if @ ImportParameters is " on"
```

将 @ ImportParameters 改为 on（默认为 off，表示不导入几何参数）。@ ParametersPrefix 表示 UG 中定义的参数名称的前缀，默认为 "HW_"。建议在 UG 中创建参数时，参数名用特殊的前缀，如 "HW_"，以便 HyperMesh 更好地识别（前缀也可以为空，那么所有 UG 参数都会被导入）。

导入后在 HyperMesh 的模型浏览器中可以看到已有的参数，选中参数便可以在下方输入新的数值，按〈Enter〉键确认后，几何模型会自动更新。本小节案例中导入的参数如图 11-89 所示。

图 11-90 所示是一个涡轮模型，在 UG 中已经将叶片数目设置为几何参数，希望通过 DOE 分析了解叶片数目的改变对模态频率的影响。本案例的 UG 几何文件为 turbine_with_change.prt。设置好的模型为 UG_HyperMesh_parameter.hstx，可以通过 HyperStudy 菜单 File > import archive 打开。

图 11-89　HyperMesh 导入
UG 几何参数

图 11-90   涡轮模型

注意：本案例要求机器上同时安装 UG、HyperMesh 2019 及以上版本和 HyperStudy。

从几何模型的导入到完成计算，可分为以下三个步骤。

1）导入参数化几何模型，改变叶片数量。此步骤通过 HyperMesh 批处理 .tcl 脚本实现。

2）划分网格、创建和赋予材料属性、加载工况、导出 .fem 有限元模型。此步骤通过 HyperMesh 批处理运行 .tcl 脚本实现。

3）OptiStruct 求解 .fem 文件，生成结果。此步骤可直接调用 OptiStruct 求解器实现。

◎ 操作步骤

要实现这些过程，需要行进行一些准备工作。

1. 准备工作

Step 01 在 UG 中建模时将叶片数目作为几何参数。几何文件 turbine_with_change.prt 中已经创建参数 SL_Number_of_blades。

Step 02 修改在 HyperMesh 中导入 UG 的几何配置文件 ug_reader.ini：

@ ImportParameters = "on"

@ ParametersPrefix = "SL_"

Step 03 创建导入几何、更改叶片数目、自动保存文件的自动化脚本。这一步可以先在 HyperMesh 中操作一遍，然后复制 command.tcl 文件（默认自动保存在"我的文档"）中的相应内容到一个新建的文本文件，另存为 CADimport_param.tcl。本案例提供的脚本文件内容如图 11-91 所示。这个脚本完成了三个步骤：*geomimport 导入参数化几何；*setvalue 更改叶片数目为 12；*writefile 保存模型文件为 turbine_with_change.hm。

```
*start_batch_import 3
*setgeomrefinelevel 1
*geomimport "nx_ugopen" "turbine_with_change.prt" "AttributesAsMetadata=on" "BodyIDAsMetadata=off"
"CleanupTol=-0.01" "ColorsAsMetadata=off" "CreateMatsAndProps=on" "CreationType=Parts"
"DensityAsMetadata=off" "DisabledLayers=" "Display=LayerFiltering" "DoNotMergeEdges=off" "EnabledLayers=*"
"ImportBlanked=off" "ImportCoordinateSystems=on" "ImportForVisualizationOnly=off" "ImportFreeCurves=on"
"ImportFreePoints=on" "ImportParameters=on" "LayerAsMetadata=off" "LegacyHierarchyAsMetadata=off"
"MID=MaterialId" "MaterialName=P_MAT" "MeshFlag=MeshFlag" "Midsurface=off" "OriginalIdAsMetadata=on"
"PID=PID" "ParametersPrefix=SL_" "PartNumber=DB_PART_NO" "Revision=Revision" "ScaleFactor=1.0"
"SkipCreationOfSolid=off" "Solid=on" "SplitComponents=Body" "SplitPeriodicFaces=on"
"StitchDifferentSheets=on" "TagsAsMetadata=on" "TargetUnits=CAD units" "ThicknessName=P_GAUGE"
"UID=DB_PART_NO" "UniqueIdAsMetadata=off"
*end_batch_import
*startnotehistorystate {Modified Double value of parameter}
*setvalue parameters id=26 STATUS=2 valuedouble=12
*endnotehistorystate {Modified Double value of parameter}
*writefile "turbine_with_change.hm" 1
```

图 11-91   脚本文件内容

Step 04 创建脚本，基于 turbine_with_change.hm 完成有限元模型的创建。同样地，也可以先在 HyperMesh 中完成，然后复制 command.tcl 的内容到新建文本文件并另存为 meshing_loadstep.tcl 文件。本案例提供的脚本文件为 meshing_loadstep.tcl（内容稍多，请直接参考文件）。这个脚本完成了以下工作：划分网格、创建和赋予材料属性、创建模态工况、导出有限元文件 turbine_with_change.fem。如果有更多、更复杂的建模需求，则需要专业的二次开发人员协助。

2. 建模求解

准备工作完成后，将几何文件和两个脚本文件复制到工作目录下，开始进行 HyperStudy 的建模工作。对应前面描述的三个步骤，需要在 HyperStudy 创建三个模型，每个模型的输入和输出如图 11-92 所示。

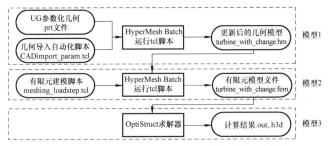

图 11-92　HyperStudy 模型设置及输入输出文件

Step 01 打开 HyperStudy，选择工作目录，创建一个新的 Study。单击 Add Model 按钮打开 Add 对话框，添加第一个模型，类型为 Parameterized File，单击 OK 按钮后返回主界面，Resource 选择 CADimport_param. tcl，自动弹出参数编辑器（ Editor 对话框），选中其中代表叶片数目的部分 "12"，右击后在弹出的快捷菜单中选择 Create Parameter，打开 Parameter 对话框，创建参数，名称为 No_blades，格式（Format）为 %2i，代表这个数字为整数，占 2 个字符的宽度，其他设置如图 11-93 所示，单击 OK 按钮返回参数编辑器。关闭参数编辑器后保存为 CADimport_param. tpl。

图 11-93　参数编辑

Step 02 选择求解器（Solver Execution Script）为 HM Batch，在 Solver Input Arguments 中输入运行参数-tcl $ {file}，其中 $ {file} 就代表根据模板 CADimport_param. tpl 修改叶片数目后生成的脚本文件 CADimport_param. tcl，如图 11-94 所示。

图 11-94　定义模型

Step 03 模型 1 的运行还需要几何文件作为输入，在 Define Models 面板中单击 Model Resources 按钮，打开相应的对话框，选择工作目录下的 . prt 文件作为输入，如图 11-95 所示。

图 11-95　Model1 输入文件

Step 04 单击 Import Variables 按钮，进入 Define Input Variables 面板，切换到 Modes 选项卡，修改 Mode（变量的类型）为 Discrete（离散型变量），因为叶片数只能是整数，变化范围为 11 ～ 18，如图 11-96 所示。

Step 05 单击 Next 按钮进入 Test Models 面板。由于模型 2 需要模型 1 的结果作为输入,所以需要依次单击图 11-97 中的 Write 和 Execute 按钮对模型 1 进行计算。计算成功后会在 m_1 目录下生成 turbine_with_change. hm 文件。

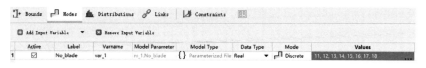

图 11-96　定义离散变量

图 11-97　模型 1 求解计算

Step 06 返回 Define Models 面板,单击 Add Model 按钮,在 Add 对话框中添加第二个模型 m2,模型类型为 Operator,单击 OK 按钮返回主界面。打开 Model Resources 对话框,右击 Parameterized File 1 (m1) 添加 turbine_with_change. hm 作为输出,然后从右侧拖动 . hm 文件到左侧 Opterator 1 (m_2) 下方作为模型 2 的输入文件。另外,右击 Operator 1 (m_2) 添加输入文件,选择工作目录下的脚本文件 mesh_loadstep. tcl,Operation 设为 Copy,表示每一步都自动复制到运行目录,如图 11-98 所示。

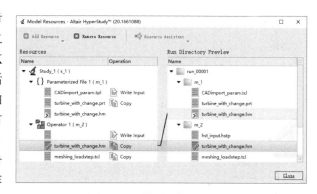

图 11-98　结果文件引用设置

Step 07 修改模型 2 的求解器为 HM Batch,修改 Solver Input Arguments 为-tcl $\{$m_2. file_3$\}$,其中,$\{$m. 2. file_3$\}$ 代表模型 2 的第三个文件,即 mesh_loadstep. tcl,如图 11-99 所示。如果不知道具体的变量名,可以单击 $\{$m. 2. file_3$\}$ 后方的问号图标进行查看。

图 11-99　定义模型 2

Step 08 进入 Test Models 面板,由于模型 3 需要模型 2 的结果作为输入,所以首先单击图 11-100 中第二行的 Write 和 Execute 按钮对模型 2 进行计算。计算成功后会在 m_2 目录下生成 turbine_with_change. fem 文件。

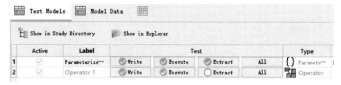

图 11-100　模型 2 求解

Step 09 返回 Define Models 面板，添加第三个模型 m_3，模型类型为 Operator。打开 Model Resources 对话框，右击 Opterator（m_2）后添加 turbine_with_change. fem 作为输出，然后从右侧拖动 . fem 文件到左侧 Opterator（m_3）下方作为模型 3 的输入文件，Operation 设为 Copy，表示每一步都自动复制到运行目录，如图 11-101 所示。

Step 10 修改模型 3 的求解器为 OptiStruct，Solver Input Arguments 为 $\{m\_3.file\_2\}$，代表将模型 3 的第二个文件 turbine_with _change. fem 直接传递给求解器求解，如图 11-102 所示。

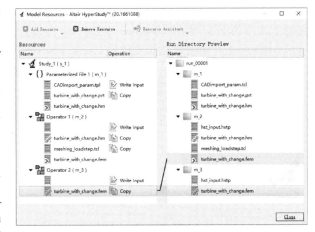

图 11-101　结果文件引用设置

图 11-102　定义模型 3

Step 11 进入 Test Models 面板，单击最后一行的 All 按钮对模型 3 进行求解。求解正常时会在 m_3 目录下生成正确的 turbine_with_change. out 文件。

Step 12 进入 Define Output Responses 面板定义响应。在左侧的模型浏览器中切换到 Directory 选项卡，定位到 m_3 目录，直接把 turbine_with_change. out 拖动到右侧空白处，将自动打开 File Assistant 对话框，如图 11-103 所示。

Step 13 单击两次 Next 按钮，进入图 11-104 所示步骤并进行设置，定义第 7 阶模态为响应，因为前 6 阶为刚体模态。

图 11-103　选择输出文件

图 11-104　定义响应

Step 14 通过同样的操作，定义第 8 阶、第 9 阶模态响应，同时定义质量响应，如图 11-105 所示。

Step 15 单击 Add Output Responses 按钮，再添加一个响应用于计算第 8 阶模态响应和第 7 阶模态响应的频率差。名称（Label）为 mode8_7，单击 Expression 列的三个点，打开 Expression Builder 对话框，通过 Output Responses 插入公式 m_3_r_3-m_3_r_1，代表用已经定义的响应相减，如图 11-106 所示。

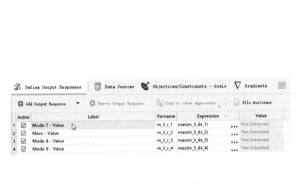

图 11-105　所有响应　　　　　　　　　　图 11-106　定义响应函数

Step 16 在模型浏览器中右击并选择 Add，创建一个 DOE。DOE 方法选择 MELS（Modified Extensible Lattice Sequence），单击 Apply 按钮后进入 Evaluation 面板开始计算，如图 11-107 所示。

图 11-107　选择 DOE 方法

Step 17 计算完成后，可以在 Evaluation Tasks 选项卡下看到每一个任务的状态。从图 11-108 可以看到有一个任务失败了，失败的可能原因很多，需要打开文件夹中的输出文件进行诊断。关于 DOE 分析的详细介绍请参考本书第 12 章。

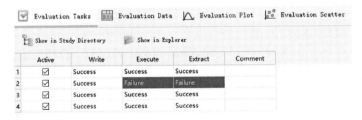

图 11-108　DOE 计算任务状态

11.7.2　包含 include 文件的模型参数化

汽车等仿真分析比较成熟的行业会大量使用 include 文件来管理复杂模型。比如，同一个产品有 A、B 和 C 三种类似的设计方案，其材料、属性、载荷以及工况完全相同，则可以将网格之外的内容定义为 include 文件，以便重复使用。对于这一类模型，也可以在 HyperStudy 中进行参数化优化。这里介绍两种情况：①参数在主文件中；②参数在 include 文件中。

(操作步骤)

1. 参数在主文件中

Step 01 新建 Study，添加模型，选择模型类型为 Parameterized File。在 Resource 列选择 main. fem 文件，将会弹出对话框询问是否需要对该文本进行参数化，单击 Yes 按钮，打开参数编辑器，如图 11-109 和图 11-110 所示。

操作视频

图 11-109　添加模型

图 11-110　从主文件创建参数

Step 02 在 Find 栏可以输入关键字进行搜索，也可直接拖动右侧滑块到相应的行，选中要设置为参数的数字部分，右击后选择 Create Parameter 开始创建参数，创建完成后单击 Save 按钮保存 . tpl 文件，退出参数编辑器。

Step 03 在 Solver Input File 中输入 main. fem 作为求解文件名，选择 OptiStruct 求解器，Solver Input Arguments 中输入主文件名 main. fem，如图 11-111 所示。

图 11-111　定义模型

Step 04 单击 Model Resources 按钮打开相应对话框，右击 Parameterized File 1（m_1）后将 include 文件添加为模型输出文件，Operation 设置为 Copy，如图 11-112 所示。单击 Close 按钮退出当前对话框后单击 Import Variables 按钮导入参数，导入过程可参照前面的小节，在此不再赘述。

2. 参数在 include 文件中

Step 01 新建 Study，在 Define Models 面板中添加模型，选择模型类型为 Parameterized File。在 Resource 列选择 include 文件，将会弹出对话框询问是否需要对该文本进行参数化，单击 Yes 按钮，打开参数编辑器，如图 11-113 所示。

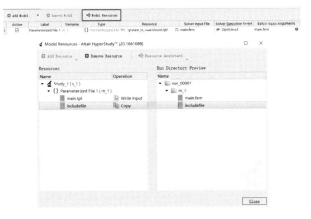

图 11-112　模型文件引用设置 　　　　　　　图 11-113　从 include 文件创建参数

Step 02 定义变量。在 Find 样可以输入关键字进行搜索，也可直接拖动右侧滑块到相应的行，选中要设置为参数的数字部分，右击后选择 Create Parameter 开始创建参数，创建完成后单击 Save 按钮保存 .tpl 文件，退出参数编辑器。

Step 03 在 Solver Input File 中输入 include file，选择 OptiStruct 作为求解器，Solver Input Arguments 列输入主文件名 main.fem，如图 11-114 所示。

图 11-114　定义模型

Step 04 单击 Model Resources 按钮打开相应对话框，右击 Parameterized File 1（m_1）将 main.fem 文件添加为模型输入，Operation 设置为 Copy，如图 11-115 所示。单击 Close 按钮退出当前对话框，然后单击 Import Variables 按钮进入 Define Input Variables 面板。后面的操作可参照前面的小节，在此不再赘述。

图 11-115　模型文件引用设置

第12章

试验设计（DOE）

12.1 DOE 简介

试验设计方法广泛应用于各行各业，通过正交试验可以揭示不同的影响因子（X）对响应（Y）的影响。

试验设计可用于因子筛选，从而选出最重要的影响因子，去掉对结果影响小的影响因子。比如影响钢材强度的因素可能有 20 个，通过试验设计可以找到影响钢材强度的最重要的因素，在生产时重点关注；对于那些对钢材强度影响较小的因素，可以使用最经济的取值水平。

另外，试验设计得到的一组数据还可以用于拟合一个近似模型，该模型可作为试验的替代模型，用于预测其他可能的情况。比如豆奶的 20 个影响因素，通过试验设计一共做了 100 次试验，可以用这些数据拟合一个高阶函数模型来预测影响因素取 100 次试验之外的数据时的结果，这就是数据拟合，第 13 章将会讲到。

HyperStudy 中的 DOE 包括 Definition、Specifications、Evaluate、Post-Processing、Report 几个环节。

12.2 实例：冲击模型 DOE 分析

本节以一个 Radioss 冲击模型为例，展示 HyperStudy 的因子筛选功能。在被冲击模型底部施加固定约束，冲击球被约束除 Z 向以外的自由度，对其施加 1m/s 的初始速度，计算时间 0.1s，被冲击模型 0.045s 左右达到最大变形量 32.3mm，之后开始反弹，整个过程中冲击球的最大加速度为 3.96G，如图 12-1 所示。本例使用的模型 impactor.hm。本模型使用 8 核 + 32GB 内存计算机单次分析耗时约 1min，整个 DOE 过程耗时约 30min。

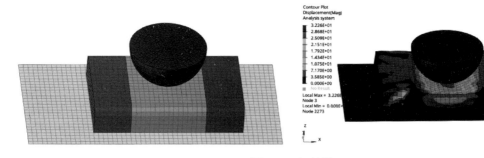

图 12-1 初始模型

现欲调整被冲击模型的厚度以及形状来优化整个模型的性能，设计变量见表 12-1。

表 12-1　设计变量

变 量 名 称	变 量 描 述	
th_external_skin. Thick. 1	部件 Cover1 的厚度	
prop_internal_skin. Thick. 1	部件 Cover2 的厚度	
prop_external_flange. Thick. 1	部件 Rippen_aussen 的厚度	
prop_internal_flange. Thick. 1	部件 Rippen_innen 的厚度	
Radius. S	倒角半径	
length_external. S	模型长度	
width_external. S	模型宽度	
length_internal. S	肋板位置	

⟨操作步骤⟩

1. 建立 HyperStudy 模型

Step 01 创建 Study。进入 HyperStudy 界面，首先选择英文工作路径，创建一个新的 Study，界面左侧出现流程树（模型浏览器），目前处于 Define Models 步，用户只需要按照流程树一步一步操作即可完成 HyperStudy 模型的建立，如图 12-2 所示。将…\CH12\Book\model\12_2 目录下的 impactor. hm 文件复制到工作路径。

操作视频

图 12-2　创建新 Study

Step 02 添加 HyperMesh 模型。单击 Add Model 按钮，打开 Add 对话框，选择 HyperMesh 项，单击 OK 按钮返回主界面，如图 12-3 所示。单击 Resource 列的文件夹图标，添加已准备好的 impactor. hm 文件；在 Solver Input File 栏输入 impactor_0000. rad，作为求解器输入模型的文件名；在 Solver Execution Script 列选择 RADIOSS 作为求解器，其他列按默认设置，如图 12-4 所示。

图 12-3　添加 HyperMesh 模型

图 12-4　Define Models 面板

Step 03 定义设计变量。单击右下角的 Import Variables 按钮，HyperStudy 自动启动 HyperMesh，将求解器模板设置为 Radioss。HyperMesh 会自动弹出 Model Parameters 对话框，并识别出厚度变量以及形状变量，选中 Thickness 和 Shape 节点下的 8 个变量，单击 Add 按钮，然后单击 OK 按钮，完成设计变量的导入，如图 12-5 所示。回到 HyperStudy，进入 Define Input Variables 面板查看刚才选中的 8 个设计变量，设计变量名称以及上下限如图 12-6 所示。

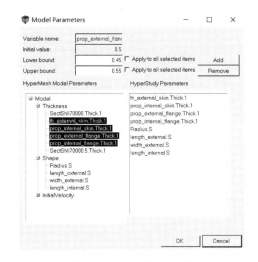

图 12-5　导入设计变量　　　　　　　　　图 12-6　设计变量及其上下限

Step 04 首次运行。单击 Next 按钮进入 Test Models 面板，单击 Run Definitions 按钮开始进行首次计算，以备提取响应。依次完成 Write、Execute 以及 Extract 三个步骤后，首次计算完成，如图 12-7 所示。

图 12-7　首次计算

Step 05 定义数据源。

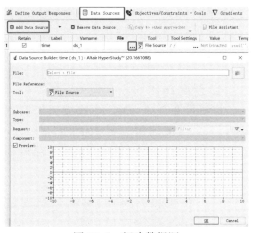

① 单击 Next 按钮进入 Define Output Responses 面板，开始定义最大位移以及最大加速度响应。先定义数据源。单击 Data Sources > Add Data Source 添加一个空的数据源，命名为 time，然后单击 File 列的三个点，打开 Data Source Builder 对话框，如图 12-8 所示。

② 在 Data Source Builder 对话框中的 File 栏选择 …\approaches\setup_1-def\run__00001\m_1 路径下的 impactorT01 文件，Type、Request 以及 Component 都选择 Time，单击 OK 按钮即可完成时间数据源定义，如图 12-9 所示。

图 12-8　新建数据源

图 12-9　定义时间数据源

使用同样的方法定义 4206 号节点的加速度以及位移数据源，如图 12-10 和图 12-11 所示。

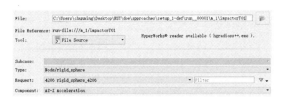 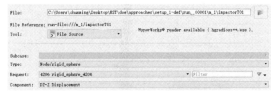

图 12-10　定义加速度数据源　　　　　　图 12-11　定义位移数据源

Step 06 定义响应。定义好三个数据源后，返回 Define Output Responses 面板，单击 Add Output Response 新建响应，将其命名为 max_acce，单击 Expression 列中的三个点，在打开的 Expression Builder 对话框中输入计算公式 max(saefilter(ds_1, ds_2, 180)/9810)，对加速度进行滤波以及取单位为 G 的最大加速度值，如图 12-12 和图 12-13 所示。用同样的方法定义最大位移响应，因为位移为负值，所以先取绝对值，然后再取最大值，如图 12-14 所示。

图 12-12　新建响应

 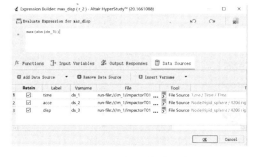

图 12-13　定义加速度响应　　　　　　　图 12-14　定义位移响应

2. 创建 DOE 分析模型

Step 01 创建 DOE。在模型浏览器空白处右击选择 Add，打开 Add 对话框，Select Type 选择 DOE，单击 OK 按钮，这就创建了一个 DOE 分析模型，模型浏览器中出现了 DOE 分析模型流程树即表示 DOE 分析模型创建成功，如图 12-15 和图 12-16 所示。

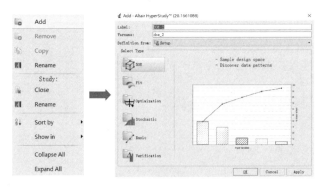 

图 12-15　DOE 创建界面　　　　　　　图 12-16　DOE 流程树

Step 02 选择 DOE 算法。

① 进入 DOE 1 > Specifications 面板选择 DOE 算法。HyperStudy 中提供了 12 种算法，表示该算法适用于因子筛选，表示该算法适用于空间填充（后期可将数据用于数据拟合）。选择部分因子法（Fractional Factorial），精度为Ⅳ，一共需要计算 16 次，然后单击 Apply 按钮，完成 DOE 算法选择，如图 12-17 所示。

② 单击 Specifications 面板右上角的 Edit Matrix 按钮，选择 Run Matrix，打开 Edit Run Matrix 对话框，可查看当前算法下系统自动生成的 16 次分析所对应的设计变量值，如图 12-18 所示。在 Specifications 面板可添加或减少计算次数，也可以修改设计变量数值，从而达到自定义 DOE 计算矩阵的目的。

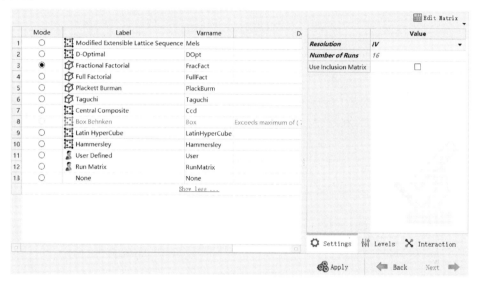

图 12-17　DOE 算法选择

Edit Run Matrix - Altair HyperStudy™ (20.1661088)

Add Run　Remove Run　Import Values

	h_ext...hick.1	prop_i...hick.	rop_e...hick.	prop_i...hick.	Radius.S	ength...rnal.S	vidth_...rnal.S	ength...rnal.S	max_acce	max_disp	Post Process	Comment
1	0.4500000	0.4500000	0.4500000	0.4500000	-1.0000000	-1.0000000	-1.0000000	-1.0000000			☑	
2	0.4500000	0.4500000	0.4500000	0.5500000	-1.0000000	1.0000000	1.0000000	1.0000000			☑	
3	0.4500000	0.4500000	0.5500000	0.4500000	1.0000000	-1.0000000	1.0000000	1.0000000			☑	
4	0.4500000	0.4500000	0.5500000	0.5500000	1.0000000	1.0000000	-1.0000000	-1.0000000			☑	
5	0.4500000	0.5500000	0.4500000	0.4500000	1.0000000	1.0000000	-1.0000000	1.0000000			☑	
6	0.4500000	0.5500000	0.4500000	0.5500000	1.0000000	-1.0000000	1.0000000	-1.0000000			☑	
7	0.4500000	0.5500000	0.5500000	0.4500000	-1.0000000	1.0000000	1.0000000	-1.0000000			☑	
8	0.4500000	0.5500000	0.5500000	0.5500000	-1.0000000	-1.0000000	-1.0000000	1.0000000			☑	
9	0.5500000	0.4500000	0.4500000	0.4500000	1.0000000	1.0000000	1.0000000	-1.0000000			☑	
10	0.5500000	0.4500000	0.4500000	0.5500000	1.0000000	-1.0000000	-1.0000000	1.0000000			☑	
11	0.5500000	0.4500000	0.5500000	0.4500000	-1.0000000	1.0000000	-1.0000000	1.0000000			☑	
12	0.5500000	0.4500000	0.5500000	0.5500000	-1.0000000	-1.0000000	1.0000000	-1.0000000			☑	
13	0.5500000	0.5500000	0.4500000	0.4500000	-1.0000000	-1.0000000	1.0000000	1.0000000			☑	
14	0.5500000	0.5500000	0.4500000	0.5500000	-1.0000000	1.0000000	-1.0000000	-1.0000000			☑	
15	0.5500000	0.5500000	0.5500000	0.4500000	1.0000000	-1.0000000	-1.0000000	-1.0000000			☑	
16	0.5500000	0.5500000	0.5500000	0.5500000	1.0000000	1.0000000	1.0000000	1.0000000			☑	

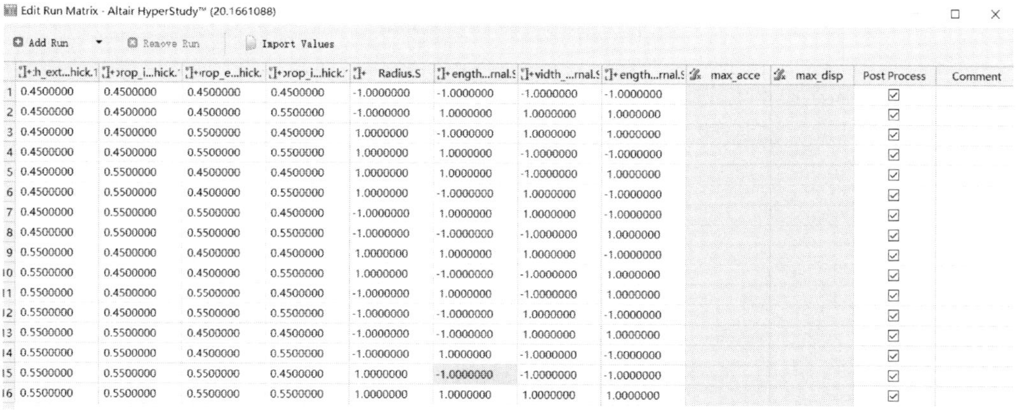

图 12-18　编辑设计变量数值

Step 03 求解计算。进入 Evaluate 面板，单击 Evaluate Tasks 按钮进行求解计算。

Step 04 查看主效应。

① 计算完成后，进入 Post-Processing 结果查看面板。对于因子筛选，直接查看帕雷托图即可得到主效应，如图 12-19 所示。由帕雷托图可知，尺寸变量 prop_internal_flange. Thick. 1 对加速度

影响最大，其柱状图中的斜线越朝上，表示尺寸越大，加速度最大值越大；形状变量 length_internal.S 对位移影响最大，即被冲击件底部两块肋板间的距离越大，最大位移越大。

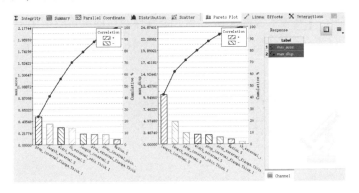

图 12-19　帕雷托图

② 若想查看更加精确的结果，可打开 Linear Effects 选项卡，在右侧 Variable 栏选择所有变量，Response 栏选择所有响应，同样可以看到 prop_internal_flange. Thick. 1 和 length_internal. S 分别对最大加速度及最大位移影响最大，如图 12-20 所示。

图 12-20　主效应表格模式

下面介绍帕雷托图的设置参数，如图 12-21 所示。

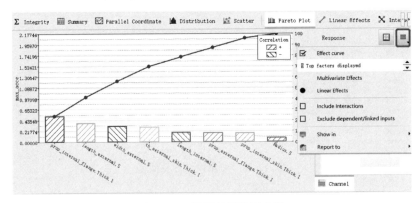

图 12-21　帕雷托图设置参数

- Effect curve：效应曲线，即图 12-19 中的曲线，指累积效应。
- Top factors displayed：指定显示的因子数量，如果有很多因子，可以只显示较重要的因子。

- Multivariate Effects：同时使用所有输入变量计算效应。
- Linear Effects：对每个输入变量单独计算效应。
- Include Interactions：显示交互效应。
- Exclude dependent/linked inputs：只显示独立输入变量，排除关联输入变量可减少数据冗余。

Step 05 查看交互效应。

① 打开 Interactions 交互效应查看选项卡，Variable A 栏选择 th_external_skin. Thick. 1 变量，Variable B 栏选择其余 7 个设计变量，可以查看厚度变量 th_external_skin. Thick. 1 和其余 7 个设计变量之间的交互效应，如图 12-22 所示。

图 12-22　交互效应表格模式

② 单击右上角的 图标，可查看 th_external_skin. Thick. 1 和其余 7 个设计变量间的交互效应数值。数值为正，表示相互间存在正效应，数值越大，则正效应越明显。例如，变量 A 越大，变量 B 发生同样大小的数值变化所导致的响应变化更大，表示变量 A 和变量 B 间存在正的交互效应。若效应为负值，则表示存在负的交互效应。

③ 若选择曲线模式 ，可将不同变量间的交互效应以曲线形式显示。若两条曲线斜率相同，则不存在交互效应；若两条曲线斜率不同，则存在交互效应，如图 12-23 所示。

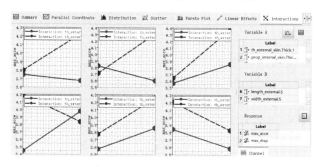

图 12-23　交互效应曲线模式

12.3　DOE 基本概念及算法

12.3.1　DOE 基本概念

DOE 中常用的术语有因子、水平、可控因子、不可控因子、混淆、主效应以及交互效应等。

- Factors（因子）：是一系列的系统参数（或者设计变量），这些参数将改变系统的性能。它可以是可控的，也可以是不可控的；可以是离散的，也可以是连续的。
- Levels（水平）：是因子或者变量的具体取值，可以是连续的，也可以是离散的。每个变量需要的水平个数取决于问题的非线性程度，对于线性问题，两个水平就足够了，对于二次模型，则需要三个水平。
- Controlled Factor（可控因子）：可以在生产（现实世界）环境中真实地控制。在 Hyper-Study 中，这些因子可以设置成 Design 或者 Design with Random，这取决于它们是确定性的还是基于概率的变量，如钣金的厚度、零件的尺寸、支架的形状。
- Uncontrolled Factor（Noise，不可控因子）：在生产（现实世界）环境中不能真实控制，但在实验室中可以被控制的变量。在 HyperStudy 中，这类因子被分配为 Random Parameter，如环境温度。
- Confounding（混淆）：在选择部分组合而不是所有组合时产生的负面影响，这将会导致无法区分主效应与相互效应。混淆导致的结果是主效应中将包含来自高阶相互作用的误差，高阶相互作用的效应是未知的。DOE 中的混淆通过分辨率来进行量化。
- 主效应：因子变化时响应的平均变化。
- 交互效应：在改变某一因子的水平时，另一个因子的效应发生改变。

比如要考察温度和压强对某种黏胶的粘接强度，温度取 100℃ 和 200℃，压强取 50kPa 和 100kPa，一共进行了表 12-2 所示的 4 组实验。

表 12-2　设计变量及响应

	设计变量		响应
	温度/℃	压强/kPa	粘接强度/磅
试验 1	100	50	21
试验 2	100	100	42
试验 3	200	50	51
试验 4	200	100	57

其中，温度对粘接强度的影响为 $(51+57)/2-(21+42)/2=22.5$；压强对粘接强度的影响为 $(42+57)/2-(21+51)/2=13.5$。所以，温度对粘接强度的主效应是 22.5，压强对粘接强度的主效应是 13.5。

压强对粘接强度的影响会随着温度不同而发生变化吗？即温度和压强之间是否存在交互效应呢？交互效应的计算公式：温度取 100℃ 时，压强的效应为 $(42-21)/2=10.5$；温度取 200℃ 时，压强的效应为 $(57-51)/2=3$，交互效应为 $(3-10.5)/2=-7.5$，因此，结论是存在交互效应。

12.3.2　DOE 算法

HyperStudy 中提供了 11 种 DOE 算法，按适用范围可分为两类：①用于因子筛选，数据点多位于特征点上，筛选出重要的因子重点关注，不重要的因子不予关注；②用于空间填充，在整个设计空间内随机、均匀采样，其数据可用于响应面拟合。因子筛选推荐使用部分因子法，空间填充推荐使用哈默斯雷采样或者可扩展的格栅序列法。每种算法的特征以及适用场合见表 12-3。

表 12-3　DOE 算法及适用场合

算法名称	类　型	水　平	特征及适用场合
全因子设计	因子筛选	任意	需要大量试验，因此对于大部分的有限元研究都不合适
部分因子设计	因子筛选	2 或 3	选取全因子设计的一部分，典型的部分因子设计常取全因子的 1/2、1/4 或 1/8，若试验次数太少，会造成混淆
中心复合设计	空间填充	5	用来构建二阶响应面，其主要特征包括每个因子 5 个取值水平，已知目标响应为二阶，因子数量不超过 20 个
Box-Behnken 设计	空间填充	3	每个设计变量有 3 个取值水平，其中包括该设计变量的中值$[(a+b)/2]$。在构建二阶响应面时，该方法是一种较为经济的方法。可用在已知目标响应为二阶以及无须在设计区域边界上做预测的场合
Plackett-Burman 设计	因子筛选	2	每个设计变量有两个取值水平，如设计变量为典型的 0-1 分布，或设计变量的取值为布尔值（与/非）。设计点可少至 N-1 个。该试验设计方法可用来对设计变量进行初次筛选，不适于进行模型近似分析
拉丁超立方采样	空间填充	任意	试验次数与变量的个数无关。适用于响应面为高度非线性的情况
哈默斯雷采样	空间填充	任意	适用于响应面为高度非线性的情况，在均匀性方面，比拉丁超立方采样表现得更好；在基于有限单元法的 DOE 方法中，它是目前最为有效的采样措施
田口法	因子筛选	需用户定义	该方法将变量分为可控变量和不可控变量，其目的是探索如何减轻不可控变量对可控变量的影响
可扩展的格栅序列法	空间填充	任意	这是一种准随机序列、无差别序列方法，该方法在空间内均匀撒点，最小化团块与空白空间的出现，它比拉丁超立方采样表现得更好
用户自定义设计	定制	任意	重用用户自定义的 DOE 表格。其中的数值对应变量的水平值
设计矩阵	定制	任意	重用用户自定义的试验矩阵。其中的数值对应变量的实际工程数值

（1）全因子设计

全因子设计需要考虑所有可能的因子组合及因子的每个取值水平，此类 DOE 方法的优点在于能计算所有的主效应和交互效应。但是由于计算规模限制，全因子设计当且仅当设计变量及其取值水平的数量都很少时才具有可行性，否则需要大量的计算资源，故较少采用。表 12-4 中是一个典型的全因子设计矩阵。

表 12-4　全因子设计矩阵

运　行　序　号	因子名称	A	B	C
	因子水平	2	2	3
	运行次数	$2^2 \times 3^1 = 12$		
1		1	1	1
2		1	1	2
3		1	1	3
4		1	2	1
5		1	2	2
6		1	2	3
7		2	1	1
8		2	1	2
9		2	1	3
10		2	2	1
11		2	2	2
12		2	2	3

表 12-4 给出的 DOE 方案需要进行 12 次运行。当设计变量及其取值水平上升时，总的需求量将急剧上升。例如，一个共有 8 个因子的 DOE 方案，其中 5 个因子各有两个取值水平，两个因子各有 3 个取值水平，还有 1 个因子有 4 个取值水平，则所需要的试验次数为

$2^5 \times 3^2 \times 4^1 = 1152$。

（2）部分因子设计

随着因子数量的增加，2^k 因子设计中所需的试验次数呈指数增加。当设计因子数量很大时，全因子设计不具有可行性。部分因子设计是全因子设计的一个子集，可大大减少试验次数。

一个两水平部分因子设计，通常表示为 2^{k-p}，其中，2 是每个因子的水平数，k 表示因子数，p 表示与全因子设计试验相比，部分因子设计试验次数是其 $1/2^p$。

进行部分因子设计的代价是主效应和交互效应被混淆。在工程上，使用"分辨率"的概念描述这一混淆程度。分辨率用罗马数字 III、IV、V 等进行描述。

- III：主效应与二阶交互效应混淆。
- IV：二阶交互效应之间混淆。
- V：二阶交互效应与三阶交互效应混淆。

一般部分因子设计会选择分辨率为 IV 或更高的设计方案。

（3）中心复合设计

中心复合设计（CCD）常用于已知模型的响应面为二阶的情况。针对一个有 k 个因子的模型，使用中心复合设计需要的试验次数服从以下关系式。

总运行次数 $=2^k$ 次的因子试验 $+2k$ 次的轴向试验 $+n_c$ 次的中心试验

使用中心复合设计时，需要由用户定义两个参数：轴向距离 a 和中心点的个数 n_c。具体实例如图 12-24 所示。k 的取值为 2，a 的取值为 α，中心点数量为 1，一共需要进行 15 次试验。根据以上参数得到 DOE 方案，其中 Run 1 ~ Run 8 为因子试验，Run 9 ~ Run 14 为轴向试验，而 Run 15 为中心试验。HyperStudy 支持不超过 20 个因子的试验。

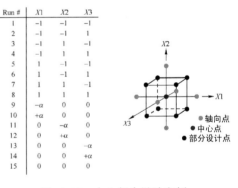

图 12-24　中心复合设计实例

（4）Box-Behnken 设计

对比析因设计，Box-Behnken 设计可以在进行更少试验的基础上构建高阶响应面。该方法与中心复合设计方法有相似之处：在保持对高阶响应面进行定义的基础上去掉部分试验。例如，针对一个有 3 个因子，每个因子有 3 个取值水平的试验设计来说，如果进行全因子设计，则需要进行 27 次试验。在使用中心复合设计时，对设计空间采样放弃了所有边上中点处的试验，即取某一变量 3 个取值水平中的最大值及最小值，以及轴向试验和中心点处的取值。因此，中心复合设计仅需进行 15 次试验，仍可构建出符合精度要求的二

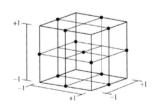

图 12-25　Box-Behnken 设计

阶响应面。而 Box-Behnken 设计采用与中心复合设计相反的采样方式，即取 12 条边的中点以及 3 个中心点来拟合二阶响应面，如图 12-25 所示。中心复合设计与 Box-Behnken 设计的并集可以看成是一个完整的全因子设计，附加 3 次额外的在中心点处的试验。

Box-Behnken 设计在立方设计区域的边的中点及区域中心采样，因此它不能用于对角点有较

高预测精度要求的情况。此外，当且仅当每个因子的取值水平为 3 时，方可使用 Box-Behnken 设计。

（5）Plackett-Burman 设计

Plackett-Burman 是饱和的部分因子设计，主要针对因子较多，且未确定众因子对于响应的影响显著程度而采用的筛选试验设计。Plackett-Burman 设计主要通过对每个因子取两水平来进行分析，通过比较各个因子两水平的差异与整体的差异来确定因子的显著性。筛选试验设计不能区分主效应与交互作用的影响，但对显著影响的因子可以分辨出来，从而达到筛选的目的，避免在后期的优化试验中由于因子太多或部分因子不显著而浪费试验资源。在 HyperStury 中，当且仅当每个因子只有两取值水平时，方可使用 Plackett-Burman 设计。

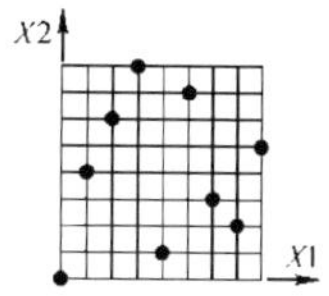

图 12-26　拉丁超立方采样

（6）拉丁超立方采样

在进行拉丁超立方采样时，首先将整个设计区域分为若干个等概率子区间，然后进行 r^n 随机采样。其中，r 为试验次数，n 为因子数，如图 12-26 所示。

可将拉丁超立方采样看成是分层的蒙特卡洛方法。该方法能将成对相关系数控制在一个非常小的值（这对于无关参数估计来说非常重要）或某一用户指定的值。当需要对设计空间的内部进行探索，以及试验次数为定值（用户自定义）时，拉丁超立方采样是非常有用的。在进行拉丁超立方采样时，HyperStudy 将成对相关系数尽量控制到接近于零。

（7）哈默斯雷采样

哈默斯雷采样属于类蒙特卡洛方法。基于哈默斯雷点，该算法采用伪随机数值发生器均匀地在一个超立方体中进行抽样。哈默斯雷采样的优点在于可用较少的样本提供对输出统计结果的可靠估计。同时，它能在 k 维超立方体上取得很好的均匀分布，这是哈默斯雷采样优于拉丁超立方采样的特性——拉丁超立方采样只能在一维问题上有好的均匀性。图 12-27 所示为 100 个采样点在拉丁超立方采样（左）与哈默斯雷采样（右）中的分布对比。

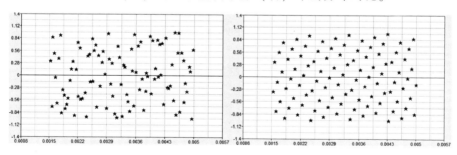

图 12-27　拉丁超立方采样（左）与哈默斯雷采样（右）

（8）田口法

田口法主要用于将不可控因子的影响降到最低水平，可有效提高产品的稳健性。该方法将影响因子分为可控影响因子和不可控影响因子，选择合理的可控影响因子取值，降低不可控影响因子对参数稳健性的影响。

田口法默认计算次数为 $1.1 \times (N+1)(N+2)/2$，分辨率为 III 级，可控因子主效应与二因子交互效应间存在混淆，除非有特殊要求，一般推荐使用部分因子法。

（9）可扩展的格栅序列法

可扩展的格栅序列（Mels）法是一种准随机序列、无差别序列的方法，它是在空间内均匀撒点，能最小化团块与空白空间的出现。该方法具有可扩展的能力，这意味着可以基于已有的点继续向空间撒点，保证最终所有点的均匀性。最小试验次数为 $1.1 \times ((N+1)(N+2))/2$，$N$ 为因子个数。这些特性使得 Mels 法成为非常好的空间填充方法。

（10）用户自定义设计

用户自定义（User Define）设计允许使用自己的设计方案进行参数研究。HyperStudy 将用户自定义 DOE 方案读入，并使用与其他 DOE 方法相同的形式进行调用。该方法的最大优势在于可以结合特殊的工程需求来构建不同的 DOE 方案。在使用用户自定义设计时，用户必须在矩阵的第一列给出本次设计的试验次数（行数）及因子数（列数）。表 12-5 给出了一个典型的用户自定义设计方案，试验次数为 9，因子数为 3。

表 12-5　用户自定义设计

序号	因子 1	因子 2	因子 3
1	1	1	1
2	1	2	2
3	1	3	3
4	2	1	3
5	2	2	2
6	2	3	1
7	3	1	2
8	3	2	3
9	3	3	1

（11）设计矩阵

当使用设计矩阵方法时，用户可以使用自己的设计矩阵进行参数研究。该试验矩阵可由 HyperStudy 读入并调用。该方法的最大优势在于可以结合特殊的工程需求来构建不同的 DOE 方案。该矩阵不用与任何已有的 DOE 方法及其需求相兼容。它可对参数研究进行自动化处理。空格、制表符或逗号可用来分隔矩阵的元素，不同的行代表不同的 DOE 方案，而不同的列则代表不同的设计因子。表 12-6 给出了一个典型的设计矩阵。

表 12-6　设计矩阵

序号	因子 1	因子 2	因子 3	因子 4
1	1.0	2.0	3.0	4.0
2	4.1	4.3	4.5	4.6
3	6.7	8.1	10.0	11.0
4	17.2	1.0	1.0	3.0
5	02	0.4	0.5	1.7
6	3.4	2.1	7.3	9.1

在实际应用中，并不要求变量个数与列数严格对应。用户可以通过单击 Controlled Allocations 按钮将设计变量在矩阵中进行分配。

此外，试验矩阵不会强制用户使用所有的试验。用户可以通过单击 Write/Execute runs 按钮关闭那些暂时不需要被调用的试验。

12.4 工程实例

12.4.1 白车身一阶弯扭模态 DOE 分析

作为车辆 NVH 性能的重要基础，白车身的一阶弯曲模态与一阶扭转模态至关重要，要保证一定的整车 NVH 性能，就必须保证这两个关键模态的频率不能低于一定的限值。

本例将介绍针对车辆白车身一阶弯曲模态与一阶扭转模态的 DOE 定义及分析方法，几何模型如图 12-28 所示。本例使用的模型为 NMA_start. hm。本模型使用 8 核 +32GB 内存计算机单次分析耗时约 10min，若一个 DOE 分析要做 20 次分析，则总计耗时约 200min。

操作视频

图 12-28　白车身有限元模型

整个 DOE 的关键参数如下。

- 设计变量：一共 13 个变量，包括 6 个形状变量和 7 个尺寸变量（见表 12-7）。
- 输出响应：一阶弯曲模态频率和一阶扭转模态频率。

表 12-7　设计变量

变 量 名 称	变 量 描 述	
BIW-Outerboddy-Tailorweld-Blank. T. 1	白车身 A 柱外板厚度	
BIW-toe pan. T. 1	白车身趾板厚度	
BIW-rail plate 1-L. T. 1	白车身前左横梁导轨外板厚度	
BIW-rail-L-I. T. 1	白车身前左横梁导轨内板厚度	
BIW-rail plate 1-R. T. 1	白车身前右横梁导轨外板厚度	

（续）

变量名称	变量描述	
BIW-rail-R-I. T. 1	白车身前右横梁导轨内板厚度	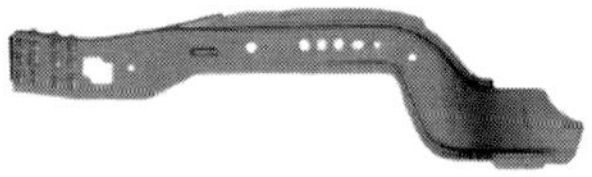
A_pillar_bottom_Z_30. S	A 柱下接头 Z 向拉伸 30mm	
A_pillar_normal_20. S	A 柱上接头沿法向向车内拉伸 20mm	
B_pillar_bottom_Z_30. S	B 柱下接头 Z 向拉伸 30mm	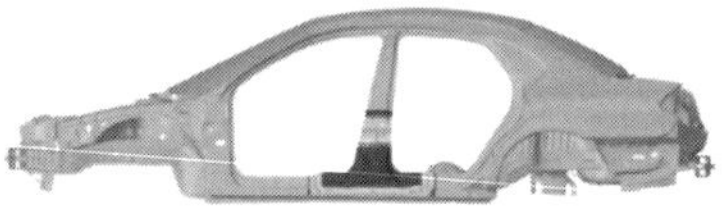
B_pillar_bottom_Y_20. S	B 柱下接头向车内拉伸 20mm	
B_pillar_up_normal_20. S	B 柱上接头向车内拉伸 20mm	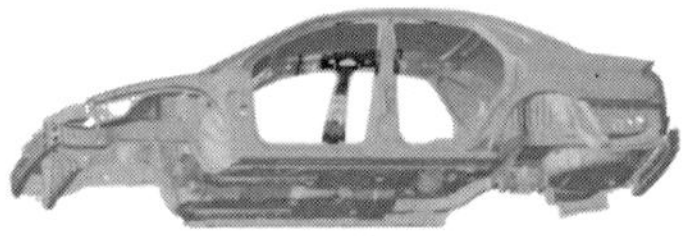
Front_Beam_Y_15. S	前横梁向前舱内部拉伸 15mm	
Front_Beam_Z_-15. S	前横梁向前舱 Z 向拉伸 15mm	

操作步骤

1. 建立 HyperStudy 模型

（1）定义模型（Define Models）

Step 01 在创建了 HyperStudy 研究之后，单击 Add Model 按钮添加一个模型，类型选择为 HyperMesh。

Step 02 在 Resource 栏中选择 NMA_last. hm 模型，在 Solver Input File 中输入求解头文件的名称 NMA_last. fem，Solver Execution Script 选择 Optistruct，然后单击 Import Variables 按钮。

Step 03 在 Model Parameters 对话框的 Thickness 和 Shape 下面分别找到尺寸与形状变量，如图 12-29 所示。

Step 04 单击 OK 按钮，回到 HyperStudy 界面，单击 Next 按钮，进入 Define Input Variables 面板。

（2）定义输入变量（Define Input Variables）

Step 01 切换到 Modes 选项卡，将所有变量的 Mode 由默认的 Continuous 改为 Discrete，如图 12-30 所示。

Step 02 对变量的取值进行编辑。单击各行 Values 列中的三个点，分别设置各个变量的下限值（Lower Bound）、初始值（Nominal）和上限值（Upper Bound），并设置离散间隔（Step Size）为 0.1，然后单击 Set 按钮确认。最后单击 OK 按钮完成设置，如图 12-31 所示。

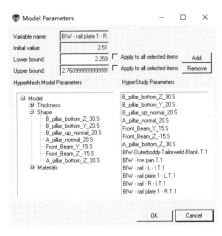

图 12-29　定义设计变量

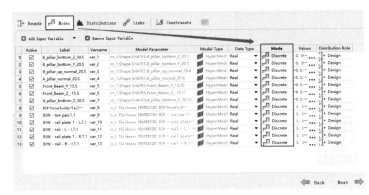

图 12-30　定义离散模式

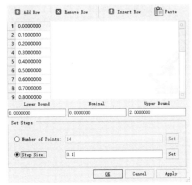

图 12-31　定义离散变量

本例中所有变量的初始值、上下限值及离散间隔见表 12-8。

表 12-8　设计变量取值

变量名称	下限值	初始值	上限值	离散间隔
BIW-Outerboddy-Tailorweld-Blank. T. 1	1.0	1.2	3.0	0.1
BIW-toe pan. T. 1	1.0	1.9	3.0	0.1
BIW-rail plate 1-L. T. 1	1.0	2.5	3.0	0.1
BIW-rail-L-I. T. 1	1.0	1.9	3.0	0.1
BIW-rail plate 1-R. T. 1	1.0	2.5	3.0	0.1
BIW-rail-R-I. T. 1	1.0	1.9	3.0	0.1
A_pillar_bottom_Z_30. S	-0.3	0.0	1.0	0.1
A_pillar_normal_20. S	-0.3	0.0	1.0	0.1
B_pillar_bottom_Z_30. S	0.0	0.0	2.0	0.1
B_pillar_bottom_Y_20. S	0.0	0.0	2.0	0.1
B_pillar_up_normal_20. S	-0.3	0.0	1.0	0.1
Front_Beam_Y_15. S	-0.3	0.0	1.0	0.1
Front_Beam_Z_-15. S	-0.3	0.0	1.0	0.1

Step 03 单击 Next 按钮，进入 Test Models 面板。

（3）测试模型（Test Models）

单击 Run Definition 按钮，软件将依次执行 Write、Execute、Extract 三个命令。其含义分别为将变量初始值写入模型、对模型执行运算、提取响应。三项命令执行无误，方可进入下一步操作。单击 Next 按钮，进入 Define Output Response 面板。

（4）定义输出响应（Define Output Responses）

Step 01 将窗口左侧的 Explorer 切换至 Directory，在 approaches > setup_1-def > run_00001 > m_1 节点下找到 NMA_last. h3d，将其直接拖到右侧工作区，在弹出的 File Assistant 对话框中单击 Next 按钮进入下一步。

Step 02 选择 Mode Tracking，继续单击 Next 按钮。

Step 03 在 File 中选择 NMA_last. h3d 所在的路径，Subcase 选择模态分析工况，Type 选择 Eigen Mode(Grids)，Mode 中设置 Reference mode index 为所需模态的阶次，然后单击 Next 按钮。

Step 04 编辑变量名、变量标签及注释，最后单击 Finish 按钮，返回主界面，完成输出响应的定义。本模型中一阶弯曲模态是第 8 阶，其初始值为 37.0Hz；一阶扭转模态是第 11 阶，其初始值为 45.0Hz，如图 12-32 所示。

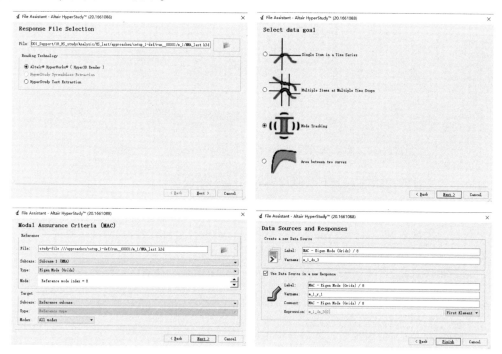

图 12-32　定义响应

Step 05 单击 Evaluate 按钮，即可提取测试模型环节计算得出的具体模态频率值。

2. 创建 DOE 分析模型

这个例子要开展两个 DOE 分析，分别用来进行因子筛选和后续的响应面拟合（FIT）。

（1）用于因子筛选的 DOE 分析

Step 01 窗口左侧切换到 Explorer 选项卡，在其空白处右击，选择 Add，在弹出的 Add 对话框中，Select Type 选择 DOE，Label 中输入 DOE_for_screen，用于识别重要因子，然后单击 OK 按钮关闭对话框。

Step 02 这个 DOE 中所有的模型定义来自 Setup，均保持默认，不需要对变量和响应进行增删改，因此直接进入 Specifications 环节。选择 Fractional Factorial（部分因子法），并将 Resolution（分辨率）调整到 IV，保证每个因子的主效应的准确性，软件此时会自动计算出所需要的计算任务为 32 次（Number of Runs：32），如图 12-33 所示。

Step 03 单击 Apply 按钮，然后单击 Next 按钮进入 Evaluate 面板。

图 12-33　设置 DOE 算法

Step 04 在 Evaluate 环节中，用户可以根据自身的硬件环境设置并行计算的任务个数（在 Muti-Execution-2 中设置）。最后单击 Evaluate Tasks 按钮开始计算，如图 12-34 所示。

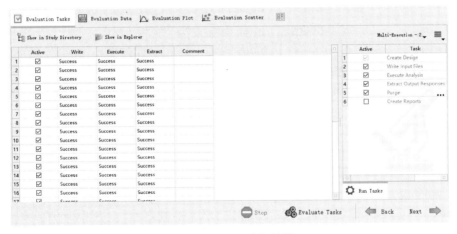

图 12-34　DOE 求解计算

Step 05 计算完成之后，单击 Next 按钮进入 Post-Processing 面板。在以因子筛选为目的的 DOE 中，主要可以通过 Pareto Plot 和 Linear Effects 来判断每个因子对响应的影响，Pareto Plot 如图 12-35 所示。在这个例子中可以观察到，对一阶弯曲模态影响最大的 3 个因子依次为：

- 白车身前右横梁导轨内板厚度。
- 白车身 A 柱外板厚度。
- 白车身前左横梁导轨内板厚度。

对于一阶扭转模态影响最大的 3 个因子依次为：

- 白车身趾板厚度。
- 白车身前右横梁导轨内板厚度。
- 白车身前左横梁导轨内板厚度。

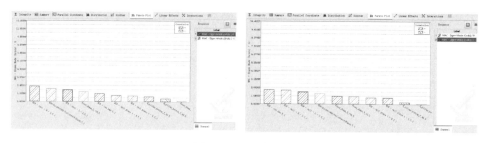

图 12-35　主效应图

根据以上计算结果可以有针对性地对模型进行优化改进。

（2）用于 FIT 的 DOE 分析

Step 01 用同样的方式继续创建一个 DOE，Label 中输入 DOE_for_fit，表示这是用于后续 Fit（响应面拟合）的 DOE，然后单击 OK 按钮完成创建。

Step 02 在 Specifications 面板中选择 Modified Extensible Lattice Sequence（修正的扩展格栅序列）。然后将 Number of Runs 指定为 120。后续步骤与之前的 DOE 一致。

12. 4. 2　HyperStudy-SimLab-Creo 联合 DOE 分析

很多工程师需要对几何模型中的长、宽、高、半径等具体参数进行优化，优化过程中几何模型能自动更新参数，不用在优化结束后手动进行几何重构，从而加快产品迭代效率。

联合 HyperStudy、SimLab、Creo 三个软件能直接优化 Creo 几何模型中的长、宽、高等参数，并且优化结束后能根据参数快速生成新的几何模型，不需要手动修改。在 SimLab 2019. 3 版本中，在优化过程中几何模型的尺寸还不会随着 HyperStudy 的 DOE 过程自动更新，而需要根据 HyperStudy 的 DOE 分析结果修改 Creo 中对应的参数，然后 Creo 会根据参数自动更新几何尺寸。同时，对应 DOE 分析文件目录下的…Param. xml 文件中，每个参数都是更新之后的尺寸，. fem 文件和. gda 文件中的模型尺寸都是更新过的尺寸。

下面将介绍 HyperStudy-SimLab-Creo 联合做 DOE 分析的整个流程。本例使用的模型为 fan_start. prt. 2。

HyperStudy-SimLab-Creo 联合做 DOE 分析的主要工作可分为三步：在 Creo 中定义参数、在 SimLab 中录制宏代码、在 HyperStudy 中进行 DOE 分析。

操作视频

⚙️操作步骤

1. 在 Creo 中定义参数

本书使用的 Creo Parametric 是 6. 0. 4. 0 版本。在 Creo 中创建好几何模型后，将几何尺寸转换为 SimLab 能读取的参数。注意：本小节所使用的模型，其参数关联已经设置好，这里只做功能演示。参数定义步骤如下。

Step 01 定义参数。

由"工具" > "模型意图" > "参数"进入"参数"对话框，单击 ➕ 图标新建参数，将参数类型设置为实数，并为参数定义名称以及相应的数值，该数值后面会与几何尺寸进行关联，如图 12-36 所示。

图 12-36　Creo Parametric "参数" 对话框

Step 02 将参数与几何尺寸关联。

① 上一步中定义的参数可以与几何模型的拉伸、旋转以及草绘中的尺寸进行关联。例如一个类似于风扇的模型，将其厚度与第一步中的 SMT_THICKNESS 进行关联时，先找到厚度相关的步骤 "平面 1（第一个壁）"，右击后出现工具框，如图 12-37 所示。

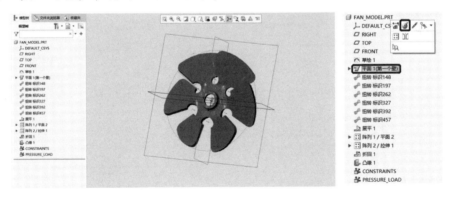

图 12-37　Creo Parametric 参数和几何尺寸关联界面

② 单击 "编辑定义" 　工具，进入参数关联面板，在 "设置" 栏中输入 SMT_THICKNESS，软件会自动识别并提示是否添加关联，单击 "是" 按钮即可完成，如图 12-38 所示。若模型当前的尺寸与 SMT_THICKNESS 参数中的数值不一样，会自动调整为参数数值。关联之后，如果

图 12-38　参数关联

修改了参数中的数值，可在模型树中选择模型，在其右键快捷菜单中选择"重新生成"，模型尺寸会自动根据参数进行更新。同样地，草绘尺寸、阵列角度等参数都可以与参数进行关联。

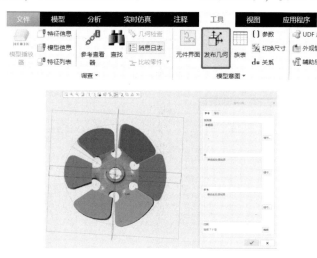

Step 03 发布几何。Creo Parametric 中除了可以定义 SimLab 可以识别的参数，还能定义"发布几何"，在 SimLab 中识别为"Group"，用于施加约束、载荷等。由"工具">"模型意图">"发布几何"进入"发布几何"工具面板，选择叶片表面，单击 ✓ 按钮即可创建一个"发布几何"。创建完成后，可以在模型树中将"发布几何"的名称修改为英文名称，以便 SimLab 识别，如图 12-39 所示。

图 12-39　发布几何

2. SimLab 关联 Creo 及录制宏代码

Step 01 SimLab 本身不支持直接打开 Creo 的 .prt 文件或者 .asm 文件，而是需要在安装 SimLab 的过程中关联 Creo 安装目录下的 parametric.bat 文件，其路径一般是…\PTC\Creo 6.0.4.0\Parametric\bin。若 SimLab 已安装完成，可双击 SimLab 安装目录下的 configure.exe 文件，进入下面步骤关联 Creo，如图 12-40 所示。

Step 02 关联成功后，打开 SimLab，由 File > import > CAD 导入 Creo 文件，进入 Import Creo 面板后，勾选 Design parameters 复选框，即可读取 Creo Parametric 中定义好的参数和已发布的几何。在 Group 浏览器中可查看已发布的几何，Process 浏览器中可查看参数，如图 12-41 ~ 图 12-43 所示。

图 12-40　SimLab 关联 Creo

图 12-41　Import Creo 面板

图 12-42　Creo 中发布的几何

图 12-43　Creo 中定义好的参数

Step 03 打开 SimLab 后，选择 Project > Record 工具开始录制宏代码，然后进行从几何导入到提交计算的整个有限元仿真分析过程，如图 12-44 所示。

　　注：在整个联合仿真过程中，SimLab 提供了前处理以及求解器功能，包括网格划分、赋予材料属性、施加约束载荷、创建分析步、求解计算整个仿真分析过程。每次 DOE 分析迭代中几何参数都可能发生较大的变化，因此不能直接对上一个迭代过程中的求解器模型做简

图 12-44　录制宏工具

单修改就重复使用，而需要完全从网格划分开始重新建模。SimLab 具有录制宏工具，该工具可以将从几何导入到求解计算的整个过程使用 Python 代码录制下来，然后重复使用。

Step 04 整个仿真分析计算完成后，需要将位移和最大应力定义为响应，后续在 HyperStudy 中做 DOE 时使用。进入 Results 浏览器，选择 Displacement > Resultant，在右键快捷菜单中选择 Create Response 进入 Response 面板，Select 选择 Entities，Type 选择 Max，即可将整个模型的最大位移定义为响应，如图 12-45 所示。

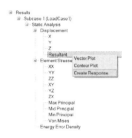

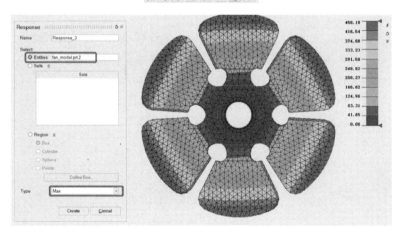

图 12-45　定义响应

Step 05 结束录制后，从宏代码保存路径下可看到多个 .xml 文件，里面会保存 SimLab 识别到的 Creo 参数以及定义的响应。使用 HyperStudy 做 DOE 分析时后台会调用 fan_model.prt.2、hstSimCreo_Params.xml、hstSimCreo_Responses.xml 以及 fan_script.py 四个文件，如图 12-46 所示。

3. 建立 HyperStudy 模型以及 DOE 模型

Step 01 在 HyperStudy 中注册 SimLab。在 HyperStudy 中建模之前，需要将 HyperStudy 与 SimLab 进行关联。由 Edit > Register Solver Script 进入注册对话框，单击 Add Solver Script 按钮，关联 SimLab 安装目录下的 SimLab.bat 文件即可，如图 12-47 所示。

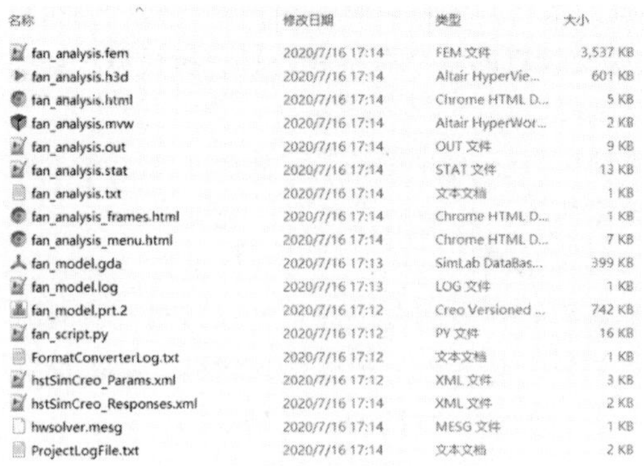

名称	修改日期	类型	大小
fan_analysis.fem	2020/7/16 17:14	FEM 文件	3,537 KB
fan_analysis.h3d	2020/7/16 17:14	Altair HyperVie...	601 KB
fan_analysis.html	2020/7/16 17:14	Chrome HTML D...	5 KB
fan_analysis.mvw	2020/7/16 17:14	Altair HyperWor...	2 KB
fan_analysis.out	2020/7/16 17:14	OUT 文件	9 KB
fan_analysis.stat	2020/7/16 17:14	STAT 文件	13 KB
fan_analysis.txt	2020/7/16 17:14	文本文档	1 KB
fan_analysis_frames.html	2020/7/16 17:14	Chrome HTML D...	1 KB
fan_analysis_menu.html	2020/7/16 17:14	Chrome HTML D...	7 KB
fan_model.gda	2020/7/16 17:13	SimLab DataBas...	399 KB
fan_model.log	2020/7/16 17:13	LOG 文件	1 KB
fan_model.prt.2	2020/7/16 17:12	Creo Versioned ...	742 KB
fan_script.py	2020/7/16 17:12	PY 文件	16 KB
FormatConverterLog.txt	2020/7/16 17:12	文本文档	1 KB
hstSimCreo_Params.xml	2020/7/16 17:12	XML 文件	3 KB
hstSimCreo_Responses.xml	2020/7/16 17:14	XML 文件	2 KB
hwsolver.mesg	2020/7/16 17:14	MESG 文件	1 KB
ProjectLogFile.txt	2020/7/16 17:14	文本文档	2 KB

图 12-46　SimLab 宏代码文件夹

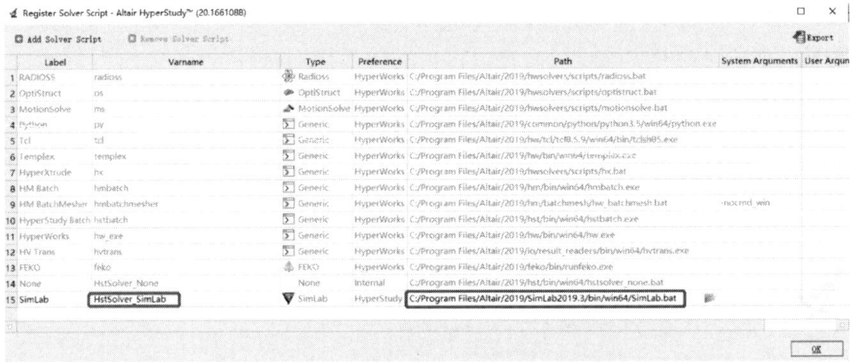

图 12-47　在 HyperStudy 中注册 SimLab

Step 02 建立 HyperStudy 模型。在 HyperStudy 中新建模型时，注意路径名称不能太长，也不要出现空格以及横杠等特殊字符。另外，若 HyperStudy 模型文件路径为 D：/hstsimlab，请将保存宏代码以及分析求解文件的整个文件夹 SimLab_Creo 也放置在 D 盘根目录下。

如图 12-48 所示，新建 Study 并添加模型，模型类型选择 SimLab，模型文件选择之前录制好的 fan_script.py 文件，然后单击 Import Variables 按钮导入参数，直至最后完成 Setup 部分的计算，此处不再赘述。

图 12-48　模型文件

Step 03 定义 DOE 模型。创建 DOE 后，进入 DOE 下的 Define Input Variables 面板，选择图 12-49 所示参数进行 DOE 分析。在 Specifications 面板选择部分因子（Fractional Factorial）法进行因子筛选，精度为 IV 级，运行次数为 24。

Step 04 查看结果。计算结束后，进入 Post Processing 面板查看结果。如图 12-50 所示，对于应力和位移，最大的影响因子都是 SMT_THICKNESS，且其柱状图中斜线朝右下方向，表示 SMT_THICKNESS 对应力和位移存在负影响，即 SMT_THICKNESS 取值越大，应力和位移都越小。从线性效应图中可以看到各变量对因子的效应，SMT_THICKNESS 对位移和应力的效应远远大于其他变量，如图 12-50所示。

Add Input Variable　Remove Input Variable

	Active	Label	Varname	Lower Bound	Nominal	Upper Bound	Comment	Category
1	☐	MeshSize	var_1	0.9000000 ...	1.0000000 ...	1.1000000 ...	...	Controlled
2	☐	Pressure	var_2	90.000000 ...	100.00000 ...	110.00000 ...	...	Controlled
3	☐	AspectRatio	var_3	9.0000000 ...	10.000000 ...	11.000000 ...	...	Controlled
4	☑	SMT_THICKNESS	var_4	0.7200000 ...	0.8000000 ...	0.8800000 ...	...	Controlled
5	☑	SMT_PART_BEND_ALLOWANCE_FACTOR	var_5	0.4500000 ...	0.5000000 ...	0.5500000 ...	...	Controlled
6	☑	SMT_DFLT_BEND_RADIUS	var_6	0.7200000 ...	0.8000000 ...	0.8800000 ...	...	Controlled
7	☑	SMT_DFLT_BEND_ANGLE	var_7	81.000000 ...	90.000000 ...	99.000000 ...	...	Controlled
8	☑	SMT_DFLT_CRNR_REL_WIDTH	var_8	0.7200000 ...	0.8000000 ...	0.8000000 ...	...	Controlled
9	☑	SMT_DFLT_CRNR_REL_DEPTH	var_9	0.7200000 ...	0.8000000 ...	0.8800000 ...	...	Controlled
10	☑	SMT_DFLT_BEND_REL_WIDTH	var_10	0.7200000 ...	0.8000000 ...	0.8800000 ...	...	Controlled
11	☑	SMT_DFLT_BEND_REL_DEPTH	var_11	1.4400000 ...	1.6000000 ...	1.7600000 ...	...	Controlled
12	☑	SMT_DFLT_BEND_REL_ANGLE	var_12	40.500000 ...	45.000000 ...	49.500000 ...	...	Controlled
13	☑	SMT_GAP	var_13	0.3600000 ...	0.4000000 ...	0.4400000 ...	...	Controlled
14	☐	SMT_DFLT_EDGE_TREA_WIDTH	var_14	-0.36000··· ...	-0.40000··· ...	0.44000··· ...	...	Controlled
15	☐	SMT_DFLT_MITER_CUT_WIDTH	var_15	0.3600000 ...	0.4000000 ...	0.4400000 ...	...	Controlled
16	☐	SMT_DFLT_MITER_CUT_OFFSET	var_16	0.7920000 ...	0.8800000 ...	0.9680000 ...	...	Controlled

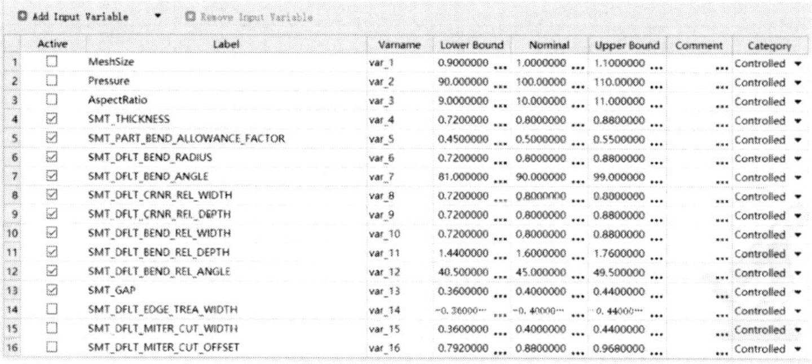

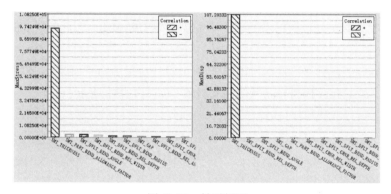

图 12-49　设计变量选择

图 12-50　帕雷托图

12.4.3　使用实验数据进行 DOE 分析

若通过实验测试出很多组数据而没有仿真结果，也可以通过 HyperStudy 进行 DOE 分析。现通过一个简单例子介绍该功能。实验数据见表 12-9，有 DV1 和 DV2 两个设计变量，Resp1 和 Resp2 两个响应，做了 16 次实验。使用 HyperStudy 进行 DOE 分析，找到主效应。本例使用的文件为 doe_of_experiment_data_start. xls。

操作视频

表 12-9　实验数据

Design	DV1	DV2	Resp1	Resp2
1	4. 101541	3. 915882	8. 01742	-1. 50082
2	0. 962119	2. 209682	3. 1718	-0. 50807
3	1. 505328	0. 899178	2. 40451	-0. 22357
4	4. 55268	3. 340227	7. 89291	-1. 48097
5	3. 824944	1. 466227	5. 29117	-1. 05654
6	3. 109682	1. 85268	4. 96236	-1. 13866
7	3. 387054	0. 501541	3. 8886	0. 289096
8	1. 391876	3. 036788	4. 42866	-0. 95225
9	4. 986269	3. 791876	8. 77814	-1. 53573
10	3. 599178	2. 462119	6. 0613	-1. 316
11	2. 719989	1. 321595	4. 04158	-0. 87569

（续）

Design	DV1	DV2	Resp1	Resp2
12	1.921595	2.624944	4.54654	−1.09864
13	0.336788	4.205328	4.54212	1.20702
14	2.415882	4.819989	7.23587	−1.3786
15	2.066227	0.486269	2.5525	0.540451
16	0.640227	4.587054	5.22728	−0.22005

操作步骤

1. 建立 HyperStudy 模型

Step 01 使用实验数据做 DOE 分析时，不需要有限元求解器，因此使用 Internal Math 来定义一个新的 Study。

Step 02 在 Define Input Variables 面板定义两个设计变量 DV1 和 DV2，使用默认取值。进入 Test Models 面板，单击 Run Definition 按钮进行计算，如图 12-51 所示。

	Active	Label	Varname	Lower Bound	Nominal	Upper Bound	Comment
1	☑	DV1	var_1	0.9000000 ...	1.0000000 ...	1.1000000 ...	...
2	☑	DV2	var_2	0.9000000 ...	1.0000000 ...	1.1000000 ...	...

图 12-51　定义设计变量

Step 03 进入 Define Output Responses 面板，创建两个响应 Resp1 和 Resp2，不需要进行 Evaluate 步骤完成取值，如图 12-52 所示。至此，模型创建结束。

Active	Label	Varname	Expression	Value	Goals	Output Type	Comment
☑	Resp1	r_1	...	Not Extracted		⊙ Real ▼	...
☑	Resp2	r_2	...	Not Extracted		⊙ Real ▼	...

图 12-52　定义响应

2. 创建 DOE 分析模型

Step 01 在模型浏览器中创建 DOE 分析模型，进入 Specifications 面板，算法选择 None，单击 Apply 按钮。单击 Edit Matrix 按钮弹出 Edit Run Matrix 对话框，如图 12-53 所示。

图 12-53　选择算法

Step 02 创建 16 次试验，然后将 Excel 表格中的数据粘贴进去，单击 OK 按钮返回主界面，如图 12-54 所示。

	DV1	DV2	Resp1	Resp2	Post Process	Comment
1	4.1015411	3.9158816	8.0174200	-1.5008200	☑	
2	0.9621191	2.2096819	3.1718000	-0.5080740	☑	
3	1.5053279	0.8991784	2.4045100	-0.2235670	☑	
4	4.5526797	3.3402270	7.8929100	-1.4809700	☑	
5	3.8249440	1.4662270	5.2911700	-1.0565400	☑	
6	3.1096819	1.8526797	4.9623600	-1.1386600	☑	
7	3.3870539	0.5015411	3.8886000	0.2890960	☑	
8	1.3918759	3.0367880	4.4286600	-0.9522500	☑	
9	4.9862686	3.7918759	8.7781400	-1.5357300	☑	
10	3.5991784	2.4621191	6.0613000	-1.3160000	☑	
11	2.7199886	1.3215948	4.0415800	-0.8756900	☑	
12	1.9215948	2.6249440	4.5465400	-1.0986400	☑	
13	0.3367880	4.2053279	4.5421200	1.2070200	☑	
14	2.4158816	4.8199886	7.2358700	-1.3786000	☑	
15	2.0662270	0.4862686	2.5525000	0.5404510	☑	
16	0.6402270	4.5870539	5.2272800	-0.2200490	☑	

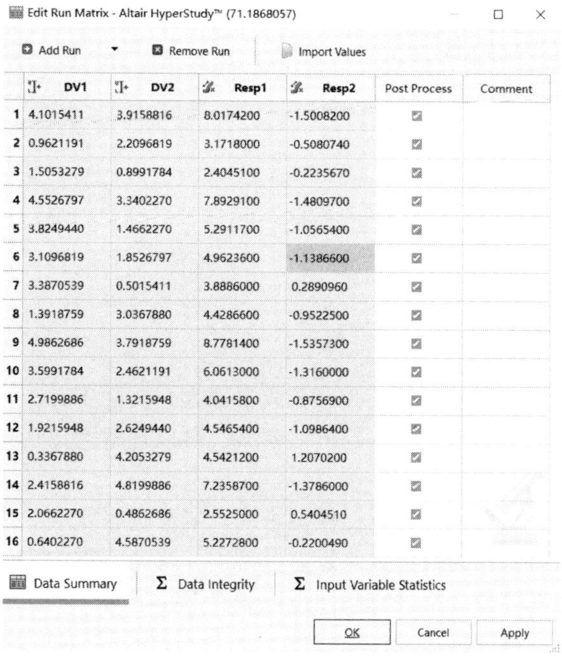

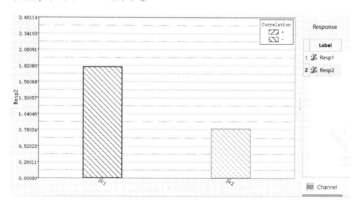

图 12-54　粘贴表格数据

Step 03 直接进入 Post-Processing 面板的 Pareto Plot 选项卡查看主效应。对于响应 Resp2 来说，变量 DV1 是主效应，如图 12-55 所示。

图 12-55　主效应图

第13章

响应面拟合

13.1 响应面拟合简介

复杂模型的有限元分析计算量非常大，计算成本惊人。实际工程应用中，可以使用响应面来预测结果，减少计算量。响应面拟合可得到近似模型，可以理解为以设计变量为输入、响应为输出的高阶函数。

得到某个响应的近似模型后，可用近似模型来对该响应进行预测。用户可以将初始设计中未考虑的新的设计变量取值组合作为参数输入近似模型中，快速获得响应的估计值，而不需要耗费大量的资源去计算实际仿真模型。某些响应面可以脱离 HyperStudy 环境使用，比如最小二乘法得到的响应面可以以多项式函数的形式提供给设计人员使用，响应面的 .pyfit 文件可以供其他程序调用或者单独运行。

另外，近似模型也可用于模型优化。相比直接优化实际仿真模型，使用响应面拟合得到的近似模型可大大减少对计算资源的占用，但所求解出的最优参数可能与实际仿真模型有差别。可以将基于近似模型的最优解作为初始设计点，进行基于高保真模型的优化求解，这样可减少优化迭代次数和节省计算资源。下一章介绍的 GRSM 优化算法会在后台构造响应面，而不需要事先构造，是 HyperStudy 在大多数场合推荐使用的。

HyperStudy 提供了最小二乘法（Least Square Regression，LSR）、移动最小二乘法（Moving Least Square Method，MLSM）、HyperKriging、径向基函数（Radial Basis Function，RBF）四种响应面拟合算法。

Hyper Study 中的响应面拟合（Fit）过程包括 Select Matrices、Definition、Specifications、Evaluate、Post-Processing、Report 几个环节。

13.2 实例：汽车踏板机构响应面拟合

本节以汽车踏板机构为例演示响应面拟合的全过程。如图 13-1 所示，踏板机构由连杆和踏板

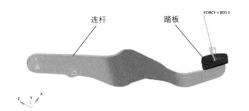

操作视频

图 13-1　踏板机构初始模型

组成，对连杆最左侧孔施加固定约束，中间孔释放绕圆孔轴线方向的旋转自由度，沿踏板上表面法向施加 800N 集中力，模拟脚踩踏板的力。踏板和连杆使用 FREEZE 连接，整个模型使用弹塑性材料且存在较大变形，使用非线性大变形工况进行分析。本例使用的模型为 Pedal_start. hm。

初始模型最大位移为 40.3mm，位于踏板上；最大应力为 265.9MPa，位于连杆中间孔边缘，如图 13-2 和图 13-3 所示。原始最大应力过大，超出了许用应力，现在希望通过改变踏板机构的形状来降低其最大应力和位移。

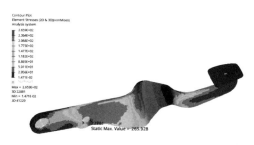

图 13-2　初始模型最大位移　　　　图 13-3　初始模型最大应力

首先使用 HyperMesh 中的 HyperMorph 工具生成表 13-1 中的 6 个形状变量。

表 13-1　设计变量

变量名称	变量描述	变量图示
thickness	修改连杆厚度	
radius1	修改半径	
radius2	修改半径	
radius3	修改半径	
height1	修改高度	
height2	修改高度	

在分析模型的基础上，使用 HyperMorph 创建好形状变量后，将模型保存为 .hm 文件，供 HyperStudy 定义模型使用。

⊙ 操作步骤

1. 建立 HyperStudy 模型

Step 01 将创建好的 6 个形状变量都定义为设计变量，其初始值及上下限值如图 13-4 所示。

	Active	Label	Varname	Lower Bound	Nominal	Upper Bound	Comment
1	☑	thickness.S	var_1	-1.0000000 ...	0.0000000 ...	1.0000000 ...	...
2	☑	radius1.S	var_2	-1.0000000 ...	0.0000000 ...	1.0000000 ...	...
3	☑	radius2.S	var_3	-1.0000000 ...	0.0000000 ...	1.0000000 ...	...
4	☑	radius3.S	var_4	-1.0000000 ...	0.0000000 ...	1.0000000 ...	...
5	☑	height1.S	var_5	0.0000000 ...	0.0000000 ...	1.0000000 ...	...
6	☑	height2.S	var_6	0.0000000 ...	0.0000000 ...	1.5000000 ...	...

图 13-4　6 个形状变量

Step 02 Test Models 步骤计算完成后拖曳 .h3d 文件，使用 Multiple Terms at Multiple Time Steps 提取全局模型最大应力以及全局最大位移作为响应，初始模型最大位移为 40.3mm，最大应力为 265.9MPa，如图 13-5 所示。

	Active	Label	Varname	Expression	Value	Goals	Output Type	Comment
1	☑	Maximum Displacement (Grids) MAG	r_1	max(ds_1) ...	40.261131	⊘	Real ▼	...
2	☑	Maximum Element Stresses (3D) vonMises (2D & 3D)	r_2	max(ds_2) ...	265.92804	⊘	Real ▼	...

图 13-5　位移及应力响应

2. 创建 DOE 分析模型

创建一个 DOE 模型作为响应面拟合的数据输入，算法类型为 Mels，计算次数为 31 次；创建第二个 DOE 模型用于验证响应面拟合模型的精度，算法类型为 Hammersley，计算次数为 10 次，如图 13-6 和图 13-7 所示。

图 13-6　DOE 模型 1

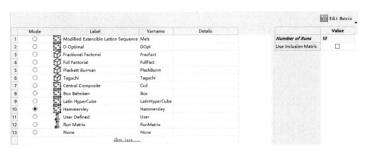

图 13-7　DOE 模型 2

3. 创建响应面拟合模型

Step 01 在 HyperStudy 模型浏览器空白处右击，选择 Add 选项，通过弹出的 Add 对话框创建 Fit 模型，如图 13-8 所示，模型浏览器中会自动生成一个响应面拟合的建模流程。

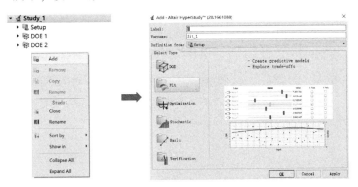

图 13-8 创建 Fit 模型

Step 02 进入 Select Matrices 面板，单击图 13-9 中左上侧的 Add Matrix 按钮两次，将 DOE 1 定义为 Input 类型，作为拟合响应面函数的输入数据；将 DOE 2 定义为 Testing 类型，作为检验拟合结果精度的数据。单击 Import Matrix 按钮导入两组 DOE 数据。

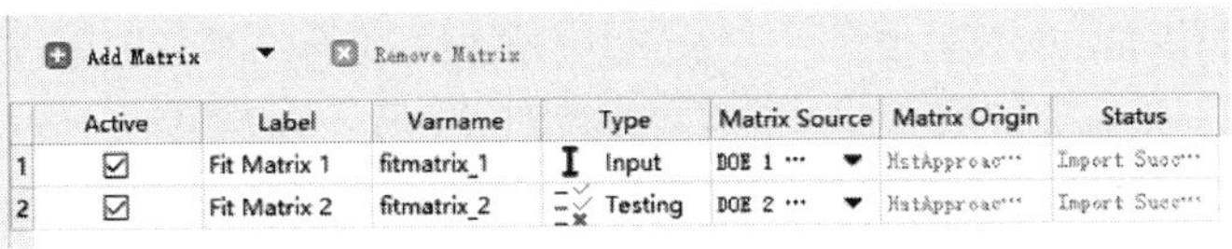

图 13-9 选择拟合输入数据和检验数据

Step 03 单击 Next 按钮，进入 Definition 面板，保持默认设置，再次单击 Next 按钮，进入 Specifications 面板。对于位移和应力两个响应，拟合类型均选择 FAST-Fit Automatically Selected by Training，让软件自动选择合适的拟合算法，如图 13-10 所示。HyperStudy 会在最小二乘法、移动最小二乘法以及径向基函数 3 种算法中选择一种，选择时会兼顾拟合效率和精度。

图 13-10 自动选择拟合算法

Step 04 单击 Next 按钮，进入 Evaluate 面板，系统默认已选择交叉验证选项 Cross-Validation-Automatic，如图 13-11 所示，在拟合过程中会自动进行交叉验证，以提高拟合精度，避免拟合不足的情况。单击 Evaluate Tasks 按钮进行拟合。

图 13-11 交叉验证选项

4. 查看拟合结果

Step 01 单击 Next 按钮，进入 Post-Processing 面板，这一步可查看拟合精度、拟合残差和响应面。首先进入 Diagnostics 选项卡，可以看到全局最大位移响应面的拟合算法为 LSR，R-Square（确定系数）为 0.99；最大应力响应面的拟合算法为 MLSM，R-Square 为 0.98。大于 0.9 的 R-Square 数值显示为绿色，表示拟合精度非常好。打开下方的 Detailed Diagnostics 选项卡可查看详细的拟合精度数据，R-Square 值越接近 1，拟合精度越高，如图 13-12 所示。

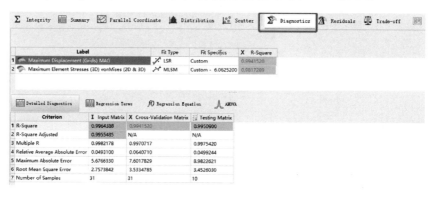

图 13-12　拟合精度诊断

Step 02 切换到 Residuals 选项卡，可查看应力和位移的拟合结果与输出数据之间的误差，即残差，如图 13-13 和图 13-14 所示。通常来说，R-Square 越接近 1，残差越小，但对于一阶最小二乘法，可能因为函数阶次较低，有些数据点被识别为噪点，在拟合过程中会被忽略，导致残差较大。

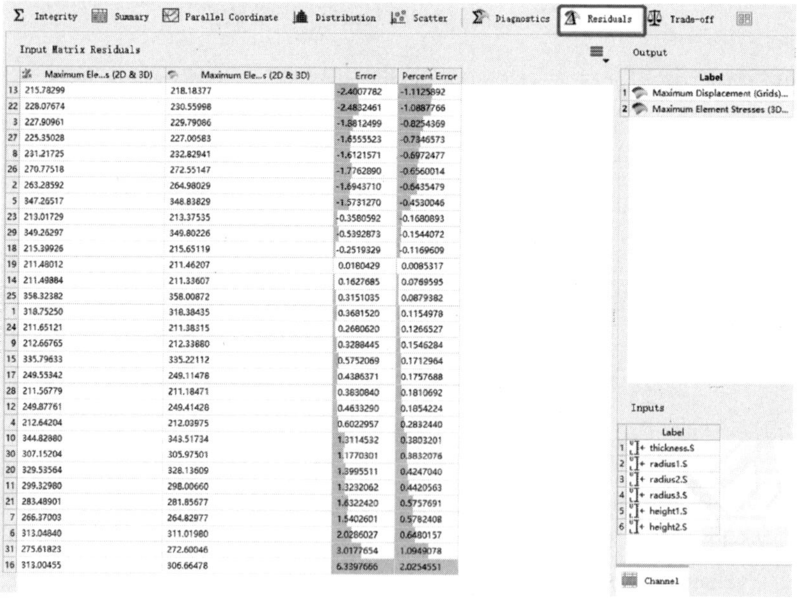

图 13-13　应力拟合残差

Step 03 进入 Trade-Off 选项卡，在右侧 Label 栏同时选择位移和应力两个响应，然后调整各设计变量的数值，可快速得到基于响应面拟合结果预测的全局最大位移及全局最大应力。将 height1、height2 和 thickness 值调整为图 13-15 中的取值可使全局最大位移和全局最大应力同时最小。

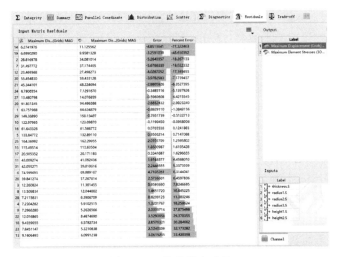

图 13-14　位移拟合残差

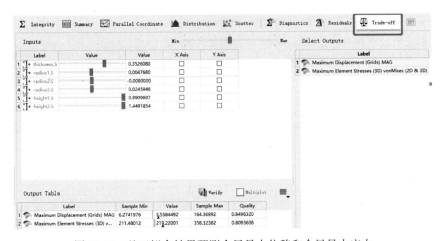

图 13-15　基于拟合结果预测全局最大位移和全局最大应力

13.3　响应面拟合基本概念及算法

13.3.1　响应面拟合基本概念

响应面拟合过程中会涉及输入矩阵、验证矩阵、确定系数、残差、拟合不足以及过度拟合等概念，下面一一进行介绍。

- 输入矩阵：指用于响应面拟合的输入数据。基于这组数据选择算法即可拟合出响应面，一般来自使用空间填充算法的 DOE 分析，需要较多数据点才能得到较好的拟合精度。
- 验证矩阵：指用于验证响应面拟合精度的数据。拟合得到响应面后，可用这组数据去验证拟合精度，一般来自使用空间填充算法或者因子筛选类算法的 DOE 分析，只需少量数据点即可。
- 确定系数（R-Square）：一般用于评价响应面的拟合精度，越接近 1，拟合精度越高。其计

算公式为 $R^2 = 1 - SSE/SST$，其中，$SSE = \sum_{i=1}^{n} \left[y_i - \hat{y_i} \right]^2$，为和方差，表示拟合数据和原始数据对应点的误差的平方和；$SST = \sum_{i=1}^{n} \left[y_i - \bar{y_i} \right]^2$，为原始数据和均值之差的平方和。当 R^2 在 $0.8 \sim 0.995$ 时，其数值显示为绿色，表示拟合精度很好；当 R^2 小于 0.65 时，其数值显示为红色，表示拟合精度较差；若 R^2 位于其他区间，就需要用户来判断拟合结果的准确性了。

- 残差（Residual）：拟合数据和原始数据对应点的误差，使用最小二乘法时可能产生较大的残差。
- 拟合不足：指数据点不够，无法得到准确的拟合结果，类似于使用两个独立方程无法求解 3 个求和数。拟合不足时，确定系数很小，可增加数据点或者调整拟合算法。
- 过度拟合：若增加数据点，确定系数反而变小，就可能是过度拟合了。如图 13-16 所示，采用过高阶次的拟合函数可能导致过度拟合。HyperStudy 会自动将输入数据分为多组，轮流将每一个组作为验证数据来避免过度拟合。另外，建议人为增加验证矩阵避免过度拟合，验证矩阵和输入矩阵最好采用不同的 DOE 算法。

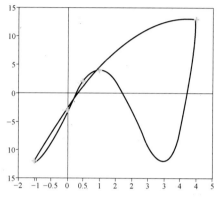

图 13-16　过度拟合示意图

13.3.2　响应面拟合算法

默认情况下，HyperStudy 会自动帮助用户选择合适的算法，不需要手动选择。下面逐一介绍 4 种拟合算法。

1. 最小二乘法

最小二乘法可以简化为求解 E 的最小值，E 为对每个原始数据点求拟合值和原始值差的平方和：

$$\min E = \sum_{i=1}^{n} (f_i^{\text{predicted}} - f_i)^2 \tag{13-1}$$

式中，n 为计算次数；f_i 是原始值；$f_i^{\text{predicted}}$ 是拟合值。

HyperStudy 中提供了 7 种现成的拟合多项式，另外还可以自定义任意阶次的多项式来拟合响应面。典型的线性回归需要计算 $n+1$ 次，其拟合多项式为

$$F(x) = a_0 + a_2 x_1 + a_2 x_2 + (\text{error}) \tag{13-2}$$

考虑交叉项的交互回归需要计算 $\dfrac{(n+2)(n+2)}{2} n$ 次，拟合多项式为

$$F(x) = a_0 + a_1 x_1 + a_2 x_2 + a_3 x_1 x_2 + (\text{error}) \tag{13-3}$$

二阶回归模型需要计算 $\dfrac{(n+1)(n+2)}{2}$ 次，拟合多项式为

$$F(x) = a_0 + a_1 x_1 + a_2 x_2 + a_3 x_1 x_2 + a_4 x_2^2 + a_5 x_2^2 + (\text{error}) \tag{13-4}$$

使用最小二乘法进行拟合时，若拟合精度不够，可以调整多项式阶次（但多数情况下四阶以上不会明显提高精度），还可以增加数据点。

2. 移动最小二乘法

移动最小二乘法与最小二乘法的最大区别在于其在 DOE 各个采样点处的加权系数不是一成

不变的，而是从样本点到取值点距离的函数。

在移动最小二乘拟合中，HyperStudy 向用户提供了一阶、二阶和三阶拟合多项式，与特定采样点相关联的加权值会随着取值点的远离而衰减。由于加权函数是围绕取值点 x 定义的，且其幅值随着 x 的移动而改变，所以把由最小二乘拟合生成的近似函数称为移动最小二乘拟合。由于权值是 x 的函数，所以最终拟合得到的多项式系数也与 x 相关，这就意味着使用移动最小二乘法进行拟合时，最终无法获得近似函数的解析形式。

HyperStury 向用户提供了通过控制加权函数中的参数来控制最终拟合结果逼近程度的功能。在加权函数中，有权值衰减率参数，其定义方式为以采样点 x_i 为球心的球半径，加权函数在超出了球半径的范围后（即球体外侧），其权值趋近于 0。

HyperStudy 提供了几种权值衰减函数，如高斯函数和不同阶次的多项式。

移动最小二乘法适用于非线性响应面，建议添加验证矩阵来验证拟合精度，可用残差和确定系数来评价拟合精度。若拟合精度不够，可通过提高拟合阶次来改善。

3. HyperKriging

从统计学意义来说，HyperKriging 是从变量相关性和变异性出发，在有限区域内对区域化变量的取值进行无偏、最优估计的一种方法。从插值角度讲，它是对空间分布的数据求线性最优、无偏内插估计的一种方法。HyperKriging 的适用条件是区域化变量存在空间相关性。

HyperKriging 方法和其他近似技术一样，使用 DOE 模型采样点处的响应值来构建近似模型。HyperKriging 方法最早被应用于地质领域。它也被称为计算机实验的设计与分析（DACE），以强调它是用来对确定性的计算机模拟进行建模的。基于 HyperKriging 方法构建的近似模型，其曲线经过原有模型在 DOE 采样点处的响应值，也就是说它产生了一个插值模型，因此 HyperKriging 方法适于对不含噪声的高度非线性响应数据进行建模。HyperKriging 等效于径向基函数插值或薄板样条。

图 13-17 比较了 HyperKriging 和二阶多项式模型对只有一个变量的响应进行拟合的曲线。可以观察到，最小二乘拟合对数据进行了平滑处理，而 HyperKriging 模型经过采样点处的响应值。

模型校正样本点（Testing Matrix）的使用不会改变近似模型，而是增加了对拟合质量的评价。近似模型经过所有的初始样本点，但有可能不会经过校正样本点。

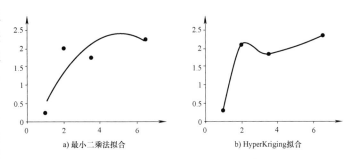

a) 最小二乘法拟合   b) HyperKriging拟合

图 13-17   最小二乘法和 HyperKriging 拟合结果比较

4. 径向基函数

径向基函数法将若干基函数进行线性叠加来进行拟合。典型的基函数有线性（linear）、三次（cubic）、薄板样条（thin plate spline）、高斯（Gaussian）、多二次（multiquadric）以及逆多二次（inverse multiquadric）函数。

径向基函数的拟合响应面会精确通过原始数据点，其残差为零或非常小，因此若想在 Post Processing 面板的 Diagnostic 选项卡中得到有意义的结果，需要定义用于验证的矩阵。

径向基函数和 HyperKriging 方法一样，都适用于高度非线性且没有噪声的响应，响应面会精确通过原始数据点，但 HyperKriging 更适用于存在大量数据点的情况，径向基函数更适用于存在大量设计变量的情况，并且径向基函数拟合的效率要高于 HyperKriging。

13.4　工程实例

13.4.1　前悬架转向拉杆硬点 DOE 分析和响应面拟合

底盘开发中悬架设计参数的变化会影响车辆的 KC 特性（如前束角、外倾角等），进而影响车辆的操纵稳定性。通过优化设计参数来获得理想的 KC 特性是底盘开发中的一大难题。悬架设计参数众多，对众多的设计参数组合进行优化是非常具有挑战性的工作。通过 DOE 研究完成灵敏度分析和设计变量的筛选，然后再进行拟合和优化分析，能够使设计人员在更短的时间内找出更合理的、更稳健的设计方案。

本例将介绍如何在 HyperStudy 中调用 MotionSolve 求解器，以前悬架模型中的转向拉杆硬点参数为设计变量进行 DOE 分析和响应面拟合，如图 13-18 所示。本例使用的模型为 suspension_start. mdl 和 target_toe. csv。

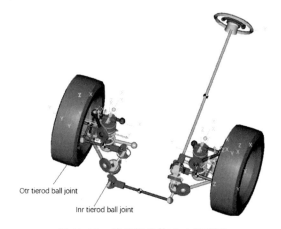

操作视频

图 13-18　前悬架多体动力学模型

本例中一共有 4 个设计变量，分别为转向拉杆内、外侧安装点的 Y、Z 坐标，见表 13-2。

表 13-2　设计变量

子　系　统	点　名　称	坐　　标
Front SLAsusp	Otr tierod ball jt-left	Y
Front SLAsusp	Otr tierod ball jt-left	Z
Parallel Steering	Inr tierod ball-left	Y
Parallel Steering	Inr tierod ball-left	Z

操作步骤

1. 建立 HyperStudy 模型

（1）定义模型（Define Models）

Step 01　创建 HyperStudy 模型之后，单击 Add Model 按钮添加一个模型，类型选择 MotionView。

Step 02　Resource 选择已经准备好的 hs. mdl 模型，在 Solver Input File 中给定求解头文件的名

称 hs. xml，Solver Execution Script 选择 MotionSolve，然后单击窗口下方的 Import Variables 按钮，如图 13-19 所示。

图 13-19　定义模型

Step 03 HyperStudy 会在后台启动 MotionView，自动识别设计参数。在弹出的 Model Parameters 对话框中将两个硬点的 Y、Z 坐标作为变量进行添加，如图 13-20 所示。

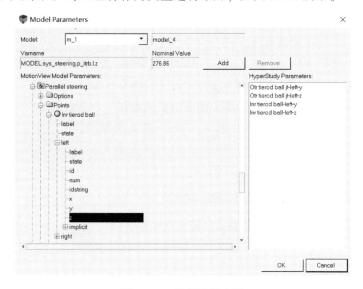

图 13-20　选择设计变量

Step 04 单击 OK 按钮，回到 HyperStudy 界面。单击 Next 按钮，进入 Define Input Variables 面板。

（2）定义输入变量（Define Input Variables）

对变量的取值进行编辑。本例中的变量初始值、上下限值见表 13-3。完成设置之后，单击 Next 按钮，进入 Test Models 面板。

表 13-3　设计变量取值范围

点	坐　标	下　限　值	初　始　值	上　限　值
Otr tierod ball-jt-left	Y	-571. 15	-565. 15	-559. 15
Otr tierod ball-jt-left	Z	246. 92	248. 92	250. 92
Inr tierod ball-left	Y	-221. 9	-215. 9	-209. 9
Inr tierod ball-left	Z	274. 86	276. 86	278. 86

（3）测试模型（Test Models）

单击 Run Definition 按钮，软件将依次执行 Write、Execute、Extract 三个命令，执行成功后，单击 Next 按钮，进入 Define Output Responses 面板。

（4）定义输出响应（Define Output Responses）

Step 01 单击 Add Response 按钮添加一个新的响应，Label 改为 sum of squared error。单击

Expression 列的…，打开 Expression Builder 对话框，如图 13-21 所示。

图 13-21　Expression Builder 对话框

Step 02 该响应需要添加两个 Data Source。切换到 Data Sources 选项卡，单击 Add Data Source 按钮新增一行，从求解器输出的结果文件中提取结果来添加一个新的 Data Source，单击 File 列的 …，打开 Data Source Builder 对话框进行添加，如图 13-22 所示。

图 13-22　添加 Data Source 1

Step 03 在对话框中，File 选择…\ hst \ approaches \ setup_1-def \ run__00001 \ m_1 \ hs. mrf，Type 选择 Expressions，Request 选择 REQ/70000033 toe-curve，Component 选择 F2，设置完成后单击 OK 按钮，如图 13-23 所示。

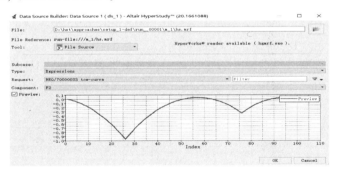

图 13-23　定义 Data Source 1

Step 04 单击 Add Data Source 按钮，添加第二个 Data Source，之后同样打开 Data Source Builder 对话框，如图 13-24 所示。

图 13-24　添加 Data Source 2

Step 05 如图 13-25 所示，在案例模型文件中找到 target_toe. csv 文件进行导入操作。Type 选择 Unknown，Request 选择 Block 1，Component 选择 Column 1。设置完成后单击 OK 按钮。

Step 06 Data Source 1 是模型计算完成之后输出的车辆前束角曲线，Data Source 2 是目标前束角曲线，本案例是要通过改变转向拉杆的硬点参数使仿真模型中输出的前束角曲线尽可能接近目标曲线。接下来通过在 Expression Builder 对话框中写入函数来定义响应，函数为两条曲线纵坐标差的平方和 sum((ds_1-ds_2)^2)。ds_1 和 ds_2 分别为 Data Source 1 和 Data Source 2 中的数据。

Step 07 函数定义完成后单击 Evaluate Expression for sum of squared error，可以看到响应 sum of squared error 值为 16. 28。单击

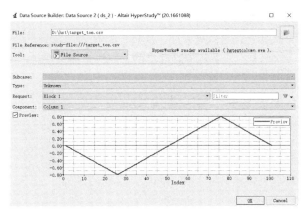

图 13-25　定义 Data Source 2

OK 按钮退出 Expression Builder 对话框，返回主界面，最后单击 Evaluate 按钮，模型设置完成，如图 13-26 所示。

图 13-26　定义前束角差值响应

2. 创建 DOE 分析模型

Step 01 这个例子要开展两次 DOE 分析，一个用于响应面拟合的数据输入，一个用于验证拟合得到的响应面。在模型浏览器的空白处右击，选择 Add 选项打开 Add 对话框，类型选择 DOE，然后单击 OK 按钮。

Step 02 这个 DOE 中所有的模型定义均保持默认，来自 Setup。进入 Specifications 面板，单击 Show more，选择 Modified Extensible Lattice Sequence，软件此时会自动计算出所需要的计算任务个数为 17（Number of Runs：17），如图 13-27 所示。单击 Apply 按钮，然后单击 Next 按钮进入 Evaluate 面板。

图 13-27　选择 DOE 1 的算法

Step 03 在 Evaluate 面板中，在 Multi-Execution 中设置并行计算的任务个数，如图 13-28 所示，然后单击 Evaluate Tasks 按钮，开始计算。

Step 04 计算完成后可查看主效应，如图 13-29 所示，可以看到前两个因子对误差的影响已经接近 80%，可重点关注。注意：Mels 方法是空间填充类 DOE 算法，主要用于响应面拟合，其主效应仅供参考。若想得到准确的主效应，需要使用因子筛选类 DOE 算法，如全因子法和部分因子法。

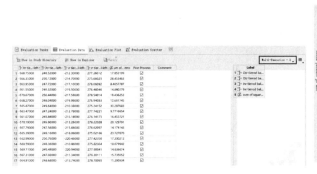

图 13-28　DOE 1 模型计算 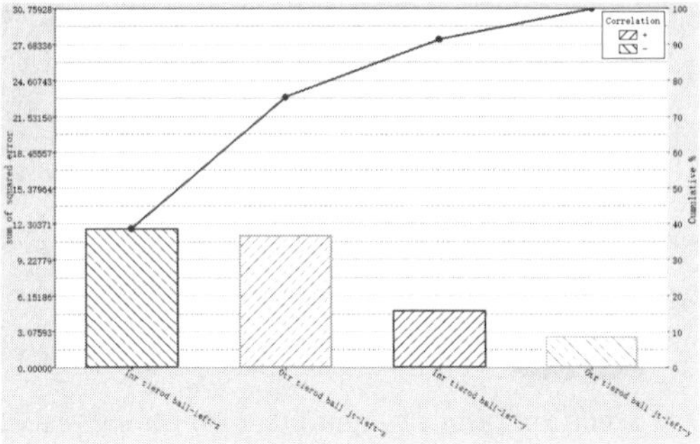　　　　　　　图 13-29　查看主效应

Step 05 在模型浏览器的空白处右击，再添加一个 DOE 分析模型。DOE 模型定义部分的设置保持默认，直接进入 Specifications 面板。单击 Show More，选择 Fractional Factorial，Resolution 设置为Ⅲ，软件此时会自动计算出所需要的计算任务个数为 8（Number of Runs：8），如图 13-30。单击 Apply 按钮，然后单击 Next 按钮进入 Evaluate 面板。完成 Evaluate 步骤之后，DOE 分析结束。

图 13-30　选择 DOE 2 的算法

3. 创建响应面拟合模型

Step 01 在模型浏览器的空白处右击，选择 Add 选项，打开 Add 对话框，类型选择 Fit，然后单击 OK 按钮，创建响应面拟合模型。

Step 02 单击 Next 按钮，进入 Select Matrices 面板，单击两次 Add Matrix 按钮新建两行，第一行的 Type 选择 Input，Matrix Source 选择 DOE 1（doe_1），第二行的 Type 选择 Testing，Matrix Source 选择 DOE 2（doe_2），设置完成后单击 Import Matrix 按钮，如图 13-31 所示。

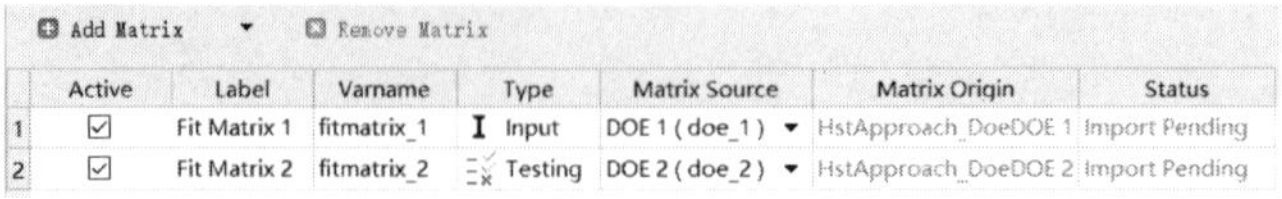

图 13-31　选择输入和验证矩阵

Step 03 单击 Next 按钮，进入 Definition 面板，参数保持默认值，再次单击 Next 按钮，进入 Specifications 面板，Fit Type 选择 MLSM-Moving Least Squares，如图 13-32 所示。

图 13-32　选择拟合算法

Step 04 单击 Apply 按钮，单击 Next 按钮，进入 Evaluate 面板，单击 Evaluate Tasks 按钮进行拟合分析。完成后切换到 Evaluation Plot 选项卡，按住〈Ctrl〉键同时选中 DOE 分析和响应面拟合得到的 sum of squared error 响应曲线进行对比，如图 13-33 所示。

Step 05 进入 Post-Processing 面板，打开 Diagnostics 选项卡，可以通过 R-Square 值查看拟合效果，R-Square 越接近 1，拟合效果越好（一般 0.9 以上就可用于结果预测），如图 13-34 所示。

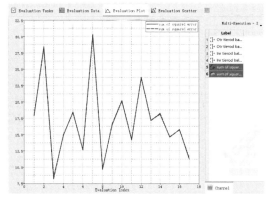

图 13-33　查看拟合效果

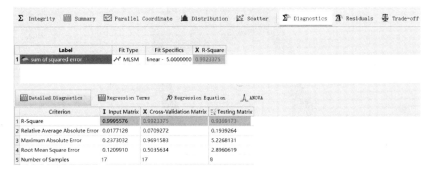

图 13-34　查看 R-Square

Step 06 切换到 Trade-off 面板，可以拖动 4 个设计变量的阈值，调整设计变量数值，查看拟合结果。可以看到，当设计变量取图 13-35 所示数值时，车辆前束角曲线和目标曲线非常接近。

图 13-35　使用拟合结果预测前束角

Step 07 进入 Report 面板，可将拟合结果导出为 .pyfit 文件，如图 13-36 所示。该文件通常只有几 KB，可以方便地在其他计算机上做优化，而不需要复制全部 DOE 分析以及响应面拟合的过程文件。它可作为 Study 项目的输入文件，新建 Study 时需要选择 HyperStudy Fit 类型。

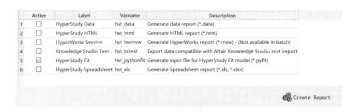

图 13-36　导出 . pyfit 文件

13.4.2　汽车座椅冲击响应面拟合

本例将介绍在 HyperStudy 中调用 Radioss 求解器，以座椅模型中 4 个部件的板厚（见表 13-4）为设计变量进行 DOE 分析并进行拟合的操作，如图 13-37 所示。本例使用的模型为 Backframe_non-linear_0000. rad 和 Backframe_non-linear_0001. rad。

操作视频

图 13-37　座椅模型

表 13-4　设计变量

零 部 件	初始值/mm	变量/mm
LowerXmem	0.9	0.8, 0.9, 1.0
sidemem_LH	0.9	0.8, 0.9, 1.0
UpperXmem	0.9	0.8, 0.9, 1.0
HRtubes	1.4	1.2, 1.4, 1.6

操作步骤

1. 建立 HyperStudy 模型

（1）定义模型（Define Models）

Step 01 创建了 HyperStudy 研究之后，单击 Add Model 按钮添加一个模型，类型选择 Parameterized File。

Step 02 在 Resource 列选择 Backframe_non-linear0000. rad 文件，在弹出的对话框中单击 Yes 按钮，弹出 Editor 对话框，即参数编辑器，如图 13-38 所示。

图 13-38　模型参数化

Step 03 在参数化编辑界面下，找到变量属性中对应的厚度参数，按住〈Ctrl〉键单击选择对应属性中的厚度，然后在右键快捷菜单中选择 Create Parameter，进入 Parameter 对话框。注意 Radioss 模型文件中，一个关键字占 20 个字符，如图 13-39 所示。

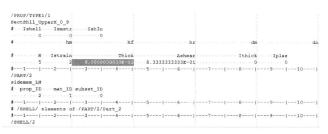

图 13-39　选择厚度参数

Step 04 在 Parameter 对话框中，变量范围保持默认设置，其他设置如图 13-40 所示，最后单击 OK 按钮。对其他 3 个变量进行同样的操作，设置完成后回到主界面，单击 Import Variables 按钮进入 Define Input Variables 面板。

（2）定义输入变量（Define Input Variables）

Step 01 切换到 Modes 选项卡，Mode 列均改为 Discrete，如图 13-41所示。

Step 02 单击第一行 Values 列中的三个点，进入离散变量编辑界面，单击 Add Row 按钮，分别输入 0.8、0.9、1.0，然后单击 Apply 和 OK 按钮完成设置。对另外 3 行进行同样的操作，第四行的离散变量值分别为1.2、1.4、1.6。

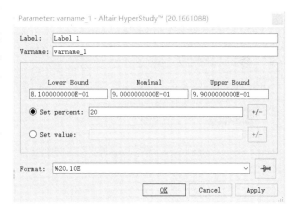

图 13-40　将厚度定义为设计变量

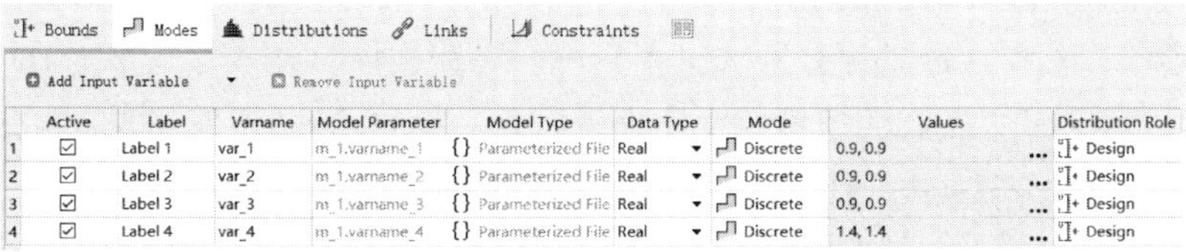

图 13-41　定义离散变量

Step 03 完成设置之后，单击 Next 按钮，进入 Test Models 面板。

（3）测试模型（Test Models）

单击 Run Definition 按钮，软件将依次执行 Write、Execute、Extract 三个命令。执行成功后，单击 Next 按钮，进入 Define Output Responses 面板。

（4）定义输出响应（Define Output Responses）

Step 01 定义第一个响应。模型浏览器切换至 Directory，在文件目录中依次进入 approaches > setup_1-def > run__00001 > m_1，找到 Backframe_non-linear. h3d 文件，拖动到右侧空白区域，在弹出的 File Assistant 对话框中单击两次 Next 按钮，进入图 13-42 所示的设置界面，Type 选择 Displacement，在 Request 后面的 Filter（筛选器）中输入 91638，按〈Enter〉键，即可提取 91638 号节点的位移。Component 选择 MAG，单击 Next > Finish 按钮完成设置。

Step 02 定义第二个响应。找到 approaches > setup_1-def > run__00001 > m_1 > Backframe_non-linear. out 文件，拖动到右侧空白区域，在弹出的 File Assistant 对话框中单击两次 Next 按钮，进入图 13-43 所示的设置界面，Type 选择 Radioss Analysis，Request 选择 Out File，Component 选择 Mass，单击 Next > Finish 按钮完成设置。

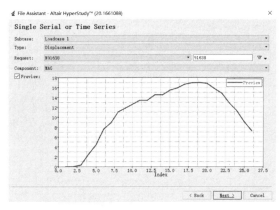

图 13-42　定义位移响应

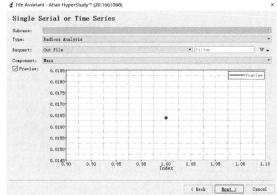

图 13-43　定义质量响应

Step 03 单击 Evaluate 按钮进行验证，响应提取成功，模型创建完成，如图 13-44 所示。

	Active	Label	Varname	Expression	Value	Goals	Output Type	Comment
1	☑	N91638 - MAG	m_1_r_1	max(m_1_ds_1) ...	16.972673		◎ Real ▼	N9163...
2	☑	Out File - Mass	m_1_r_2	max(m_1_ds_2) ...	0.0163721		◎ Real ▼	Out Fil...

图 13-44　提取响应值

2. 创建 DOE 分析模型

Step 01 这个例子要展开两次 DOE 分析，一个用于后面的拟合，一个用于验证。在模型浏览器的空白处右击，选择 Add 选项打开 Add 对话框，类型选择 DOE，然后单击 OK 按钮。

Step 02 这个 DOE 中所有的模型定义均保持默认，来自 Setup。进入 Specifications 面板单击 Show more，选择 Hammersley，软件此时会自动计算出所需要的计算任务个数为 17（Number of Runs：17），如图 13-45 所示。单击 Apply 按钮，然后单击 Next 按钮进入 Evaluate 面板。

Step 03 在 Evaluate 面板中，在 Multi-Execution 中设置并行计算的任务个数，然后单击 Evaluate Tasks 按钮开始计算，可以根据自身的计算机硬件环境设置同时并行计算的任务个数，如图 13-46 所示。

图 13-45　选择 DOE 1 的算法

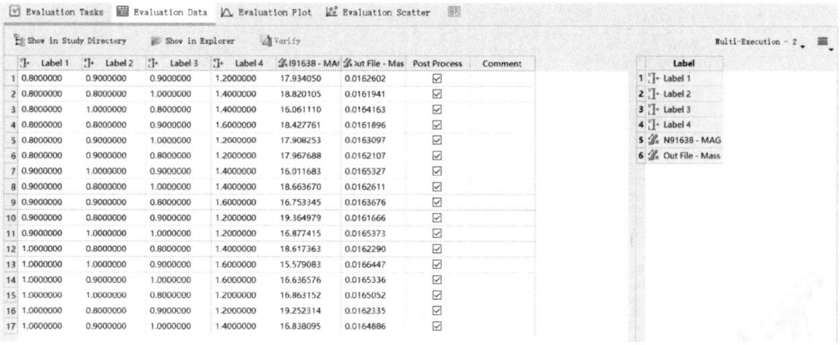

图 13-46　DOE 1 模型计算

Step 04 在模型浏览器的空白处右击，选择 Add 选项，创建第二个 DOE 模型。直接进入 Specifications 面板，单击 Show more，选择 Fractional Factorial，软件此时会自动计算出所需要的计算任务个数为 8（Number of Runs：8），单击 Apply 按钮，然后单击 Next 按钮进入 Evaluate 面板。

Step 05 完成 Evaluate 环节之后，即可单击 Next 按钮进入 Post-Processing 面板。可以通过 Linear Effects 等结果来判断每个变量因子对响应的影响。

3. 创建响应面拟合模型

Step 01 在模型浏览器的空白处右击，选择 Add 选项，打开 Add 对话框，类型选择 Fit，然后单击 OK 按钮，创建 Fit 模型。

Step 02 单击 Next 按钮，进入 Select Matrices 面板，单击两次 Add Matrix 按钮新建两行，第一行 Type 选择 Input，Matrix Source 选择 DOE 1（doe_1），第二行 Type 选择 Testing，Matrix Source 选择 DOE 2（doe_2），设置完成后单击 Import Matrix 按钮，如图 13-47 所示。

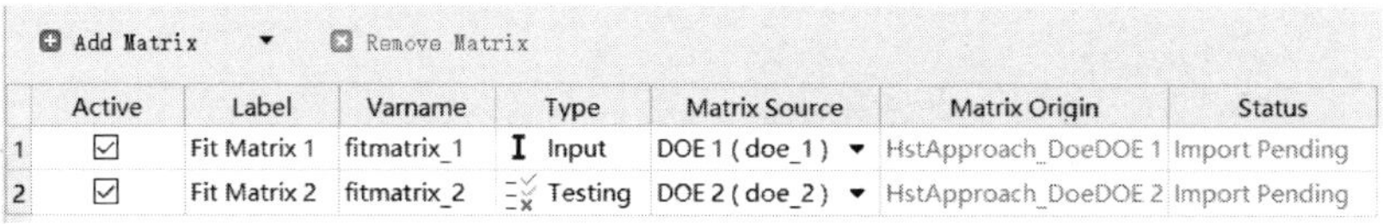

	Active	Label	Varname	Type	Matrix Source	Matrix Origin	Status
1	☑	Fit Matrix 1	fitmatrix_1	Input	DOE 1 (doe_1) ▼	HstApproach_DoeDOE 1	Import Pending
2	☑	Fit Matrix 2	fitmatrix_2	Testing	DOE 2 (doe_2) ▼	HstApproach_DoeDOE 2	Import Pending

图 13-47　定义输入和验证矩阵

Step 03 单击 Next 按钮，进入 Definition 面板，参数保持默认值，再次单击 Next 按钮，进入 Specifications 面板，Fit Type 选择 MLSM-Moving Least Squares，如图 13-48 所示。

Step 04 单击 Apply 按钮，单击 Next 按钮，进入 Evaluate 面板，单击 Evaluate Tasks 按钮进行拟合分析。完成后切换到 Evaluation Plot 选项卡，按住〈Ctrl〉键同时选中 DOE 分析和响应面拟合得到的响应曲线进行对比，如图 13-49 所示。

图 13-48　选择拟合算法

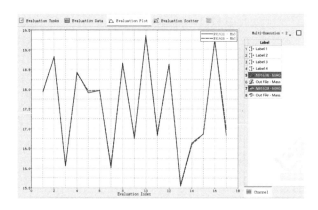

图 13-49　查看拟合效果

Step 05 单击 Next 按钮进入 Post-Processing 面板。进入 Diagnostics 选项卡可查看拟合效果，如图 13-50 所示，可以看到位移响应的拟合确定系数超过 0.9，拟合效果很好；质量响应的拟合确定系数为 1，其结果需谨慎使用。

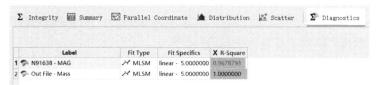

图 13-50　查看拟合确定系数

Step 06 进入 Trade-off 选项卡，调整设计变量数值，可查看拟合结果，当所有变量都取最大值时，拟合位移结果最小，如图 13-51 所示。

图 13-51　使用拟合结果预测位移

第14章

HyperStudy优化

14.1 HyperStudy 优化简介

14.1.1 优化基本概念

一个优化问题通常由优化三要素定义。

1）优化目标：使系统中的特定响应 $f(x)$ 实现最大化、最小化，或逼近一个目标值。优化目标可以有多个。

2）设计约束：约束函数 $g(x)$ 定义了系统响应必须满足的取值范围。可以没有设计约束。

3）设计变量：设计变量 x 是一组可能影响优化目标的变量。

一组设计变量的取值组成一个设计点，所有设计点的集合叫作设计空间。设计空间内满足设计约束的解称为可行解，所有的可行解集合称为可行域。在可行域内，优化目标值最好的设计点称为最优解。优化的目的就是在设计空间内通过尽可能少的迭代次数找到最优解。

优化的基本流程如图 14-1 所示，在一个初始模型的基础上修改设计变量，生成新的模型文件，调用求解器求解，提取响应，判断优化目标和设计约束是否满足收敛准则。如果满足则优化迭代终止，否则返回，根据算法更新设计变量后进入下一轮迭代。

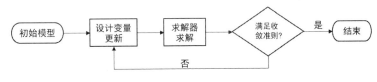

图 14-1　优化流程

判定优化计算是否终止的条件称为收敛准则，在 HyperStudy 中有如下几种收敛准则。

1）绝对收敛：连续两次迭代优化目标的变化值小于设定容差。

2）相对收敛：连续两次迭代优化目标的相对变化（百分比）小于设定容差。

3）设计变量收敛：连续两次迭代设计变量的变化小于设定容差。

4）最大迭代（计算）次数：迭代（计算）次数达到设定值。

14.1.2 优化问题分类

HyperStudy 中的优化（Optimization）在 Setup 完成后进行即可，包括 Definition、Specifications、Evaluate、Post-Processing、Report 几个环节。

按照设计变量的类型，HyperStudy 优化分为形状优化和参数优化，二者的变量设置方法和支持的求解器种类不同。一般来说，形状优化修改的是结构外形，参数优化修改的是输入模型中的任何可变参数。形状优化的设计变量需要借助 HyperMorph 的网格变形功能进行设置，所以只支持 HyperMesh 支持的求解器。HyperMorph 的使用方法可参考第 5 章。参数优化的设计变量可以是模型文件的任意部分，所有满足的求解器都支持参数优化。

按照设计变量和设计约束的统计特性不同，HyperStudy 优化可以分为确定性优化和可靠性优化，二者的设计变量和设计约束属性不同。确定性优化是指设计变量的取值是一个确定数值，设计约束是 100% 满足的。可靠性优化是指设计变量是服从某种概率分布，设计约束按照一定的概率得到满足的优化。

按照调用求解器的不同，HyperStudy 优化可以分为单学科优化和多学科优化，二者的模型类型和个数不同。单学科优化指的是在优化过程中仅调用一个学科的模型进行求解，如结构刚度、强度和振动的优化，通常使用的求解器有 OptiStruct、Nastran、ANSYS、Abaqus 等；碰撞安全的优化使用的求解器通常有 Radioss、LS-DYNA、Pam Crash 等；多体动力学优化使用的求解器有 MotionSolve、Adams、Madymo 等；疲劳寿命优化使用的求解器有 OptiStruct、FEMFAT、nCode、Fesafe 等；CFD 优化使用的求解器有 AcuSolve、Start CCM +、Fluent 等；电磁仿真优化使用的求解器有 FEKO、Flux、FluxMotor 等。如果联合使用一个以上的求解器，就称为多学科优化。虽然以上列举的都是力学相关的应用，但是 Hyper Study 的应用范围并不限于力学领域，也可以用于数学、设计以及生活相关的任何领域。

按照优化目标的个数，HyperStudy 优化可以分为单目标优化和多目标优化。通常情况下，优化问题只有一个响应作为优化目标，让它最大化或最小化，这类问题叫单目标优化。如果优化目标多于一个，就称为多目标优化。

按照优化目标的类型，HyperStudy 优化可分为最小化（最大化）问题，最小最大化（最大最小化）问题和系统识别问题。

1）最小化问题。数学表达如下。最大化问题可转化为最小化问题实现。

$$\begin{cases} \min \quad f(x) = f(x_1, x_2, \cdots, x_n) \\ \text{s. t.} \quad g_j(x) \leq 0 \quad j = 1, \cdots, m \\ \qquad x_i^L \leq x_i \leq x_i^U \quad i = 1, \cdots, n \end{cases} \tag{14-1}$$

式中，$g(x)$ 为约束函数；x_i^U、x_i^L 为 x_i 的取值上下限。

2）最小最大化问题或最大最小化问题。让一组输出响应中的最大值（或最小值）最小化（或最大化），数学表达如下。在基于可靠性的优化中不能使用最小最大化优化目标。最小最大化目标也不能和其他类型的优化目标混合使用。

$$\begin{cases} \min(\max(f_1(x)/\tilde{f}_1, f_2(x)/\tilde{f}_2, \cdots f_k(x)/\tilde{f}_k)) \\ \text{s. t.} \quad g_j(x) \leq 0 \quad j = 1, \cdots, m \\ \qquad x_i^L \leq x_i \leq x_i^U \quad i = 1, \cdots, n \end{cases} \tag{14-2}$$

在后台，HyperStudy 通过自动增加一个变量 β 将最小最大化问题转换成一个普通的优化问题。

3）系统识别问题。已知一个响应的目标值，希望寻找一组设计变量，使得响应值与目标值最接近。本质上可以看作一个最小化问题，其优化目标用最小二乘法表达式记作

$$\min \sum \left(\frac{f_i - \tilde{f}_i}{\tilde{f}_i} \right)^2 \tag{14-3}$$

式中，f_i 是第 i 个响应的值，$\tilde{f}_i$ 是第 i 个响应的目标值。

HyperStudy 支持以上所有类型的优化问题。

14.1.3 实例：寻找空调上盖最安全的踩踏位置

图 14-2 所示为一个空调外机，可能有成人站在外机上表面进行作业。考虑到这种极端工况，设计阶段需要确定的一个问题是，站在什么位置对结构是最安全的？如果把人体站立的载荷看作一定面积上的均布压力，那么这个问题就演变为：均布压力在外机上表面移动，载荷处于什么位置时的外壳位移是最小的？

简化模型如图 14-3 所示。为了实现载荷移动的效果，创建了一块平板，尺寸为 160×250。在平板上施加均布压力 0.0175MPa。平板与机箱外壳之间用 Tie 接触连接，实现传力。把平板沿 X 方向移动，就相当于载荷在机箱上表面移动了。那么接下来的问题是，如何在优化中实现平板的移动呢？这里用到一个小技巧：创建一个局部坐标系，把平板的所有节点都在局部坐标系中定义；修改局部坐标系的绝对位置时，平板的位置就会发生变化，因为平板的节点是以局部坐标系为参考的，坐标系的位置变了，平板的位置也就变了。

图 14-2 空调外机

图 14-3 空调外机简化模型

如何修改局部坐标系的位置？由 OptiStruct 帮助可知，坐标系定义卡片 CORD2R 的定义如图 14-4 所示。一个局部坐标系由三个点决定，如图 14-5 所示：第一个点为局部坐标系原点，A1、A2、A3 代表它的 X、Y、Z 坐标；第二个点定义局部坐标系的 Z 轴方向，B1、B2、B3 代表它的坐标；第三个点定义 X-Z 平面，C1、C2、C3 代表它的坐标。因此，只需要修改 A1 和 B1 的数值，就能让局部坐标系沿全局坐标的 X 方向移动了。

(1)	(2)	(3)	(4)	(5)	(6)	(7)	(8)	(9)	(10)
CORD2R	CID	RID	A1	A2	A3	B1	B2	B3	
	C1	C2	C3						

图 14-4 CORD2R 卡片定义

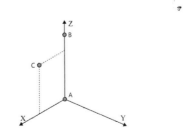

操作视频

图 14-5 定义局部坐标系的三个点

◎ 优化三要素

- 优化目标：最小化机箱节点位移的最大值。
- 设计约束：无。
- 设计变量：局部坐标系定义点 A、B 的 X 坐标 A1、B1。A、B 点定义了局部坐标系的 Z 轴，故 X 坐标必须相等。

本案例的模型文件为 study_moving_load/AC_outter_shell.fem，设置好的模型为 moving_force.hstx，可以通过 HyperStudy 菜单 File > import archive 打开。

◎ 操作步骤

1. 创建局部坐标系并定义节点

Step 01 创建局部坐标系，注意选择 X 轴节点时，选择 X 方向的最远点，如图 14-6 所示。

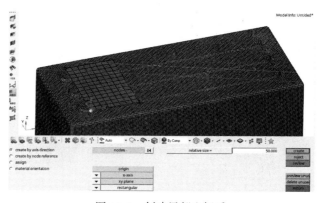

图 14-6　创建局部坐标系

Step 02 切换到 assign 子面板，选择平板上的所有节点，选择局部坐标系，最后单击 set reference 按钮，把平板的所有节点赋予到局部坐标系下，如图 14-7 所示。

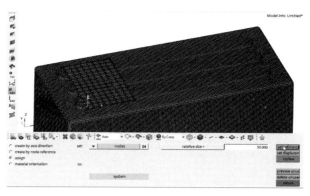

图 14-7　平板节点赋予到局部坐标系

Step 03 导出 .fem 文件备用。AC_outter_shell.fem 中已完成以上设置。

2. 建立 HyperStudy 模型

Step 01 创建一个新的 Study，在 Define Models 面板单击 Add Model 按钮，添加 Parameterized files 模型，Resource 选择 AC_outter_shell.fem 文件，这时会弹出对话框询问是否进行参数化，单

击 yes 按钮，进入参数编辑器。

Step 02 在编辑器下方的搜索框中输入关键字 CORD2R，定位到局部坐标系的定义。按〈Ctrl〉键同时单击，选择 CORD2R 卡片中的 A1 字段，再右击选择 Create Parameter，打开 Parameter 对话框。输入名称 original_x，下限与初始值保持一致，上限为 435，如图 14-8 所示。上限的值是在初始模型中测量所得，是局部坐标系沿 X 方向最多移动到的位置。

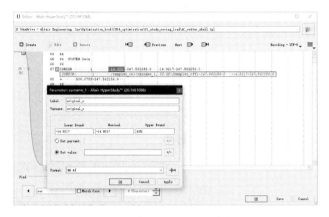

图 14-8　将 A1 定义为设计变量

Step 03 用同样操作选择 CORD2R 卡片中的 B1 字段，创建参数 original_y。接着右击该字段并选择 Attach to，选择刚刚创建的变量 original_x，表示这个位置的数值也引用变量 original_x 的值。这里还有一点要注意，因为在局部坐标系初始定义时，第三点 C 相对第一、第二点 A、B 处于 X 轴正向，C 点的 X 坐标大于 A、B 点的 X 坐标，即 C1 大于 A1、B1，如果变量 A1、B1 变化后大于 C1，会导致局部坐标系的 X 轴发生翻转，平板上的所有节点将会移动到其他位置，产生模型错误。本例中，A1、B1 最大取值为 435，故手动把 C1（"＋"号开头，第二行第一个数）改为 500.0782，如图 14-9 所示。

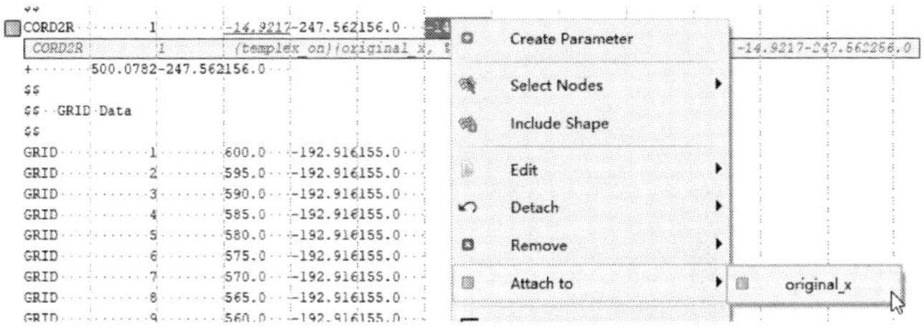

图 14-9　将 B1 定义为设计变量

Step 04 变量定义完成后，在参数编辑器中单击 OK 按钮，会弹出保存对话框，将生成的 .tpl 文件保存到 HyperStudy 的工作目录下。

Step 05 在 Define Models 面板中，选择求解器 OptiStruct，单击 Import Variables 按钮导入变量，再单击 Next 按钮进入 Define Input Variables 面板，这里需要查看设计变量的初始值和上下限定义是否正确，一般无须修改。

Step 06 单击 Next 按钮，进入 Test Models 面板。单击 All 按钮生成模型文件并计算。计算完成后，单击 Next 按钮进入下一步。

Step 07 在 Define Output Responses 面板中定义响应。单击 File Assistant 按钮，选择 m_1 目录

下的 . h3d 结果文件。进入下一步，选择 Multiple Items at Multiple Time Steps。再进入下一步，Subcase 选择 Subcase 1（Pressure），Type 选择 Displacement（Grid），Start、End 表示需要提取的第一个和最后一个节点编号，这里使用默认值 First Request 和 Last Request，表示从第一个节点到最后一个节点在内的所有节点，Component 选择 MAG，表示总的位移。下方会显示提取的所有值的预览曲线。如果需要提取的是特定节点，建议在前处理时把这些节点的 ID 重新编号到一个新的范围，将这个范围与模型中的其他节点明显分开，这样 Start 和 End 选择会更加方便，如图 14-10 所示。

Step 08 进入下一步，选择 Single Data Source 和 Create individual Responses。注意 Create individual Responses 选项下面默认为 Maximum，表示会自动创建所有节点位移的最大值作为响应。也有其他选项，如 First Element、Last Element、Mean、Minimum、Summation 等。单击 Finish 按钮后，在窗口中会出现名为 Maximum Displacement（Grids）MAG 的响应，单击 Evaluate 按钮，响应结果会在 Value 列显示出来，如图 14-11 和图 14-12 所示。

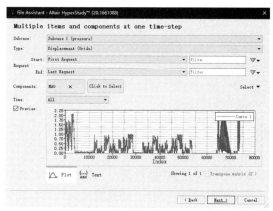

图 14-10　定义位移响应集合

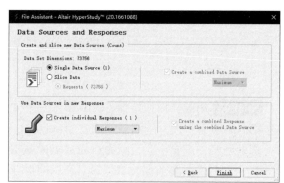

图 14-11　定义响应提取类型

图 14-12　提取响应值

3. 创建优化并计算

Step 01 单击 Next 按钮，选择 Add，在弹出的 Add 对话框中选择 Optimization，单击 OK 按钮添加一个 Optimization。

Step 02 进入 Optimization 的第一步 Definition。这一步中前面三小步 Define Models、Define Input Variables、Test Models 的默认设置是从 Setup 中继承过来的，一般无须改变，除非需要修改模型或者设计变量。在 Define Output Responses 中要定义优化的设计约束和优化目标，这里要将响应 Maximum Displacement（Grids）MAG 设定为最小化的优化目标。单击 Goals 列下方的小加号，在弹出的面板中，Type 选择 Minimize，然后单击 OK 按钮返回主界面。优化目标设置完毕，如图 14-13 所示。本案例没有设计约束，单击 Next 按钮进入下一步。

图 14-13　定义优化目标

Step 03 进入 Specifications 面板，选择优化算法为 Global Response Search Method（全局响应面法，GRSM）。右侧默认的计算数据点个数是 50，On Failed Evaluation 默认为 Ignore failed evaluations，表示如果有一个数据点出错，优化计算仍然继续进行。

Step 04 单击 Next 按钮进入 Evaluate 面板，右上角的 Multi-Execution 选项可设置同时计算的任务数量。对于优化计算来说，由于迭代有依赖性，所以并不能完全并行求解多个任务。GRSM 最多能并行的任务数由每一个迭代中的设计点数量决定。单击 Evaluate Tasks 按钮开始计算。计算过程中，当前页面各选项卡中的信息会自动更新。

各选项卡功能如下。

- Evaluation Tasks：实时显示每个数据点的运行状态是成功还是失败。
- Evaluation Data：实时显示每个数据点的设计变量、响应、设计约束和优化目标值。
- Evaluation Plot：实时显示设计变量、响应、设计约束和优化目标随迭代次数变化的曲线。
- Evaluation Scatter：实时显示设计变量和响应的散点图。
- Evaluation Parameters：可设置优化计算的控制参数。
- Evaluation Time：实时显示每次计算的时间，包括写入模型、求解、提取响应的时间。
- Iteration History：实时显示到当前为止最优的解是哪一次迭代。如果该行为白底黑字，表示是可行解；如果是橘黄色字，表示是可行解，有违反设计约束但在容差范围内；如果是红底，表示是不可行解；如果是绿底，表示是最优解。
- Iteration Plot：实时显示设计变量、响应和优化目标随迭代次数变化的曲线。
- Iteration Scatter：实时显示设计变量、响应和优化目标的散点图。X、Y 轴可选。

Step 05 计算完毕，可以在 Evaluation Scatter 选项卡看到图 14-14 所示的散点图，横轴为设计变量，即放置平板的位置，纵轴为外壳的最大位移。从图中可知优化目标最小值出现在设计变量最小的位置。

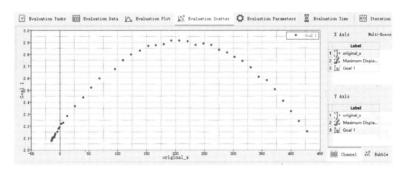

图 14-14　设计变量和响应的散点图

Step 06 如图 14-15 所示，在 Iteration History 选项卡可以看到，共经过 25 次迭代，最优解出现在第 10 次迭代（Iteration Reference）中的第 20 次计算点（Evaluation Reference），优化目标最小值为 2.0762269，设计变量最小值为 − 14.491119。单击第 10 ~ 25 次迭代的任意一行，再单击 Show in Study Directory 按钮，将把最优解的计算目录显示在左侧 Directory 中。单击 Show in Explorer 按钮将会打开最优解所在的计算目录。从这个表中还可以看出，第 10 次迭代以后，就已经找到了最优解，在第 11 ~ 25 次迭代计算中，最优解都没有发生变化。实际问题的计算中，如果计算时间和资源有限，又有连续几次迭代找到同一个最优解，那么可以认为已经找到了最优解，可以手动终止计算。

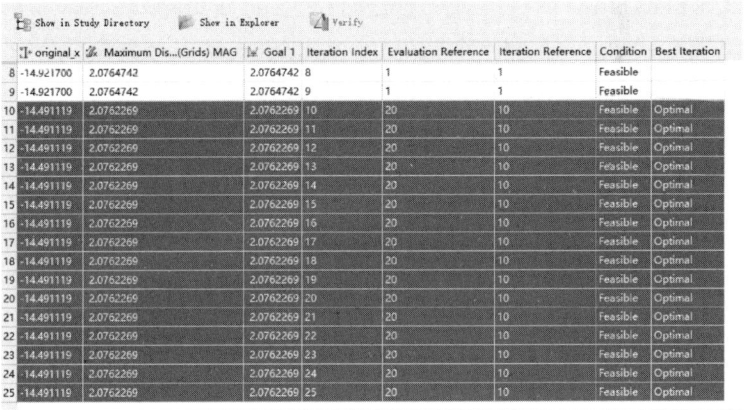

	original_x	Maximum Dis...(Grids) MAG	Goal 1	Iteration Index	Evaluation Reference	Iteration Reference	Condition	Best Iteration
8	-14.921700	2.0764742	2.0764742	8	1	1	Feasible	
9	-14.921700	2.0764742	2.0764742	9	1	1	Feasible	
10	-14.491119	2.0762269	2.0762269	10	20	10	Feasible	Optimal
11	-14.491119	2.0762269	2.0762269	11	20	10	Feasible	Optimal
12	-14.491119	2.0762269	2.0762269	12	20	10	Feasible	Optimal
13	-14.491119	2.0762269	2.0762269	13	20	10	Feasible	Optimal
14	-14.491119	2.0762269	2.0762269	14	20	10	Feasible	Optimal
15	-14.491119	2.0762269	2.0762269	15	20	10	Feasible	Optimal
16	-14.491119	2.0762269	2.0762269	16	20	10	Feasible	Optimal
17	-14.491119	2.0762269	2.0762269	17	20	10	Feasible	Optimal
18	-14.491119	2.0762269	2.0762269	18	20	10	Feasible	Optimal
19	-14.491119	2.0762269	2.0762269	19	20	10	Feasible	Optimal
20	-14.491119	2.0762269	2.0762269	20	20	10	Feasible	Optimal
21	-14.491119	2.0762269	2.0762269	21	20	10	Feasible	Optimal
22	-14.491119	2.0762269	2.0762269	22	20	10	Feasible	Optimal
23	-14.491119	2.0762269	2.0762269	23	20	10	Feasible	Optimal
24	-14.491119	2.0762269	2.0762269	24	20	10	Feasible	Optimal
25	-14.491119	2.0762269	2.0762269	25	20	10	Feasible	Optimal

图 14-15   优化迭代历程

14. 2   多目标优化

14. 2. 1   多目标优化问题的解

顾名思义，多目标优化（MOO，Multi-Objective Optimization）就是优化目标多于一个的优化问题，可描述为

$$
\begin{cases}
\min f(\boldsymbol{x}) = [f_1(\boldsymbol{x}), f_2(\boldsymbol{x}), \cdots, f_n(\boldsymbol{x})]^{\mathrm{T}} \\
\text{s. t.} \quad g_i(\boldsymbol{x} \leq 0) \quad i = 1, 2, \cdots, m \\
h_j(\boldsymbol{x}) = 0 \quad j = 1, 2, \cdots, m \\
\boldsymbol{x} = [x_1, x_2, \cdots, x_d], x_{d\_\min} \leq x_d \leq x_{d\_\max}
\end{cases}
\tag{14-4}
$$

式中，$\boldsymbol{x}$ 为决策向量；n 为优化目标个数；$g_i(\boldsymbol{x})$ 为第 i 个不等式约束；$h_j(\boldsymbol{x})$ 为第 j 个等式约束；$f_n(\boldsymbol{x})$ 为第 n 个优化目标；D 为决策空间。

多目标优化问题的目标之间往往是冲突的，所以通常不存在最优解使得所有优化目标同时达到最优，因此多目标优化的解有如下概念。

（1）绝对最优解

假设有一个解 $\boldsymbol{x}^* \in D$，且对任意一个其他的解 $\boldsymbol{x} \in D$，都有 $f_i(\boldsymbol{x}^*) \leq f_i(\boldsymbol{x})(i = 1, 2, \cdots, n)$，则称 $\boldsymbol{x}^*$ 为绝对最优解，即绝对最优解的所有目标值都是最小的。

（2）解的支配

多目标优化的两个解之间不能简单地说 A 比 B 好或差，如果 A 的目标 1 比 B 好，而 A 的目标 2 比 B 差，如何说明它们之间的关系呢？数学上假设有两个解 $\boldsymbol{x}_1$ 和 $\boldsymbol{x}_2$，如果对所有的目标都有 $f(\boldsymbol{x}_1) \leq f(\boldsymbol{x}_2)$ 且至少有一个目标为 $f(\boldsymbol{x}_1) < f(\boldsymbol{x}_2)$，则称 $\boldsymbol{x}_1$ 支配（dominate）$\boldsymbol{x}_2$。

（3）有效解

假设有一个解 $\boldsymbol{x}^* \in D$，不存在一个解 $\boldsymbol{x} \in D$，使得 $\boldsymbol{x}$ 支配 $\boldsymbol{x}^*$，则称 $\boldsymbol{x}^*$ 为有效解或非劣解或帕雷托解。简单来说，帕雷托解满足所有目标都小于等于其他解，并且至少有一个目标是小于其他解。

（4）帕雷托前沿

所有帕雷托解的集合称为多目标优化问题的帕雷托最优解集或帕雷托前沿（Pareto-front）。

对于多目标优化问题而言，优化算法的任务是寻找帕雷托前沿，然后再由工程师根据不同优化目标的值进行主观权衡。图 14-16 是一个两目标优化问题的示例，中间用线连起来的点就是帕雷托前沿。在帕雷托前沿之外，找不到更好的解。在帕雷托前沿中，提高一个优化目标的值，就会降低另一个优化目标的值，所以需要考虑实际情况进行权衡（trade-off）。

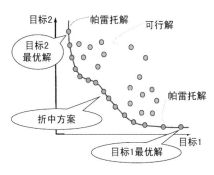

图 14-16　多目标优化的解

多目标优化问题的模型参数化方法和普通的单目标优化方法相同，在设置优化目标时，将多个响应设置为目标即可。在优化算法的选择中，只有全局响应面法 GRSM 和多目标遗传算法 MOGA 可供选择。优化计算完成后，在后处理中有专门的 Optima 选项卡用来显示帕雷托前沿，如图 14-17 所示。图形区域的每一个点以目标 1 作为横轴，以目标 2 作为纵轴，单击任意一个设计点，将会出现该点目标 1 和目标 2 的具体数值。

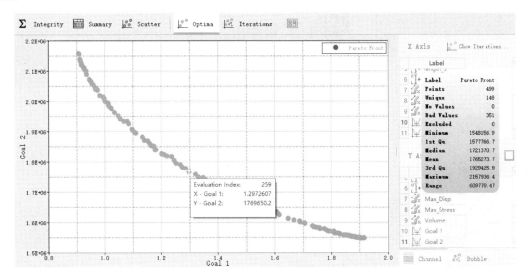

图 14-17　HyperStudy 显示帕雷托前沿

14.2.2　多目标优化的处理方法

通常求解多目标优化问题需要消耗大量资源，一个简化方法是通过加权求和（Weighted Sum）转化为单目标问题，即在每个优化目标值前乘上权重系数再求和。这个方法的优化目标如下，不存在帕雷托解。

$$\min f(\boldsymbol{x}) = [f_1(\boldsymbol{x}), f_2(\boldsymbol{x}), \cdots, f_n(\boldsymbol{x})]^{\mathrm{T}} \to \min \sum w_i f_i \qquad (14\text{-}5)$$

HyperStudy 的目标设置页面支持加权求和方法，在目标响应中选择 Minimize Weighted Sum，然后输入权重即可，如图 14-18 所示。

另一种处理方法是，选择其中的一个主要目标作为优化目标，将其他的优化目标转化为必须满足的设计约束，这样也是将一个多目标优化问题转化为单目标优化问题。

当然，也可以在 HyperStudy 中定义多个优化目标，使用多目标优化算法对问题进行求解。

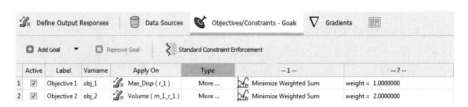

	Active	Label	Varname	Apply On	Type	...1...	...2...
1	☑	Objective 1	obj_1	Max_Disp (r_1)	More ...	Minimize Weighted Sum	weight = 1.0000000
2	☑	Objective 2	obj_2	Volume (m_1_r_1)	More ...	Minimize Weighted Sum	weight = 2.0000000

图 14-18　HyperStudy 多目标加权求和

14.2.3　实例：基于质量和频率的副车架多目标优化

某副车架模型如图 14-19 所示，全部由钣金件焊接而成，计算的工况是模态分析。初始模型的质量是 46.9kg，第七阶频率是 87.6Hz（前六阶为刚体模态）。现在希望优化钣金件的厚度，目标是质量尽可能小且第七阶频率尽可能高。

操作视频

图 14-19　副车架模型

◎优化三要素

- 优化目标：最小化质量；最大化第七阶频率。
- 设计约束：无。
- 设计变量：101～108 号属性的厚度，变化范围 [0.5，8]。

本案例需要的模型文件为 CH14_02_multi-objective/frame. fem，设置好的模型为 multi-obj. hstx，可以通过 HyperStudy 菜单 File > import archive 打开。

◎操作步骤

1. 建立 HyperStudy 模型

Step 01 打开 HyperStudy，创建一个新的 Study，添加一个模型，类型为 Parameterized File。资源文件选择工作目录下的 frame. fem，确定后进入 ⊞ Editor 对话框设置参数。

Step 02 依次选择 101～108 号 PSHELL 属性的厚度字段，创建参数 T1～T8，变量下限为0.5，上限为8，如图 14-20 所示。

Step 03 参数化完毕后保存为 . tpl 文件，返回主界面，在 Solver Input File 中输入自动生成的模型文件名 frame. fem，求解器选择 OptiStruct，Solver Input Arguments 表示传递给求解器的参数，默认值 $ {file} 就代表前面输入的模型文件名，如图 14-21 所示。设置完毕后，单击 Input Variables 按钮导入设计变量。

Step 04 在 Define Input Variables 面板可以查看每个变量的初始值下限和上限，如果设计变

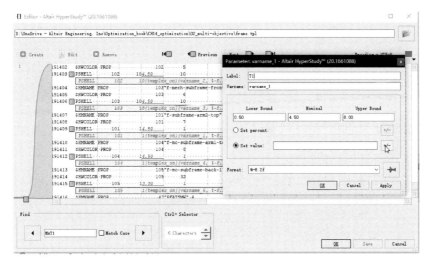

图 14-20　创建优化变量

图 14-21　定义模型

量之间有关联关系，也可以通过 Links 选项卡定义其表达式，如图 14-22 所示。

Step 05 进入 Test Models 面板，单击 All 按钮，进行模型写入和求解测试，如果求解中间出现错误，则需进入工作目录下的模型文件夹，查看出错原因，修改后重新选择 .tpl 文件，并重新导入变量。

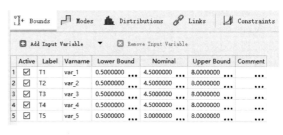

图 14-22　定义设计变量

Step 06 在 Define Output Responses 面板选择 File Assistant 是最简单的响应定义方法。需要定义的是质量和频率，而这两个结果都保存在 .out 文件中，所以选择 .out 文件，然后选择 Single Item in a Time Series，Type 分别选择 Mass 和 Frequency，定义质量和第七阶频率的响应。

Step 07 响应定义完毕后，单击 Evaluate 按钮查看响应的数值，如图 14-23 所示。

图 14-23　提取响应值

2. 创建优化并计算

Step 01 单击 Next 按钮添加一个优化流程，优化的前三步无须更改。在图 14-24 所示的 Define Output Responses 面板中需要设置优化目标。

图 14-24　优化响应设定

Step 02 如图 14-24 和图 14-25 所示，分别单击质量和频率响应行 Goals 列的加号，定义质量为最小化目标，频率为最大化目标。

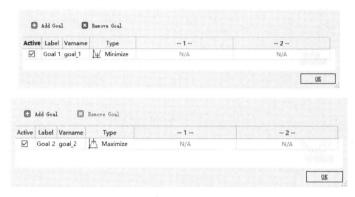

图 14-25　定义优化目标

Step 03 进入 Specifications 面板，选择优化算法为 GRSM，在右侧定义计算次数为 50，切换到 More 选项卡，修改 Points per Iteration 为 4，该数值代表在 GRSM 的每一次迭代中所使用的数据点个数，如图 14-26 所示。这些数据点将被用来更新当前响应面的精度，并且可以并行求解，因此单击 Apply 按钮并进入下一步之后，可以修改 Multi-Execution 为 4，从而同时求解多个任务。

图 14-26　选择优化算法

Step 04 进入 Evaluate 面板，单击 Evaluate Tasks 按钮开始进行计算，计算完毕后可以在 Evaluation Plot 选项卡中查看设计变量、响应和优化目标随着迭代次数变化的曲线。

Step 05 进入 Post-Processing 面板，切换到 Optima 选项卡，可以查看多目标优化的帕雷托前沿，如图 14-27 所示。当前散点图的横轴和纵轴可以从右侧表格中进行选择，X 轴选择为 Goal 1，也就是质量，Y 轴选择 Goal 2，也就是第七阶频率。图中的散点靠近左侧表示质量小、频率低，靠近右侧表示质量大、频率高。实际中应该选择哪一个点呢？这需要工程师按照设计准则进行判断。通常可以选择一个折中位置，比如说位于中间的第 50 个点，单击该点可以显示出它的质量为 0.041，第七阶频率为 91.263，质量相对初始设计有明显降低，并且频率有了一定的提升。可

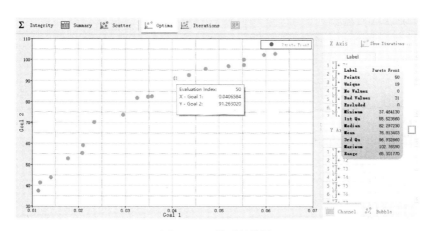

图 14-27　帕雷托前沿

以在工作目录下 approaches\opt_1\run__00050\m_1 文件夹中找到这个帕雷托前沿。

Step 06 单击 Show Iterations 按钮，可以以表格形式查看所有帕雷托前沿的变量和优化目标。

通过这个案例可以看出，HyperStudy 可以非常轻松地设置多目标优化，并且以直观的方式显示帕雷托前沿。从这个例子扩展开来，可以定义更加复杂的多目标优化流程，比如设计变量来自不同学科的模型，响应来自不同的结果文件，优化算法选择 MOGA（一般需要基于拟合模型进行求解）。

14.3　多模型与多学科优化

14.3.1　多模型与多学科优化问题

某些优化问题是基于比较复杂的计算过程进行的，计算流程引用了多个求解器或者程序，并且模型之间的输入输出文件具有相互引用的关系，模型的计算顺序也是有依赖关系的，那么就需要在 HyperStudy 中添加多个模型进行求解，这样的问题称为多模型优化。

还有一类问题是在一个优化过程中需要同时考虑不同模型的结果，比如，同一个产品在不同工况下所创建的有限元模型不同，或者是通用零件需要应用到不同产品中、不同产品的模型和工况不同，但是这些不同模型之间的部分设计变量是指向同一个物理量的，优化结果必须保持一致。而传统的单个模型分别优化的方法无法保证最后得到统一的最优解。此类问题需要通过多模型优化来解决。特别提醒一下，OptiStruct 原生支持多模型优化功能并且支持所有六种优化方法。如果分析工况可以用 OptiStruct 求解，那么推荐使用 OptiStruct 优化。详情请参考第 2 章多模型优化的相关内容。

基于应力分析的疲劳寿命优化也是一个常用的多模型优化场景。首先通过结构求解器 OptiStruct 计算应力，然后将应力结果和时间历程曲线提交给疲劳处理器 nCode，计算损伤和寿命。在这个计算过程中用到两个模型，第一个模型是结构求解模型 OptiStruct，它的输入是 .fem 模型，输出是 .op2 应力结果；第二个模型是 nCode 疲劳计算模型，它的输入是模型 1 的应力结果文件和时间历程曲线，输出是 .csv 格式保存的损伤和寿命结果。图 14-28 所示为优化计算的流程图。在 HyperStudy 中需要定义两个模型，并指定模型之间的文件引用关系。

按照 NASA 对多学科设计优化（MDO，Multidisciplinary Design Optimization）的一般定义，MDO

是一种通过充分探索和利用系统中相互作用的协同机制来设计复杂系统和子系统的方法论。MDO 方法最先在航空航天领域获得研究和应用，随后迅速扩展至汽车、机械、船舶等诸多领域。系统级的 MDO 是专门的研究领域，这里仅讨论基于数值仿真的 MDO。

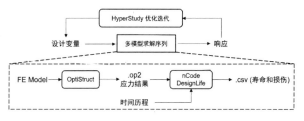

图 14-28   疲劳寿命优化流程

在飞机总体设计中，需要考虑计算流体力学、结构有限元方法、飞行动力学、计算电磁学等数值计算模型；在汽车轻量化设计中就要考虑到强度、刚度、NVH、疲劳耐久、碰撞安全、散热、外流场等性能。这些都是多学科优化的典型应用。传统的优化方法通过顺序优化各个学科的结果，将多学科优化问题拆分为各个学科的子模型优化问题，然后通过经验来协调学科之间的耦合效应。而 MDO 需要设计人员同时考虑所有相关学科，这需要一个平台把各个学科的求解器连接起来，再利用数学优化算法进行优化。HyperStudy 正是这样的平台。借助 HyperWorks 强大的前后处理器和无缝的求解器接口，HyperStudy 支持添加不同学科的求解器模型，包括线性、非线性、动力学、流体及各种多物理场求解器，不同学科之间通过共享一些设计变量或者进行耦合计算来考虑耦合效应。

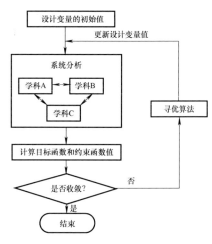

MDO 方法可分为两大类：单级优化方法和多级优化方法。HyperStudy 使用的是常规的单级优化方法，这种方法将各个学科的分析模型集成在一起进行优化迭代计算：更新设计变量后，进行迭代计算，求设计变量对各学科响应的灵敏度，然后判断收敛条件，直到终止。其流程如图 14-29 所示（参考文献：余雄庆. 飞机总体多学科设计优化的现状与发展方向［J］. 南京航空航天大学学报，2008，40（4））。

图 14-29   常规的单级优化方法

MDO 的最优解由于综合考虑了各个学科之间的互相影响，会同时满足每个学科的要求。然而，同时考虑多个学科往往会极大增加问题的复杂性，并且消耗大量的计算资源，尤其是包含 CFD 和长时间显式求解的多学科优化问题。建议在解决这类问题时，对设计变量进行筛选并且使用代理模型进行优化。

14.3.2   多模型与多学科优化的文件引用

无论是多模型优化还是多学科优化，都需要在 HyperStudy 中设置多个模型，并指定模型之间的文件引用关系。添加的多个模型会按顺序求解，HyperStudy 会自动监控进程，在上一个模型求解完成之后才会调用第二个求解器启动下一个模型的求解。如果模型之间的输入输出文件没有依赖关系，依次添加多个即可，否则需要通过图 14-30 所示的 Model Resources 设置模型之间的文件引用关系。

图 14-30   Model Resources

每个模型都有输入文件和输出文件，在添加模型时已经指定了 Resource 文件进行参数化，HyperStudy 会根据这个 Resource 文件自动生成一个输入文件。如果模型还需要更多的输入文件，可能是引用某个文件，也可能是以其他模型的结果为输入，这都可以通过 Model Resources 对话框进行设置。在 HyperStudy 的计算过程中，每个模型按照添加的先后顺序在内部被命名为 m_1，m_2，…，每次计算的模型都会随着参数的变化而变化，所以每次计算都会生成单独的计算文件夹，放在 run_000x 中以相应模型编号命名的文件夹下，如 m_1，m_2…。Model Resource 对话框分成左右两个区域，左侧显示的是当前的设置，右侧可以预览模型计算文件夹下生成的文件。在左侧选中一个模型，单击 Add Resource 按钮，有以下五种添加类型。

- Add Input File：添加本模型的输入文件，通常是引用 HyperStudy 工作目录下一个路径不变的文件。
- Add Output File：定义本模型的输出文件，该文件在本模型的计算文件夹下，每次计算后生成。输出文件可以被其他模型通过 Link 类型引用。
- Add Input Folder：定义本模型的输入文件夹，引用 HyperStudy 工作目录中一个固定位置的文件夹，该文件夹可以被复制到模型的计算文件夹下。
- Add Output Folder：定义本模型的输出文件夹，这个文件夹必须在本模型的计算目录下，在计算完成后自动更新。该文件夹可以被其他模型通过 Link 引用。
- Add Link：添加需要引用的文件或文件夹，这些文件或文件夹是其他模型定义的 Output File 或 Output Folder，每次计算后都会更新。

每一个添加的 Input File、Input Folder、Link 文件，都可以定义 Copy 和 Move 的动作。Copy 就是把文件或文件夹复制到当前模型的计算目录下，Move 就是把文件或文件夹从原路径剪切到当前计算目录下。

图 14-31 是一个文件引用的设置示例。模型 1 是 OptiStruct 计算，模型 2 是 Radioss 计算。模型 1 定义了一个输出文件（output file）arm. h3d，和一个输出文件夹（output folder）OS_output_folder。模型 2 则添加一个 Link 以引用模型 1 的输出文件 arm. h3d，动作是 Copy。模型 2 还添加了一个 Link 来引用模型 1 的输出文件夹 OS_output_folder，动作是 Copy。Radioss 在计算时还需要 Engine 文件，即_0001. rad，所以模型 2 定义了 Input File 引用 HyperStudy 工作目录下的 section_0001. rad，动作是 Copy。模型 2 还定义了 Input Folder 引用 HyperStudy 工作目录下的 RD_input_folder，动作

图 14-31　模型文件引用设置

是 Copy。从右侧预览可以看到，在模型 2 开始计算之前，它的计算目录下将会自动生成五个文件或文件夹，其中，section_0000. rad 是 HyperStudy 根据参数化模板生成的；section_0001. rad 是 HyperStudy 从工作目录下复制过来的；arm. h3d 由模型 1 计算完成后生成，然后从模型 1 的目录复制过来；RD_input_folder 是从工作目录下复制的；OS_output_folder 由模型 1 生成，然后由模型 1 的目录复制过来。当存在多个模型时，仍然可以使用 Model Resources 定义复杂的文件引用关系。

14.3.3　实例：基于多体工况的控制臂疲劳寿命优化

本案例对控制臂的形状和厚度进行优化。控制臂的疲劳寿命由 OptiStruct 计算，工况是瞬态工

况，而瞬态工况下的应力是由 OptiStruct 基于多体求解计算得到的模态参与因子进行应力恢复得到的，因此需要将控制臂放到整车模型中，由多体动力学求解器 MotionSolve 计算模态参与因子。在多体求解过程中，需要引用控制臂的柔性体模型，所以一开始需要由 OptiStruct 计算输出控制臂柔性体模型供 MotionSolve 调用。更改控制臂的形状和厚度将会改变柔性体模型，影响多体工况下的模态参与因子，进而影响疲劳计算的应力，最终改变疲劳寿命，模型如图 14-32 所示。

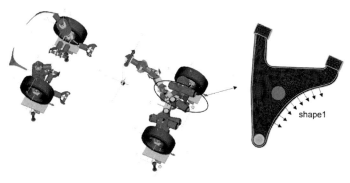

图 14-32　控制臂模型

计算过程的流程图和文件引用关系如图 14-33 所示。

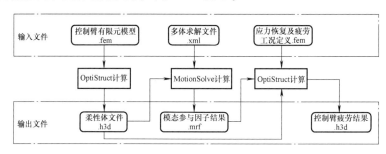

图 14-33　模型计算框图

本案例需要三个模型，设置好的模型为 03_MDO_ControlArm_MBD_OS. hstx，可以通过 HyperStudy 菜单 File > import archive 打开。

模型 1：OptiStruct 求解生成柔性体

输入文件为 LCA_Flex. fem，输出文件为 LCA. h3d，柔性体文件将被模型 2 和模型 3 引用。在图 14-34 所示输入文件中使用 ASET 定义控制臂的四个铰接点，使用 CMSMETH 卡片定义柔性体生成方法为 CB（Craig-Bampton），OUTFILE 定义输出文件名为 LCA。

模型中有两个设计变量，第一个变量是控制臂的厚度，第二个变量是控制臂内侧边缘的形状，形状变量如图 14-35 所示。

```
SUBCASE        1
OUTFILE, LCA
  CMSMETH        1
STRESS=ALL
STRAIN=ALL
BEGIN BULK
DTI, UNITS, 1, USTON, N, MM, S
PARAM   COUPMASS    -1
PARAM   CHECKEL    YES
CMSMETH, 1, CB, ,        15, ,LAN
ASET1, 123456,   10001
ASET1, 123456,   10002
ASET1, 123456,   10003
ASET1, 123456,   10004
```

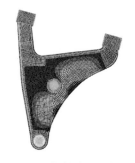

图 14-34　柔性体生成模型定义　　　　　　　图 14-35　控制臂的形状变量

模型 2：MotionSolve 求解生成多体工况的模态参与因子

输入文件有两个：①多体求解文件 Motionsolve_model. xml；②引用模型 1 生成的柔性体文件

LCA. h3d。工况为四个轮心的动态位移载荷，定义在 . xml 文件中。

输出文件为 Motionsolve_model. mrf，包含控制臂模态参与因子结果。本文件将被模型 3 引用，用以进行瞬态工况的应力恢复。还有一个结果文件为 LCA. out，其中记录了控制臂的体积，可提取为体积响应。

模型 3：OptiStruct 求解疲劳寿命

输入文件有三个：①模型定义文件 Transient_fatigue. fem；②引用模型 2 生成的模态参与因子结果文件 Motionsolve_model. mrf；③引用模型 1 生成的柔性体文件 LCA. h3d。

定义两个工况：第一个工况是瞬态分析工况，进行应力恢复；第 2 个工况是疲劳工况，计算疲劳寿命。工况 1 使用 "ASSIGN,H3DMBD,10504,LCA. h3d" 加载柔性体模型，其中，10504 代表 LCA 在多体模型中的 ID；使用 "ASSIGN,MBDINP,7,Motionsolve_model. mrf" 加载应力恢复使用的模态参与因子，其中，7 代表工况 1 的 ID。卡片定义如下，其中，TLOAD1 定义虚假载荷；SPCD 添加位移激励；TSTEP 时间步长与多体分析保持一致。

```
ASSIGN,H3DMBD,10504,LCA. h3d
ASSIGN,MBDINP,7,Motionsolve_model. mrf
subcase  7
  label = transient
  spc = 10202
  dload = 10201
  tstep = 10133
TLOAD1, 10201, 10202,,  DISP, 10301
SPCD, 10202, 10001, 3, 1.0
SPC, 10202, 10001, 3, 0.0
TABLED1, 10301
+, 0.0, 1.0, 0.1, 1.0, 0.2, 1.0, 0.3, 1.0
+, ENDT
TSTEP, 10133, 100, 0.1
```

工况 2 计算 SN 疲劳。首先由 EL2PROP 将 PSHELL 属性赋给柔性体中的单元。材料的 SN 曲线由 MATFAT 定义；FATPARM 定义疲劳分析控制参数，包括分析类型、应力修正、单位等；需要计算疲劳的单元由 FATDEF 定义；疲劳工况由 FATLOAD 定义，这里直接指向瞬态分析工况；FATEVNT 定义疲劳分析载荷的叠加；FATSEQ 定义疲劳载荷序列。

```
EL2PROP,4
+,4,PSHELL,2
SET,4,ELEM,LIST
+,ALL
PSHELL,2,110.0,1,1,0.0
MAT1,1,210000.0,0.3,7.9e-9
MATFAT        1
+      STATIC  355.0  600.0
+          SN  1800.0  -0.123    1e6    0.0    0.0    0.00
FATPARM      251        SN
+      STRESS  SGVON
+      CERTNTY 1.0-9
FATLOAD,601,,7
FATSEQ      401
+      501    1e +8
FATEVNT,501,601
```

模型 3 的输出文件为疲劳寿命的结果文件 Transient_fatigue. h3d。从这个结果文件中可以提取所有单元的寿命，取最小值作为响应。

优化三要素

- 优化目标：最小化体积。
- 设计约束：寿命≥60。
- 设计变量：控制臂厚度初值为 10，变化范围为 [9.0，11.0]；控制臂内侧边缘的形状变量初值为 0，变化范围为 [-1.0,1.0]。

操作视频

操作步骤

Step 01 首先用 HyperMesh 导入生成柔性体文件 LCA_Flex. fem，使用 HyperMorph 功能创建形状。然后经由 Analysis > Optimization > shape > desvar 子面板创建形状变量，再由 export 子面板输出形状文件，将会生成 . shp 文件和 . optistruct. node. tpl 文件，如图 14-36 所示。

图 14-36　输出形状变量文件

Step 02 接下来创建一个新的 Study，在添加模型这一步需要添加三个模型。首先添加 OptiStruct 模型，类型为 Parameterized File，Resource File 选择 LCA_Flex. fem，进行参数化。第一个变量为形状，在 | | Editor 对话框中选中所有节点的定义部分，在右键快捷菜单中选择 Include Shape，选择上一步导出的 . node. tpl 文件；第二个变量是厚度，在 | | Editor 中选中 PSHELL 1 的厚度字段，创建变量 Thickness。参数化完毕后保存为 LCA_Flex. tpl 文件。在 Solver Execution Script 下方选择求解器 OptiStruct。

Step 03 由于模型 2 需要用到模型 1 的结果文件，所以首先进入 Test Models 面板，对模型 1 进行求解，求解完成后再返回 Define Models 面板进行第二个模型的定义。由于模型 2 的输入文件是 . xml 文件，它是不变的，所以需要添加的类型是 Operator。添加 Operator 模型，求解器选择 MotionSolve，在 Solver Input Arguments 中输入模型文件的名字 Motionsolve_model. xml。同样地，添加另一个 Operator 模型，求解器选择 OptiStruct，在 Solver Input Arguments 中输入模型文件的名字 Transient_fatigue. fem，如图 14-37 所示。

图 14-37　添加的三个模型

Step 04 通过 Model Resources 对话框定义模型之间的文件引用关系。打开 Model Resources 对话框，在模型 1（m_1）上右击，为它添加一个 Output File，选择 m_1 文件夹中的 LCA. h3d 文件，该文件将被模型 2（m_2）和模型 3（m_3）引用。在模型 2 上右击，为它添加一个 Link Resource，选择模型 1 的 LCA. h3d 文件，动作自动选择 Copy。继续为模型 2 添加一个 Input File，选择工作目录下的 Motionsolve_model. xml，动作为 Copy。同样地，右击模型 3，选择 Link Resource，选择模型 1 的 LCA. h3d 文件，动作为 Copy。继续为模型 3 添加一个 Input File，选择工作目录下的 Transient_fatigue. fem，动作为 Copy。通过右侧预览可以看到，在模型 2 的计算目录 m_2 下，将会自动复制 LCA. h3d 和 Motionsolve_model. xml。在模型 3 的计算目录 m_3 下，将会自动复制 LCA. h3d 和 Transient_fatigue. fem，如图 14-38 所示。

Step 05 由于模型 3 还需要引用模型 2 多体计算的 . mrf 结果文件，所以进入 Test Models 面板，对模型 2 单独进行求解。

Step 06 求解完成后，返回 Define Models 面板，单击打开 Model Resources 对话框，为模型 3 添加引用文件。在模型 2 上右击，为它添加一个 Output File，选择 m_2 文件夹中生成的结果文件 Motionsolve_model. mrf，该文件将被模型 3 引用。在模型 3 上右击，为它添加一个 Link Resource，选择模型 2 的 Motionsolve_model. mrf 文件，动作自动选择为 Copy，如图 14-39 所示。至此，所有模型之间的引用关系定义结束。

图 14-38　模型文件引用设置

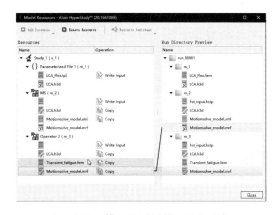

图 14-39　模型 3 引用模型 2 的文件

Step 07 进入 Test Models 面板，对第三个模型单击 All 进行计算。求解完成后进入下一步 Define Output Responses。进入 File Assistant 对话框，打开模型 3 的计算结果 Transient_fatigue. h3d，选择 Multiple Items at Multiple Time Steps，选择工况 Subcase 11 的结果，Type 选择 Life（2D），Start、End 默认不变，即所有单元，Components 选择 Life，如图 14-40 所示。在下一步勾选 Create individual Response，并选择 Minimum，即提取所有单元的寿命最小值作为响应。

Step 08 同样通过 File Assistant，打开模型 1 的计算结果 LCA. out，选择 Single Item at a Time Series，其中包含控制臂模型的体积，提取体积作为响应。单击 Evaluate 按钮提取响应值。两个响应如图 14-41 所示。

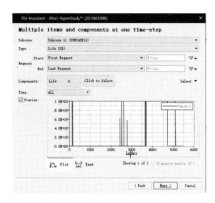

图 14-40　定义响应

图 14-41　输出的响应

Step 09 接下来进入优化流程。添加一个 Optimization，前面三步的设置保持不变。在 Define Output Responses 面板中，选择 Objective/Constraints-Goals 选项卡，定义一个设计约束，Apply On 选择第一个响应 Minimum Life(2D) Life(r_1)，边界为大于等于 60。添加一个优化目标，Apply On 选择 Volume-Value（m_1_r_1），Type 为 Minimize，即最小化体积，如图 14-42 所示。

	Active	Label	Varname	Apply On	Type	-- 1 --	-- 2 --
1	☑	Goal 1	goal_1	Minimum Life (2D) Life (r_1)	Constraint	>=	60.000000
2	☑	Goal 2	goal_2	Volume - Value (m_1_r_1)	Minimize	N/A	N/A

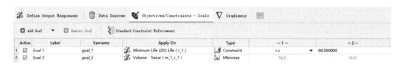

图 14-42　定义优化约束和目标

Step 10 在 Specifications 面板中选择算法 GRSM，单击 Apply 按钮后进入 Evaluate 面板，单击 Evaluation Tasks 按钮进行计算。计算完成后，可以在 Iteration History 中看到最优解：第 20 轮迭代，第 42 次计算的结果是最好的，厚度为 10.42，形状变量为 0.3677。选中表格中绿色底纹的任意一行，单击 Show in Explorer 按钮，将会把最优结果的计算文件夹打开，可以利用前后处理工具详细查看模型和计算结果，如图 14-43 所示。

	Thickness	s1	Minimu...) Lif	olum...Valu	Goal 1	Goal 2	Iterat... Index	Evalu...rence	Iterat...erence	Condition	Best Iteration
14	10.863389	0.9636979	88.887367	1481250.0	88.887367	1481250.0	14	29	14	Feasible	
15	10.863389	0.9636979	88.887367	1481250.0	88.887367	1481250.0	15	29	14	Feasible	
16	10.863389	0.9636979	88.887367	1481250.0	88.887367	1481250.0	16	29	14	Feasible	
17	10.863389	0.9636979	88.887367	1481250.0	88.887367	1481250.0	17	29	14	Feasible	
18	10.863389	0.9636979	88.887367	1481250.0	88.887367	1481250.0	18	29	14	Feasible	
19	10.863389	0.9636979	88.887367	1481250.0	88.887367	1481250.0	19	29	14	Feasible	
20	10.421440	0.3676800	67.840530	1402760.0	67.840530	1402760.0	20	42	20	Feasible	Optimal
21	10.421440	0.3676800	67.840530	1402760.0	67.840530	1402760.0	21	42	20	Feasible	Optimal
22	10.421440	0.3676800	67.840530	1402760.0	67.840530	1402760.0	22	42	20	Feasible	Optimal
23	10.421440	0.3676800	67.840530	1402760.0	67.840530	1402760.0	23	42	20	Feasible	Optimal
24	10.421440	0.3676800	67.840530	1402760.0	67.840530	1402760.0	24	42	20	Feasible	Optimal

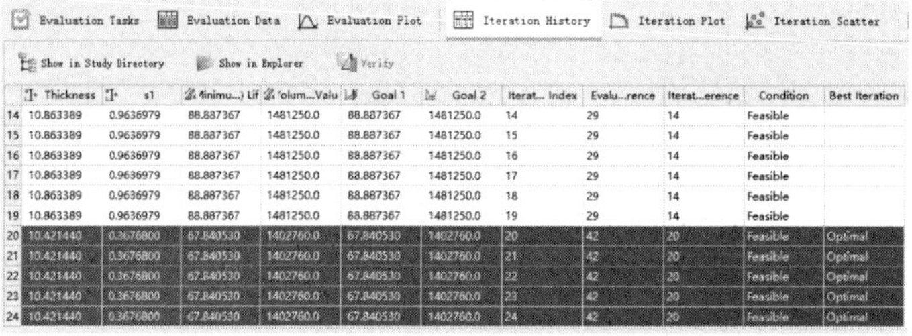

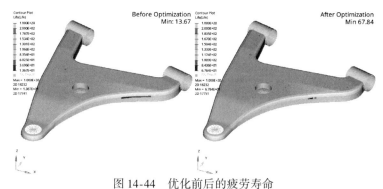

图 14-43　优化迭代历程

Step 11 用 HyperView 打开最后的疲劳计算结果，与初始设计的对比如图 14-44 所示。

图 14-44　优化前后的疲劳寿命

14.4　不确定性优化

14.4.1　不确定性优化问题

目前进行的大多数有限元分析和优化都是基于确定性的假设，即所有与模型相关的参数（如材料、载荷、几何尺寸等）都严格等于设计数值。然而，不确定性广泛存在于各行各业的产品设计、制造、应用中，比如飞机总体设计中的不确定因素有：①不同的有效载荷、飞行中燃油的消耗等因素会使得飞行状态具有不确定性；②飞机制造和装配过程中引起的误差也会导致外形参数具有不确定性；③材料（特别是新材料，如复合材料）的物理特性具有不确定性；④各学科分析模型的误差。汽车设计中的不确定因素有：①上游原材料的属性波动，不同厂家、不同批次生产的钢材、橡胶等的属性在一定范围内变化；②生产工艺的波动，不同的生产线、机器、员工会造成装配产品的局部变化；③汽车使用环境的不确定性导致各零件或总成受到的载荷工况、环境温度是波动的。这些不确定性的存在，一方面使分析计算和优化结果有波动性，从而导致设计方案存在风险，另一方面，要考虑实际情况下的波动性，往往只能以最大载荷、最严苛情况下的温度、保守的判定准则等进行仿真分析，这会导致设计方案整体是保守的，压缩了成本节省的空间。

不确定性优化主要解决稳健性和可靠性设计问题。稳健性是指所设计的产品性能稳定，对各种不可控因素的随机变化不敏感。可靠性设计是指产品的性能指标满足一定的可靠度要求，通常设定设计约束满足的概率。图 14-45 表示稳健性与可靠性的提升。黑色实线代表性能指标初始的概率分布曲线，稳健性的提升（左图）就是要降低指标的分散程度提升其集中度；可靠性的提升可以通过将概率分布曲线向远离约束的方向移动，从而降低失效的概率。稳健性通常是对优化目标而言的，要求优化目标满足稳健性。可靠性优化通常有约束可靠性和系统可靠性。设计约束的可靠性通过设置 Probabilistic Constraint 实现。SRO 算法支持系统可靠性，通过算法设置选项中的 System Reliability 实现。

考虑一个不确定性优化问题。在给定设计变量的情况下，设计约束和优化目标会得到唯一数值，最优解刚好位于约束边界上。如果设计变量发生随机波动，那么优化目标和设计约束的值将会在一定范围内波动，带来的影响是其中有些设计点会违反约束，成为不可行的解。考虑设计变量随机分布的影响，将设计变量的均值进行偏移，最终所有的响应都在给定的概率下满足设计约束，如图 14-46 所示。这就是不确定性设计变量对优化带来的影响。

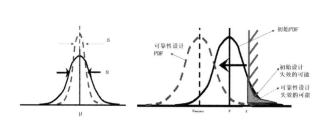

图 14-45　稳健性与可靠性

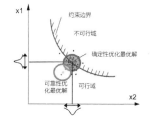

图 14-46　确定性与不确定性优化

在 HyperStudy 中，不确定性优化通过设计变量和设计约束来体现。在设计变量的定义中，变量的类型可以选择 Design with Random 或者 Random Parameter，随机分布函数可以选择正态分布（Normal Variance）、均匀分布（Uniform）和三角分布（Triangular），如图 14-47 和图 14-48 所示。

图 14-47　随机分布的设计变量

设计约束类型可以选择 Probabilistic Constraint（概率约束），然后指定满足该设计约束的累积概率。图 14-49 所示就是定义设计约束响应 Response 1≥0 要以 99% 的概率满足。

不确定性优化可以选择的算法有三种：SRO（系统可靠性优化）、SORA（序列优化和可靠性分析）、SORA-ARSM（基于 ARSM 的 SORA 方法）。默认情况下进行的是可靠性优化，如果打开优化设置页面的 Robust 开关，同时会进行稳健性优化。不确定性优化通常计算次数比较多，建议使用 SRO 进行优化。SRO 基于自适应响应面，能有效减少模型分析次数。

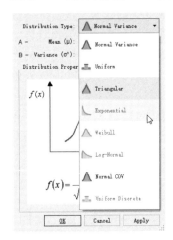

图 14-48　随机分布类型　　　　　　　　　　　图 14-49　可靠性设计约束

14.4.2　实例：基于可靠性优化的二次曲线最小值问题

下面通过求二次曲线的最小值来说明可靠性优化。本案例设置好的模型文件为 04_InternalMath_Reliablity. hstx，可以通过 HyperStudy 菜单 File > import archive 打开。

操作视频

现有二次函数 $y = \sqrt{x^2 + 4}$，x 取值范围为 [-10, 10]，求最小值。显然，当 x = 0 时，函数 y 取最小值 2。

1. 首先进行一个确定性优化

（操作步骤）

Step 01 创建一个新的 Study，模型类型为 Internal Math，定义设计变量 x，初值为 1，下限为 -10，上限为 10。定义两个响应，Response1 等于 sqrt(x^2 + 4)，Response2 等于 x，如图 14-50 所示。

图 14-50　定义响应

Step 02 添加一个优化，定义 Response 1 为优化目标，Type 为 Minimize。定义 Response 2 为设计约束，Response 2≥0，即 x≥0，如图 14-51 所示。

图 14-51 定义优化约束和目标

Step 03 选择优化算法为 GRSM，优化计算完成后可以得到最优解，如图 14-52 所示。可以看到，算法已经找到了最小值为 2，此时 x = − 8.88e-15。这与理论解的误差相当小。

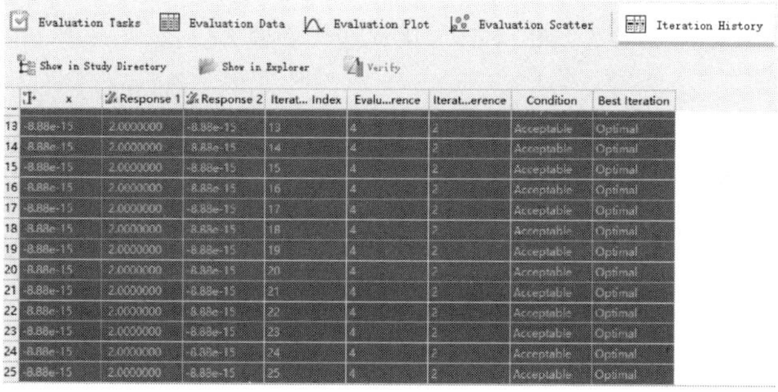

图 14-52 优化迭代历程 1

2. 接下来把这个问题变为可靠性优化问题

优化目标不变（y 最小）；x 为随机变量，服从正态分布，方差为 0.04，标准差为 0.2；设计约束为 x⩾0，有 84.1% 的概率满足。

⚙️ 操作步骤

Step 01 在 HyperStudy 中添加一个新的优化，在定义设计变量时，将设计变量的类型变成随机变量（Design with Random），随机分布类型为正态分布，均值为 1，方差为 0.04，如图 14-53 所示。

图 14-53 随机分布的设计变量

Step 02 在响应的定义中，定义 Response 1 为优化目标，类型为 Minimize。定义 Response 2 类型为 More，在后一列选择 Probabilistic Constraint，紧接着定义设计约束为 Response2⩾0、累积概率函数 CDF 为 84.1，如图 14-54 所示。

图 14-54 可靠性设计约束和目标

Step 03 优化算法选择 SORA，进行求解计算。

Step 04 计算完成后可以在 Evaluate 面板中的 Iteration History 选项卡下查看最优解，如图 14-55 所示。最终得到 x 的均值为 0.1997，优化目标 Response 1 的最小值为 2.0099。

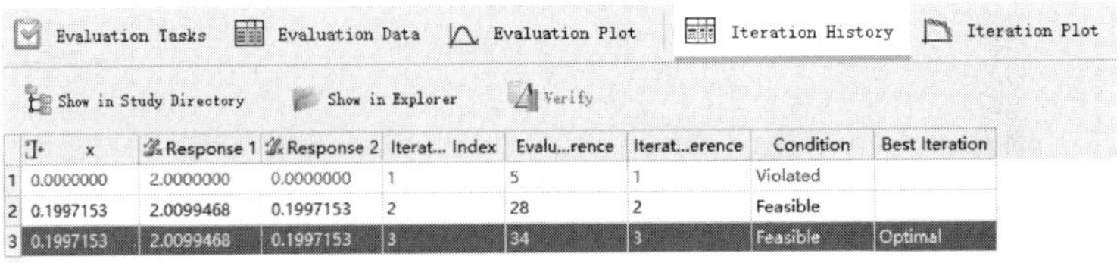

	x	Response 1	Response 2	Iterat...Index	Evalu...rence	Iterat...erence	Condition	Best Iteration
1	0.0000000	2.0000000	0.0000000	1	5		Violated	
2	0.1997153	2.0099468	0.1997153	2	28	2	Feasible	
3	0.1997153	2.0099468	0.1997153	3	34	3	Feasible	Optimal

图 14-55　优化迭代历程 2

从这个结果可以看出，相比于确定性优化，设计变量 x 的取值从 0 向右偏移到了 0.1997，这是为什么呢？x 是正态分布的设计变量，而任意正态分布的变量分布函数如图 14-56 所示。由正态分布的性质可知，变量大于均值 μ 的概率为 50%，大于 $\mu-\sigma$ 的概率为 84.1%。对于本例中的变量 x，设计约束要求 x≥0 的概率为 84.1%，若 $0=\mu-\sigma$，已知标准差 $\sigma=0.2$，则可求解出均值 $\mu=0.2$。因此这个可靠性的设计约束让

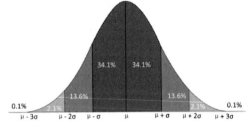

图 14-56　正态分布的概率密度

x 取值向右偏移了约 0.2。这个例子只是通过添加简单的概率约束来体现可靠性优化的不同，并且设计约束是一个特例，恰好等于设计变量，让我们有机会能够清楚地看到可靠性设计约束对最优解的影响。实际问题中的可靠性设计约束往往比这个复杂，需要通过优化算法加以分析。

14.4.3　实例：白车身弯扭刚度的可靠性优化

对图 14-57 所示的白车身弯扭刚度进行可靠性优化，目标是在最小化白车身质量的同时，满足弯、扭刚度的可靠性要求。模型共有约 39 万个单元。

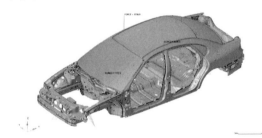

图 14-57　白车身刚度

操作视频

弯曲刚度 K_b 和扭转刚度 K_t 的计算公式为

$$K_b = \frac{F_b}{(\text{abs}(d_{Lz\max}) + \text{abs}(d_{Rz\max}))/z} \tag{14-6}$$

$$K_t = \frac{T}{\alpha} = \frac{F_1 d_2}{\arctan(\text{abs}(d_L - d_R)/d_2)} \cdot \frac{\pi}{180} \tag{14-7}$$

式中，F_b 为施加在门槛梁上的 Z 向力；F_t 为施加在减振塔上的 Z 向力；$d_{Lz\max}$、$d_{Rz\max}$ 为弯曲工况下左侧和右侧门槛梁下方节点 Z 向变形的最大值；d_2 为减震塔载荷作用点的距离；d_L、d_R 分别为

扭转工况下减震塔左、右加载点的 Z 向位移。

本例模型文件为 BIW_Reliability\BIW_stiffness. hm，设置好的模型为 05_BIW_Reliability. hstx，可以通过 HyperStudy 菜单 File > import archive 打开。

优化三要素

- 优化目标：质量最小化。
- 设计约束：要求弯曲刚度和扭转刚度以 95% 的可靠性满足约束。
- 设计变量：21 个钣金件厚度作为设计变量，每个设计变量服从正态分布，标准差为 0.05。

操作步骤

1. 准备工作

Step 01 这个模型中由于设计变量的数目比较多，采用 HyperMesh 文件添加变量的方法会更方便。用 HyperMesh 打开模型文件 BIW_stiffness. hm，把需要优化的零件和它的属性重新编号，并且将名字统一添加一个前缀"opt-"，这样后续在选择的时候会比较方便。如图 14-58 所示，将模型中需要优化的组件和属性重命名和重编号。

Step 02 为了方便结果的提取，同时也将门槛梁下方的观测点重新编号为 100 ~ 105 和 200 ~ 205。减震塔的载荷作用点编号分别为 301 和 302，如图 14-59 所示。

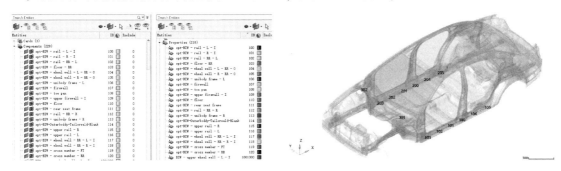

图 14-58　重命名和重编号属性和组件　　　　图 14-59　观测点重新编号

Step 03 在 HyperMesh 中准备好模型以后，单击 Application 菜单，选择 HyperStudy，将会直接启动 HyperStudy。注意，由于优化过程中 HyperMesh 会一直更新模型，所以整个过程都不能关闭 HyperMesh。

2. 建立 HyperStudy 模型

Step 01 在 HyperStudy 中新建一个 Study，添加模型。模型类型会自动选择 HyperMesh，确定后当前 hm 文件会被自动添加为 Resource File。在 Solver Input File 中输入模型文件名 biw. fem，每一步迭代中自动生成的模型文件将为 biw. fem。选择求解器 OptiStruct，在原来的 Solver Input Arguments 内容 ${file} 后添加求解器运行选项-core in，如图 14-60 所示。

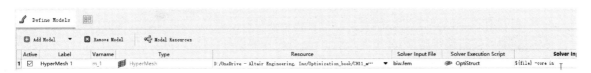

图 14-60　定义模型

Step 02 单击 Input Variables 按钮,将会打开一个与 HyperMesh 连接的 Model Parameters 对话框,显示当前模型中可以进行参数化的所有对象,这里包括厚度、材料和力的大小。展开厚度节点,按住〈Shift〉键,单击第一个属性,再单击最后一个属性,然后双击,所有厚度属性都被添加到右侧作为设计变量。单击 OK 按钮确认,如图 14-61 所示。这里因为所有的厚度都显示在一起,较难选择,所以首先把所有的厚度添加为设计变量,然后在 HyperStudy 中进行操作,删除不需要的设计变量。

Step 03 进入 Define Input Variables 面板,可以看到所有厚度变量,可以在 Label 列上右击,选择 Sort down,按照变量的名字排序。排序后用鼠标左键框选,把不从 opt 开头的所有变量选中,然后在右键快捷菜单中选择 Remove Input Variable,删除不需要的变量,如图 14-62 所示。

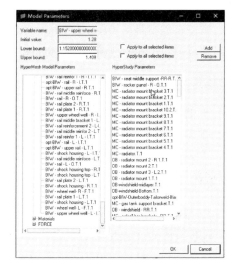

图 14-61 选择所有厚度作为设计变量

Step 04 删除完成后保留下来的设计变量如图 14-63 所示,一共有 21 个。接下来在 Test Models 面板中对当前模型进行试算。试算完成后进入 Define Output responses 面板。

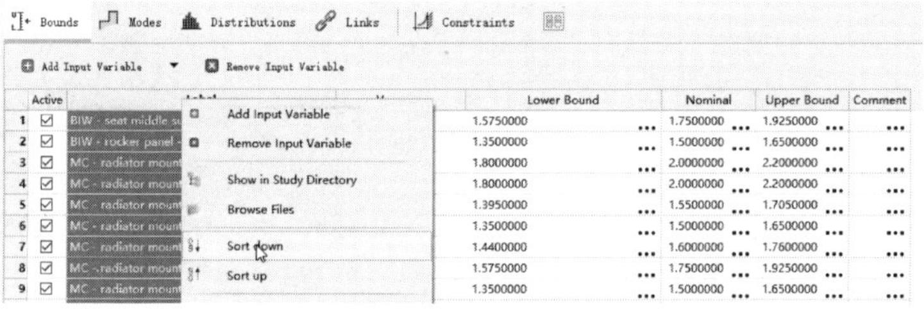

图 14-62 删除多余的设计变量

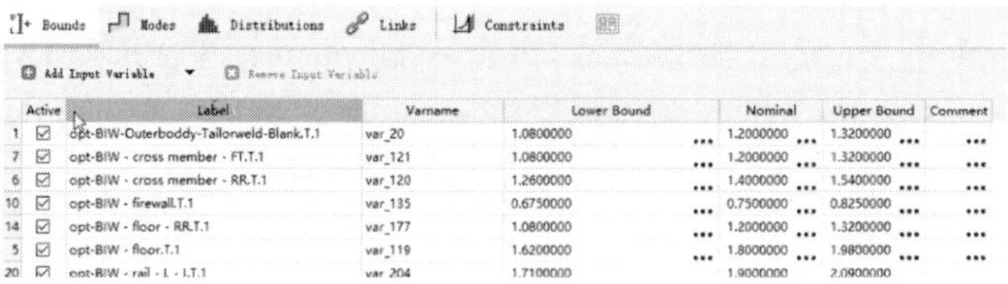

图 14-63 设计变量

Step 05 首先定义弯曲刚度响应。弯曲刚度的计算需要先提取左、右门槛梁下方观测点 Z 向位移的最大值。使用 File Assistant 打开 h3d 文件,选择 Multiple Items in Multiple Time Steps,选取 bend 工况下 100~105 号节点的 Z 向位移。因为位移为负值,所以下一步选择最小值作为响应 r_1,如图 14-64 所示。

Step 06 同样的操作选择 bend 工况下 200~205 号节点的 Z 向位移最小值作为响应。

Step 07 然后手动添加一个响应,名为 KB,单击 Expression 列的三个小点,打开 Expression Builder 对话框,定义弯曲工况的公式。输入公式时需要引用已经定义好的响应,可以将选项卡切换到 Output Responses，然后从表格中选取被引用的响应，再单击 Insert Varname 按钮，也可以在公式编辑区域直接输入响应的 Varname，如 r_1、r_2，如图 14-65 所示。

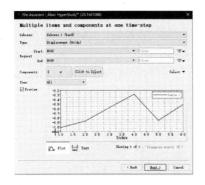

图 14-64　定义弯曲刚度所需位移响应

图 14-65　定义弯曲刚度响应

Step 08 接下来定义扭转刚度。扭转刚度公式需要引用左、右减震塔载荷作用点的 Z 向位移。利用 File Assistant 打开 .h3d 文件，选择 Single Item in a Time Series，分别选取 torsion 工况下301 节点和 302 节点的 Z 向位移作为响应，如图 14-66 所示。

Step 09 手动添加一个响应，名为 KT，单击 Expression 列的三个小点，打开 Expression Builder 对话框，定义弯曲工况的公式。这个公式中引用了刚刚定义的 301 号和 302 号节点的 Z 向位移响应 m_1_r_1 和 m_1_r_2，如图 14-67 所示。

Step 10 最后利用 File Assistant 打开 biw.out 文件，读取其中的质量结果，添加质量响应。

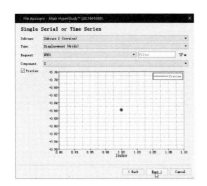

图 14-66　定义扭转刚度所需位移响应

图 14-67　定义扭转刚度响应

Step 11 所有响应定义完毕后如图 14-68 所示，单击 Evaluate 按钮可以查看当前提取和计算出的响应数值。

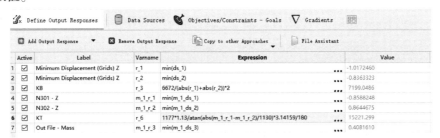

	Active	Label	Varname	Expression		Value
1	☑	Minimum Displacement (Grids) Z	r_1	min(ds_1)	...	-1.0172460
2	☑	Minimum Displacement (Grids) Z	r_2	min(ds_2)	...	-0.8363323
3	☑	KB	r_3	6672/(abs(r_1)+abs(r_2))*2	...	7199.0486
4	☑	N301 - Z	m_1_r_1	min(m_1_ds_1)	...	-0.8588248
5	☑	N302 - Z	m_1_r_2	min(m_1_ds_2)	...	0.8644675
6	☑	KT	r_6	1177*1.13/atan(abs(m_1_r_1-m_1_r_2)/1130)*3.14159/180	...	15221.299
7	☑	Out File - Mass	m_1_r_3	min(m_1_ds_3)	...	0.4081610

图 14-68　提取响应值

3. 创建优化并计算

Step 01 添加一个优化。在 Define Input Variables 这一步，切换到 Distributions 选项卡，将所有变量类型（Distribution Role）切换为 Design with Random，所有方差改为 0.0025。注意这一步的操作可以通过复制来完成：首先更改一个变量的类型，然后像操作 Excel 表格一样，复制该单元格，再选中其他单元格进行粘贴，实现批量操作，如图 14-69 所示。

图 14-69　随机分布的设计变量

Step 02 跳过 Test Models 面板，进入 Define Output Responses 面板，切换到 Objectives/Constraints-Goals 选项卡，添加一个优化目标，作用于响应 Out File-Mass（m_1_r_3），类型为 Minimize。再添加两个可靠性约束，作用于 KB 和 KT 上，类型选择 More…，在右侧单元格选择 Probabilistic Constraint，约束值分别为不低于 7000 和不低于 15000，CDF（累积概率密度）为 95，如图 14-70 所示。

图 14-70　可靠性设计约束和目标

Step 03 选择优化算法 SRO，进入 Evaluate 面板进行求解计算。SRO 算法默认计算次数为 200，系统可靠性为 98%。系统可靠性是两个设计约束都满足的可靠性，这个百分数可以修改，如图 14-71 所示。

图 14-71　选择优化算法

Step 04 求解完成后，进入图 14-72 所示的 Iteration History 选项卡进行查看，最优解为第 21 次迭代的结果。在右侧表格任意选中设计变量和响应，可以查看最优解对应的取值。单击绿色底纹的单元格，单击 Show in Explorer 按钮，会打开最优解对应的计算目录。

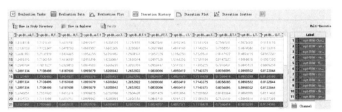

图 14-72　优化迭代历程

14.5 优化算法

14.5.1 优化算法的选择

HyperStudy 支持多种优化算法,主要如下。

- SQP:序列二次规划法。
- MFD:可行方向法。
- ARSM:自适应响应面法。
- GRSM:全局响应面法。
- GA:遗传算法。
- MOGA:多目标遗传算法。
- SRO:系统可靠性优化。
- SORA:序列优化和可靠性分析。
- SORA ARSM:基于 SORA 的 ARSM 法。
- Xopt:用户自定义。

优化算法大致可分为三类,如图 14-73 所示。

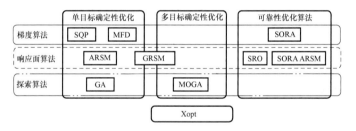

图 14-73 HyperStudy 优化算法

(1)基于梯度的算法

基于梯度的优化算法在每一步迭代中需要进行灵敏度计算,根据灵敏度的大小决定设计变量改变的方向和大小。这类算法收敛速度非常快,但是容易收敛到一个局部最优解,可用于线性静力学或动力学分析。SQP、MFD 和 SORA 属于梯度优化算法。

(2)基于响应面的算法

基于响应面的算法在迭代中不断构建和更新响应面,利用响应面寻找最优解,所以这类算法效率非常高,在优化问题有非线性响应的时候推荐使用。算法内部在一个大范围的取值空间内使用高阶多项式、径向基函数或人工神经网络等拟合原始的结构优化问题,更容易在全局范围内找到最优解。ARSM、GRSM、SORA ARSM 和 SRO 属于基于响应面的算法。

(3)探索性算法

探索性算法在整个设计空间内随机采样计算,基于现有的计算结果决定下一阶段的采样点,通常使用最大计算次数或样本点个数来决定计算终止,而不是传统的收敛准则。探索性算法在非线性问题和离散问题的优化上表现良好,但是相比前两类算法,它们需要的计算点数量显著增加,对计算资源的消耗是巨大的。实际使用中,要么借助高性能计算中心来求解,要么基于拟合模型进行优化计算。GA 和 MOGA 属于这类算法,GRSM 和 SRO 一定程度上也可以算作探索性算法。

从优化问题的角度来说，ARSM、GRSM、SQP、MFD 和 GA 用于确定性单目标优化；GRSM 和 MOGA 用于确定性多目标优化；SORA、SORA ARSM 和 SRO 用于可靠性和稳健性优化；除此之外，用户可以在 HyperStudy 中添加自定义优化（Xopt）算法。

算法选择和详细选项在图 14-74 所示的 Specifications 面板进行设置。每种优化算法都有自己的设置选项。选中一个算法后，可以在右侧区域更改选项。HyperStudy 中把最常用的设置选项放在 Settings 选项卡中，其他选项放在 More 选项卡中。笔者不建议修改 More 选项卡中的内容，除非已经对该算法的计算细节非常了解。

图 14-74　HyperStudy 优化算法选择与设置界面

下面介绍几个通用的优化设置选项，在每种算法的介绍中不再解释。

- Maximum Iterations：最大迭代次数。SQP、MFD、SORA、SORA ARSM 默认为 25。注意每一个迭代中可能包含多次计算，计算点的数量是不确定的。
- Number of Evaluations：最大评估数量，就是求解器最多求解多少次模型。注意和最大迭代次数区分，有些算法在一个迭代步内会计算多个点，这两个参数是不一样的。ARSM 算法会根据变量个数自动计算；GRSM 默认为 50；SRO 默认为 200。
- Input Variable Convergence 或 Design Variable Convergence：设计变量收敛参数。ARSM 默认为 0.001，SQP 默认为 0。当连续两次计算中设计变量的变化量同时小于下面两个数值时，优化计算收敛。
- Design Variable Convergence ∗ 变量取值范围。
- Design Variable Convergence ∗ 变量初始值的绝对值。
- Absolute Convergence：绝对收敛容差。连续两次迭代优化目标的变化数值小于这个参数，优化计算终止。默认为 0.001。
- Relative Convergence（%）：相对收敛容差，连续两次迭代优化目标的变化百分比小于这个参数，优化计算收敛。默认为 1%。
- Constraint Violation Tol.（%）：设计约束违反容差。如果一个设计约束被违反，但是违反的百分比小于这个参数，那么认为该设计是可行设计。
- On Failed Evaluation：优化计算中某一次迭代或者某一个样本点的计算失败时，整个优化过程是否继续计算。选项 Terminate optimization 代表终止优化计算并给出一个错误信息，Ignore failed evaluations 代表忽略失败的计算点，优化计算继续进行。如果在线性搜索时失败，那么在下一步优化迭代中搜索步长将减半；如果在梯度计算时失败，那么下一步迭代中相应的梯度数值将被设置为零。
- Use Inclusion Matrix：是否使用已计算的数据矩阵。No 指不使用；With Initial 表示运行起始点分析，和已有数据矩阵中的最优值进行比较，较好的那一个作为优化计算的起始点；

Without Initial 指直接使用已有数据矩阵中的最优值作为优化计算的起始点。

对于优化求解而言，选择合适的优化算法往往让人感到困惑。总体而言，确定性的多目标优化和单目标优化，推荐使用 GRSM 算法，可靠性优化推荐使用 SRO 算法。针对一个具体的优化问题，算法的选择取决于优化问题的数学本质、设计空间的特点和实际硬件、软件、时间资源的约束。对于设计空间来说，如果没有全部探索完毕，它的特性我们是不知道的。算法的具体参数也需要随着问题的变化而变化。另外，算法的效率也非常重要。因此一个好的优化算法就是能在尽可能多的问题上利用尽可能少的迭代次数找到相对好的解。表 14-1 列出了 HyperStudy 所有的优化算法特性和一些推荐的选择。

表 14-1 优化算法特点及使用建议

方法	适用优化问题	变量类型限制	变量分布	搜索特性	使 用 建 议
SQP	单目标	仅连续变量，不允许使用设计变量约束	确定性变量	局部搜索	推荐在响应面模型上使用，计算次数较多
MFD	单目标	仅连续变量，不允许使用设计变量约束	确定性变量	局部搜索	在约束数量较多时效率比较高
ARSM	单目标	无	确定性变量	局部搜索	收敛速度快，想在有限的时间内得到一个最优解时可以使用
GRSM	单目标 多目标	无	确定性变量	全局搜索	多目标优化问题的默认算法。推荐在多数优化问题中使用。具有全局搜索能力，在很多优化问题上表现不错。尤其在设计变量的个数较多时效率较高。计算次数由用户指定，可以在确定的时间内给出相对最优解
GA	单目标	无	确定性变量	全局搜索	非常消耗计算资源，建议计算点的数量在 1000 次以上。如果有充足的计算硬件或者精度较高的响应面可以使用
MOGA	多目标	无	确定性变量	全局搜索	跟 GA 类似，如果有充足的硬件资源或精度较高的响应面模型可以使用
SRO	单目标	无	随机分布变量或参数	全局搜索	可靠性优化的默认算法，在精度和效率方面能达到比较好的平衡，推荐使用
SORA	单目标	仅连续变量，不允许使用设计变量约束	随机分布变量或参数	局部搜索	推荐在响应面模型上使用，计算次数较多
SORA ARSM	单目标	仅连续变量，不允许使用设计变量约束	随机分布变量或参数	局部搜索	比 SORA 算法更高效，不建议基于响应面使用
Xopt	单目标	无	确定性变量		

14.5.2 SQP-序列二次规划法

SQP 是一种基于梯度的求解有约束问题的经典优化方法。对于局部最优解问题来说，SQP 有较高的解析度并且非常高效，但是要求优化目标和设计约束都是光滑的。对于非光滑问题，它的效率不高。SQP 仅能用于单目标优化，不支持离散变量的优化问题。

SQP 是基于梯度的迭代优化方法，容易收敛到局部最优解。因为用有限差分法进行梯度评估，所以每次迭代需要大量仿真数据点，数据点的个数与设计变量的数量高度相关，对于有大量设计变量的模型来说，这种方法的计算时间较长。

当满足下列条件之一时，SQP 计算终止。

1）满足以下两个收敛条件之一。

A. 满足 Kuhn-Tucker 条件且终止准则（Termination Criteria）小于设定值。

B. 设计变量收敛。

2）达到最大迭代数。

3）分析失败且 Failed Evaluation 选项设置为 Terminate Optimization。

SQP 的常用设置选项如图 14-75 所示。

SQP 在 More 选项卡中的其他控制选项见表 14-2。

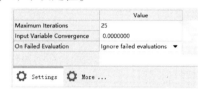

图 14-75　SQP 常用选项

表 14-2　SQP 在 More 选项卡中的其他控制选项

参　数	默认值	取值范围	详　细　描　述
Termination Criteria（终止准则）	1.0e-4	>0.0	定义终止准则，与 Kuhn-Tucker 条件相关 推荐范围：1.0E-3 ~ 1.0E-10 一般来说，数字越小，精度越高，但计算代价越大。对于非线性优化问题： $$\min \quad f(x)$$ $$\text{s.t.} \quad g_i(x) \leq 0$$ $$h_j(x) = 0$$ $$i = 1, \cdots, m; j = 1, \cdots, l$$ 如果满足以下条件，则 SQP 收敛 $$\mid S^{\mathrm{T}} \cdot \nabla f \mid + \sum_{i=1}^{m} \mid u_i \cdot g_i \mid + \sum_{j=1}^{l} \mid \lambda_i \cdot h_i \mid \leq \Delta$$ 其中，S 是序列二次规划算法生成的搜索方向；∇f 为优化目标梯度；μ, λ 为拉格朗日乘子，Δ 为终止准则参数
Sensitivity（灵敏度）	Forward FD	Forward FD Central FD Asymmetric FD	定义灵敏度计算方法 Forward FD：前向有限差分 Central FD：中心有限差分 Asymmetric FD：两步非对称有限差分 使用后两种方法能得到更高的精度，但是计算的消耗将会更大
Max Failed Evaluations（最大失败次数）	20000	> =0	优化求解器将会忽略失败的计算点，若失败次数小于这个值优化将会继续
Constraint Threshold（约束阈值）	1.0e-4	>0.0	用于约束计算。通常情况下约束将会按照它的边界值进行正则化，但如果约束的绝对值小于这个参数，它将不会进行正则化。推荐取值范围为 1e06 ~ 1.0
Use Perturbation Size（指定摄动步长）	No	No 或 Yes	是否指定摄动尺寸
Perturbation Size（摄动步长）	0.0001	>0.0	定义有限差分摄动量 对一个变量 x，上下限为 xu 和 xl，使用如下逻辑决定变量的摄动： 若 abs（x）> =1.0, perturbation = Perturbation Size * abs（x） 若（xu-xl）< 1.0, perturbation = Perturbation Size *（xu - xl） 否则 perturbation = Perturbation Size

14.5.3 MFD-可行方向法

MFD 是最早出现的用以求解约束优化问题的算法之一，该方法的基本思想是从当前的可行设计点移至更优的可行设计点，因此优化目标在新的设计点更优，且满足所有设计约束。该方法是基于梯度的方法，可能收敛于局部最优解；在大量设计约束下效率较高，但不如 SQP 准确；当模型具有大量设计变量时，花费较大。

当满足下列条件之一时，MFD 停止求解。

1）满足以下两个收敛条件之一。

A. 绝对收敛。

B. 相对收敛。

2）达到最大允许迭代数。

3）分析失败且 Failed Evaluation 选项设置为 Terminate Optimization。

MFD 常用的设置选项如图 14-76 所示。MFD 在 More 选项卡中的其他控制选项与 SQP 相同。

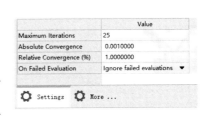

	Value
Maximum Iterations	25
Absolute Convergence	0.0010000
Relative Convergence (%)	1.0000000
On Failed Evaluation	Ignore failed evaluations ▼

图 14-76　MFD 常用选项

14.5.4 ARSM-自适应响应面法

ARSM 首先建立线性回归模型，在响应面的基础上寻找最优解，评估响应面最优解与求解器计算的真实值之间的误差，如果误差不是足够接近，ARSM 会增加回归模型的复杂度，引入更多数据点更新响应面模型。重复这一过程直到优化计算满足收敛条件时计算终止。ARSM 只能用于单目标优化，它对单目标优化问题非常高效，但不具备全局搜索能力，容易收敛到局部最优解。其拟合过程如图 14-77 所示。

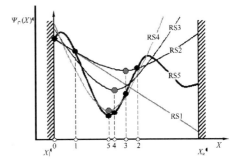

图 14-77　ARSM 算法拟合过程

ARSM 算法的工作流程如下。

1）分析初始的设计点以及由扰动设计变量生成的 n 个新的设计点（共计 $n+1$ 个设计点）。

2）使用最小二乘法确定优化目标和各约束函数的多项式拟合系数。

A. 如果已求解的设计点数为 $n+1$，确定常数项和一次项系数 a_{j0}、a_{ji}，建立线性响应面 RS1。

B. 每产生一个设计点，可增加二次项系数 a_{jw}。

C. 如果已求解的设计点数超过 $1+n+(n+1) \times n/2$，则对设计点进行加权来确定系数 a_{jw} 以给出二阶响应面 RS2，RS3，RS4，…

3）用数学规划法对基于响应面的问题进行优化求解，自动选取最优化方法。

4）对模型近似最优点进行分析。

5）如果优化迭代已收敛（图 14-77 中的 RS5），则停止求解。收敛准则包括以下内容。

A. 绝对收敛。

B. 相对收敛。

C. 设计变量收敛。

D. 达到最大允许迭代数。

E. 分析失败且 Failed Evaluation 选项设置为 Terminate Optimization。

6）如果设计不收敛，则返回步骤 2）（在每个迭代步对二阶响应面进行更新，减少近似模型与实际响应面之间的误差）。

ARSM 常用的设置选项如图 14-78 所示。

More 选项卡中的其他参数见表 14-3。

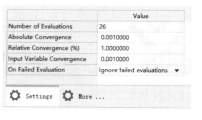

图 14-78　ARSM 算法常用选项

表 14-3　More 选项卡中的其他参数

参　　数	默　认　值	取值范围	详　细　描　述
Initial Linear Move（初始线性变动）	By DV Initial	By DV Initial By DV Bounds	By DV initial：初始变动 = Initial Input Perturbation * Move Limit Fraction * abs（INI）。 By DV bounds：初始变动 = Initial Input Perturbation * Move Limit Fraction * （UB-LB）
Move Limit Fraction（移动限制参数）	0.15	(0.0，1.0)	更小的数值将会带来更稳定的收敛，但是会消耗更多的计算资源。其数值在优化过程中将会自适应调整
Initial Input Perturbation（初始摄动量）	1.1	≠0.0	设计变量初始摄动量。数值越大，初始迭代步生成的设计点分布会更广，意味着 ARSM 将会搜索更广的设计空间
Constraint Screening（%）（约束屏蔽，百分比）	50.0	实数值	>0.0：与边界的距离在指定百分比以内的或超过边界的约束将会保留 < 0.0：只要内存允许，尽可能多地保留约束
Max Failed Evaluations（最大失败次数）	20，000	>=0	优化求解器将会忽略失败的计算点，若失败次数小于这个值优化将会继续
Minimal Move Factor（最小移动系数）	0.1	(0.0，Move Limit Fraction)	用于防止在初始采样时设计变量变动过小
Response Surface（响应面类型）	SORS	SORS SRSM	SORS：使用二阶响应面 SRSM：使用可扩展响应面 使用 SRSM 时，最大迭代次数无须满足 >= N + 2。当设计变量的个数 N 较多且计算资源受限时，使用 SRSM 较好
Solver（求解器）	SQP	MFD SQP Hybrid	用于求解基于响应面的优化问题的算法。混合优化引擎可消除对离散设计变量的数量和取值水平的限制。推荐用于离散变量个数较多的问题
Points per Iteration（每迭代步点数）	1	>0	定义第 1 步迭代后每个迭代中使用的设计点个数。个数变化会产生不同的迭代路径
Sample Points（采样点个数）	0	>=0	仅在响应面类型为 SRSM 时有效 0：自动决定。在使用 SORS 时等于设计变量个数 >0：使用用户指定值
Use SVD（使用 SVD）	No	No 或 Yes	在软收敛时有效。当发生软收敛时：No 代表 ARSM 终止；Yes 代表奇异值分解（Singular Value Decomposition）被激活以重构响应面，并且优化继续
Revision（版本）	A-multi	A B A-multi B-multi	当发生收敛困难时提供帮助 A：传统算法 B：相对于 A 不容易发生收敛困难 A-multi 和 B-multi：分别是 A、B 的新版本，允许多任务计算。A-multi 和 A 在迭代点的分类上不同，B-multi 和 B 也不同

（续）

参　　数	默　认　值	取　值　范　围	详　细　描　述
Constraint Threshold（约束阈值）	1.0e-4	>0.0	用于约束计算。通常情况下约束时将会按照它的边界值进行正则化，但如果约束的绝对值小于这个参数，它将不会进行正则化。推荐取值范围为1e06～1.0
Use Inclusion Matrix（是否使用已计算的数据矩阵）		No\nWith Initial\nWithout Initial\nRestart ARSM	No：不使用；With Initial：运行起始点分析，和已有数据矩阵中的最优值进行比较，较好的那一个作为优化计算的起始点；Without Initial：直接使用已有数据矩阵中的最优值作为优化计算的起始点；Restart ARSM：使用已有的数据点和原 ARSM 相同的设置进行分析。主要用于优化不正常终止或达到最大迭代次数而终止的情况。如果数据不是来源于已有的 ARSM 计算，而是来自 DOE，将会对优化计算的性能带来消极影响

14.5.5　GRSM-全局响应面法

GRSM 是一种在优化过程中不断进化的算法。图 14-79 所示为 GRSM 算法的框架图。在第一轮迭代中基于内部构建的 DOE 创建初始响应面。GRSM 使用高级算法可基于非常少的数据点生成响应面，这使得 GRSM 对于大规模的设计变量问题仍然保持了很高的效率。特别地，对于 N 个设计变量，初始 DOE 仅使用 $\min(N+2,20)$ 个数据点。基于这些数据点构建响应面，响应面的最优解将在下一轮迭代中使用。

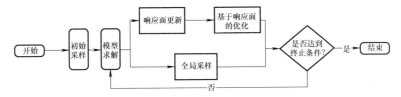

图 14-79　GRSM 算法框架

在第一轮迭代之后，基于已有样本点的分布情况会构建一个新的 DOE，在全局设计空间内采样不足的区域产生新的采样点，因此平衡了 GRSM 在全局和局部搜索的能力。执行这个 DOE 后，响应面被更新，在新的响应面上求解优化问题，其最优解被用于下一轮迭代。每一轮迭代都有一定数量的设计点被分析，本质上是一个 DOE。由于 DOE 的每一个设计点是相互独立的，这些点可以并行求解。对于多数优化算法来说，设计点是不能并行求解的，HyperStudy 提供的 Multi-Execution 选项正好利用 GRSM 的这一特性加速了优化计算。

全局搜索能力让 GRSM 成为一种探索类算法，所以它不像其他算法一样在达到收敛准则以后停止计算，而是达到设定的最大评估数时优化终止。如果在计算中遇到失败的设计点，HyperStudy 将会在未采样区域随机生成新的设计点。GRSM 适用于单目标和多目标优化问题，支持连续变量、离散变量和混合类型变量的优化问题。它在多目标优化中是默认算法，对于具有大量设计变量或需要求解全局最优的单目标优化问题也推荐使用。建议直接基于求解器求解使用 GRSM，而不是在拟合模型上使用 GRSM，因为 GRSM 本身就包含了自适应响应面。

GRSM 常用的设置选项如图 14-80 所示，一般情况下不建

图 14-80　GRSM 常用选项

议修改其默认值。

More 选项卡中的其他参数见表 14-4，部分参数与 ARSM 算法相同，请参考 ARSM。

表 14-4　GRSM 的 More 选项卡

参　　数	默　认　值	取　值　范　围	详　细　描　述
Initial Sampling Points （初始采样点数量）	$\min(20, N+2)$ N 为设计变量个数	>=0	>0：使用用户指定数值
Stop after no Improvement （在多少步无改进后停止）	1000	>0.0	如果连续多次迭代响应值仍无改进，则优化计算终止。这个参数是允许等待的次数

14.5.6　GA-遗传算法

遗传算法是依托达尔文生物进化理论的适者生存原理的一类算法。与传统优化方法不同，遗传算法是一种群体进化技术。在解决复杂的全局优化问题中，遗传算法得到了广泛应用。如果优化目标有多个极值点，梯度法的优化算法往往可能在局部最优解附近震荡，而遗传算法擅长全局搜索，更有可能找到全局最优解。相对而言，遗传算法在搜索局部最优解方面没有那么高效，HyperStudy 中的遗传算法具有混合模式，极大地增加了它的局部搜索能力。遗传算法仅能用于单目标优化问题。它支持连续变量、离散变量和混合变量类型的优化。

在遗传学中，每个个体拥有染色体，在每一代种群中，有一定比例的个体会产生下一代，个体自身的染色体发生变异，不同个体之间的染色体发生杂交，交换遗传物质，而后生成下一代个体。如果生成的个体适应度很高，它将进入下一代，否则将被淘汰。重复这一过程，使得种群的适应度不断提高。在遗传算法中，每一次迭代中的所有设计点称为种群，每个设计点的设计向量可以看作染色体，响应和优化目标用来形成评价函数以评估每个设计点的适应度。首先随机生成第一代种群，用评价函数计算每个设计点的适应度，并将所有设计点按适应度排序。给定一个百分比（Elite Population），如默认为 10%，适应度在前 10% 以内的设计点直接进入下一代。被选中的个体进行遗传学操作，通常是交叉和变异。单个设计点的设计向量中的部分设计变量发生变化，从而产生变异（Mutation），设计点之间通过交换部分设计变量进行交叉（Crossover），交叉和变异产生新的设计点进入下一代。对新一代种群重复这一过程，即评价、选择、交叉和变异。种群不断进化，使得种群的适应度越来越高，优化目标的值越来越好。

HyperStudy 提供了实数编码和二进制编码两种方式，通过 More 选项卡中的 Type 进行选择。对于连续优化问题，实数编码方式表现更好；对于离散变量优化问题，二进制编码表现更好。如果采用二进制编码，则连续变量将被离散化。用户可以通过离散度（Discrete State）定义连续变量的离散化程度，只能选择 2 的 n 次方，默认值为 1024（2^{10}），数值越大求解精度越高，但是计算资源的消耗也会更大。

其他一些控制选项如下。

- Random Seed：随机种子，用来控制随机数字序列的可重复性。整数，默认值为 1，取值范围为 0 ~ 10000。取值为 0 表示完全随机、不可重复，取值大于 0，会生成伪随机数序列。如果指定相同的随机种子，则得到的序列是相同的。
- Penalty Multiplier：适应性评价函数中的初始罚函数乘子。实数，默认为 2，取值大于 0，推荐范围为 1 ~ 5。该数值增大将会使迭代次数减少，但是过大的数值可能会产生更差的解。
- Penalty Power：适应性评价罚函数的幂。默认值为 1，取值范围 0 ~ 10，推荐范围 1 ~ 2。
- Hybrid Algorithm：混合算法，可选 Hooke-Jeeves method，Meta-model based method 或 No hybrid。

与其他优化方法相比，遗传算法没有明显的收敛特性。通常，用户通过定义最大迭代次数和种群数来控制计算量。由于需要进化多代才能产生较优的设计点，遗传算法对求解资源的消耗非常大。如果是基于求解器的运算，尽量使用高性能计算机计算。在个人计算机上可以利用遗传算法进行基于响应面模型的优化。

GA 常用的设置选项如图 14-81 所示。除了最大迭代次数，HyperStudy 引入全局搜索水平（Global Search）来加强对收敛过程的监控。其基本原理是，越高的全局搜索水平对应着越严格的收敛准则，算法将采用更多的随机操作对整个设计空间进行搜索。可选择 Low、Medium、High。

	Value
Maximum Iterations	50
Minimum Iterations	25
Population Size	105
Global Search	Medium
On Failed Evaluation	Ignore failed evaluations

图 14-81　GA 常用选项

14.5.7　MOGA-多目标遗传算法

MOGA 吸取了 HyperStudy 内置遗传算法的优点，用来处理有约束或无约束的多目标优化问题。MOGA 只能用于多目标优化问题，支持连续变量、离散变量和混合变量类型。与其他多目标优化算法类似，MOGA 提供了一系列的帕雷托解，而非单一最优解。

MOGA 是遗传算法的扩展，用以解决多目标优化（MOO）问题。在 MOO 问题中，存在不止一个优化目标被最大化或最小化，因此优化目标不是找到最优解，而是找到帕雷托前沿。

MOGA 常用的设置选项如图 14-82 所示。MOGA 在 More 选项卡中的其他控制选项与 GA 相同，请参考遗传算法的介绍。

	Value
Maximum Iterations	50
Minimum Iterations	25
Population Size	105
On Failed Evaluation	Ignore failed evaluations

图 14-82　MOGA 常用选项

14.5.8　SRO-系统可靠性优化

SRO 是将系统作为一个整体满足可靠性要求的优化算法。对于可靠性和稳健性优化问题，推荐使用 SRO 算法。当系统中有多个可靠性约束时，不能只考虑单个设计约束的可靠性，而是要考虑系统整体的可靠性。假设有两个可靠性约束，分别是满足 90% 的可靠性，整体系统的可靠性是 81%。SRO 在满足单个可靠性约束的情况下，为整个系统添加了一个可靠性约束。系统可靠性可以在 Settings 选项卡的 System Reliability（%）中修改，默认值为 98，表示系统可靠性为 98%。

SRO 算法在内部基于蒙特卡罗仿真使用高级响应面技术，而不是 MPP（Most Probable Point）算法。SRO 比基于 MPP 的算法（如 SORA 和 SORA-ARSM）需要更少的计算次数，因此它是可靠性优化的推荐算法。

SRO 具有全局搜索能力，在每一次迭代中生成的所有数据点都可以并行求解。可以合理设计 Multi-Execution 的数值以加速计算。当剩余的数据点数量不足以完成下一次迭代时，计算终止。

对于稳健性优化，优化问题会被转化为一个多目标问题，包含原目标和最小化优化目标的标准差，因此稳健性优化得到的结果是一组解（帕雷托解），需要在性能和稳健性之间权衡。可使用 Post-Processing 面板中的 Optima 选项卡进行权衡。

SRO 常用的设置选项如图 14-83 所示。Number of Evaluations 表示计算次数；System Reliability（%）表示系统可靠性；Robust Optimization 决定是否进行稳健性优化。

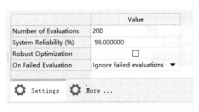

	Value
Number of Evaluations	200
System Reliability (%)	98.000000
Robust Optimization	☐
On Failed Evaluation	Ignore failed evaluations

图 14-83　SRO 常用选项

More 选项卡中的其他参数见表 14-5，其他参数与 ARSM 相似，请参考 ARSM 的介绍。

表 14-5　SRO 的 More 选项卡

参　　数	默　认　值	取值范围	详　细　描　述
Initial Sampling Points （初始采样点数）	50	整数，>0	推荐范围 20～100
Global Sampling Points （全局采样点数）	2	整数，>0	每轮迭代中在全局设计空间内分布的采样点个数，用于估计全局效应，避免局部最小值，推荐范围 1～10
Local Sampling Points （局部采样点数）	5	整数，>0	每轮迭代中在当前迭代局部范围的采样点数，用于在当前迭代的附近构建高精度的响应面，推荐范围 3～10
Monte Carlo Points （蒙特卡罗采样点）	1000	整数，>0	计算可靠性时使用的内部蒙特卡罗计算次数，推荐范围 500～10000

14.5.9　SORA-序列优化和可靠性分析

SORA 是美国西北大学的 W. Chen 博士和 X. Du 博士开发的一种可靠性/鲁棒性优化算法。经授权，HyperStudy 使用并改进了该算法，它考虑了设计参数的不确定性，搜索满足可靠性的设计。

HyperStudy 将 SORA 扩展到能处理稳健性优化问题，通过 Robust Optimization 选项来控制。基于优化目标的百分位数，可实现对优化目标的平均值和标准差同时进行优化。

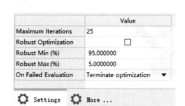

SORA 常用的设置选项如图 14-84 所示。Maximum Iterations 为最大迭代次数，每次迭代中可能包含多个计算点；Robust Optimization 开关指定是否进行稳健性优化；Robust Min（%）是最小化目标问题中优化目标的稳健性要求，Robust Max（%）是最大化目标问题中优化目标的稳健性要求。

图 14-84　SORA 常用选项

More 选项卡中的 Angle Convergence Tol.（角度收敛容差）参数默认值为 0.25，取正数。它是逆向 MPP 搜索的角度收敛容差，单位为度。如果向量 u（在标准正态分布空间内的设计点）与负梯度方向之间的角度小于设定容差，逆向 MPP 搜索认为已经收敛。该值越小，可靠性计算越精确，但是计算资源的消耗越大。

14.5.10　SORA ARSM-基于 ARSM 的 SORA 法

可靠性和稳健性优化需要很多的设计点来进行评估，因此如何提升算法的效率非常关键。SORA ARSM 利用响应面方法来解决这一问题。其优化迭代是基于对模型响应所构建的近似函数进行的。迭代设计点可用来更新近似函数从而得到更高精度的优化结果。与 SORA 相比，SORA ARSM 在优化效率上得到了很大的提升，但计算精度有所降低。

SORA ARSM 支持稳健性优化，通过使用优化目标的稳健性百分比进行设置，Settings 选项卡中的 Robust Optimization 决定是否开启稳健性优化。可靠性优化通过搜索 MPP 实现。

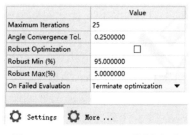

SORA ARSM 常用的设置选项如图 14-85 所示，各选项的含义与 SORA 算法相同，请参考 SORA 的介绍。

图 14-85　SORA ARSM 常用选项

14.6　复杂优化问题的解决思路

14.6.1　综合使用 DOE、响应面与优化

通常使用的优化问题解决思路如图 14-86 所示，称为直接优化流程。这一流程在设计变量创建完毕之后，进入优化计算，调用求解器直接求解物理模型。这个流程的好处是简单直观，然而在设计变量数量增多的时候它的计算次数可能会显著增加，并且由于是基于求解器直接运算，求解的时间也会比较长，却不能保证得到一个非常好的最优解。

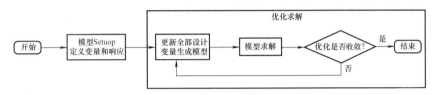

图 14-86　直接优化流程

实际的优化问题往往比较复杂，比如设计变量非常多、计算时间长、求解计算的硬件资源和软件资源受到限制、直接优化的效果是个未知数或者优化的效果没有达到预期等诸多问题。那么，是不是在一次优化尝试之后产品优化设计的任务就终止了？就不用去继续提升了呢？显然不是。要解决这些问题，就需要综合利用 DOE、响应面和优化方法。

优化的本质是利用计算机在一个未知的设计空间内"猜测"最好的解。相应地，也带来了下面的问题。

1）以哪里为起点开始计算？这是设计变量的初始值问题。

2）需要考虑哪些设计变量？即如何评估设计变量对响应的重要程度？

3）用什么样的方法和步骤？需要选择算法调整参数。

4）用什么求解器？是基于替代模型还是直接求解？

如果由计算机程序随意设置设计变量，盲目选择优化算法，那么得到的结果也一定不会尽如人意。计算机仿真的 garbage in-garbage out 准则依然应验。我们能不能做一些事情，让这个猜测的过程事半功倍呢？

（1）基于 DOE 变量筛选的优化

考虑上面提出的第二个问题——设计变量的个数。对于多数优化算法来说，变量的个数决定了优化算法的效率。设计变量越少，往往优化迭代速度越快，得到最优解的效率就高。在设计变量较多的情况下，并不是每一个设计变量对最终响应的影响都很大，往往是一部分重要的设计变量提供了大部分贡献，因此可以筛选出重要的设计变量，仅对筛选出的变量进行优化。DOE 方法提供了这样的可能，利用全因素法、部分因素法、Plackett Burman 方法进行变量筛选，将不重要的变量直接调整到对优化目标较好的值，然后基于剩下的变量用直接优化流程进行优化。图 14-87 就是基于 DOE 变量筛选的优化流程。

（2）基于响应面的优化

考虑上面提出的第四个问题，基于求解器的直接求解往往比较耗时，从几分钟到几十小时，而基于替代模型的计算却非常快。替代模型的本质是构建响应与设计变量之间的函数映射关系，基于这个映射关系，计算机的求解速度是毫秒级的。HyperStudy 中，响应面拟合就是构造替代模

型的方法。响应面拟合需要数据点，因此需要首先运行 DOE 生成数据点（CCD、MELS、D-Optimal、Latin HyperCube、Hammersley 方法可用于生成响应面数据），基于 DOE 结果构建响应面，然后在优化过程中调用响应面求解。图 14-88 就是基于响应面的优化流程。

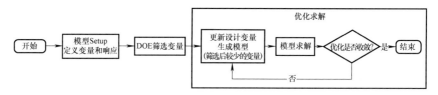

图 14-87　基于 DOE 变量筛选的优化流程

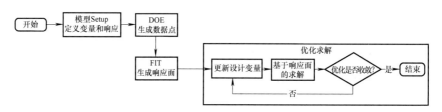

图 14-88　基于响应面的优化

HyperStudy 中调用响应面的设置很简单，只需要在 Define Output Responses 面板中将响应的选项 Evaluate From 切换为拟合模型即可，如图 14-89 所示。默认值 f( ) Expression 代表用求解器求解。注意需要把所有响应（包括在优化设置中没有用到的响应）的 Evaluate From 选项都设置为响应面，因为只要有一个响应设置为求解器计算，那么在计算过程中就必须调用求解器进行实际求解。

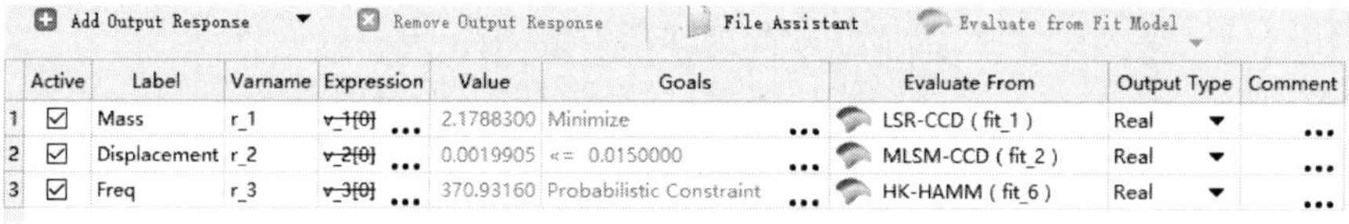

	Active	Label	Varname	Expression	Value	Goals		Evaluate From	Output Type	Comment
1	☑	Mass	r_1	v_1[0] ...	2.1788300	Minimize	...	LSR-CCD (fit_1)	Real ▼	...
2	☑	Displacement	r_2	v_2[0] ...	0.0019905	<= 0.0150000	...	MLSM-CCD (fit_2)	Real ▼	...
3	☑	Freq	r_3	v_3[0] ...	370.93160	Probabilistic Constraint	...	HK-HAMM (fit_6)	Real ▼	...

图 14-89　基于响应面求解响应的设置

（3）基于变量筛选和响应面的优化

将上面的两种方法结合起来，首先经历一轮 DOE 变量筛选，去掉不重要的设计变量，然后在保留下来的设计变量基础上进行第二轮 DOE 以生成数据点，接下来基于数据点生成响应面，最后基于响应面进行优化计算。这个流程的框图如图 14-90 所示。

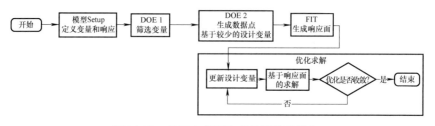

图 14-90　基于响应面和变量筛选的优化

需要注意的是，这里的响应面是静态的，所得到的最优解需要到求解器中进行验证。如果误差很大，还需要做进一步的优化迭代，例如，在最优解的邻域新建一个 DOE，再新建响应面进行优化。这样的工作比较烦琐，也不好掌握。大家也可以在经过一轮 DOE 变量筛选后，用 GRSM 或 SRO 算法直接基于求解器进行优化。GRSM 和 SRO 算法内部集成了自适应响应面，效率更好，精度更高。

对变量的初始值问题，探索性算法（GA、MOGA、GRSM、SRO）对初始值并不敏感，基于梯度法和响应面的优化算法可能对初始值敏感。如果第一轮优化得到的解并没有达到理想效果，可以尝试改变设计变量的初始值，再进行一轮优化。可以直接将设计变量的初始值改变到远离第一轮优化的初始值的位置。如果是全局搜索算法或探索性算法，如 GRSM、GA，对于得到的结果还想进一步研究是否有提升空间，可以以上一轮的最优解作为初始值，开启新一轮优化。也可以尝试在算法选项中设置不同的 Random Seed 进行优化。

14.6.2　使用已有计算数据

实际使用中，DOE 或优化计算可能提前非正常终止，导致以前计算的结果不能使用，白白浪费了计算资源和时间。另外，上一小节介绍了基于 DOE 或基于已有优化计算进行新一轮迭代优化的方法。大家可能会想，前面已经耗费了大量时间计算了一些数据点，重新进行一轮优化，以前计算的结果是否就浪费了？答案是否定的。HyperStudy 提供了非常有用的功能 Inclusion Matrix，可以在 DOE、拟合和优化中直接引用先前已有的计算结果，同时还支持从数据文件中读取已有数据，如文本文件和 HyperStudy 后处理文件。

主要的操作步骤如下。

1）在新一轮优化或分析的 Specifications 步骤中，单击 Edit Matrix 按钮，选择 Inclusion Matrix 选项，如图 14-91 所示，打开图 14-92 所示的 Edit Inclusion Matrix 对话框。

图 14-91　选择 Inclusion Matrix

图 14-92　Edit Inclusion Matrix 对话框

2）在弹出的对话框中单击 Import Values 按钮，打开图 14-93 所示的 Import Values 对话框。

3）选择 Approach evaluation data，表示从以前的计算结果中读取。单击 Next 按钮。

4）从 Approach 列表中选择需要导入数据的 DOE、拟合或优化，这些数据将会直接导入当前方法的计算中，如图 14-94 所示。

图 14-93　选择数据导入方式

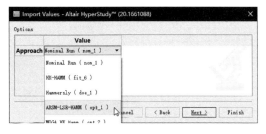

图 14-94　导入数据

14.7 基于各类求解器的 HyperStudy 应用

14.7.1 实例：基于 Workbench 的结构参数优化

本案例介绍 HyperStudy 联合 ANSYS Workbench 进行结构参数优化的方法。模型是一个 C 形夹，左侧的两个孔内表面固定，右侧开口边缘分别受到 Y 向的分布力，将开口向外分开。三个圆孔的半径为设计变量，右侧上下棱边的最大 Y 向位移最小化为优化目标。本案例设置好的模型为 workbench.hstx，可以通过 HyperStudy 菜单 File > import archive 打开。

Workbench 本身具有参数化的功能，对于设计变量，需要在建模时将对应的尺寸设置为参数；对于输出响应，需要在查看结果时将关心的对象或具体位置结果定义为参数。所以基于 Workbench 的优化需要首先在 Workbench 中进行参数设置。

操作步骤

1. 在 Workbench 中定义参数

Step 01 在 DM 模块创建 C 形夹的过程中，将图 14-95 所示的三个半径 R22、R23 和 R26 分别定义为参数。

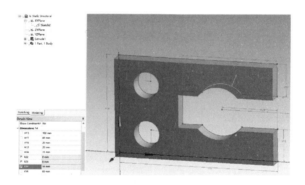

操作视频

图 14-95　C 形夹参数

Step 02 划分网格，添加工况并计算完成，在 Solution 下添加测量值 Deformation，选择上下棱边作为测量对象，提取 Y 向位移最大值，然后将 Y 向位移设定为参数，如图 14-96 所示。保存项目文件为 clip.wbpj。

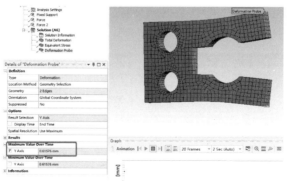

图 14-96　C 形夹输出响应

2. 建立 HyperStudy 模型

Step 01 打开 HyperStudy 进行模型设置。选择 Workbench 项目文件所在目录为工作目录，新建一个 Study。在添加模型之前进行 Workbench 求解器注册。从 Edit 菜单下打开 Register Solver Script 对话框，输入求解器名称 Workbench，选择类型为 Workbench，单击文件夹图标，选择 Workbench 安装路径下的 RunWB2. exe 文件，如图 14-97 所示，单击 OK 按钮退出。

图 14-97　注册 Workbench 求解器

Step 02 回到 HyperStudy，添加模型，模型类型为 Workbench。在 Resource 中选择项目文件 clip. wbpj，Solver Input Arguments 列将会自动增加求解参数-B-X-F $\{filespec\_resource\}$，单击后方问号可以查看帮助。其中，-B 表示以批处理方式运行；-X 表示运行完毕后自动退出；-F 指定项目文件；$\{filespec\_resource\}$ 表示项目文件 clip. wbpj 的完整路径，如图 14-98所示。其他可用参数请参考 Workbench 的帮助手册。

图 14-98　定义模型

Step 03 单击 Import Variables 和 Next 按钮，进入下一步，可以看到在 Workbench DM 中定义的三个尺寸变量已经导入，默认的上下限是初始值上下浮动20%，如图 14-99 所示。

图 14-99　尺寸变量

Step 04 在 Test Models 面板中对当前模型进行试算。如果没有错误，Write、Execute 和 Extract 将会显示绿色对号。进入 Define Output Responses 面板，可以看到最大 Y 向位移响应也被自动导入，如图 14-100 所示。

图 14-100　定义响应

3. 创建优化并计算

Step 01 单击 Next 按钮，添加一个 Optimization，进入优化设置。前面三步模型和变量无须更改，进入 Define Output Responses 面板中的 Objectives/Constraints-Goals 选项卡，单击空白处添加一个 Goal，Type 选择 Minimize，Apply On 选择唯一的响应 Deformation Probe Maximum Y Axis（r_1），如图 14-101 所示。

图 14-101　定义优化目标

Step 02 在 Specifications 面板选择优化算法为 ARSM，其他参数使用默认值，单击 Apply 按钮后进入下一步 Evaluate 进行模型求解计算。

Step 03 计算过程中设计变量、优化目标及设计约束的表格和曲线都是实时更新的，在 Iteration Plot 选项卡下可以查看优化目标随迭代次数的变化曲线。

Step 04 经过 6 次迭代，即找到最优解，优化目标最大 Y 向位移从 0.6158 减小到 0.5242。最优解为第 6 次迭代的结果，选中第 6 行，单击 Show in Explorer 按钮可以自动跳转到对应文件夹下，如图 14-102 所示。

	I KYPlane.R2€	I KYPlane.R2₃	I KYPlane.R22	Defor...Axis	Goal 1	Iterat...Index	Evalu...rence	Iterat...erence	Condition	Best Iteration
1	16.0000000	8.0000000	8.0000000	0.6157591	0.6157591	1	1	1	Feasible	
2	17.600000	8.0000000	8.0000000	0.7564846	0.7564846	2	2	2	Feasible	
3	16.000000	8.8000000	8.0000000	0.6095875	0.6095875	3	3	3	Feasible	
4	16.000000	8.8000000	8.0000000	0.6154131	0.6154131	4	4	4	Feasible	
5	14.400000	8.8000000	8.0451123	0.5243083	0.5243083	5	5	5	Feasible	
6	14.400000	8.8000000	8.8000000	0.5241501	0.5241501	6	6	6	Feasible	Optimal

图 14-102　优化迭代历程

14.7.2　实例：基于 MotionSolve 的悬置解耦优化

发动机是引起车辆振动尤其是怠速振动的主要振源，为隔离这种不利的振动传递，动力总成系统通常是通过弹性的悬置安装在车身或车架上，因此悬置系统设计就成为车辆开发中基础的、重要的设计环节之一。通常悬置系统的作用包括：支撑动力总成的重量；隔离从动力总成传递到车身上的振动；吸收路面经由悬架传递到车身上的振动；限制动力总成系统在大扭矩及极限行驶工况下的位移。

对于横置发动机，常见为三点悬置，如图 14-103 所示。该类型悬置的特点是左右两侧悬置承担动力总成的重量，下面的悬置通过防倾拉杆连接到车身或车架上，起到阻止动力总成在扭矩反力作用下的倾

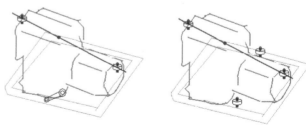

图 14-103　发动机悬置

覆运动。如果把防倾拉杆的作用分为前后两个悬置，则演变为四点悬置系统。

悬置系统设计过程中，通常要遵循以下原则。

（1）模态频率范围

根据机械振动基础得知，只有当系统模态频率低于激励频率的 0.707 倍时，系统才能有效隔离振动。所以对于动力总成悬置系统设计，一般要求六个振动模态频率都要低于发动机怠速二阶激励频率的 0.707 倍，但考虑到位移控制和点火不充分的情况，最低频率也不能太低，一般要大于 5Hz，同时，最好控制 Z 向模态频率能避开人体敏感频率 4～7Hz，另外，各阶频率间隔至少要大于 0.5Hz。

（2）模态解耦

动力总成悬置系统设计的另一个重要指标就是模态解耦度，通常讲的模态解耦都是从能量角度来评判各阶模态之间的耦合程度。工程设计中，一般倾向要求 Z 向和绕曲轴旋转方向的模态解耦率要大于 85%。

本例以常见的三点悬置系统为例，利用 MotionView、MotionSolve、HyperStudy 模块对悬置系统进行优化设计，为车辆概念设计阶段的系统匹配提供一套基于 HyperWorks 的完整解决方案和理论依据。

本例设置好的模型为 PT_Opt.hstx，可以通过 HyperStudy 菜单 File > import archive 打开。

优化三要素

- 优化目标：Z 向和绕曲轴旋转方向的模态解耦率最大化。
- 设计约束：最小频率大于 5Hz；最大频率小于 16Hz；各阶频率间隔大于 1Hz；Z 向和绕曲轴旋转方向的模态解耦率要大于 85%，其余大于 70%。
- 设计变量：悬置点坐标（X，Y，Z）；方向控制点坐标（X，Y，Z）；悬置点刚度（X，Y，Z，RX，RY，RZ）。

操作视频

操作步骤

1. 建立 HyperStudy 模型

Step 01 在 MotionView 中打开悬置系统模型 PT.mdl，设置模态分析工况设置如下：单击 Run 按钮，在出现的设置项中，分析类型选择 Static + Linear，单击打开 Simulation Settings 对话框，勾选 Kinetic energy distribution（输出动能分布率，即解耦率）。确认并关闭对话框后，选择文件存储位置，最后单击 Run 按钮，进行计算，如图 14-104 所示。

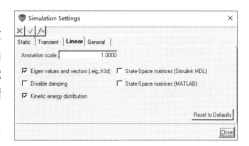

图 14-104 求解设置

Step 02 在 HyperStudy 中单击 New 按钮，创建一个新的 Study。在 Define Models 面板单击 Add Model 按钮，添加 MotionView 模型。

Step 03 定义模型。Resource 选择 PT.mdl，Solver Input File 中输入 PT.xml，单击 Import Variables 按钮，进入 MotionView 参数悬置界面（Model Parameters 对话框）。

Step 04 在对话框左侧树状结构中选择需要优化的参数，本例中选择三个悬置点在 kx、ky、kz 三个方向的悬置刚度及悬置安装点 Left、Right、Rear、Left_ax、Right_ax、Rear_ax 的 x、y、z 坐标作为优化设计变量，一共 27 个（优化变量根据实际情况选择），如图 14-105 所示。悬置刚度的选择路径：Variable mount transverse > Bushings > Left/Right/Rear > kx/ky/kz > lin > Add；坐标点的选择路径：Variable mount transverse > Points > Left/Right/Rear/Left_ax/Right_ax/Rear_ax > x/y/z >

Add。完成变量选择后单击 OK 按钮返回 HyperStudy。

Step 05 在 Define Input Variables 面板中定义变量范围，位置点坐标（第 1~18 个变量）的上下限为悬置点的可布置范围，本案例定为在原坐标基础上上下浮动 100，如图 14-106 所示。

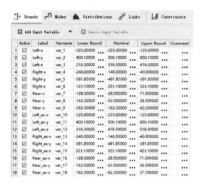

图 14-105　添加设计变量　　　　　　图 14-106　定义坐标点设计变量范围

Step 06 Bush 刚度值为 5 的整数倍，在 Modes 选项卡下修改刚度变量（第 19~27 个变量）的 Mode 类型为 Discrete。单击后方 Values 列的三个小点，输入起始范围为 0~600，Step size 为 5。表格中的值可以复制，定义完一个后，直接复制到其他八个刚度单元格。

Step 07 单击 Next 按钮，进入 Test Models 面板，单击 Run Definition 按钮对模型进行测试计算。计算的结果可以在 approaches\setup_1-def\run_00001\m_1 文件夹下查看。

Step 08 单击 Next 按钮，进入 Define Output Responses 面板定义输出变量，这里直接使用 File Assistant 选择 MotionSolve 模型的输出结果 PT_linz. mrf，该文件中包括频率分布、解耦率。定义的响应如下。

- 频率：第 1~6 阶共六个，f1~f6。
- 频率间隔：第 1 阶到第 6 阶频率间的间隔共五个，f21、f32、f43、f54、f65。
- 解耦率：六个方向，共六个，ex、ey、ez、exx、eyy、ezz。

Step 09 首先定义 6 阶频率。打开 File Assistant 对话框，选择结果文件 PT_linz. mrf。在第二步选择 Multiple Items at Multiple Time Steps。

Step 10 单击 Next 按钮，进入第三步，Type 选择 Eigenvalue，Start 和 End 保持默认，Components 选择 natural freq，Time 保持默认的 All，如图 14-107 所示。单击 Next 按钮进入下一步。

Step 11 在 Data Set Dimensions 下方选择 Slice Data，表示从所有频率中分别取出单独的值，这里一共有七个数值。取消勾选 Create a combined Data Source 和 Create a combined Response using the combined Data Source。选择 Create individual Responses（7），下方的选项保持默认的 Maximum，如图 14-108 所示。

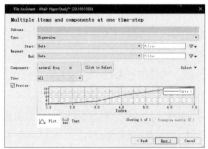

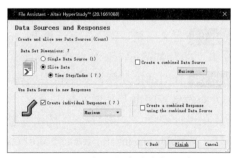

图 14-107　定义频率响应集合　　　　　　图 14-108　定义频率响应提取类型

Step 12 单击 Finish 按钮将会自动创建七个响应，其中，第一个响应是 0，不需要，选中后单击 Remove Output Response 按钮予以删除，然后将剩余六个响应的 Label 分别改为 f1 ~ f6，如图 14-109 所示。

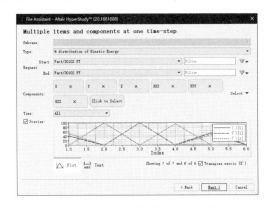

	Active	Label	Varname	Expression	Value	Goals
1	☑	f1	r_2	max(ds_2) ...	Not Extracted	
2	☑	f2	r_3	max(ds_3) ...	Not Extracted	
3	☑	f3	r_4	max(ds_4) ...	Not Extracted	
4	☑	f4	r_5	max(ds_5) ...	Not Extracted	
5	☑	f5	r_6	max(ds_6) ...	Not Extracted	
6	☑	f6	r_7	max(ds_7) ...	Not Extracted	

图 14-109　变量重命名

Step 13 接下来定义解耦率响应。再次打开 File Assistant 对话框，打开结果文件 PT_linz. mrf，在第二步选择 Multiple Items at Multiple Time Steps，单击 Next 按钮进入第三步。Type 选择% distribution of Kinetic Energy，Start 和 End 保持默认，Components 选择 X、Y、Z、RXX、RYY、RZZ，表示提取六个方向的解耦率。注意每个方向都有七个数值，这里实际上是提取出了一个 6×7 的矩阵，如图 14-110 所示。单击 Next 按钮进入下一步。

Step 14 在 Data Set Dimensions 下方选择 Slice Data、Components（6），表示把每个方向的解耦率向量单独提取出来。取消勾选 Create a combined Data Source、Create a combined Response using the combined Data Source。选择 Create individual Responses（6），Maximum 选项默认不变，表示取单个方向解耦率向量的最大值，如图 14-111 所示。

图 14-110　定义解耦率响应集合　　　　图 14-111　定义解耦率响应提取类型

Step 15 单击 Finish 按钮将会自动创建六个响应，分别对应六个方向的解耦率，分别修改六个响应的名称为 ex、ey、ez、exx、eyy、ezz。

Step 16 最后定义频率间隔响应。在 Define Output Responses 面板中，单击 Add Output Responses 右侧的小三角，输入响应的个数 5，然后按〈Enter〉键，将会自动增加五个响应，修改五个响应的 Label 为 f21、f32、f43、f54、f65，修改 Expression 中的表达式，如图 14-112 所示，表示相邻两阶频率之间的差值。设置完成后，可单击 Evaluate 按钮计算每个响应的数值。

2. 创建优化并计算

Step 01 单击 Next 按钮进入下一步，添加一个 Optimization。优化前三步从 Setup 继承，无须更改。进入 Define Output Responses 面板定义优化目标和设计约束。切换到 Objectives/Constraints-Goals 选项卡，单击 Add Goal 右侧的小三角，在 Goals 前方输入 2 后按〈Enter〉键确认，添加两个优化目标；在 Constraints 前方输入 13 后确认，添加 13 个设计约束。将两个优化目标的类型切换为 Maximize，优化目标分别通过 Apply On 选择 Maximum Z（r_10）和 Maximum RYY（r_12）。设计约束有：ex、ey、exx、ezz≥70%、ez、eyy≥85%，f1≥5，f6≤16。通过 Apply On 选择对应的响应，如图 14-113 所示。

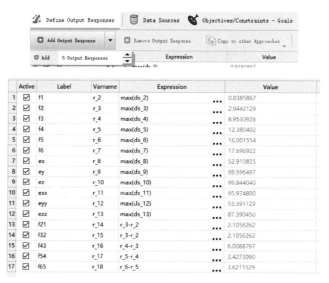

图 14-112 添加频率间隔响应

图 14-113 定义优化目标和设计约束

Step 02 在 Specifications 面板选择 GRSM 优化算法，修改 Number of Evaluations 为 1000。

Step 03 依次单击 Apply > Next 按钮，进入 Evaluate 面板，直接单击 Evaluate Tasks 按钮，HyperStudy 开始迭代寻找最优解。计算结束后，可以在 Iteration History 里面查看每次计算的数值变化。

Step 04 单击 Next 按钮，进入 Post-Processing 面板 > Optima 选项卡，X 轴选择 Goal 1（即 ez），Y 轴选择 Goal 2（即 eyy）。图中显示的点即为多目标优化的帕雷托解，帕雷托前沿大致如图 14-114 所示。由于变量和响应较多，本例中虽然计算了 1000 次，但帕雷托解并不是很多，所以组成的曲线不是很明显。如果想要更光滑，可以增加计算次数。所有的帕雷托解都是多目标优化问题 Max（ez，eyy）的有效解，需要经过权衡后从中选出一个用于最终设计。

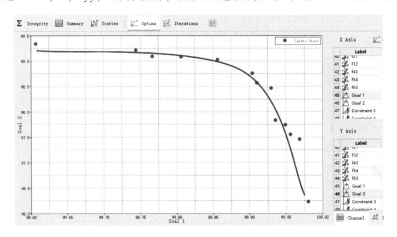

图 14-114　帕雷托前沿

在实际应用中，如何从帕雷托解集中选择合适的点，受多种因素的影响，比如更关注 ez，可以选择 ez 大一些的解，反之，可以选择 eyy 大一些的点。影响偏好 ez 或 eyy 的因素就更多了，如成本控制、主观偏好等。如果 ez 和 eyy 的权重相等或差不多，最优解可以选择 Goal_ez 轴与 Goal_eyy 轴角平分线附近的点；如果 ez 重要些，可以选择靠近 Goal_ez 轴的点，反之，可以选择靠近 Goal_eyy 轴的点。总之，多目标优化没有一个最优解，只有一个有效解集，需要工程师根据需要去调整权重，选出具体工程问题应该采用的方案。

14.7.3　实例：基于 Feko 的八木天线增益优化

本案例介绍图 14-115 所示八木天线模型的最大增益优化设计（见图 14-116）。模型采用全参数建模，设计参数包括引向器长度、馈电阵子长度、反射器长度、阵子间距，目标是通过优化天线尺寸，实现 400MHz 下的最大增益，最大增益曲线如图 14-117 所示。原始天线模型的最大增益为 7.25dB。设置好的模型为 Feko_optimization. hstx，可以通过 HyperStudy 菜单 File > import archive 打开。

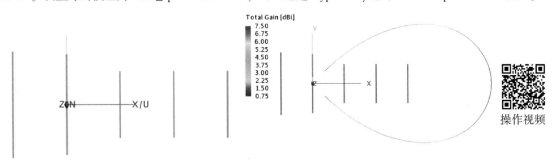

操作视频

图 14-115　对数周期天线　　　　　图 14-116　天线方向图

操作步骤

1. 准备工作

Step 01 首先在 Feko 中对八木天线模型进行参数化，八木天线的主要几何参数有 d（阵子间距）；ld（引向器长度）；li（馈电阵子长度）；lr（反射器长度），如图 14-118 所示。

Step 02 创建提取最大增益的 Lua 脚本。定义天线主波束切面方向图，此时可以定义切面，也可以定义一个 3D 方向图，通过 Feko 的 Lua 脚本输出计算得到的增益值。定义方向图的操作如图 14-119 所示。Lua 脚本可以在 HyperStudy 导入 Feko_optimization. hstx 后在文件夹中找到。

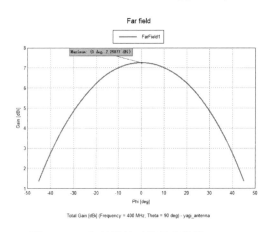

图 14-117　初始设计天线最大增益 7.25dB

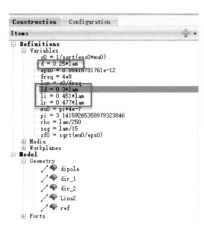

图 14-118　天线变量

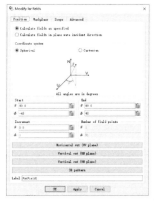

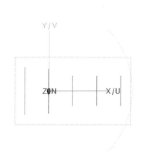

图 14-119　定义方向图

2. 建立 HyperStudy 模型

Step 01 在 HyperStudy 中单击 New 按钮，创建一个新的 Study，选择一个文件夹作为工作目录，并将 Feko 中生成的模型文件 yagi_antenna. cfx 和脚本文件 yagi_antenna. cfx_extract. lua 复制到工作目录下。在 Define Models 面板单击 Add Model 按钮，选择类型为 Feko，添加 Feko 的八木天线模型。在图 14-120 所示的 Resource 列选择 yagi_antenna. cfx 文件。

图 14-120　定义模型

Step 02 单击 Import Variables 按钮，导入变量，再单击 Next 按钮进入 Define Input Variables 面板，这里需要查看设计变量的初始值和上、下限是否正确。本次优化中只选择两个变量进行优化：阵子间距 d 和引向器长度 ld，如图 14-121 所示。单击 Next 按钮，进入 Test Models 面板，单击 All 按钮生成模型文件并计算。

Step 03 计算完成后如无错误，Write、Execute 和 Extract 处都会显示绿色对勾，否则需要到工作目录 approaches\setup_1-def\run__00001\m_1 中查看出错原因。单击 Next 按钮进入下一步。

Step 04 在 Define Output Responses 面板中定义最大增益值作为输出响应。打开 File Assistant 对话框，选择 m_1 文件夹下的 hst_output.hstp 文件。选择 Single Item in a Time Series，单击 Next 按钮。默认提取最大增益 max_Gain_dB，如图 14-122 所示。单击 Next 按钮，在下一步使用默认设置，单击 Finish 按钮关闭对话框。

图 14-121　定义设计变量

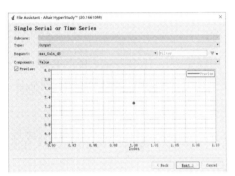

图 14-122　定义最大增益响应

3. 创建优化并计算

Step 01 在模型浏览器空白处右击并选择 Add，进入 Add 对话框，类型选择 Optimization，单击 OK 按钮添加一个 Optimization。

Step 02 进入 Optimization 的第一步 Definition。这一步中前面三小步 Define Models、Define Input Variables、Test Models 的默认设置无须改变。在第四小步 Define Output Responses 中定义设计约束和优化目标。这里要将最大增益最大化设定为优化目标。单击 Goals 列的小加号，在弹出的面板中，Type 选择 Maximize，单击 OK 按钮完成设置，如图 14-123 所示。本案例没有设计约束，单击 Next 按钮进入下一步。

图 14-123　定义优化目标

Step 03 进入 Specifications 面板，选择优化算法为 Adaptive Response Search Method（全局响应面法）。右侧默认的计算数据点个数是 22，保持不变。On Failed Evaluation 默认为 Ignore failed evaluations，表示如果有一个数据点出错，优化计算继续进行。

Step 04 单击 Next 按钮进入 Evaluate 面板，单击 Evaluate Tasks 按钮开始优化计算。计算过程中，当前页面的信息会自动更新。右上角的 Multi-Execution 选项可以设置并行计算的作业数量。Evaluation Data 选项卡实时显示每个数据点的设计变量与最大增益的值。Evaluation Plot 选项卡实时显示设计变量与最大增益的变化曲线。

Step 05 在 Iteration History 选项卡可以看到，最优解出现在第六次迭代（Iteration Reference）中，以绿色底纹标出，如图 14-124 所示。优化目标最大增益值约为 11.04dB。

	d	Id	max_G...Value	Goal 1	Iteration Index	Evalua...erence	Iterat...erence	Condition	Best Iteration
1	0.1873703	0.2248443	7.2587763	7.2587763	1	1	1	Feasible	
2	0.2182864	0.2248443	6.8451335	6.8451335	2	2	2	Feasible	
3	0.1873703	0.2619436	8.0784932	8.0784932	3	3	3	Feasible	
4	0.1592648	0.2585709	8.1450241	8.1450241	4	4	4	Feasible	
5	0.1555522	0.2973566	9.4593490	9.4593490	5	5	5	Feasible	
6	0.1514129	0.3285790	11.039451	11.039451	6	6	6	Feasible	Optimal
7	0.1838585	0.3372665	10.861610	10.861610	7	7	7	Feasible	
8	0.1331967	0.3372665	10.435598	10.435598	8	8	8	Feasible	
9	0.1611675	0.3372665	10.903953	10.903953	9	9	9	Feasible	
10	0.1566194	0.3372665	10.915754	10.915754	10	10	10	Feasible	
11	0.1612853	0.3372665	10.903368	10.903368	11	11	11	Feasible	

图 14-124　优化迭代历程

本案例完成了 HyperStudy 联合 Feko 进行的八木天线最大增益值优化，通过它们的联合也可以对天线的驻波、阻抗、副瓣电平、前后比、轴比等进行多目标优化设计，兼顾不同的设计指标要求。

14.7.4　实例：基于 DYNA 的汽车柱碰变形优化

图 14-125 所示为带有防撞梁的简化汽车正面柱碰模型。汽车碰撞分析中，要评估防撞梁和车身顶端的相对变形。为减小对乘员的伤害，需要对汽车的防撞梁、前端盖部分进行厚度优化，在满足质量一定的条件下，相对变形最小。本案例设置好的模型为 Study_HIC.hstx，可以通过 Hy-perStudy 菜单 File > import archive 打开。模型中优化的厚度分别为 PART 2、PART 3、PART 4、PART 5 四部分中的 * SECTION_SHELL 厚度值，如图 14-126 所示。K 文件为 car.k。

图 14-125　汽车柱碰模型

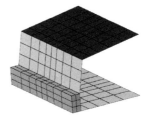

图 14-126　厚度优化部分

操作视频

操作步骤

1. 注册求解器并建立 HyperStudy 模型

Step 01 注册 LS-DYNA 求解器。在 HyperStudy 下拉菜单中选择 Edit > Register Solver Script，打开 Add 对话框，类型选择 Generic，名称为 LS-DYNA，然后选择 DYNA 安装目录下的求解器 .exe 文件路径，如图 14-127所示。

Step 02 在 HyperStudy 中单击 New，创建一个新的 Study。在 Define Models 面板单击 Add Model 按钮，添加 Parameterized Files 模型，Resource 选择 car.k 文件，之后会弹出对话框询问是否进行参数化，单击 yes 按钮，进入参数编辑器。

Step 03 找到 .k 文件中 PART 2 的 *SECTION_SHELL 厚度值（3.0），单击选中该数据的全部字段（与上一列右对齐，也可按住〈Ctrl〉键，修改下方 Ctrl + Selector 的值为 10，然后按住〈Ctrl〉键并单击，自动选中厚度附近 10 个宽度的字符），再右击选择 Create Parameter 创建参数，名称为 rtb，下限为 1，上限为 10，如图 14-128 所示。

图 14-127　注册 LS-DYNA 求解器

Step 04 用同样的操作定义 PART 3 中的 *SECTION_SHELL 厚度值（1.0）为变量 rth，下限设置为 1，上限为 10。

Step 05 找到 PART 4 中的 *SECTION_SHELL 厚度值（1.0），按〈Ctrl〉键同时单击，选择该数据的全部字段，右击后选择 Attach to，指向定义好的 rth 变量。用同样的方法将 PART 5 的 *SECTION_SHELL 厚度值（1.0）也指向 rth 变量。这样就将 PART 3、PART 4、PART 5 中的 *SECTION_SHELL 厚度值定义为同一个 rth 变量，如图 14-129 所示。

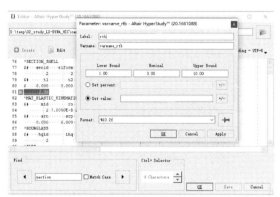

图 14-128　定义变量上下限

图 14-129　定义变量关系

Step 06 变量定义完成后，单击 OK 按钮，会弹出保存对话框，将生成的 .tpl 文件保存到 HyperStudy 的工作目录下，返回主界面。

Step 07 选择求解器为刚才注册的 IS-DYNA 的脚本，在 Solver Input File 中输入生成的模型文件名 car.k，Solver Input Arguments 中输入 i = ${file}，这是 DYNA 求解器要求的参数，${file} 表示模型文件的名字 car.k，如图 14-130 所示。

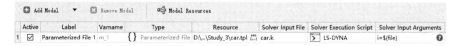

图 14-130　定义模型

Step 08 单击 Import Variables 按钮导入变量，再单击 Next 按钮进入 Define Input Variables 面板。再次单击 Next 按钮，进入 Test Models 面板，单击 All 按钮生成模型文件并计算。计算完成后，单击 Next 按钮进入下一步。

Step 09 在 Define Output Responses 面板中，切换到 Data Sources 选项卡。单击 Add Data Source 按钮，弹出选择 m_1 目录下的 nodout 结果文件。定义节点 167 的 X 方向位移 disp1 为响应。再次单击 Add Data Source 按钮，完成节点 432 的 X 方向位移 disp2 的响应定义，如图 14-131 所示。

Step 10 切换到 Define Output Responses 选项卡，单击 Add Output Response 按钮。定义节点 432 和节点 167 的相对位移响应 re_disp，通过 Expression Builder 定义相对位移的表达式为 max（disp1-disp2），引用 disp1 和 disp2 可以切换到 Data Sources 选项卡，选中对应的 Data Source 后单击 Insert Varname 按钮，也可以手动输入两个 Data Source 的 Varname，如图 14-132 所示。

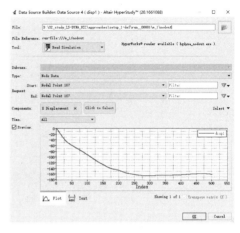

图 14-131 定义位移响应

Step 11 在 Define Output Responses 面板中定义响应。打开 File Assistant 对话框，选择 m_1 目录下的 .d3hsp 结果文件。下一步选择 Multiple Items at Multiple Time Steps，继续进入下一步，Type 选择 Ls-Dyna Mass Properties；Request 处的 Start、End 分别选择 PART 2 和 PART 5，Components 选择 Mass，表示提取从 PART 2 到 PART 5 共四个部件的质量，组成一个向量。下方会显示提取的所有值的预览曲线，如图 14-133 所示。单击 Next 按钮进入下一步。

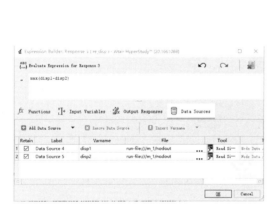

图 14-132 定义响应

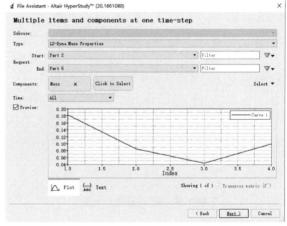

图 14-133 提取质量向量

Step 12 选择 Single Data Sources 和 Create individual Responses，在 Create individual Responses 选项下选择 Summation，表示把质量向量的数值求和，即将四个部件的质量相加作为响应（该选项默认为 Maximum，表示提取质量向量的最大值作为响应，其他选项 Mean、Minimum、First 等分别表示平均值、最小值、第一个值等）。单击 Finish 按钮，自动创建名为 Summation Ls-Dyna Mass Properties Mass 响应。

2. 创建优化并计算

Step 01 创建 Optimization，第一步 Definition 的前面三小步 Define Models、Define Input Variables、Test Models 无须改变。在第四小步 Define Output Responses 中定义设计约束和优化目标。切换到 Objectives/Constraints-Goals 选项卡，将相对位移响应 re_disp 设定为最小化的优化目标，对 PART 2 ~ PART 5 的总质量响应进行约束，使其小于等于 0.5，如图 14-134 所示。

Active	Label	Varname	Apply On	Type	-- 1 --	-- 2 --	Comment
☑	Goal 1	goal_1	Response 3 (re_disp)	Minimize	N/A	N/A	...
☑	Constraint 2	constraint_2	Summation LS-Dyna Mass Properties Mass (r_2)	Constraint	<=	0.5000000	...

图 14-134　定义优化目标和设计约束

Step 02 进入 Specifications 面板，选择优化算法为 Global Response Search Method，保持默认计算数据点个数 50，On Failed Evaluation 默认为 Ignore failed evaluations，表示如果有一个数据点出错，优化计算继续进行。

Step 03 单击 Next 按钮进入 Evaluate 面板，右上角的 Multi-Execution 选项可设置同时计算的任务数量。GRSM 默认每个迭代有两个数据点，故能同时运行两个任务。单击 Evaluate Tasks 按钮开始计算。计算过程中，当前页面的信息会自动更新。

Step 04 计算完毕，在 Iteration History 选项可以看到，共 24 次迭代，最优解出现在第 5 次迭代（Iteration Reference）中的第 12 次计算点（Evaluation Reference），优化目标最小值为 543.3，设计变量最小值为 rtb = 1.0548055，rth = 1.9308405。单击第 5 ~ 25 次迭代的任意一行，再单击 Show in Study Directory 按钮，将会把最优解的计算目录显示在左侧目录树中。单击 Show in Explorer 按钮将会打开最优解所在的计算目录。从这个表中还可以看出，第 5 次迭代以后，就已经找到了最优解，第 5 ~ 25 次迭代计算中最优解都没有发生变化，如图 14-135 所示。实际问题的计算中，如果计算时间和资源有限，又有连续几次迭代找到同一个最优解，那么可以认为已经找到了最优解，可以手动终止计算。

	rtb	rth	Response 1	Response 3	Goal 1	Constraint 2	Iterat...Index	Evalu...erence	Iterat...erence	Condition	Best Iteration
1	3.0000000	1.0000000	0.4103113	575.68300	575.68300	0.4103113	1	1	1	Feasible	
2	1.0000085	1.5106775	0.4020775	560.23300	560.23300	0.4020775	2	6	2	Feasible	
3	1.0000000	1.8877828	0.4930398	543.76500	543.76500	0.4930398	3	7	3	Feasible	
4	1.0000000	1.8877828	0.4930398	543.76500	543.76500	0.4930398	4	7	3	Feasible	
5	1.0548055	1.9308405	0.4991367	543.30000	543.30000	0.4991367	5	12	5	Feasible	Optimal
6	1.0548055	1.9308405	0.4991367	543.30000	543.30000	0.4991367	6	12	5	Feasible	Optimal
7	1.0548055	1.9308405	0.4991367	543.30000	543.30000	0.4991367	7	12	5	Feasible	Optimal
8	1.0548055	1.9308405	0.4991367	543.30000	543.30000	0.4991367	8	12	5	Feasible	Optimal
9	1.0548055	1.9308405	0.4991367	543.30000	543.30000	0.4991367	9	12	5	Feasible	Optimal

图 14-135　优化迭代历程

14.7.5　实例：基于 Radioss 的薄壁件压溃研究

当汽车前方发生碰撞时，纵梁的压溃变形将碰撞动能转成内能，从而起到关键吸能作用。纵梁变形的压溃力变化将影响整车加速度，因此需要研究薄壁件的压溃槽形状与板件厚度对初始压溃力与平均压溃力的影响，并通过优化方式找到最有效的压溃形式。

Radioss 基础模型如图 14-136 所示，两个帽形薄壁件的翻边以焊点连接，一端约束，另一端与刚性面接触，刚性面以 1m/s 匀速向薄壁件移动，输出结果动画与接触（压

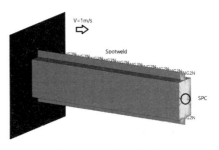

图 14-136　模型说明

溃）力。

　　基础模型中没有加上压溃槽，从图 14-137 可以看到接触力曲线第一个波峰达到 440kN。压溃槽深度将影响接触力曲线中的第一个波峰，平均接触力的计算方式为，去掉第一个波峰之前的曲线（本模型为去掉 20ms 之前的部分，如图 14-138 所示），以剩余曲线与时间轴围成的面积值除以时间。

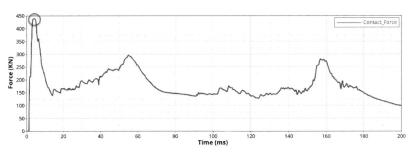

图 14-137　接触力曲线

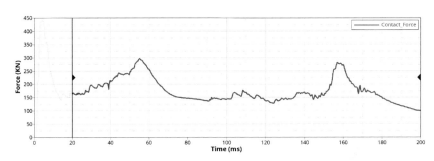

图 14-138　去掉第一个波峰后的接触力曲线

$$平均接触力 = \frac{曲线下面积}{时间} = 173.4\text{kN}$$

　　截面形式与厚度将影响平均接触力与压溃效率，压溃效率计算方式为平均接触力除以力的最大峰值，压溃效率越高，表示压溃过程中对整体结构的加速度变化影响越小。图 14-139 所示为一种压溃后的变形形式。

$$压溃效率 = \frac{平均接触力}{最大峰值} = 0.58$$

图 14-139　基础模型压溃后变形

　　优化模型为改变压溃槽的高度与板件厚度，降低初始接触力，并在平均接触力为 175kN 以上的约束下找到最佳压溃效率。

　　本案例的模型文件为 Radioss opt/Beam_section_0000. rad，设置好的模型为 HST_Radioss_Crash. hstx，可以通过 HyperStudy 菜单 File > import archive 打开。

优化三要素

- 优化目标：最大化压溃效率。
- 设计约束：平均接触力 > 175 kN。
- 设计变量：压溃槽高度（0 ~ 5mm）、板件厚度（1.8 ~ 2.5mm）。

操作视频

操作步骤

1. 准备工作

Step 01 首先在 HyperMesh 中创建梁前端
的形状变量，创建变形域（HyperMesh > Tool >
Hypermorph > Domain）。

Step 02 移动控制柄（HyperMesh > Tool >
Hypermorph > morph），沿厚度方向移动 5mm，
如图 14-140 所示。移动完成后将当前形状通过
save shape 面板保存为形状 shape1。

图 14-140　创建形状变量

Step 03 在 HyperMesh > Tool > Shape > desvar 面板，将所创建的形状变量输出（HyperMesh >
Tool > Shape > Export），选择 analysis code > HyperStudy、sub-code > Radioss，输出 . shp 与 . tpl
文件。

Step 04 导出 Beam_section_0000. rad 文件备用（完成的 . rad 文件已经准备好），可以在 Hy-
perStudy 中进行优化操作。

2. 建立 HyperStudy 模型

Step 01 在 HyperStudy 中创建一个新的 Study。在 Define Models 面板中单击 Add Model 按钮，
添加 Parameterized Files 模型，Resource 选择 Beam_section_0000. rad 文件，会弹出对话框询问是否
进行参数化，单击 Yes 按钮，进入参数编辑器。

Step 02 在编辑器中右击，选择 Select Nodes > /Node，把文件中的所有节点信息选上，在已选
的位置右击并选择 Include Shape，选择先前导出的形状变量文件 Crash_beam. radioss51. node. tpl，生
成图 14-141 所示语句。

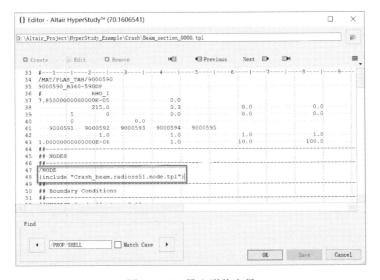

图 14-141　导入形状变量

Step 03 在 Find 栏输入关键字/PROP/SHELL，找到模型中的薄壁件厚度属性，选择厚度 2. 2
所占的 10 个字符，右击后选择 Create Parameter，创建尺寸变量，上、下限分别为 2. 5 和 1. 8，如
图 14-142 所示。

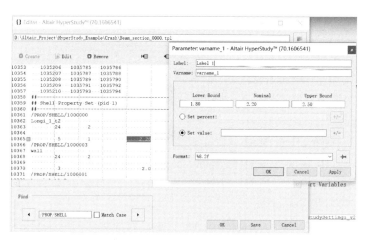

图 14-142　创建厚度设计变量

Step 04 变量定义完成后，单击 OK 按钮，弹出保存对话框，将生成的 .tpl 文件保存到 Hy-perStudy 的工作目录下。

Step 05 打开 Model Resources 对话框，选择 Add Resource > Add Input File，选择路径下 Beam _section_0001. rad，Operation 选择 Copy，如图 14-143 所示。

图 14-143　模型文件引用设置

Step 06 选择求解器为 Radioss，单击 Import Variables 按钮导入变量，再单击 Next 按钮进入 Define Input Variables 面板，查看设计变量的初始值和上、下限是否正确。单击 Next 按钮，进入 Specifications 面板，选择 Normal Run，单击 Apply 按钮，再单击 Next 按钮进入下一步。

Step 07 在 Evaluate 面板单击 Evaluate Tasks 按钮，计算完成后，单击 Next 按钮进入下一步。

Step 08 在 Define Output Responses 面板中定义响应。单击 Add Output Response 按钮，建立三个响应：第一个接触力峰值 Crash Force；过滤第一个波峰后的平均接触力 Average Force；压溃效率 Efficiency。

Step 09 首先创建五个数据源供定义响应使用。因为 Radioss 中设置了对称接触，故总接触力为两对称接触的正值减去负值（或是绝对值相加）。单击 Expression 列中的三个点，打开 Expression Builder 对话框，在 Data Sources 选项卡中单击 Add Data Source 按钮创建 Data Source 1（ds_1），在 File 列单击三个点进入 Data Source Builder 对话框，File 选择计算路径下的 nom_1\run_ _00001\m_1\Beam_sectionT01 文件，Tool 选择 Read Simulation，Type 选择 Interface/Contact，Start 选择 1000002 Longi _ Wall，End 选择 1000002 Longi _ Wall，Components 选择 FNX-X NORMAL FORCE，Time 选择 101 ~ 1000（表示 20 ~ 200ms），单击 OK 按钮，如图 14-144 所示。

Step 10 用同样方式创建另一对称接触 1000003 Wall_Longi 20 ~ 200ms 的接触力集合：Data

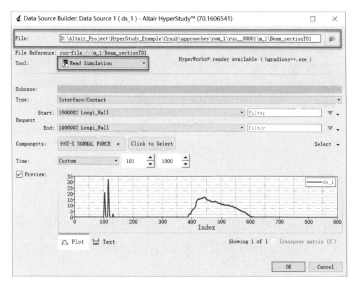

图 14-144 定义 Longi_Wall 20～200ms 的接触力集合

Source 2（ds_2）。然后创建接触 1000002 Longi_Wall 0～20ms 的接触力集合 Data Source 3（ds_3），Time 选择 0～100。最后创建接触 1000003 Wall_Longi 0～20ms 的接触力集合 Data Source 4（ds_4），Time 选择 0～100。

Step 11 创建时间数据源，取 20～100ms 的时间集合，如图 14-145 所示。

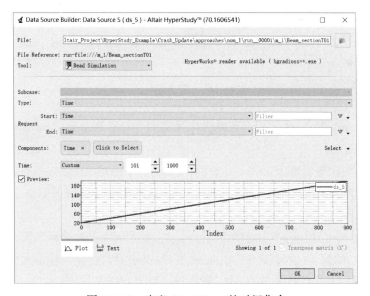

图 14-145 定义 20～100ms 的时间集合

Step 12 定义第一个接触力峰值响应 Crash Force，在 Expression 中输入 max(ds_3-ds_4)，表示取出 20～200ms 的最大接触力。

Step 13 定义过滤第一个波峰后的平均接触力响应 Average Force，在 Expression 中输入 absarea(ds_5，ds_1-ds_2)/180，表示 20～100ms 的接触力曲线下面积除以 180，得到平均接触力。

Step 14 定义压溃效率响应 Efficiency，在 Expression 中输入 r_2/max(ds_1-ds_2)，表示平均

力除以最大接触力，如图 14-146 所示。

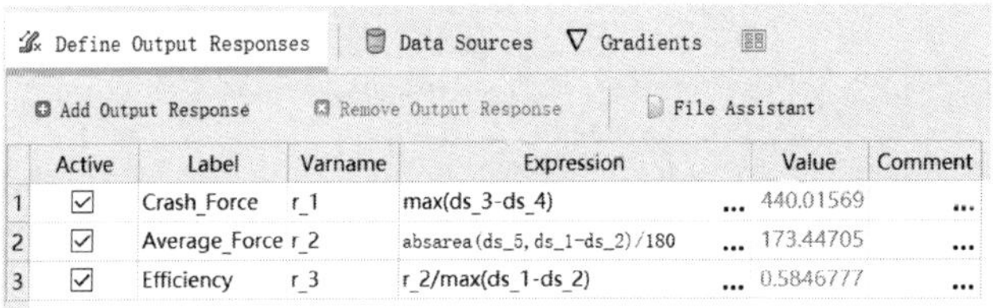

	Active	Label	Varname	Expression		Value	Comment
1	☑	Crash_Force	r_1	max(ds_3-ds_4)	...	440.01569	...
2	☑	Average_Force	r_2	absarea(ds_5, ds_1-ds_2)/180	...	173.44705	...
3	☑	Efficiency	r_3	r_2/max(ds_1-ds_2)	...	0.5846777	...

图 14-146　定义响应

3. 创建优化并计算

Step 01 单击 Next 按钮，添加一个 Optimization。

Step 02 进入 Optimization 的第一步 Bounds，这里不做更改，直接单击 Next 按钮。

Step 03 在 Select Output Responses 面板定义响应中的约束与目标值，如图 14-147 和图 14-148 所示。

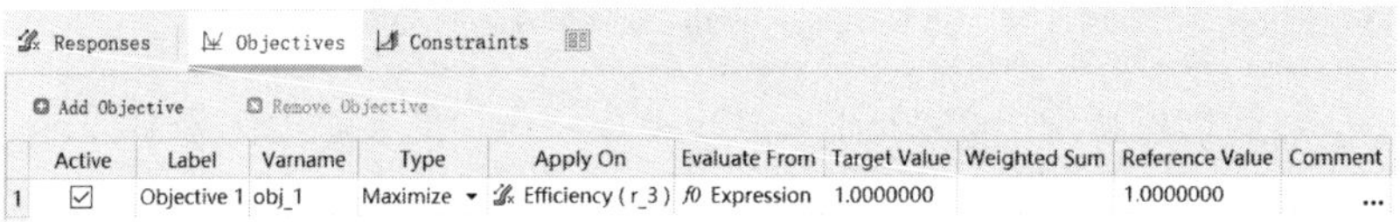

	Active	Label	Varname	Type	Apply On	Evaluate From	Target Value	Weighted Sum	Reference Value	Comment
1	☑	Objective 1	obj_1	Maximize ▼	Efficiency (r_3)	f0 Expression	1.0000000		1.0000000	...

图 14-147　定义优化目标值

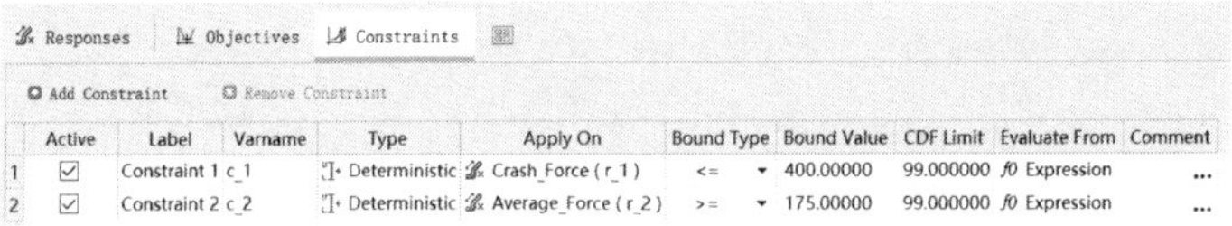

	Active	Label	Varname	Type	Apply On	Bound Type	Bound Value	CDF Limit	Evaluate From	Comment
1	☑	Constraint 1	c_1	Deterministic	Crash_Force (r_1)	<= ▼	400.00000	99.000000	f0 Expression	...
2	☑	Constraint 2	c_2	Deterministic	Average_Force (r_2)	>= ▼	175.00000	99.000000	f0 Expression	...

图 14-148　定义优化约束

Step 04 进入 Specifications 面板，选择优化算法为 Global Response Search Method。右侧保持默认计算数据点个数 50。

Step 05 单击 Next 按钮进入 Evaluate 面板，右上角的 Multi-Execution 选项可设置同时计算的任务数量。对于优化计算来说，由于迭代有依赖性，并不能完全并行求解多个任务。单击 Evaluate Tasks 按钮开始计算。

Step 06 在 Iteration History 选项卡可以看到，共 24 次迭代，最优解出现在第 23 次迭代（Iteration Reference）中的第 48 次计算点（Evaluation Reference），优化目标最大值为 0.6207501，厚度变量为 2.3510858，形状设计变量为 −0.7392359，如图 14-149 所示。

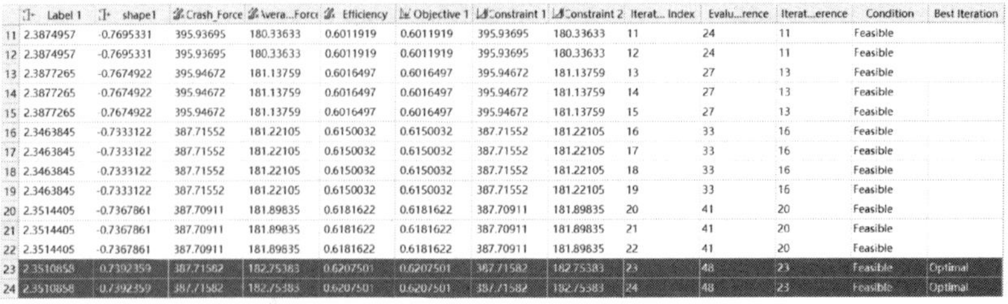

	Label 1	shape1	Crash_Force	Avera...Force	Efficiency	Objective 1	Constraint 1	Constraint 2	Iterat...Index	Evalu...rence	Iterat...erence	Condition	Best Iteration
11	2.3874957	-0.7695331	395.93695	180.33633	0.6011919	0.6011919	395.93695	180.33633	11	24	11	Feasible	
12	2.3874957	-0.7695331	395.93695	180.33633	0.6011919	0.6011919	395.93695	180.33633	12	24	11	Feasible	
13	2.3877265	-0.7674922	395.94672	181.13759	0.6016497	0.6016497	395.94672	181.13759	13	27	13	Feasible	
14	2.3877265	-0.7674922	395.94672	181.13759	0.6016497	0.6016497	395.94672	181.13759	14	27	13	Feasible	
15	2.3877265	0.7674922	395.94672	181.13759	0.6016497	0.6016497	395.94672	181.13759	15	27	13	Feasible	
16	2.3463845	-0.7333122	387.71552	181.22105	0.6150032	0.6150032	387.71552	181.22105	16	33	16	Feasible	
17	2.3463845	-0.7333122	387.71552	181.22105	0.6150032	0.6150032	387.71552	181.22105	17	33	16	Feasible	
18	2.3463845	-0.7333122	387.71552	181.22105	0.6150032	0.6150032	387.71552	181.22105	18	33	16	Feasible	
19	2.3463845	-0.7333122	387.71552	181.22105	0.6150032	0.6150032	387.71552	181.22105	19	33	16	Feasible	
20	2.3514405	-0.7367861	387.70911	181.89835	0.6181622	0.6181622	387.70911	181.89835	20	41	20	Feasible	
21	2.3514405	-0.7367861	387.70911	181.89835	0.6181622	0.6181622	387.70911	181.89835	21	41	20	Feasible	
22	2.3514405	-0.7367861	387.70911	181.89835	0.6181622	0.6181622	387.70911	181.89835	22	41	20	Feasible	
23	2.3510858	0.7392359	387.71582	182.75383	0.6207501	0.6207501	387.71582	182.75383	23	48	23	Feasible	Optimal
24	2.3510858	-0.7392359	387.71582	182.75383	0.6207501	0.6207501	387.71582	182.75383	24	48	23	Feasible	Optimal

图 14-149　优化迭代历程

Step 07 选中第 24 行，单击 Show in Explorer 按钮，将自动打开第 48 次的计算目录，找到 Beam_sectionT01 文件，在 HyperGraph 中将它与基础模型进行对比，其接触力曲线对比如图 14-150 所示，当厚度从 2.2 改变到 2.3510858，压溃槽高度约为 3.7mm。性能对比见表 14-6。

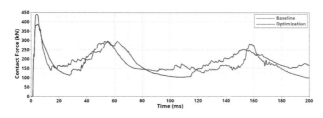

图 14-150　接触力曲线对比

表 14-6　优化前后性能对比

	优 化 前	优 化 后
接触力峰值	440kN	387kN
平均接触力	173.45kN	182.75kN
压溃效率	0.58	0.62

14.7.6　实例：联合 nCode 和 OptiStruct 的横梁疲劳寿命优化

有一车架横梁结构件如图 14-151 所示，在横梁的中间位置通过 RBE2 施加了三个方向的载荷，该三向载荷是时间历程信号，如图 14-152 所示。通过 nCode 计算其损伤结果，在现有载荷工况下，损伤值达到了 0.82。为了将损伤值降到 0.5 以内，本例将通过 nCode 和 HyperStudy 的联合，以尺寸和形状参数为变量，以损伤值不超过 0.5 为约束，重量最小为目标来进行优化。设置好的模型为 Study_nCode.hstx，可以通过 HyperStudy 菜单 File > import archive 打开。

操作视频

图 14-151　横梁模型

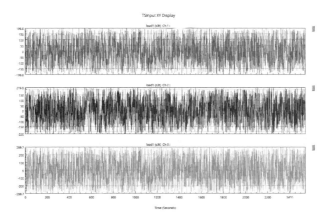

图 14-152　三通道的载荷时间历程信号

⚙ **操作步骤**

1. 准备工作

Step 01 在 OptiStruct 中创建横梁 X、Y、Z 三个方向的单位载荷（1N）工况，通过 liner-static 计算输出 .h3d 结果文件。在 nCode 中搭建应力寿命的疲劳分析模块，如图 14-153 所示。该模块总共包含五个 glyph，即模型结果输入 FE Input，时域信号输入 Time Series Input，应力寿命分析 SN CAE Fatigue，损伤结果输出 FE Display，损伤统计表格 Data Values Display，在 FE Input 中输入横梁的 .h3d 结果文件，在 Time Series Input 中输入三通道的载荷时间历程信号，完成两个模块的输入后，单击 File > Save Process For Batch 生成 .flo 流程文件、.script 脚本文件和 .batch 求解器启动文件。

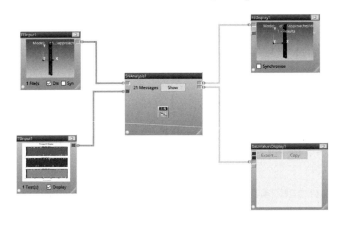

图 14-153　nCode 模块流程图

Step 02 将 .script 文件中的绝对路径修改为相对路径，只保留文件名，如图 14-154 所示。

2. 建立 HyperStudy 模型

Step 01 启动 HyperStudy 后在 Edit 菜单中打开 Register Solver Script 对话框，单击 Add Solver Script 按钮添加一个新求解器，Type 选择 Generic，在 Path 中输入 C：/Program Files/nCode/HW_DesignLife2020.0/bin/flowproc.exe，调用 nCode 求解器程序的绝对路径，如图 14-155 所示。注意在 Path 中输入的绝对路径需要参考实际安装的文件夹位置。单击 OK 按钮关闭对话框。

```
1   DoCommand("WS1.TSInput1", ClearFiles)
2   DoCommand("WS1.TSInput1", AddFiles, "load1.s3t;ats;c1-3")
3   DoCommand("WS1.FEInput1", ClearFiles)
4   DoCommand("WS1.FEInput1", AddFiles, "Beam_02.h3d;afe;c1")
5
6   #
7   # Overriding the following properties:
8   #   Overwrite,OverwriteExisting
9   # Searching for Value="Ask", replacing with "Yes"
10  #
11
12  SetProperty("WS1.DataValuesDisplay1","Overwrite","Yes")
13
```

图 14-154　修改 .script 文件中的路径

图 14-155　注册 nCode 求解器

Step 02 在 HyperStudy 工作目录中放入 Beam_02. hm（横梁模型文件）、BEAM. flo（疲劳分析流程文件）、BEAM. script（疲劳分析脚本文件）、load1. s3t（三通道路谱载荷文件）。

Step 03 添加类型为 HyperMesh 的模型，求解类型选择 OptiStruct，最后单击 Import Variables 按钮激活横梁模型，从模型中导入七个设计变量，如图 14-156 所示。

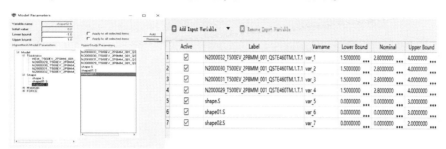

图 14-156   导入设计变量

Step 04 在 Test Models 面板试算之后，返回 Define Models 面板，添加一个新的模型，类型选择 Operator。

Step 05 单击 Model Resources 按钮，添加输入、输出文件。在 m_1 中右击添加 Output File，选择试算完成的 Beam. h3d 文件；在 m_2 中右击添加 Beam. flo、BEAM. script 和 load1. s3t 三个文件作为 Input File；在 m_2 中右击后选择 Add Link Resources，添加 Beam_02. h3d 结果文件，该文件是 m_1 的结果文件，被疲劳分析模块所引用，如图 14-157 所示。

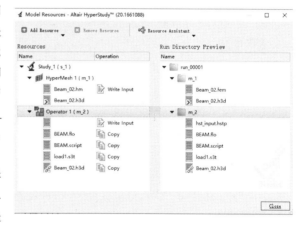

图 14-157   结果文件引用设置

Step 06 在 Solver Execution Script 中选择注册好的 NCODE 求解器，在 Solver Input Arguments 中输入命令/flow = ${m_2. file_2} /script = ${m_2. file_3} /batlog = arm. log，表示调用变量为 m_2. file_2 的疲劳流程文件，调用变量为 m_2. file_3 的疲劳脚本文件，输出 arm. log 计算信息文件。注意这些变量名称与上一步中添加的输入文件顺序有关，可通过后方的问号查看每个变量的意义，如图 14-158 所示。

图 14-158   定义模型

Step 07 在 Test Models 面板中运行计算模型。

Step 08 在 Define Output Responses 面板中定义两个响应：OptiStruct 运行计算的横梁质量 MASS 和 nCode 运行计算的横梁损伤 DAMAGE。通过 File Assistant 添加结果文件、提取响应值。在 m_1 文件夹中选择 Beam_02. out 文件，提取变量 MASS；在 m_2 文件夹中选择 Beam_02_01. csv 文件，提取变量 Damage，如图 14-159 所示。

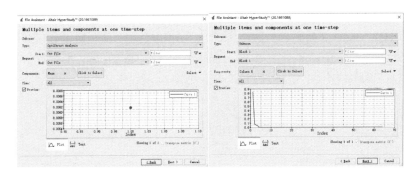

图 14-159　定义响应

Step 09 单击 Evaluate 按钮获取响应的数值，如图 14-160 所示。

Add Output Response　Remove Output Response　Copy to other Approaches

	Active	Label	Varname	Expression	Value
1	☑	MASS	r_1	max(ds_1) ...	0.0061531
2	☑	DAMAGE	r_2	max(ds_2) ...	0.8236000

图 14-160　提取响应值

3. 创建优化并计算

Step 01 单击 Next 按钮添加 Optimization。进入 Define Output Responses 面板，创建约束和目标，将质量 MASS 设为最小化目标，疲劳损伤 DAMAGE 设为约束，其值不超过 0.5，如图 14-161 所示。

	Active	Label	Varname	Apply On	Type	··· 1 ···	··· 2 ···
1	☑	Goal 1	goal_1	MASS (r_1)	Minimize	N/A	N/A
2	☑	Goal 2	goal_2	DAMAGE ···	Constraint	<=	0.5000000

图 14-161　定义优化约束和目标

Step 02 在完成目标和约束的设置后，进入 Specifications 面板，选择优化算法为 Global Response Search Method，将右侧默认的 50 个计算数据改为 100。

Step 03 单击 Next 按钮进入 Evaluate 面板，单击 Evaluate Tasks 按钮开始计算。

Step 04 计算完成后切换到 Iteration History，可以查看最优解。从图 14-162 中可以看出，第 36 次迭代（Iteration Reference）中的第 79 次计算点（Evaluation Reference）为最优解，其损伤值为 0. 502，超过约束边界 0. 4%，在容差范围内。质量为 6. 1035kg。

Show in Study Directory　Show in Explorer　Verify

	v2000...1.T.	v2000...1.T.	v2000...1.T.	v2000...1.T.	shape.S	shape01.S	shape02.S	MASS	DAMAGE	Goal 1	Goal 2	...	...	I...e	Condition	Best Iteration
28	1.7952251	1.5376525	3.4890181	1.5001338	0.9079172	0.9979910	0.2256668	0.0061035	0.4878000	0.0061035	0.4878000	28	61	27	Feasible	
29	1.7952251	1.5376525	3.4890181	1.5001338	0.9079172	0.9979910	0.2256668	0.0061035	0.4878000	0.0061035	0.4878000	29	61	27	Feasible	
30	1.7952251	1.5376525	3.4890181	1.5001338	0.9079172	0.9979910	0.2256668	0.0061035	0.4878000	0.0061035	0.4878000	30	61	27	Feasible	
31	1.8144924	1.5271512	3.4733277	1.5000515	0.9239989	1.0042694	0.2269068	0.0061035	0.4951000	0.0061035	0.4951000	31	69	31	Feasible	
32	1.8948020	1.5919322	3.7674023	1.5000178	0.9333411	0.9892171	0.2265853	0.0061035	0.4990000	0.0061035	0.4990000	32	71	32	Feasible	
33	1.8948020	1.5919322	3.7674023	1.5000178	0.9333411	0.9892171	0.2265853	0.0061035	0.4990000	0.0061035	0.4990000	33	71	32	Feasible	
34	1.8948020	1.5919322	3.7674023	1.5000178	0.9333411	0.9892171	0.2265853	0.0061035	0.4990000	0.0061035	0.4990000	34	71	32	Feasible	
35	1.8948020	1.5919322	3.7674023	1.5000178	0.9333411	0.9892171	0.2265853	0.0061035	0.4990000	0.0061035	0.4990000	35	71	32	Feasible	
36	1.8994811	1.5319404	3.7332790	1.5000337	0.9223980	0.9753198	0.2233692	0.0061035	0.5022000	0.0061035	0.5022000	36	79	36	Acceptable	Optimal
37	1.8994811	1.5319404	3.7332790	1.5000337	0.9223980	0.9753198	0.2233692	0.0061035	0.5022000	0.0061035	0.5022000	37	79	36	Acceptable	Optimal
38	1.8994811	1.5319404	3.7332790	1.5000337	0.9223980	0.9753198	0.2233692	0.0061035	0.5022000	0.0061035	0.5022000	38	79	36	Acceptable	Optimal
39	1.8994811	1.5319404	3.7332790	1.5000337	0.9223980	0.9753198	0.2233692	0.0061035	0.5022000	0.0061035	0.5022000	39	79	36	Acceptable	Optimal
40	1.8994811	1.5319404	3.7332790	1.5000337	0.9223980	0.9753198	0.2233692	0.0061035	0.5022000	0.0061035	0.5022000	40	79	36	Acceptable	Optimal
41	1.8994811	1.5319404	3.7332790	1.5000337	0.9223980	0.9753198	0.2233692	0.0061035	0.5022000	0.0061035	0.5022000	41	79	36	Acceptable	Optimal
42	1.8994811	1.5319404	3.7332790	1.5000337	0.9223980	0.9753198	0.2233692	0.0061035	0.5022000	0.0061035	0.5022000	42	79	36	Acceptable	Optimal
43	1.8994811	1.5319404	3.7332790	1.5000337	0.9223980	0.9753198	0.2233692	0.0061035	0.5022000	0.0061035	0.5022000	43	79	36	Acceptable	Optimal
44	1.8994811	1.5319404	3.7332790	1.5000337	0.9223980	0.9753198	0.2233692	0.0061035	0.5022000	0.0061035	0.5022000	44	79	36	Acceptable	Optimal
45	1.8994811	1.5319404	3.7332790	1.5000337	0.9223980	0.9753198	0.2233692	0.0061035	0.5022000	0.0061035	0.5022000	45	79	36	Acceptable	Optimal
46	1.8994811	1.5319404	3.7332790	1.5000337	0.9223980	0.9753198	0.2233692	0.0061035	0.5022000	0.0061035	0.5022000	46	79	36	Acceptable	Optimal
47	1.8994811	1.5319404	3.7332790	1.5000337	0.9223980	0.9753198	0.2233692	0.0061035	0.5022000	0.0061035	0.5022000	47	79	36	Acceptable	Optimal

图 14-162　优化迭代历程

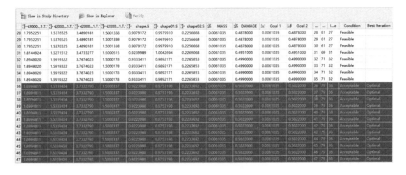

第15章

随机性分析

15.1 概念和流程

15.1.1 随机性分析的概念

在传统确定性分析中，设计变量在每一次分析中的输入和输出都是确定值，比如一块钢板的厚度是 1.2mm，那就不会是 1.2001mm 或者 1.1999mm。根据这些确定性输入得到的结果也将是确定性的，比如某个点的应力是 100MPa。

但是实际上变量不可能是这么确定的。还是以机械工程中的不确定性为例，有载荷、边界条件、初始条件、材料性质、几何等物理方面的不确定性；有概念建模、数学建模等数值模拟方面的不确定性；有板材厚度、焊点直径和质量等制造方面的不确定性；有载荷方向和大小以及材料弹性模量、失效强度等不确定性；还有温度、湿度、风力等工作环境中的不确定性。这些不确定性有些可以通过改进生产、加工条件进行控制，如通过检验来确保板厚的变化幅度在很小的范围内，也有很多因素是难以控制的，如工作环境等。HyperStudy 执行随机性分析就是为了在设计中考虑这些不确定性。

遗憾的是，很多设计部门在进行产品设计的过程中并不会进行随机性分析，其主要原因可能是缺少随机性分析需要的数据、没有有效的分析工具、计算量难以承受等。大部分工程师为了确保产品的安全性，只好退而求其次，使用较大的安全系数，这就容易导致产品的过分设计。由于随机因素导致的产品性能变化可能带来的严重后果以及成本的大量增加，目前越来越多的企业在考虑使用可靠性设计和鲁棒性设计。

由于输入是概率函数，输出也是概率函数，图 15-1 中的两个设计变量如果是确定值，那么结果只有一种设计，性能指标也只会有一个值；如果设计变量是一个正态分布，则性能指标也变成了某种分布。

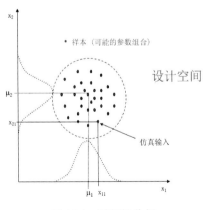

图 15-1 随机性分析

15.1.2 随机性分析的流程

HyperStudy 执行随机性分析采用采样的方法，简单来说就是像 DOE 一样产生大量不同的设计，然后再通过求解器或者响应面（也可以把响应面理解为某种求解器）运算得到各种响应，最后使用各种统计方法得到响应的统计情况，工作流程如图 15-2 所示。

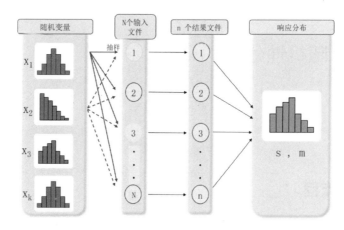

图 15-2　随机性分析流程

15.2　随机变量定义及采样

15.2.1　随机变量的分布函数

1. 正态分布

随机性分析又名高斯分布，正态分布的期望值 μ 决定了其位置，其标准差 σ 决定了分布的幅度。正态分布有极其广泛的实际背景，生产与科学实验中很多随机变量的概率分布都可以近似地用正态分布来描述，如生产条件不变的情况下，产品的强度、口径、长度等指标。一般来说，如果一个量是由许多微小的独立随机因素影响的结果，那么就可以认为这个量是符合正态分布的，分布密度函数如图 15-3 所示。

图 15-3　正态分布的分布密度函数

2. 其他分布

指数分布、对数正态分布、三角分布、均匀分布、离散均匀分布、韦伯分布的分布密度函数如图 15-4 所示。

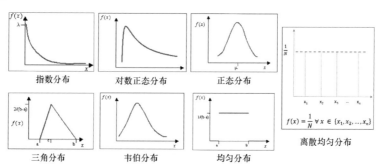

图 15-4　分布密度函数

15.2.2　采样方法

对于各种不同的采样方法，用户只需要指定样本的数量即可。修正可扩展格栅序列法（MELS）属于准随机方法，可实现样本空间的等距分布，避免样本聚集及大片样本空间留空，是推荐的空间填充方法。简单随机采样是一种常规的采样方法，一般称为蒙特卡洛方法。独立值在每个变量范围内抽取，考虑概率密度（分布），如图 15-5 所示。

如图 15-6 所示，简单随机采样的主要问题是可能出现聚集性采样，导致样本的统计特性不理想，当样本数量足够大时该问题消失。但是一般 HyperStudy 的样本数量还无法达到理想的数量级。

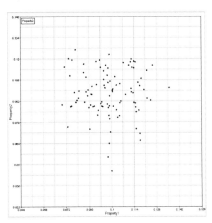

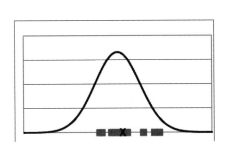

图 15-5　简单随机采样方法　　　　　图 15-6　简单随机采样方法的聚集性问题

拉丁超立方相比单纯的随机采样，每个变量的设计范围都会更好地覆盖。拉丁超立方采样选择 k 个变量 x_1，x_2，…，x_k，每个变量取 n 个不同的值。在等概率的基础上，每一个随机变量被分割成 n 个不重叠的间隔，每一个间隔的取值是随机的。在随机状态下，x_1 的 n 个值与 x_2 的 n 个值是成对的。这 n 对值与 x_3 的 n 个值结合成 n 组，三个一组，以此类推形成 n 组，k 个一组，如图 15-7 和图 15-8 所示。

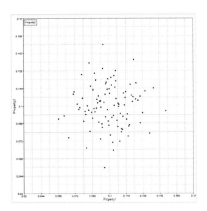

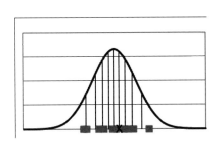

图 15-7　拉丁超立方采样方法　　　　　图 15-8　拉丁超立方采样结果

Hammersley 属于准蒙特卡洛方法的范畴（事实上不是随机的）。基于 Hammersley 进行采样可使用合理的、较少的采样提供输出统计的可靠估计和 k 维超立方中良好的统计属性。抽样方法如图 15-9 和图 15-10 所示。

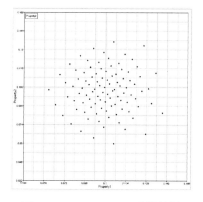

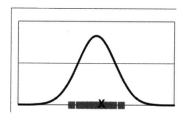

图 15-9   Hammersley 采样方法

图 15-10   Hammersley 采样结果

15. 3   结果后处理

随机性分析的后处理工具包括 Integrity、Summary、Parallel Coordinate、Distribution、Scatter、3D Scatter、Pareto Plot、Reliability、Reliability Plot 等，接下来以一个简单例子进行介绍。

⚙️ 操作步骤

Step 01 打开 HyperStudy 后通过菜单 File > Import Archive 选择 math1. hstx 文件即可，有 var_1 和 var_2 两个变量，变化范围都是 [-1，1]。

Step 02 创建第一个随机性分析 Stochastic 1。在模型浏览器中右击并选择 Add，然后在弹出的对话框中选择 Stochastic，单击 OK 按钮，如图 15-11 所示。

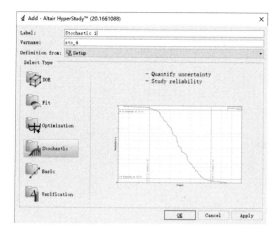

操作视频

图 15-11   添加随机性分析

Step 03 在 Define Input Variables 面板设置 μ 和 σ²，如图 15-12 所示，然后单击 Next 按钮。

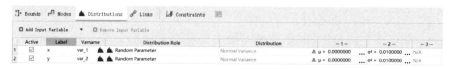

图 15-12   设置随机参数

Step 04 在 Test Models 面板单击 Run Definition 按钮，然后单击 Next 按钮。

Step 05 在 Define Output Responses 面板单击 Evaluate 后单击 Next 按钮。

Step 06 在 Specifications 面板选择 Mels 采样方法，样本数设置为 1000，如图 15-13 所示，然后单击 Next 按钮。

	Mode	Label	Varname	Details
1	●	Modified Extensible Lattice Sequence	Mels	Uniformly distribute points minimizing clumps and empty spaces
2	○	Latin HyperCube	LatinHyperCube	Uniformly distribute points using regular intervals for each variable
3	○	Hammersley	Hammersley	Uniformly distribute points minimizing clumps and empty spaces
4	○	Simple Random	Simple	Randomly distribute points

	Value
Number of Runs	1000
Sequence Offset	1
Use Inclusion Matrix	☐
Apply User Correlations	☑

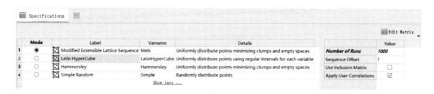

图 15-13　选择采样方法

Step 07 在 Evaluate 面板直接单击 Evaluate Tasks 按钮，然后单击 Next 按钮。

Step 08 后处理。

① 先打开 Integrity 选项卡，右侧有四项：Health、Summary、Distribution、Quality。Summary 的例子如图 15-14所示，Summary 选项卡显示所有样本的详细数据。Distribution 选项卡有柱状图和盒型图，设计变量是正态分布，概率分布图如图 15-15 所示。响应的概率分布图如图 15-16 所示，盒型图如图 15-17 所示。

	Label	Varname	Category	Minimum	1st Qu	Median	Mean	3rd Qu	Maximum	Range
1	x	var_1	Variable	-0.9968000	-0.5024000	-0.0032000	-0.0031744	0.4960000	0.9936000	1.9904000
2	y	var_2	Variable	-0.9968000	-0.4992000	0.0016000	0.0012032	0.5024000	0.9968000	1.9936000
3	Respons···	r_1	Response	0.0036416	0.7421299	1.7195917	1.9991671	2.8968077	6.5406170	6.5369754

	Category
1	Health
2	Summary
3	Distribution
4	Quality

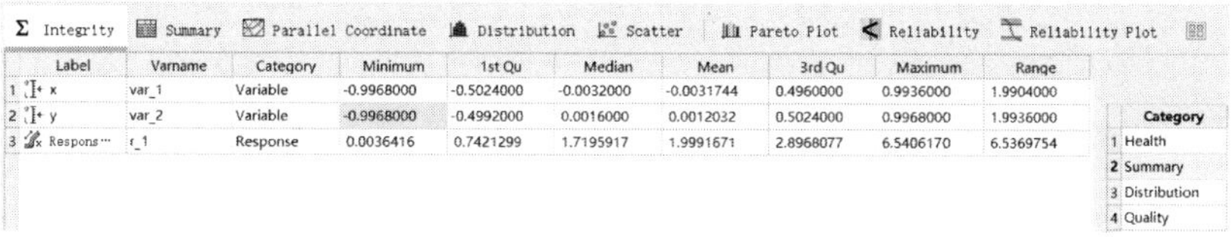

图 15-14　Integrity 选项卡

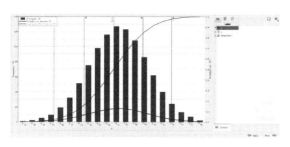

图 15-15　变量概率分布图

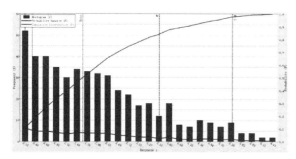

图 15-16　响应概率分布图

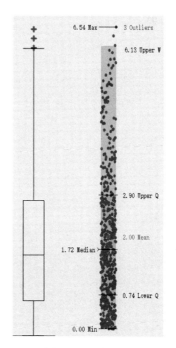

图 15-17　盒型图

② Pareto Plot 选项卡显示变量的重要程度，如图 15-18 所示。响应的散点（Scatter）图如图 15-19 所示，可以对点的颜色和大小进行设置，反映响应的大小，图 15-19 中，点越大表示响应值越大，响应值大的显示为红色。通过右侧的 图标可以打开 3D 散点图，如图 15-20 所示，可以直观显示响应的大小。

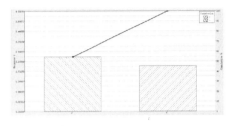

图 15-18　Pareto Plot

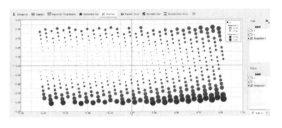

图 15-19　响应散点图

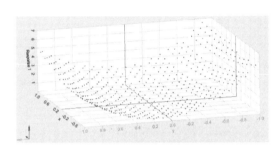

图 15-20　3D 散点图

③ Reliability 选项卡显示响应的可靠性，默认显示可靠性为 95% 的值，用户可以输入新的值查看对应的可靠性，如图 15-21 所示。Reliability Plot 选项卡显示可靠性曲线，水平线显示 5% 和 95% 的位置，竖直线是基准响应值的 90% 和 110%，如图 15-22 所示。

图 15-21　Reliability 选项卡

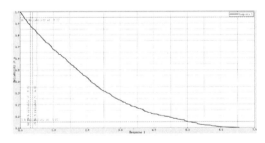

图 15-22　Reliability Plot 选项卡

第16章

HyperStudy技术专题

16.1　HyperStudy 文件管理

16.1.1　主文件 . hstudy

HyperStudy 是用来进行设计研究探索与优化的工具，每一个 Study 项目都包含大量的计算模型文件和结果，需要一个有效的组织进行管理。HyperStudy 通过 . hstudy 主文件管理所有信息，在 2017 版本之前为 xml 文件。模型和结果文件被汇总在 approaches 文件夹中。. hstudy 文件本质上仍然是 . xml 文件。XML 是一种结构化的可扩展标记语言，非常容易读写，普通用户可以用文本编辑器打开查看，多数编程语言（如 Tcl、Python 等）都有相应的函数库或包来专门编辑这种格式的文件。在 . hstudy 文件中定义了 Study 项目的信息，包括模型文件、求解器、求解参数、设计变量、输出响应以及 DOE、拟合响应面、优化、随机性分析在内的所有信息。了解这个文件的信息之后，可以随心所欲地控制 HyperStudy 计算，比如：

1）不打开用户界面，直接修改 Study 的设置和定义。

2）通过二次开发自动生成 . hstudy 文件，用 HyperStudy 打开后即全部设置完成。

3）用程序代码修改 . hstudy 文件，在后台调用 HyperStudy 计算，将 HyperStudy 嵌入自己开发的程序中。

以图 16-1 所示的 . hstudy 文件为例，说明它的结构及信息。这里使用的文件是 01_HyperStudy _File_example. hstudy。整个 Study 的所有重要信息都包含在标签 < Study > </Study > 之间。这些信息被分成了两部分：< ApproachList > 包含模型定义及模型中的所有方法；< CommandList > 包含模型所要执行的批处理命令。

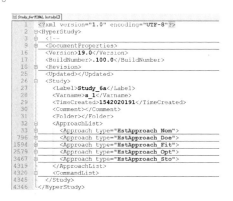

. hstudy 文件介绍

图 16-1　. hstudy 文件示例

当前的 Study 共有五个方法，下面分别进行讲解。

（1）HstApproach_Nom

定义了模型设置（Setup）的相关信息，包括模型（Model）、数据源（DataSource）、设计变量（DesignVariable）、响应（Response）、命令（Command）几个主要部分的列表，如图 16-2 所示。

- < Model >：当前 Study 有一个模型 Model 1，求解器为 os，求解器输入参数为 $\${file}$，模型的源文件有一个输入文件，引用文件为 arm. tpl，输出文件为 arm. fem，如图 16-3 所示。

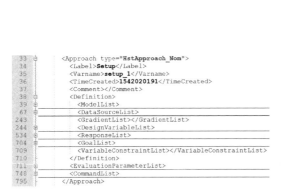

图 16-2 Setup 信息　　　　图 16-3 模型信息

- < DataSource >：当前 Study 共有八个 DataSource 用于响应的创建。第一个 DataSource 名称为 ds_1，引用文件为 m_1/arm. h3d，使用的函数为 ReadSim，如图 16-4 所示。

- < DesignVariable >：当前模型一共有九个设计变量，第一个设计变量名称为 high，内部变量名为 m_1_high，类型为可控制的设计变量（Controlled，Design），数值类型为连续性实数，下限为 -1，初值为 0，上限为 1，如图 16-5 所示。

图 16-4 数据源定义　　　　图 16-5 设计变量信息

- < Response >：当前模型一共有八个 Response，第一个 Response 名称为 Max_Disp，内部变量名为 r_1，数值类型为实数，表达式为 max（ds_1），响应的计算来源为 SOLVER，表示由求解器求解得到，如图 16-6 所示。

- < Command >：对 Setup 这一步，具体要执行的操作有五步：创建、写模型文件、求解、提取响应、清理文件，分别对应 cmd_create_design、cmd_write_input_deck、cmd_exec_analysis、cmd_extract_response、cmd_purge。它们在用户界面下的状态由 StateUI 决定，在批处理运行中的状态由 StateBatch 决定。false 代表不执行，true 代表执行，如图 16-7 所示。

```
534          <ResponseList>
535             <Response>
536                <Label>Max_Disp</Label>
537                <Varname>r_1</Varname>
538                <Comment></Comment>
539                <ModelParameter>
540                <State>true</State>
549                <Type>Real</Type>
550                <LowerBound>1.2697505593299865</LowerBound>
551                <NominalValue>0</NominalValue>
552                <UpperBound>1.551917350292206</UpperBound>
553                <Expression>max(ds_1)</Expression>
554                <Evaluate>SOLVER</Evaluate>
555             </Response>
556             <Response>
577             <Response>
598             <Response>
619             <Response>
640             <Response>
661             <Response>
682             <Response>
703          </ResponseList>
```

图 16-6   响应信息

```
748          <CommandList>
749             <Command>
750                <Varname>cmd_create_design</Varname>
751                <StateUI>false</StateUI>
752                <StateBatch>false</StateBatch>
753                <ArgumentList></ArgumentList>
754             </Command>
755             <Command>
756                <Varname>cmd_write_input_deck</Varname>
757                <StateUI>true</StateUI>
758                <StateBatch>false</StateBatch>
759                <ArgumentList></ArgumentList>
760             </Command>
761             <Command>
762                <Varname>cmd_exec_analysis</Varname>
763                <StateUI>true</StateUI>
764                <StateBatch>false</StateBatch>
765                <ArgumentList></ArgumentList>
766             </Command>
767             <Command>
768                <Varname>cmd_extract_response</Varname>
769                <StateUI>true</StateUI>
770                <StateBatch>false</StateBatch>
771                <ArgumentList></ArgumentList>
772             </Command>
773             <Command>
774                <Varname>cmd_purge</Varname>
775                <StateUI>false</StateUI>
776                <StateBatch>false</StateBatch>
777                <ArgumentList>
787                </Command>
790             <Command>
794          </CommandList>
```

图 16-7   批处理命令列表

（2）HstApproach_Doe

定义了 DOE 方法的信息，包括方法定义（Definition）、运行控制参数（EvaluationParameter）、命令（Command）、报告（Report）、设计（Design）几个部分，如图 16-8 所示。

- < Definition >：对 DOE 方法的定义。主要是模型、数据源、设计变量、响应等的列表。这些信息默认是从 Setup 中复制的，但是可以根据需要进行设计变量的选择、初值和上下限的更改、响应的选择等，如图 16-9 所示。

```
796          <Approach type="HstApproach_Doe">
797             <Label>Mels</Label>
798             <Varname>doe_5</Varname>
799             <TimeCreated>1569915581</TimeCreated>
800             <Comment></Comment>
801             <Definition>
1474          <EvaluationParameterList>
1511          <CommandList>
1558          <ReportList>
1584          <Design type="Mels">
1589          <UncontrolledDesign type="None">
1593          </Approach>
```

图 16-8   DOE 信息

```
801          <Definition>
802             <ModelList>
830             <DataSourceList>
1006            <GradientList></GradientList>
1007            <DesignVariableList>
1297            <ResponseList>
1467            <GoalList>
1472            <VariableConstraintList></VariableConstraintList>
1473          </Definition>
```

图 16-9   DOE 定义

- < EvaluationParameter >：DOE 计算过程的运行控制选项。和 Evaluate 步骤 Evaluation Parameters 选项卡中的选项对应。

- < Command >：DOE 方法中的命令执行定义，与 Setup 相同。

- < Report >：DOE 方法生成的报告文件定义，与 Report 面板中的各种报告类型对应，如果值为 true，代表输出该类型的报告文件，如图 16-10 所示。

```
1558          <ReportList>
1559             <Report>
1560                <Varname>hst_data</Varname>
1561                <State>true</State>
1562             </Report>
1563             <Report>
1567             <Report>
1571             <Report>
1575             <Report>
1579             <Report>
1593          </ReportList>
```

	Active	Label	Varname	Description
1	☑	HyperStudy Data	hst_data	Generate data report (*.data)
2	☐	HyperStudy HTML	hst_html	Generate HTML report (*.htm)
3	☐	HyperWorks Session	hst_hwmvw	Generate HyperWorks report (*.mvw) - (Not available in batch)
4	☐	Knowledge Studio Text	hst_kstext	Export data compatible with Altair Knowledge Studio text import
5	☐	HyperStudy Fit	hst_pythonfit	Generate input file for HyperStudy Fit model (*.pyfit)
6	☐	HyperStudy Spreadsheet	hst_xls	Generate Spreadsheet report (*.xls, *.xlsx)

图 16-10   报告信息

- < Design >：定义 DOE 采用的算法及其参数。本模型中采用的算法为修正的可扩展栅格序列方法 Mels，计算次数为 31 次，算法参数 SequenceOffset 为 32，如图 16-11 所示。

（3）HstApproach_Fit

定义了拟合方法的信息。包括方法定义（Definition）、运行控制参数（EvaluationParameter）、命令（Command）、报告（Report）、拟合矩阵（FitMatrix）、设计（Design）几个部分，大部分与

DOE 类似，如图 16-12 所示。

- <FitMatrix>：定义了拟合所使用的数据。当前拟合使用了两个数据，以 DOE 模型 Mels (doe_5) 的数据作为输入数据，类型为 Input；以 DOE 模型 Hammersley_12(doe_6) 的数据作为测试数据，类型为 Testing，如图 16-13 所示。

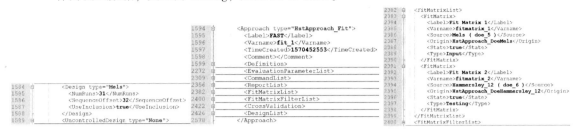

```xml
<Design type="Mels">
  <NumRuns>31</NumRuns>
  <SequenceOffset>32</SequenceOffset>
  <UseInclusion>true</UseInclusion>
</Design>
<UncontrolledDesign type="None">
```

图 16-11　DOE 详细定义

```xml
<Approach type="HstApproach_Fit">
  <Label>FAST</Label>
  <Varname>fit_1</Varname>
  <TimeCreated>1570452553</TimeCreated>
  <Comment></Comment>
  <Definition>
  <EvaluationParameterList>
  <CommandList>
  <ReportList>
  <FitMatrixList>
  <FitMatrixFilterList>
  <CrossValidation>
  <DesignList>
</Approach>
```

图 16-12　拟合定义

```xml
<FitMatrixList>
  <FitMatrix>
    <Label>Fit Matrix 1</Label>
    <Varname>fitmatrix_1</Varname>
    <Source>Mels ( doe_5 )</Source>
    <Origin>HstApproach_DoeMels</Origin>
    <State>true</State>
    <Type>Input</Type>
  </FitMatrix>
  <FitMatrix>
    <Label>Fit Matrix 2</Label>
    <Varname>fitmatrix_2</Varname>
    <Source>Hammersley_12 ( doe_6 )</Source>
    <Origin>HstApproach_DoeHammersley_12</Origin>
    <State>true</State>
    <Type>Testing</Type>
  </FitMatrix>
</FitMatrixList>
<FitMatrixFilterList>
```

图 16-13　拟合数据定义

- <Design>：定义了拟合算法的相关信息。第一个拟合的响应为 Max_Disp，响应的内部变量名为 r_1，构建的响应面名称为 r_1_fit_1，使用的类型为 FAST，所以同时使用了最小二乘法（LSR）、移动最小二乘法（MLSM）、基半径函数法（RBF），最终选择的响应面为 RBF，如图 16-14 所示。

```xml
<DesignList>
  <Design>
    <Label>Max_Disp</Label>
    <Varname>r_1_fit_1</Varname>
    <Response>r_1</Response>
    <Specified type="FAST">
      <LSR>true</LSR>
      <LsrOrder>2 + interactions</LsrOrder>
      <MLSM>true</MLSM>
      <RBF>true</RBF>
      <UseGradient>true</UseGradient>
    </Specified>
    <Evaluated type="RBF">
      <AugmentedFunction>1</AugmentedFunction>
      <Terms>1:m_1_high^1,m_1_length_5^1,m_1_length_4^1,m_1_length_3^1,m_1_length_2^1,m_1_length_1^1</Terms>
      <MaxPoints>2000</MaxPoints>
      <RbfType>Gaussian</RbfType>
      <RelaxationParam> 10</RelaxationParam>
    </Evaluated>
  </Design>
  <Design>
  <Design>
  <Design>
  <Design>
  <Design>
  <Design>
  <Design>
```

图 16-14　拟合算法定义

（4）HstApproach_Opt

定义了优化方法的信息。大部分内容与 Setup 一致，优化定义（Definition）和设计（Design）部分有所不同，如图 16-15 所示。

- <Definition>：除了模型、数据源、设计变量和响应外，还在 <Goal> 中定义了目标函数和约束条件。当前模型中定义了一个约束，作用在响应 r_1 上，约束内容是 < =1.5（< =）；定义了一个目标函数，作用在 m_1_r_1 上，类型为 Minimize，如图 16-16 所示。

```xml
<Approach type="HstApproach_Opt">
  <Label>GRSM_6dvs_ExactSolver</Label>
  <Varname>opt_4</Varname>
  <TimeCreated>1570802424</TimeCreated>
  <Comment>Copied from ( ARSM_all_dvs_Exact:
  ARSM 6dvs ExactSolver
  <Definition>
  <EvaluationParameterList>
  <CommandList>
  <ReportList>
  <Design type="GRSM">
</Approach>
```

图 16-15　优化定义

```xml
<Definition>
  <ModelList>
    <Model type="HstModelRef_TPL">
  </ModelList>
  <DataSourceList>
  <GradientList></GradientList>
  <DesignVariableList>
  <ResponseList>
  <GoalList>
    <ConstraintBoundaries>Standard</ConstraintBoundaries>
    <PercentTolerance> 0.5</PercentTolerance>
    <ToleranceAtZero> 0.005</ToleranceAtZero>
    <Goal>
      <Label>Goal 1</Label>
      <Varname>goal_1</Varname>
      <Comment></Comment>
      <State>true</State>
      <Response>r_1</Response>
      <Type>Constraint</Type>
      <BoundType>&lt;=</BoundType>
      <BoundValue> 1.5</BoundValue>
      <TypeSpecificValue> 0</TypeSpecificValue>
    </Goal>
    <Goal>
      <Label>Goal 2</Label>
      <Varname>goal_2</Varname>
      <Comment></Comment>
      <State>true</State>
      <Response>m_1_r_1</Response>
      <Type>Minimize</Type>
      <BoundType>&gt;=</BoundType>
      <BoundValue> 0</BoundValue>
      <TypeSpecificValue> 0</TypeSpecificValue>
    </Goal>
    <Goal>
    <Goal>
    <Goal>
    <Goal>
    <Goal>
    <Goal>
```

图 16-16　优化问题定义

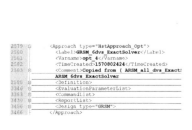

- <Design>：定义优化算法为 GRSM，同时指定了算法的各种参数，如图 16-17 所示。

（5）HstApproach_Sto

定义了随机性分析的信息，大部分信息与 Setup 一致，如图 16-18 所示。

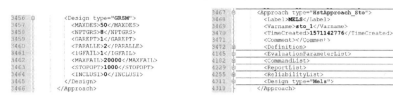

图 16-17　优化算法　　　　　　　　图 16-18　随机分析定义

- <DesignVariable>：定义了变量的随机属性。图 16-19 中的变量名为 high，内部名称为 m_1_high，类型为随机参数（RandomParameter），变量服从正态分布（Normal_Variance），均值为 1，方差为 0.25。
- <Design>：定义了随机性分析的算法及其参数。图 16-20 中，随机采样算法为 Mels，计算次数为 100。

图 16-19　随机分布定义　　　　　　图 16-20　随机采样算法

16.1.2　文件夹结构

　　完整的 Study 项目文件夹结构如图 16-21 所示。每个 Study 项目必须有一个工作目录，称为 work_dir，建议把需要参数化的模型放在工作目录下。项目中添加的所有方法都会放在 approaches 文件夹下，包括模型设置（Setup）、基准分析（Basic）、实验设计（DOE）、响应面拟合（Fit）、优化（Optimization）、统计研究（Stochastic）、验证（Verification）。

　　每种方法都会创建自己的文件夹，文件夹名以方法名 + 下画线 + 数字命名，如 doe_1 代表本项目中添加的第一个 DOE。一个项目可以包含多个相同类型的方法，如进行

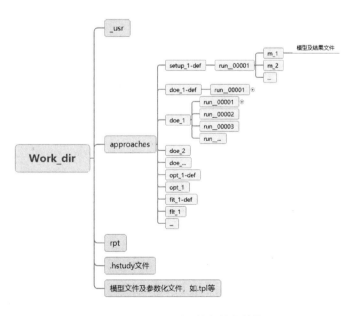

图 16-21　Study 项目的文件夹结构

多次 DOE 计算，文件夹名称中的数字会增加，如 doe_1，doe_2，doe_3，…，依次类推。每个方法的计算文件和数据文件放在这个目录下。

　　每种方法中包含多次计算，每次计算放在 run__xxxxx 文件夹，xxxxx 表示计算的编号，如 00003。在每个 run 的目录下，可能存在多个模型，每个模型分别放在 m_1，m_2，…文件夹下，这取决于在创建 Study 时添加了多少个模型，每个 m_x 文件夹下存放模型文件和结果文件。

　　根据文件夹结构，在计算出错时或寻找某一次计算结果时，可以快速用文件夹定位到有问题的目录进行排查。当然，HyperStudy 提供了更为便捷的方法。在窗口左侧的 Directory 选项卡中，可以展开定位。窗口右侧操作区域有表格时，表格中的一行代表一次计算，操作区域上方有两个按钮 Show in Study Directory 和 Show in Explorer，选中表格中任意一行，两个按钮分别表示在 Directory 选项卡中定位到该计算的目录和在 Windows 资源管理器中打开计算目录，如图 16-22 所示。

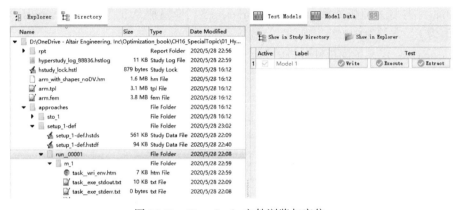

图 16-22　HyperStudy 文件浏览与定位

16.1.3　存档文件 .hstx

　　在一个 Study 项目完成之后往往需要把它分享给别人，或者复制到其他位置，或是项目完成后进行存档，然而计算文件数量庞大，占用大量空间，而用户真正关心的往往只有数据和结论，.hstx 正是为此而生。.hstx 文件本质上是压缩文件，用户甚至可以将扩展名改为 .rar 后解压。它将项目工作目录下的资源文件和其他计算方法下的数据文件压缩后保存。简而言之，.hstx 存档文件包括了创建当前 Study 所需的模型和已经计算出来的数据（仅仅是提取出来的数据，不包含求解器求解后生成的结果文件）。如果引用的模型文件不在当前工作目录下，HyperStudy 会自动复制该文件，并且更新 .hstudy 中的路径指向新文件。

　　导出存档文件的具体操作是使用 File 菜单下的 Export Archive 选项。打开存档文件的操作是使用 File 菜单下的 Import Archive 选项。如果希望将运行过程的所有模型和结果文件进行打包，则可以使用 .hstxc 格式，只需在保存时选择文件类型为 *.hstxc，并选择要包含哪些文件，如图 16-23 所示。

图 16-23　保存 .hstxc 存档文件

16.1.4　配置文件 .mvw

配置文件（Preference file）扩展名为 .mvw，是用来控制程序默认设置的 ASCII 格式文件，可以用文本编辑器打开。实际上，HyperWorks 平台下的前后处理软件 HyperMesh、HyperView、MotionView 等均使用配置文件控制。

包括 HyperStudy 在内的前后处理软件，在启动时会载入默认的配置文件。配置文件中可以包含 Templex 语句，如果发现 Templex 语句，将会首先执行。利用这一特点，HyperWorks 前后处理程序可以在启动时完成外部函数注册、获取环境变量、默认窗口配置、默认曲线类型与颜色设置等。

对于 HyperStudy 来说，配置文件中可以注册求解器，注册外部的 Compose、Tcl、Python 函数，还可以注册自定义优化程序。在本书第 11.1 节注册求解器和第 11.6 节注册外部函数中，已经介绍了如何使用配置文件注册求解器和注册外部函数。注册外部优化程序的语句如下，其中，opti_name 表示优化程序的内部名称，opti_label 表示优化程序的名称，executable 需要指定为优化可执行程序的路径。

```
*BeginExternalOptimizerDefaults()
*RegisterExternalOptimizer (opti_name, opti_label, executable)
*BeginExternalOptimizerDefaults()
```

在一台计算机上可能有多个配置文件，前后处理程序在启动时，读取配置文件的顺序为：①安装目录下的默认配置文件；②环境变量 HW_CONFIG_PATH 定义的配置文件；③用户在程序中指定的配置文件。

HyperStudy 的默认配置文件为 <安装路径>/hw/preferences_hst.mvw，HyperWorks 其他程序的默认配置文件为 <安装路径>/hw/preferences.mvw。推荐在修改配置文件之前，将默认配置文件复制一份到用户目录，再进行修改。关于配置文件的详细语法介绍请参考 HyperWorks 帮助文档：HyperWorks > Startup Procedures and Customizations > Customization > Preference Files。

16.1.5　调试与错误排查

根据以往的经验，HyperStudy 项目的运行错误主要集中在 Setup 模型设置这一步，其实只要模型设置正确，后面的各种方法和计算问题都不大。出错的主要问题点有以下几个方面。

1）求解器注册和 Define Models 中的输入。

2）Test Models 计算无法通过。

3）响应无法正常提取。

HyperStudy 错误信息都会显示在 Messages 栏，建议将其打开，实时观察计算过程中的警告和错误信息。打开方式为图形界面上方的 Message 按钮或从 View 菜单下选择 Message。除此之外，还可以控制信息输出的级别和日志文件（扩展名为 .hstlog）。在 Messages 栏右击，弹出快捷菜单，Verbose 控制信息输出级别，Level 0 为最简略信息，Level3 为最详细级别；Log to File 控制是否输出信息到日志文件；Details 可以打开 .hstlog 日志文件、打开日志文件目录或改变日志文件路径。建议在调试中把 Verbose 设置为 Level 3，同时打开 Log to File 开关输入信息到 .hstlog 文件。通过 Messages 栏中的信息和 .hstlog 日志文件，可以定位到出错的具体位置和详细信息，如图 16-24 所示。

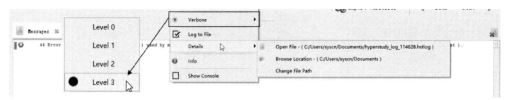

图 16-24　信息与日志文件

Messages 栏和 .hstlog 文件会记录所有警告和错误信息。对于计算模型，默认会在计算目录下生成两个文本文件记录求解输出和错误信息：task__exe_stdout. txt 记录了求解器运行过程中的输出信息；task__exe_stderr. txt 记录了求解器运行的错误信息。综合这几处信息，可以判断模型错误的具体位置。

Verbose 设置到 Level 3 以后，还会在计算目录下生成 task_exe_env. htm 文件，该文件记录了求解过程中的环境变量及其取值。环境变量可用于求解器脚本和程序的编写，也可用于将内部函数和外部函数作为提取响应的参数。表 16-1 列出了一些常用的环境变量。

表 16-1　运行时环境变量

变 量 名	变 量 值	详 细 描 述
HST _ APPROACH _ MODEL _PATH	D：02_debug\approaches\setup_ 1-def\run__00001\m_1	指向当前求解的模型目录。注意：它会实时变化，求解模型 1 时指向 m_1，求解模型 2 时指向 m_2
HST_APPROACH_PATH	D：\02_debug\approaches\setup_ 1-def\	指向当前方法的目录，如 setup_1-def, doe_1, opt _1, …
HST _ APPROACH _ RUN _PATH	D：\02_debug/approaches/setup_ 1-def/run__00001	指向当前运行的目录
HST_NUM_MODELS	1	Study 中的模型数量
HST_STUDY_PATH	D：\02_debug	当前 Study 的工作目录

对于求解器注册，请参考本书 11.1 节的内容。求解器不存在或路径错误会得到以下类似错误信息。在注册求解器之前，务必保证选择的文件是求解器的可执行文件或脚本文件。

```
Error : Solver(OptiStruct(os))used by model(Model 1 (m_1)) has an invalid path (C: /Program Files/
Altair/2019/hwsolvers/scripts/optistruct. bat)
```

对于求解器计算错误，主要排查在 Define Models 环节的设置是否正确。这一步最主要的参数是 Solver Input File 和 Solver Input Arguments，其次是 Resource。Solver Input File 是 HyperStudy 在每一步迭代或计算中自动生成的模型文件名；Solver Input Arguments 是传递给求解器的命令行参数；Resource 中定义了每个求解器计算所需的输入文件。三个部分的设置最终汇成求解器的运行命令，所以只要将这个运行命令调试正确，求解就没有问题。**检查和调试模型定义的步骤如下。**

1）在图 16-25 所示的 Test Models 面板中，单击 Write 按钮，先生成模型文件，然后单击 Show in Explorer 按钮打开对应模型的文件夹，默认为工作目录下的 approaches/setup_1-def/run_00001/m_1。

图 16-25　Test Models 面板

2）在模型文件夹下，首先检查生成的模型文件是否正常。如果不正常，需要返回修改模型参数化的过程。如果模型文件正常，从开始菜单打开 Windows 命令行窗口，或在模型文件夹空白处，按下〈Shift〉键并右击，然后选择"在此处打开 Powershell 窗口"（Windows 10 系统、Windows 7 系统下可能是"在此处打开命令行窗口"）。准备在命令行窗口中对求解命令进行测试，如图 16-26 所示。

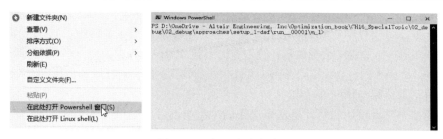

图 16-26　打开命令行窗口

3）测试的命令从哪里来呢？在 HyperStudy 中回到 Define Models 这一步，单击 Solver Input Arguments 列的问号图标，可以详细查看求解器参数和命令。如图 16-27 所示，第一部分 Solver argument keywords 包含可以传递给求解器的一些变量，如 ${file}　代表 Solver Input File 中的文件名（包含全路径），${m_1.file_1}　代表模型 1 的第一个文件，这里已经显示出来 ${m_1.file_1}　表示的是 arm.fem，它的类型是输入文件。如果在 Model Resource 中定义了多个模型输入、输出文件，在这个对话框中也可以查询到每个变量的名称和意义。第二部分 Solver Arguments，针对一些常见求解器，列出了默认可以使用的参数及其意义以供参考。第三部分 Solver Command 显示了在当前的设置条件下所生成的求解命令。

4）把图 16-27 中显示的命令复制一下，用于测试。

5）回到命令行窗口，将复制的命令粘贴进来，然后按〈Enter〉键确认执行。注意，如果求解器路径中带有空格（如 C：/Program Files），请使用英文双引号将整个路径括起来。

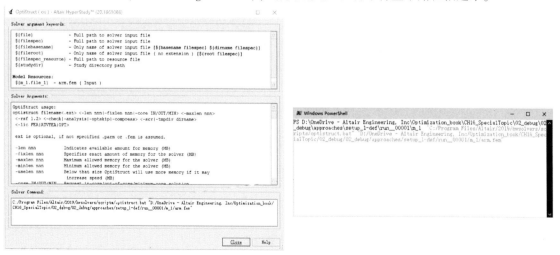

图 16-27　求解器参数　　　　　　　　　　图 16-28　测试运行求解命令

6）在命令行窗口中执行求解命令与 HyperStudy 在后台调用求解器使用的命令是一样的。如果通过这个命令可以将求解器正常启动，并且模型文件夹下的输入文件可以被正常求解，那么求解器的设置和传递的参数就是正确的，否则需要检查求解命令在哪个位置出错。这时候通常需要参考对应求解器的帮助手册，或联系相应公司的技术支持人员，查证如何使用批处理的方式或者命令行的方式进行计算。

对于响应提取（Define Output Responces 环节），**常见的问题如下。**

（1）不知道从哪个结果文件中读取想要的结果

这个问题需要读者对求解器的计算结果文件和格式有所了解。不同求解器都有自己的输出规范，需要参考相应的帮助文档。比如 OptiStruct 会把质量、频率直接输出到 .out 文件中，而把应力、应变、位移输出到 .h3d 文件中；Abaqus 会把质量、惯性矩输出到 .dat 文件中，而把应力、应变、位移输出到 .odb 文件中；DYNA 会把质量、重心等输出到 d3hsp 文件中，将位移、速度、加速度等输出到 d3plot 中；ANSYS 的主要结果则在 .rst 文件中。找到正确的文件才能提取想要的结果。

（2）文件读取结果与预期不一致

这个问题首先要看预期的结果是从哪里来的。比如读者原先采用 Abaqus CAE 后处理来读取结果，而后来在 HyperStudy 中查看的结果不一样，在这种情况下，需要注意的是后处理软件（如 Abaqus CAE、HyperView 等）可能是在原始计算结果数据的基础上进行了一些计算才显示出来的，而 HyperStudy 是直接读取计算结果数据，没有经过处理的。如果求解器在计算结果中默认输出的是单元中心点的应力，那么 HyperStudy 读取的就是单元中心点的应力，而后处理软件云图往往显示的是经过几个单元平均以后在节点上的应力，这两个值显然是不一样的。

（3）数据源错误

这类错误很有可能是计算失败而导致要读取的结果文件不存在，或想要读取的结果没有计算出来。例如下面的错误信息，显示的是结果文件不存在。这时需要打开模型的计算目录，分析求解器输出文件，查看计算是否正常结束。也可以用专业后处理软件（如 HyperView 等）打开结果文件，检查输出的结果是否正常。

```
Error : Data source ( Data Source ( ds_8 ) ) file not found
```

（4）响应表达式计算错误

很有可能是响应表达式的定义有问题。比如下面这个复杂的表达式：

```
1177 * 1.13/atan(abs(m_1_r_1-m_1_r_2) )/1130) * 3.14159/180
```

调试方法是在 Expression Builder 对话框中依次验算表达式的各部分计算结果是否正确，如图 16-29 所示。将表达式中最有可能出错的部分保留，然后单击 Evaluate Expression for KT 按钮，尝试计算这一部分的结果，与手算结果进行对比。如果不一样，说明问题出在这一部分。删除最外层的计算函数 atan，进一步验算表达式中更小的一部分，如 abs（m_1_r_1-m_1_r_2）。重复这一过程直到定位到出错的位置。

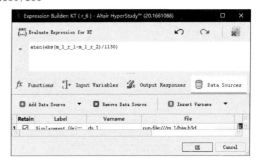

图 16-29　响应表达式验算

16.2　使用 Verify 进行响应面结果验证

在基于响应面的 Trade-off 中，设定一组设计变量的值，将会立即得到由响应面模型计算得到的响应值。由于响应面总是有误差的，此时迫切需要知道的一个问题是：真实求解器得到的结果是怎样呢？同样地，在基于响应面的优化计算完成后，给出的最优解也需要求解器验证后才能使用。

以往的方法是把各个设计变量的取值提取出来，人为更新到计算模型中再提交求解。这种方法在设计变量比较多时容易出错，并且操作烦琐。从 2019 版以后的 HyperStudy 中提供了 Verification 功能，可以就任意设计点快速利用求解器进行验证，并且在后处理中提供表格和云图来直观分析响应面模型的计算结果和求解器计算结果之间的误差。图 16-30 所示为使用柱状图和散点图对比显示拟合结果与求解器结果之间的误差。

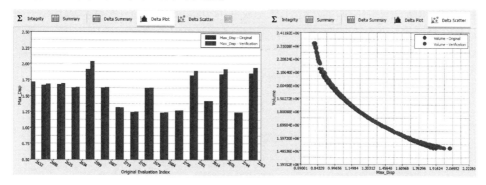

图 16-30　对比显示

本小节的示例文件为 Capstone-Verification_start. hstx，可通过 HyperStudy 菜单 File > Import Archive 打开。

对于响应面分析，在后处理 Post-Processing 的 Trade-off 选项卡下，设置任意一组设计变量的值，单击 Verify 按钮，就会自动利用当前设计变量的值生成一次验证计算。

1）图 16-31 中是 Trade-off 选项卡，在 Value 列拖动滑块可以改变设计变量的取值，在右侧可选择输出的响应，下方的输出表格中可以直接显示各个响应的取值。

操作视频

图 16-31　响应面 Trade-off

2）单击 Verify 按钮，将会自动添加一个名为 Fit 1 Trade-off Verification 的验证方法，进入 Specifications 面板，默认选择 Verify Trade-off，即以 Trade-off 中设计变量的取值生成模型，进行验证计算。在右侧表格的 Input Settings 列可以看到设计变量取值，也可以单击 Edit Matrix 按钮查看或修改各个设计变量，如图 16-32 所示。

3）单击 Apply 按钮后进入 Evaluate 面板对模型进行计算，计算完成可以在 Evaluation Data 选项卡看到各响应的取值，如图 16-33 所示。这些取值是比较准确的，因为它们是物理求解器的计算结果。

图 16-32　验证任务的定义　　　　　　　　　　图 16-33　查看计算结果

对于基于响应面的优化，往往需要验证最优解，那么可以在优化的 Evaluate 步骤下的 Iteration History 表格中选中最优解所在的行，单击表格上方的 Verify 按钮进行验证计算。也可以选择多行，同时对多组设计点进行验证计算。

1）图 16-34 中是基于响应面的优化计算完成后的 Iteration History 表格。从表格中可以看到，第 22 次计算是最优解。可以只选择第 22 行进行验证，也可以选择多行进行验证。选中所有 22 次计算，单击 Verify 按钮，将会自动生成名为"ARSM_FIT Verification"的验证计算。

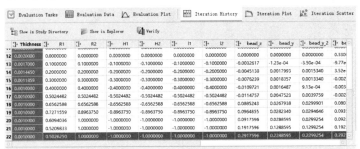

图 16-34　计算历史列表

2）进入 Specifications 面板，默认选择 Verify Points，即对基于响应面优化计算的多个数据点进行验证。单击 Edit Matrix 按钮可查看或修改各个设计变量的取值，如图 16-35 所示。

图 16-35　多点验证定义

3）进入 Evaluate 面板，对模型进行计算。可以设置 Multi-Execution 选项进行多任务计算。计算完成后，可以在 Evaluation Data 选项卡下查看所有的计算结果。

4）更直观地，在 Post-Processing 步骤下有三个选项卡：Delta Summary、Delta Plot、Delta Scatter，分别以表格、直方图和散点图的方式显示响应面计算和求解器计算结果之间的误差。Delta Summary 表格中显示的是求解器计算结果与响应面计算结果之间的绝对差值，Delta Plot 展示的是二者绝对数值的直方图，如图 16-36 所示。

5）在 Delta Scatter 选项卡中选择一个设计变量作为 X 轴，选择一个响应作为 Y 轴。图 16-37 中，X 轴选择的是变量 H2，Y 轴选择的是 Mass，以散点图的方式显示响应面结果和求解器结果。可以直观地看到，在设计变量的不同取值下，质量 Mass 的误差处于什么样的水平。

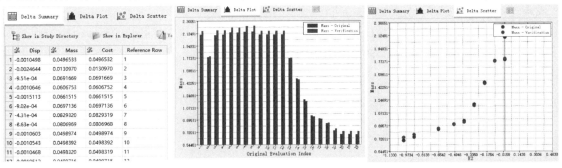

图 16-36　计算结果对比　　　　　　　图 16-37　散点图对比

16.3　自定义求解器

通过第 11 章的介绍可以知道，求解器只不过是一类特殊的程序或代码，给定输入文件或参数经过运算后生成输出文件或结果数据。通常使用的求解器是成熟的商业软件，它们是专业程序员和专家编写的求解特定问题的程序。当然，每个人都可以利用自己掌握的任意编程语言写出自己的求解器，在 HyperStudy 的设计研究和优化中使用。下面分别介绍使用 Tcl 语言和 Python 语言编写的几个有意思的应用。

16.3.1　实例：借助 Tcl 进行结构参数优化

1. 案例一

图 16-38 所示为简化后的类桥梁结构，需要进行优化设计，尽可能多地探讨各种结构可能性。整个结构对称，可以优化的对象有：上横梁的宽度、中间斜撑杆的数量（即上横梁分段数）、高度、斜撑杆圆截面半径、四周工字梁截面类型。对于上横梁宽度、高度、半径这几个变量而言，可以通过 OptiStruct 的形状优化和尺寸优化实现，然而中间斜撑杆的数量和工字梁截面类型变化后需要重新生成模型，使用 HyperMesh 和 OptiStruct 不太方便，因此本小节利用 Tcl 代码完成参数化、创建有限元模型，再交由 OptiStruct 计算，最后在 HyperStudy 中进行优化和研究。

结构关心的响应是下方横梁中间位置处的 Y 向位移，为了便于后处理，将该节点重新编号为 999999，初始结构的位移分布如图 16-39 所示。

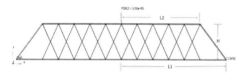

图 16-38　桥结构模型

图 16-39　桥结构位移分布

本例设置好的模型为 hst_bridge_hmbatch. hstx，可以通过 HyperStudy 菜单 File > import archive 打开。

优化三要素

* 优化目标：体积最小化。
* 设计约束：999999 号节点的 Y 向位移绝对值小于 50mm。
* 设计变量：
① 上横梁长度的一半 L2，范围 15 ~ 18m。
② 上横梁分段数，范围 3 ~ 20 段。
③ 结构高度 H，范围 5 ~ 10m。
④ 中间斜撑杆的截面半径 r，范围 50 ~ 100mm。
⑤ 四周工字型截面类型，共五种可选，都是工字型，但尺寸不同。

操作视频 1

操作步骤

1. 准备工作

Step 01 在进行 HyperStudy 研究之前，首先要准备 Tcl 脚本，并确保脚本运行正常。本例使用的脚本文件为 batch_modelling66. tcl，它的功能就是创建节点、创建两单元、创建界面、创建组件、赋予材料和属性、创建载荷和工况、输出 .fem 文件。关于如何从零开始编写 Tcl 脚本，请大家参考 Altair HyperMesh 的二次开发教程。

Step 02 用 hmbatch.exe 运行 Tcl 脚本得到 .fem 文件。具体方法是在 cmd 窗口用 cd 命令切换到 Tcl 脚本所在目录后，执行如下命令：

```
D:\run2 > "C:\Program Files\Altair\2019\hm\bin\win64\hmbatch.exe"-tcl batch_modelling66.tcl
```

Step 03 如果执行成功，会在 Tcl 脚本目录下生成一个 bridge.fem 文件。

Step 04 使用 OptiStruct 程序运行 bridge.fem 文件得到计算结果，如图 16-40 所示。如果计算结果正确，就说明 Tcl 脚本没有问题，接下来可以开始优化工作了。

图 16-40　OptiStruct 求解器

2. 建立 HyperStudy 模型

Step 01 启动 HyperStudy，工作目录设定为 Tcl 文件所在目录，然后添加两个模型。模型 1 的类型是 Parameterized File，求解器选择 HM Batch，参数为-tcl $\{file\}。

图 16-41　模型定义

Step 02 在 Resource 列选择 Tcl 文件，自动打开｛｝Editor 对话框进行参数化，选择脚本中的上横梁长度、高度、上端段数、圆截面半径和工字梁截面作为参数，分别按图 16-41 所示定义各参数的变化范围。保存为 .tpl 文件。

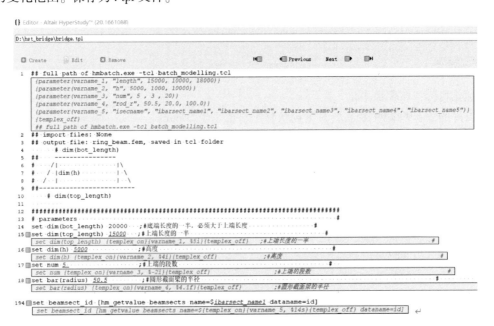

图 16-42　参数定义

Step 03 模型 2 的类型是 Operator，需要 .fem 文件作为输入文件，但是此时还没有 .fem 文件在该目录下，需要先单击 Next 按钮进入 Test Models 面板，单击模型 1 后方的 Execute 按钮运行，在模型 1 的文件夹下生成 .fem 文件（也可以从外部复制 bridge.fem 到模型 1 的目录下），如图 16-43 所示。

图 16-43　测试模型

Step 04 回到 Define Models 面板，单击 Model Resources 按钮，然后在对话框中先将模型 1 的 bridge.fem 添加为 Output File，然后为模型 2 添加一个 Link Resource，选择模型 1 的 bridge.fem 文件，动作默认为 copy，即在模型 1 运行完成后自动将 .fem 文件复制到模型 2 的运行目录，如图 16-44 所示。

Step 05 模型 1 的运行参数为 -tcl ${file}，其中，${file} 代表自动生成的脚本文件名 bridge.tcl；模型 2 的运行参数为 ${m_2 file_2} -core in，其中，${m_2 file_2} 代表模型 2 的第二个文件，即 bridge.fem。Define Models 设置好后如图 16-45 所示。

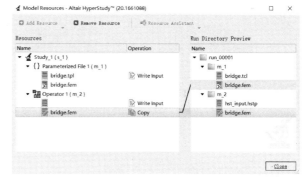

图 16-44　模型资源文件

图 16-45　模型定义

Step 06 导入设计变量，五个设计变量的范围如图 16-46 所示。

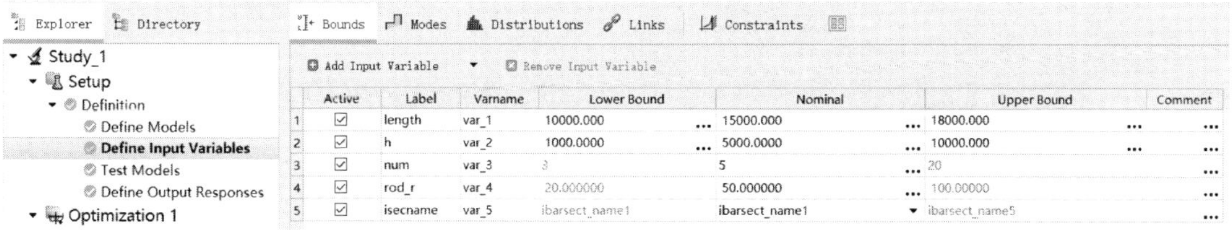

	Active	Label	Varname	Lower Bound		Nominal		Upper Bound		Comment
1	☑	length	var_1	10000.000	...	15000.000	...	18000.000	...	...
2	☑	h	var_2	1000.0000	...	5000.0000	...	10000.000	...	...
3	☑	num	var_3	3		5	...	20		...
4	☑	rod_r	var_4	20.000000		50.000000	...	100.00000	...	...
5	☑	isecname	var_5	ibarsect_name1		ibarsect_name1	▼	ibarsect_name5		...

图 16-46　设计变量

Step 07 在 Modes 选项卡下修改设计变量的数据类型、模式及离散取值，如图 16-47 所示，注意到 isecname 项设置为 Categorical，表示各个截面之间没有先后关系。如果设置为离散变量，HyperStudy 认为各个截面是有先后顺序的，进行 DOE 分析时可能只取前后两个截面进行。

Step 08 创建两个响应，分别是体积和 999999 节点的 Y 向位移绝对值，如图 16-48 所示。

图 16-47 变量属性

图 16-48 响应定义

3. 创建优化并计算

Step 01 添加一个 Optimization，进入 Define Output Responses 面板，目标为体积最小化，约束为 Y 向位移小于 50，如图 16-49 所示。

图 16-49 目标和约束定义

Step 02 优化算法选择 GRSM，迭代次数设为 15 即可。

Step 03 计算完成后在 Iteration History 选项卡下可以看到最优解由绿色底纹标出，为第 12 次迭代结果。上端分隔数量为 4，截面类型为 ibarsect_name1，体积从 1.42e9 减小到了 1.14e9，Y 向位移绝对值从 48 减小到了 37。在表格中选中最优解所在的行，单击 Show in Explorer 按钮，即可自动打开相应文件夹，如图 16-50 所示。

	length	h	num	rod_r	isecname	Goal 1	Goal 2	Iteration Index	Evaluation Reference	Iteration Reference	Condition	Best Iteration
1	15000.000	5000.0000	5	50.000000	ibarsect_name1	1.42e+09	48.024273	1	1	1	Feasible	
2	15000.000	5000.0000	5	50.000000	ibarsect_name1	1.42e+09	48.024273	2	1	1	Feasible	
3	15000.000	5000.0000	5	50.000000	ibarsect_name1	1.42e+09	48.024273	3	1	1	Feasible	
4	15524.363	5839.5200	4	42.000000	ibarsect_name1	1.14e+09	37.033154	4	12	4	Feasible	Optimal
5	15524.363	5839.5200	4	42.000000	ibarsect_name1	1.14e+09	37.033154	5	12	4	Feasible	Optimal

图 16-50 优化迭代结果

Step 04 将优化结果的 .fem 文件导入 HyperMesh，效果如图 16-51 所示。

这个案例展示了使用 Tcl 脚本完成参数化有限元模型的创建，通过 HyperStudy 调用 HyperMesh 以批处理模式运行脚本，对原本不能直接优化的对象（上横梁分隔段数、工字梁截面类型）进行了优化。实际上基于这个脚本还可以完成诸如 DOE、随机性分析等工作，用于批量生成大量不同设计，研究各变

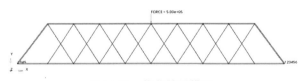

图 16-51 优化结果模型

量对性能的影响，探索不同的设计可能性。因此，用参数化脚本大大拓展了模型可研究的方向。实际工作中，结合 Tcl 脚本能完成什么样的研究，仅仅取决于你的想象。

2. 案例二

上面的案例利用 Tcl 语言完成了模型的创建过程，对编程能力的要求比较高，如果对二次开发比较熟悉，可以完成非常复杂的模型创建。实际工程中，往往是在一个成熟的模型上进行小修小改，这些工作只需要简单的几行语句就能实现，比如修改属性、变更材料、增加或删除某一部分等。如图 16-52 所示，一块平板上有几根加强筋，想要通过优化决定加强筋的去留。

加强筋分为三组，标号为2、3、4，分别放在2、3、4 号 Component 中。在 HyperMesh 中可以通过 Entity State 选项卡控制每个部件是否激活、是否导出，包含载荷、工况、材料、属性在内的很多对象都可以通过 Entity State 控制。将某个 Component 设置为不导出，.fem 文件中就不会存在这个部件，相当于删除。图 16-53 所示是在 HyperMesh 中设置导出 2Rib，不导出 1Rib 和 3Rib。

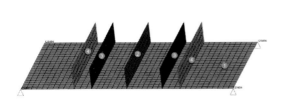

图 16-52　平板与加强筋模型

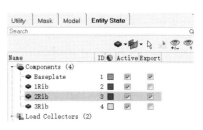

图 16-53　设置 Entity State

设置1Rib 不导出的命令如下，其中，2 代表 Component 的 ID，0 代表正常导出，1 代表不导出。

```
*entitysuppressoutput components 2 1
```

在 HyperMesh 中修改零件厚度也非常简单，在模型浏览器中选择属性，在下方的 Entity Editor 中输入新的厚度值即可，如图 16-54 所示。

图 16-54　修改厚度

操作视频 2

修改厚度对应的命令如下，其中，id = 1 代表修改的是 1 号属性，95 代表厚度属性编号。

```
*setvalue props id=1 STATUS=1 95=0.00545
```

有了这两句，前面加上打开模型、加载 OptiStruct 模板，后面加上导出 .fem 文件，就完成了模型修改和导出的完整操作。读者可以先在 HyperMesh 中完成这一过程，然后从 command.tcl 文件中复制出来。完整的 Tcl 脚本只有 10 行，如图 16-55 所示。

```
1   *readfile "rib_parameterization.hm";                              #读取hm文件
2   set fullTemplate [file join [hm_info -appinfo SPECIFIEDPATH TEMPLATES_DIR] [eoutput optistruct optistruct]
3   *templatefileset $fullTemplate;                                    #加载OptiStruct模板
4   *entitysuppressoutput components 1 0;                              #不输出ID号为1的component
5   *setvalue props id=1 STATUS=1 95=0.00545;                          #修改ID号为1的属性的厚度
6   *entitysuppressoutput components 2 0                               #输出ID号为2的component
7   *entitysuppressoutput components 3 1                               #不输出ID号为3的component
8   *entitysuppressoutput components 4 1                               #不输出ID号为4的component
9   *createstringarray 1 "CONNECTORS_SKIP "
10  *feoutputwithdata $fullTemplate "rib_parameterization.fem" 1 0 2 1 1;#导出fem
```

图 16-55　Tcl 脚本

修改脚本中控制 2、3、4 号 Component 的输出开关，就达到了选择加强筋的目的。接下来可在 HyperStudy 中进行优化和 DOE 分析。本案例设置好的模型为 tcl_rib_opt. hstx，可以通过菜单 File > import archive 打开。

操作步骤

Step 01 打开 HyperStudy 创建一个新的 Study，选择 .tcl 脚本和 .hm 文件所在的文件夹为工作目录。首先添加一个 Parameterized File 模型。选择 .tcl 脚本为 Resource，自动打开 Editor 对话框进行参数化。定义 1 号 Component 的厚度为变量，再分别定义 2、3、4 号 Component 的输出开关为变量，如图 16-56 所示。

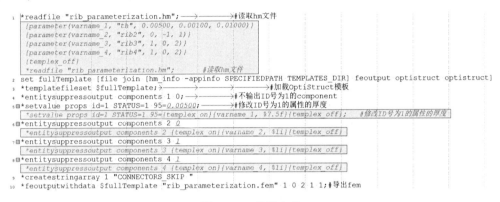

图 16-56　参数定义

Step 02 在模型 1 的 Solver Input File 列输入 ribs.tcl，求解器选择 HM Batch，参数输入-tcl $|file|。

Step 03 由于每次运行都需要读取 rib_parameterization. hm，通过 Model Resources 对话框添加它为模型 1 的 Input File，动作为 Copy，每次自动复制到工作目录，如图 16-57 所示。

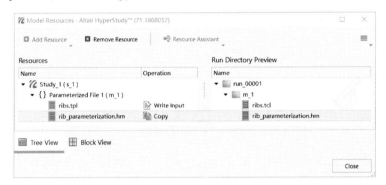

图 16-57　模型 1 资源文件

Step 04 单击 Next 按钮进入 Test Models 面板，运行模型 1 生成 .fem 文件（也可以从外部复制一个文件到模型 1 的目录下"骗"过 HyperStudy）。

Step 05 返回 Define Models 面板，添加模型 2，类型是 Operator，如图 16-58 所示。它需要模型 1 生成的 .fem 文件作为输入文件。单击 Model Resources 按钮，在对话框中右击模型 1 添加 .fem 文件为 Output File，再将 .fem 文件从右侧拖动到左侧模型 2 的下方，动作默认为 Copy，表示自动将模型 1 生成的 .fem 文件复制到模型 2 目录下，如图 16-59 所示。

图 16-58　模型 2 设置

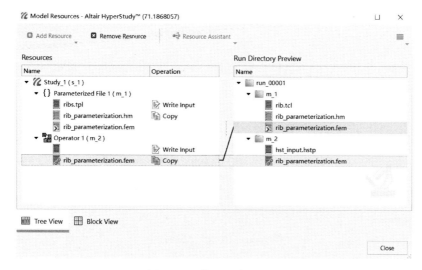

图 16-59　模型 2 资源文件

Step 06 四个设计变量的变化范围如图 16-60 所示。

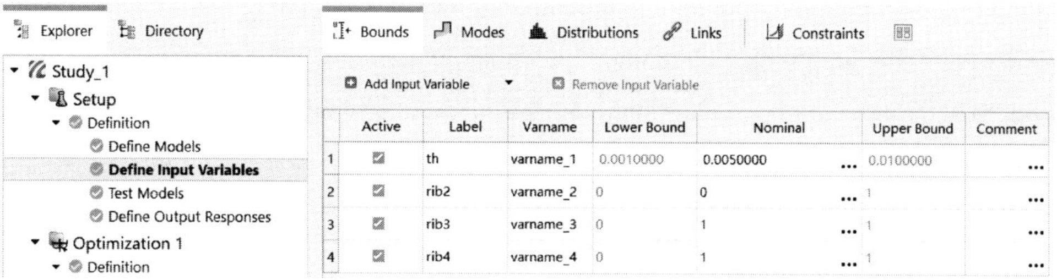

图 16-60　设计变量

Step 07 在 Modes 选项卡下，修改 rib2、rib3、rib4 变量为整数，类型为 Discrete，取值为 0 和 1，如图 16-61 所示。

图 16-61　离散属性定义

Step 08 在 Define Output Responses 面板中，从左侧 Directory 选项卡下找到模型 2 计算的 . out 文件，拖动到右侧空白区域，分别添加体积响应和第 1 阶频率响应，如图 16-62 所示。

Directory
Define Output Responses
Data Sources
Objectives/Constraints - Goals
Gradients
Add Output Response
Remove Output Response
Copy to other Approaches
File Assistant
rib_parameterization_menu.html
rib_parameterization_frames.html
rib_parameterization.stat
rib_parameterization.res
rib_parameterization.out
Active Label Varname Expression Value Goals Output Type Comment
1 Volume - Value m_2_r_1 min(m_2_ds_1) 3.0000000 Real Volume - Value
2 Mode 1 - Value m_2_r_2 min(m_2_ds_2) 0.5289176 Real Mode 1 - Value

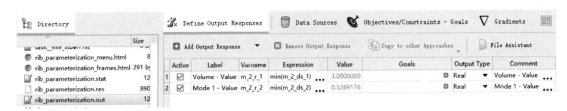

图 16-62　体积和频率响应

Step 09 添加一个优化，目标为体积最小化，第 1 阶频率大于 0.5，如图 16-63 所示。

Step 10 优化算法选择 GRSM，15 次迭代即可，迭代结果如图 16-64 所示。

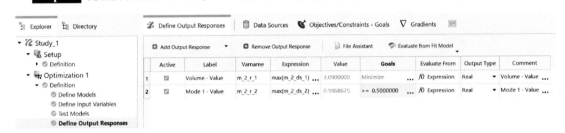

Explorer
Directory
Study_1
Setup
Definition
Optimization 1
Definition
Define Models
Define Input Variables
Test Models
Define Output Responses
Define Output Responses
Data Sources
Objectives/Constraints - Goals
Gradients
Add Output Response
Remove Output Response
File Assistant
Evaluate from Fit Model
Active Label Varname Expression Value Goals Evaluate From Output Type Comment
1 Volume - Value m_2_r_1 max(m_2_ds_1) 3.0900000 Minimize f0 Expression Real Volume - Value
2 Mode 1 - Value m_2_r_2 max(m_2_ds_2) 0.5968675 >= 0.5000000 f0 Expression Real Mode 1 - Value

图 16-63　优化约束和目标

Evaluation Tasks
Evaluation Data
Evaluation Plot
Iteration History
Iteration Plot
Iteration Scatter
Show in Study Directory
Show in Explorer
Verify
th rib2 rib3 rib4 Volume - Value Mode 1 - Value Goal 1 Goal 2 Iteration Index Evaluation Reference Iteration Reference Condition Best Itera
1 0.0050000 0 1 1 3.0000000 0.5289176 3.0000000 0.5289176 1 1 1 Feasible
2 0.0033796 1 1 1 0.6760000 0.8127698 0.6760000 0.8127698 2 8 2 Feasible
3 0.0021006 1 1 1 0.4200000 0.5049762 0.4200000 0.5049762 3 10 3 Feasible
4 0.0020800 1 1 1 0.4160000 0.5001669 0.4160000 0.5001669 4 12 4 Feasible Optimal
5 0.0020800 1 1 1 0.4160000 0.5001669 0.4160000 0.5001669 5 12 4 Feasible Optimal
6 0.0020800 1 1 1 0.4160000 0.5001669 0.4160000 0.5001669 6 12 4 Feasible Optimal

图 16-64　优化迭代结果

本例不是实际结构，主要是展示 HyperMesh 如何在后台修改模型。如果要做 DOE 也是类似的。通过使用程序控制 HyperMesh，模型的修改变得更加自由。假如某结构可能有图 16-65 所示的五种不同结构中的一种，手动创建不同模型进行评估，将花费较多的时间，而且这些变形不能通过网格变形工具实现。可行的方法是参考本案例所介绍的流程，用 HyperMesh 脚本进行切换。

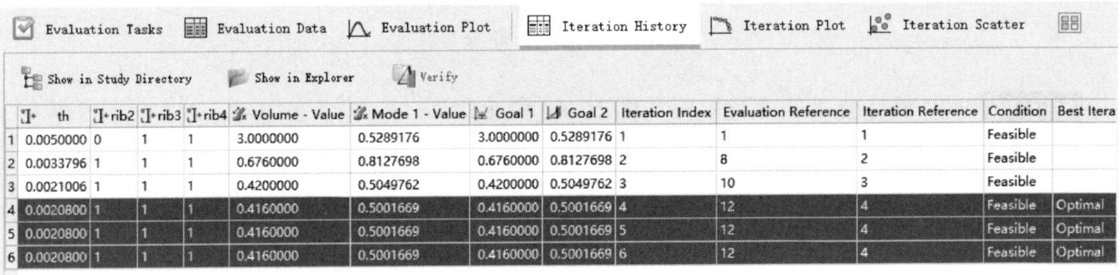

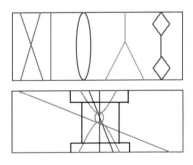

图 16-65　复杂结构选型

16.3.2　实例：利用 Python 脚本在自行车设计中引入主观评分

产品的设计过程是复杂的，往往不是仅靠几个物理指标的比较就能说明设计的好坏，很多时候要引入人的主观判定，比如汽车座椅是否舒适、建筑设计是否漂亮。然而，CAE 仿真仅仅是从专业指标的角度如应力、变形、噪声、温度等进行评价设计，基于 CAE 仿真的 DOE 和优化也只能从物理性能方面评价。能不能在设计探索的同时考虑人的主观评价进行选择呢？答案是肯定的，只需在调用专业求解器求解的同时，引用一个可以与人交互的程序，供使用者输入主观评分，这就是机器学习中所谓的"人在回路"（human-in-the-loop）。交互程序可以由任何 Windows 系统支持的语言生成，下面介绍一个使用 Python 程序实现人机交互的案例。本案例由 Altair 工程师 Eamon Whalen 提供，作者进行了一些修改。

现在要设计一款新型自行车，自行车的几个形状控制点如图 16-66 所示，这几个控制点可以在 xz 平面内移动，改变控制点坐标就产生不同的自行车外形。

建立自行车的有限元模型，如图 16-67 所示。受力工况是后轮轮心位置全约束，前轮轮心约束 z 向位移，车把左右两端和座椅位置分别受到垂直向下的集中力作用。关心前轮轮心位置的变形和脚蹬位置的变形。对于外形，希望探索的是前轮心的前后位置（即 13、17 号节点的 x 坐标，两节点的 x 坐标是相同的）、座椅的前后位置和高度（即 19 号节点的 x，z 坐标）、车把下连接梁的弯曲程度（25 号节点的 x、z 坐标）、脚蹬的前后位置和高度（即 34 号节点的 x、z 坐标）、车把的前后位置（36、37 号节点的 x 坐标，两节点的 x 坐标是相同的）。一共有八个设计变量。

图 16-66　自行车形状控制点

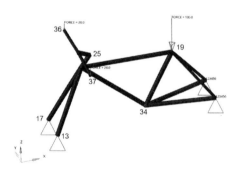

图 16-67　自行车有限元模型

那么自行车外观好坏如何评价呢？这个部分通过人为打分来实现。比如图 16-68 所示的三种设计，笔者认为第一种最酷，可以打 85 分；第二种一般，75 分；第三种比较差，65 分。不同的设计师完全可以有不同的分数。打分的过程通过 Python 程序实现。

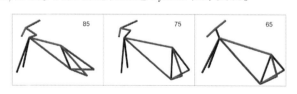

图 16-68　自行车外形评分

操作视频

综上所述，自行车设计问题的设计变量有八个，响应有三个，分别是 17 号和 34 号节点的位移、外形主观评分。下面可以开始进行 HyperStudy 设计研究。本案例设置好的模型为 Python_Human_in_loop. hstx，可以通过 HyperStudy 菜单 File > import archive 打开。

🖉 操作步骤

Step 01 首先需要准备人机交互的 Python 脚本。已完成的脚本为 getScore. py。脚本中有三个函数：get_nodes_elems（），解析 . fem 文件获得节点位置和两单元定义；plot_model（），根据节点位置和单元定义画出自行车的外形；input_gui（），定义交互界面供用户输入评分，并将评分结果写入 score. txt 文本文件中，如图 16-69 所示。

Step 02 图 16-70 展示的是脚本正常运行后画出的 3D 自行车外形图和评分输入对话框。评分的数值范围在 0 ~ 100 之间，0 代表最丑，100 代表最美。

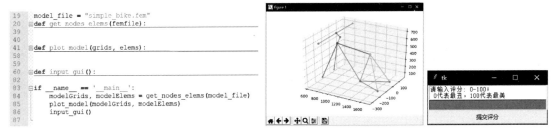

图 16-69　Python 人机交互脚本　　　　图 16-70　自行车外形查看和评分对话框

Step 03 Python 脚本准备好以后，就可以开始进行 HyperStudy 的设置。创建一个新的 Study，选择 py 脚本和 .fem 文件所在的目录为工作目录。首先添加一个 Parameterized File 模型。

Step 04 模型的源文件选择工作目录下的 simple_bike.fem，自动打开 Editor 对话框进行参数化。分别定义 13 号节点的 x 坐标、19 号节点的 x 坐标和 z 坐标、25 号节点的 x 坐标和 z 坐标、34 号节点的 x 坐标和 z 坐标、36 号节点的 x 坐标为设计变量。除 25 号节点外，变量的变化范围在初始值基础上上下浮动 200，25 号节点的 x、z 在初始值基础上上下浮动 100。注意，17 号节点的 x 坐标和 37 号节点的 x 坐标不是独立变量，通过右键快捷菜单中的 Attach to 选项使 x13 和 x36 分别与 17 号节点和 37 号节点的 x 坐标保持一致，如图 16-71 所示。

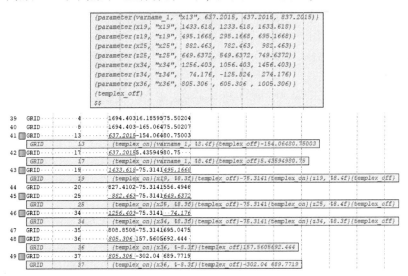

图 16-71　参数定义

Step 05 模型 1 的相关设置如下。由于模型 2 是 Python 脚本，它在运行时需要模型 1 生成的 .fem 文件作为输入，所以这里先导入变量，进入 Test Models 面板，对模型 1 进行求解计算，如图 16-72 所示。

图 16-72　模型定义

Step 06 模型 1 求解完毕之后会在工作目录 approaches/setup_1-def/run__00001/m_1 中生成模型文件和结果文件。返回 Define Models 面板，添加模型 2，模型类型为 Operator，求解器为 Python。通过 Model Resources 对话框定义模型 2 需要的文件。首先在左侧模型 1 上右击添加 Output File，选择 simple_bike. fem 作为输出，表示别的模型可以引用；然后在模型 2 上右击添加 Link Resource，选择模型 1 的 simple_bike. fem；最后再为模型 2 添加一个 Input File，选择工作目录下的 getScore. py，动作为 Copy，如图 16-73 所示。

Step 07 在模型 2 的 Solver Input Arguments 处单击问号，看到 \${m_2. file_3} 代表的是 getScore. py，这个文件名需要传递给 Python 解释器运行。双击选中 \${m_2. file_3}，右击后选择 append as argument，在下方可以预览命令，如图 16-74 所示。

图 16-73　模型资源文件　　　　　　　　　　图 16-74　求解命令

Step 08 再次进入 Test Model 面板，单击模型 2 后方的 All 按钮对模型 2 进行计算。运行正常时会弹出自行车轮廓展示和分数输入对话框。旋转查看当前自行车模型，根据自己的喜好输入一个分数，确定后会将分数输出到 score. txt 文件中。

Step 09 添加三个响应。首先是 17 号和 34 号节点的位移，通过 File Assistant 对话框添加 . h3d 文件添加；其次是 Score，通过 File Assistant 对话框添加 score. txt 文件，如图 16-75 所示。

图 16-75　响应定义

Step 10 模型定义完毕后，添加一个 DOE，选择方法为 MELS，就可以进入 Evaluate 面板进行计算了。这个计算与前面的案例最大的不同是，每一个模型计算过程中都会弹出对话框要求输入对于当前自行车外形的评分，通过这种方式将主观评价引入模型研究中。

Step 11 DOE 计算完成后，在 Post Processing 的 Scatter 选项卡下，可以看到图 16-76 中的相关系数矩阵，通过相关系数矩阵可以分析哪些设计变量与响应有较强的线性相关关系。从表中可以看出，与分数相关性最高的是设计变量 x19 和 z19，与位移相关性最高的是 x13。

Step 12 类似地，在 Linear Effect 选项卡下，可以查看变量对响应的主效应。相对分数主效应最大的是 x19 和 z19，相对两个位移主效应最大的是 x13，如图 16-77 所示。

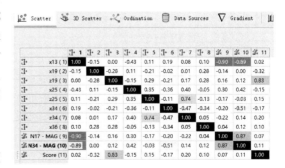

图 16-76　相关系数

Step 13 从主效应和相关系数都可以看出，对位移影响最大的是前轮轮心的前后坐标，这是客观力学规律的反映。对分数影响最大的是座椅的前后和高低，这基于我个人的主观判断，而不同人可以得到不同的规律。

本案例通过 Python 脚本在设计研究过程中引入了设计师的主观判断，使得探索和优化过程不再是冰冷的计算机代码计算的数字，而是直接体现了设计师的风格偏好。灵活应用这一

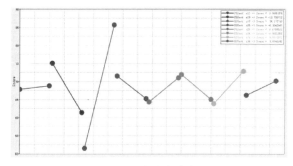

图 16-77　线性主效应

策略，可以极大地提升设计探索的可能性，处理计算机无法完成的评价和选择问题。

16.4　使用高性能计算

工程仿真问题日益增长的计算需求和有限的计算资源之间始终是矛盾的，我们希望尽可能多地利用计算资源，以最有效率的方式完成计算。HyperStudy 作为一个多学科优化和研究平台，它的作用是按照算法去生成模型、调用求解器进行计算、提取结果并处理，其中 HyperStudy 本身运行所占用的时间并不长，最耗费时间的还是物理求解器的计算，那么提升计算速度的根本就是加速求解器的计算。

对于在 Windows 工作站上完成的设置和计算而言，求解器的运行完全由 Define Models 环节中的 Solver Input Arguments 决定。比如，对于 OptiStruct 而言，多数情况下可以使用 DDM（Domain Decomposition Method）技术来加速计算。参数选项为-ddm -np 4 -nt 4，其中，-np 表示多个核，-nt 表示多个线程，np * nt 表示使用的总线程数，建议 np * nt 等于计算机的物理核心数。

关于 OptiStruct 的其他高性能计算选项请参考帮助文档。不同求解器在利用 CPU 和内存进行加速方面有着非常大的差别。具体的参数选项需要参考各自的帮助文档或询问相应的技术支持人员。

对于 Linux 系统的计算资源，如果是直接在上面运行 HyperStudy 图形界面完成设置和计算，和 Windows 操作系统是一样的。如果是通过作业调度系统，如 Altair PBS 提交的计算，那么需要系统管理员在调试系统中配置通过 HyperStudy 提交求解器的脚本，在这个脚本中定义高性能计算选项。

Solver Input Arguments 定义的是单个任务的求解参数，在 HyperStudy 中还可以通过一次提交多个任务的方式加速计算。对于 DOE、优化和随机性分析任务，都可以在 Evaluate 这一步的设置中通过 Multi-Execution 选项设置同时提交的任务数量，其大小需要考虑硬件的承受能力和软件许可的数量。

16.4.1　批处理运行模式

充分利用计算资源最基本的方法就是占用计算机的时间，通过后台批处理的方式运行，可以在没有人工干预的情况下自动、不间断地完成计算任务。HyperStudy 提供了批处理的运行方式。

在 Windows 系统中的运行命令如下：

```
<安装目录>\hst\bin\win64\hstbatch.exe-studyfile "<model>.hstudy" options
```

在 Linux 系统中的运行命令如下，

```
<安装目录>/altair/scripts/hstbatch-studyfile "<model>.hstudy" options
```

其中，<model>.hstudy 是 HyperStudy 主文件的名字，options 是可用的选项，见表 16-2。

表 16-2　**HyperStudy 常用运行选项**

选　项	参　数	详 细 描 述	支持的平台
-archivefile	< filename >. hstx	使用 HyperStudy 的存档文件	所有
-delete	无	在运行之前删除计算目录下的文件	所有
-h，-help -H	无	帮助，在 Linux 系统中使用-H	所有
-logfile	< filename >	输出日志文件 如果没有指定文件名，将在"我的文档"或"用户"目录创建默认日志文件，文件名为 hyperstudy_log _< pid >. txt	所有
-multiexec	同时提交的任务数	指定同时计算的任务数量	所有
-nobg	无	运行 HyperStudy 为前台任务，只有运行完这条命令才能执行其他命令。	Linux
-overwrite	无	覆盖已有的文件和文件夹	所有
-preffile	filename2. mvw	指定 Preferences 文件	所有
-s	无	输出更详细的状态信息用于调试	所有
-studyfile	filename3. hstudy	指定求解的. hstudy 主文件	所有
-v	无	提高输出级别，输出更详细的信息	

批处理运行的具体操作步骤如下。

1）在 HyperStudy 中完成各种方法的设置，不要单击 Evaluate 按钮，在 Specifications 这一步单击 Apply 按钮。

2）单击 Study 的标题，切换到 Batch Tasks 选项卡，确保想要计算的任务 Write、Execute 和 Extract 均已勾选，保存 HyperStudy 文件后退出，如图 16-78 所示。

操作视频

图 16-78　批处理命令选择

3）打开 Windows 命令行，切换到当前目录，输入求解命令：

```
"C:\Program Files \Altair \2019 \hst \bin \win64 \hstbatch. exe"-studyfile model. hstudy -logfile hst. log
```

命令行窗口会输出计算的状态，如果第一次计算正常，那么后面的计算多数也没有问题。也可以打开. log 文件来查看计算过程。

16.4.2　在 HPC 上提交 HyperStudy 批处理作业

Altair PBS Works 是高性能计算的旗舰产品套件，是全面、安全的高性能计算（HPC）负载管理系统的市场引领者。其主要模块 PBS Professional 提供强大的作业调度和资源管理，能大幅简化对 HPC 集群、云和超级计算机的管理，优化软、硬件的效率和利用率；Altair Access 则为普通工程师提供远程可视化和协作功能，使用户能够通过桌面和移动设备访问昂贵的高端 3D 可视化数据中心和高性能计算中心硬件。

了解了批处理的运行方式之后，就可以把 HyperStudy 作为一个求解器集成到 PBS 高性能计算管理系统中。首先要注意，HyperStudy 本身作为程序在运行时必须被 PBS 管理，HyperStudy 运行中会调用 HPC 上的求解器进行计算，那么由 HyperStudy 发起的任务也必须被 PBS 管理，所以 HyperStudy 需要配置到 PBS 中，通过 HyperStudy 调用求解器的过程也必须要用 PBS 脚本进行配置。因此需要在 HPC 上进行一些准备工作。

准备工作有三步：第一步是将 HPC 上的 hstbatch 配置为求解器，通过 Altair Access 可以提交 HyperStudy 任务，求解的主文件是 . hstudy 文件，需要工作目录下的其他文件也作为输入；第二步是编写 PBS 脚本，可以从 HyperStudy 运行目录下自动提交作业调用 HPC 计算。比如从 HyperStudy 的运行目录 run_0001/m_1（当前运行目录可以通过环境变量获取）下提交 OptiStruct 任务，脚本名为 hst_os；第三步类似于 Windows 客户端的操作，将 hst_os 通过 preference_study. mvw 文件注册为求解器。preference_study. mvw 文件默认路径为 <安装目录>/hw/prefinc，图 16-79 中最后一行注册了名为 hst_os 的求解器。配置的过程需要公司 IT 部门对 HPC 进行操作，具体方法和步骤需要联系 Altair PBS 的技术支持。

图 16-79　HPC 上修改求解器 preference 注册求解器

准备工作完成后，利用 HPC 求解 HyperStudy 作业的步骤如图 16-80 所示。

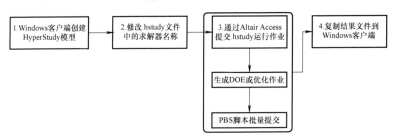

图 16-80　HPC 求解 HyperStudy 任务的流程

1）根据 16.4.1 节的介绍，在 Windows 客户端，即工程师自己的工作站上，完成 HyperStudy 任务的设置，并勾选批处理任务选项，保存当前的 Study。

2）修改 . hstudy 文件每个模型定义中引用到求解器脚本的地方，将脚本名称改为 HPC 服务器上提交相应作业的 PBS 脚本名。

3）登录到 Altair Access 高性能计算门户，提交 HyperStudy 任务。主文件名后缀为 . hstudy，工作目录下的其他文件可以作为一个压缩包上传。提交计算。

4）计算完成后复制结果到 Windows 工作站。如果计算结果文件过大，run 目录可以不要，只需要方法目录下的 . hstdf、. hstds、. hyperopt、. opt 数据文件。

16.4.3　在 HPC 上运行 HyperStudy 图形界面

操作视频

Altair Access 同样可以集成图形应用程序到 HPC 上，从而可以在浏览器中运行桌面程序，并直接利用高性能计算资源。要达到这样的效果，只需要公司的 IT 工程师和 Altair PBS 运维人员在 HPC 上进行配置即可。

配置的内容分两部分：第一，将 HyperStudy 作为图形会话程序配置到 Access 中；第二，同上一小节类似，将 HyperStudy 调用 HPC 求解器的过程配置为 PBS 脚本，使得被 HyperStudy 调用的计算任务全部通过 PBS 进行提交和管理。

配置完成后，用浏览器登录到 Altair Access 门户，提交图形会话，打开 HyperStudy 图形界面进行操作。之后的设置和计算过程与在 Windows 桌面的操作完全相同。

16.4.4　在 Windows 桌面调用 HPC 计算

有没有一种方式让我们可以在 Windows 桌面使用 HyperStudy，同时所有的计算任务又自动提交到 HPC 上进行计算呢？

实现这个功能的关键是需要有一个程序能够自动将 HyperStudy 运行目录下的模型文件提交到 HPC 上进行求解。Altair Access 2020 提供了 Windows 桌面版，工程师可以直接从 Windows 的资源管理器右击模型文件提交到 HPC 进行计算，如图 16-81 所示。计算完成后，所有结果文

图 16-81　Altair Access 从资源管理器提交作业到 HPC

件将会自动复制回模型文件所在目录创建的文件夹中。关于 Altair Access 桌面版的安装和配置请联系 Altair PBS 技术支持。

Access 桌面版安装完成后需要配置 HPC 服务器。配置步骤如下。

1）在任务栏右下角单击 Access 图标，在弹出的对话框中单击右上角的配置图标，选择“集群”，如图 16-82 所示。

操作视频

图 16-82　Altair Access 配置

2）单击"添加群集"按钮，在新对话框中选择集群类型，输入显示名称、地址、用户名和密码，相关信息请询问贵公司 HPC 运维人员，如图 16-83 所示。

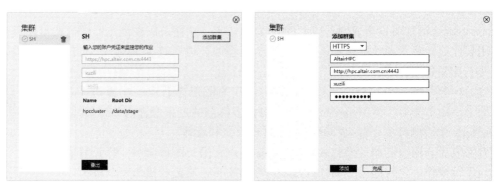

图 16-83　Altair Access 添加 HPC 服务器

3）完成后，Access 会自动尝试与服务器连接，并获取配置文件。如果成功，在右下角 Access 窗口单击"新作业"将看到所有可用的求解器，如图 16-84 所示。

借助这一特性，HyperStudy 从 2019.1 版本开始支持将 Access Desktop 注册为求解器，然后在模型设置中选择 Access Desktop 进行求解。图 16-85 和图 16-86 显示了注册 Access Desktop 的过程，选择的可执行文件为 Access 安装目录下的/commandline/pas-submit. exe。

图 16-84　Altair Access 求解器提交　　　图 16-85　添加 Access Desktop 求解器

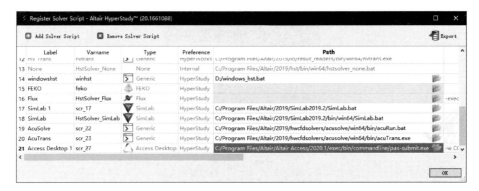

图 16-86　Access 注册

4）在 HyperStudy 创建新的 Study 并添加模型，在模型设置时，选择求解器为 Access Desktop 1，如图 16-87 所示。Solver Input File 为模型文件名。

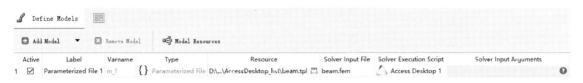

图 16-87　模型设置

Solver Input Arguments 与以往的求解器略有不同，这里输入的不是求解器的执行参数，而是 Access 的提交参数。考虑到多数仿真工程师对 Access 的参数不了解，HyperStudy 提供了快速设置的方法。先删除其中默认的 ${file}，单击 Solver Input Arguments 下方的蓝色加号，会弹出命令配置对话框，如图 16-88 所示。整个对话框分三部分，上方显示的是命令中可以使用的变量名，一般每个变量代表一个文件，可以作为参数传递给求解器；中间的部分是当前求解器支持的选项；下方是最终执行的命令预览。对于 Access 来说，弹出对话框后会自动连接 HPC 服务器获取所有已配置的求解器和它们的参数，第一次需要等待一会儿。

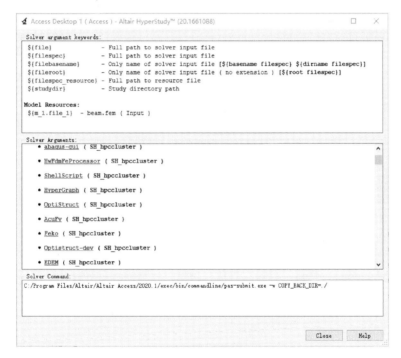

图 16-88　求解命令构造

图 16-88 的中间部分显示的是当前服务器上支持的求解器。以 OptiStruct 为例，单击 OptiStruct 会跳转到 OptiStruct 求解器所需要的参数部分，如图 16-89 所示。这些参数要输入 Solver Input Arguments。双击参数名，然后右击选择 Append as Argument，该参数会被自动添加。下方 Solver Command 部分可以预览最终的命令。有几个参数是必不可少的，包括"ApplicationId = OptiStruct"，"JOB_NAME ="和"PRIMARY_FILE ="。图中已经添加了这三个参数。"COPY_BACK_DIR =. /"是 HyperStudy 默认添加的，表示在每一次求解器完成时自动将结果文件回传到当前的计算目录。

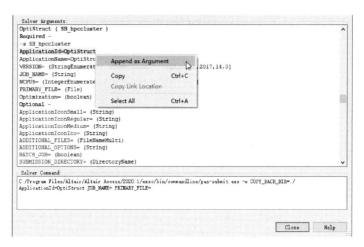

图 16-89　求解器参数

5）回到 Define Models 面板，补充 Solver Input Arguments 部分。其中，"ApplicationId = OptiStruct"表示求解器为 OptiStruct，无须更改；"JOB_NAME = "后面输入作业名，可自定义；"PRIMARY_FILE = "后面是要提交的文件，这里用相对路径，直接写 ./beam. fem，表示工作目录下的 beam. fem 文件，如图 16-90 所示。

图 16-90　求解器参数设置

6）设置完毕，进入 Test Models 面板，对模型设置进行测试。如果一切正常，将在工作目录下的 approaches/setup_1-def/run__00001/m_1 中看到所有结果和输出。响应添加、DOE、拟合、优化等操作与本地求解器完全相同。

有了 Access Desktop 的帮助，就能在 Windows 系统下设置 HyperStudy 作业，在后台无缝提交到 HPC 进行计算，既简单直观，又充分利用了服务器的计算能力，一举两得，推荐在实际工作中使用。